普通高等教育“十五”国家级规划教材

高 等 数 学

第五版 下册

同济大学应用数学系 主编

水利 091

刘超伟

高等教育出版社

内容提要

本书是根据编者多年的教学实践，按照新形势下教材改革的精神，并结合《高等数学课程教学基本要求》在第四版的基础上修订而成的．这次修订更好地与中学数学教学相衔接，适当引用了一些数学记号和逻辑符号，增加了应用性例题和习题，对一些内容作了适当的精简和合并，使内容和系统更加完整，也更便于教学．

本书分上、下两册出版．下册内容为多元函数微分法及其应用、重积分、曲线积分与曲面积分、无穷级数、微分方程五章．书末附有习题答案与提示．

本书仍保持了第四版结构严谨、逻辑清晰、叙述详细、通俗易懂、例题较多、便于自学等优点，又在保证教学基本要求的前提下，扩大了适应面，增强了伸缩性，可供高等院校工科类专业的学生使用．

目　录

第八章　多元函数微分法及其应用

上册中我们讨论的函数都只有一个自变量，这种函数叫做一元函数．但在很多实际问题中往往牵涉到多方面的因素，反映到数学上，就是一个变量依赖于多个变量的情形．这就提出了多元函数以及多元函数的微分和积分问题．本章将在一元函数微分学的基础上，讨论多元函数的微分法及其应用．讨论中我们以二元函数为主，因为从一元函数到二元函数会产生新的问题，而从二元函数到二元以上的多元函数则可以类推．

第一节　多元函数的基本概念

一、平面点集　n 维空间

在讨论一元函数时，一些概念、理论和方法，都是基于 $\mathbf{R}^1$ 中的点集、两点间的距离、区间和邻域等概念．为了将一元函数微积分推广到多元的情形，首先需要将上述一些概念加以推广，同时还需涉及一些其他概念．为此我们先引入平面点集的一些基本概念，将有关概念从 $\mathbf{R}^1$ 中的情形推广到 $\mathbf{R}^2$ 中；然后引入 n 维空间，以便推广到一般的 $\mathbf{R}^n$ 中．

1．平面点集

由平面解析几何知道，当在平面上引入了一个直角坐标系后，平面上的点 P 与有序二元实数组 (x,y) 之间就建立了一一对应．于是，我们常把有序实数组 (x,y) 与平面上的点 P 视作是等同的．这种建立了坐标系的平面称为坐标平面．二元有序实数组 (x,y) 的全体，即 $\mathbf{R}^2=\mathbf{R}\times\mathbf{R}=\{(x,y)\mid x,y\in\mathbf{R}\}$ 就表示坐标平面．

坐标平面上具有某种性质 P 的点的集合，称为平面点集，记作

$$E=\{(x,y)\mid(x,y)\text{具有性质 }P\}.$$

例如，平面上以原点为中心、r 为半径的圆内所有点的集合是

$$C=\{(x,y)\mid x^2+y^2<r^2\}.$$

如果我们以点 P 表示 (x,y)，$|OP|$ 表示点 P 到原点 O 的距离，那么集合 C 也可表成

$$C=\{P\mid |OP|<r\}.$$

现在我们来引入 $\mathbf{R}^2$ 中邻域的概念．

设 $P_0(x_0,y_0)$ 是 xOy 平面上的一个点，δ 是某一正数. 与点 $P_0(x_0,y_0)$ 距离小于 δ 的点 $P(x,y)$ 的全体，称为点 P_0 的 δ 邻域，记作 $U(P_0,\delta)$，即

$$U(P_0,\delta)=\{P \mid |PP_0|<\delta\},$$

也就是

$$U(P_0,\delta)=\{(x,y) \mid \sqrt{(x-x_0)^2+(y-y_0)^2}<\delta\}.$$

点 P_0 的去心 δ 邻域，记作 $\mathring{U}(P_0,\delta)$，即

$$\mathring{U}(P_0,\delta)=\{P \mid 0<|PP_0|<\delta\}.$$

在几何上，$U(P_0,\delta)$ 就是 xOy 平面上以点 $P_0(x_0,y_0)$ 为中心、$\delta>0$ 为半径的圆内部的点 $P(x,y)$ 的全体.

如果不需要强调邻域的半径 δ，则用 $U(P_0)$ 表示点 P_0 的某个邻域，点 P_0 的去心邻域记作 $\mathring{U}(P_0)$.

下面利用邻域来描述点和点集之间的关系.

任意一点 $P\in\mathbf{R}^2$ 与任意一个点集 $E\subset\mathbf{R}^2$ 之间必有以下三种关系中的一种：

(1) 内点：如果存在点 P 的某个邻域 $U(P)$，使得 $U(P)\subset E$，则称 P 为 E 的内点（如图 8-1 中，P_1 为 E 的内点）；

(2) 外点：如果存在点 P 的某个邻域 $U(P)$，使得 $U(P)\cap E=\varnothing$，则称 P 为 E 的外点（如图 8-1 中，P_2 为 E 的外点）；

(3) 边界点：如果点 P 的任一邻域内既含有属于 E 的点，又含有不属于 E 的点，则称 P 为 E 的边界点（如图 8-1 中，P_3 为 E 的边界点）.

E 的边界点的全体，称为 E 的边界，记作 ∂E.

E 的内点必属于 E；E 的外点必定不属于 E；而 E 的边界点可能属于 E，也可能不属于 E.

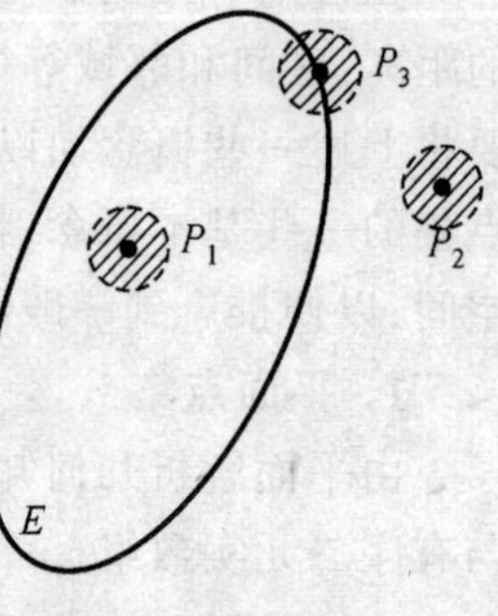

图 8-1

任意一点 P 与一个点集 E 之间除了上述三种关系之外，还有另一种关系，这就是下面定义的聚点.

聚点：如果对于任意给定的 $\delta>0$，点 P 的去心邻域 $\mathring{U}(P,\delta)$ 内总有 E 中的点，则称 P 是 E 的聚点.

由聚点的定义可知，点集 E 的聚点 P 本身，可以属于 E，也可以不属于 E.

例如，设平面点集

$$E=\{(x,y) \mid 1<x^2+y^2\leqslant 2\}.$$

满足 $1<x^2+y^2<2$ 的一切点 (x,y) 都是 E 的内点；满足 $x^2+y^2=1$ 的一切点 (x,y) 都是 E 的边界点，它们都不属于 E；满足 $x^2+y^2=2$ 的一切点 (x,y) 也

是 E 的边界点,它们都属于 E;点集 E 以及它的边界 ∂E 上的一切点都是 E 的聚点.

根据点集所属点的特征,我们再来定义一些重要的平面点集.

开集:如果点集 E 的点都是 E 的内点,则称 E 为开集.

闭集:如果点集 E 的余集 E^C 为开集,则称 E 为闭集.

例如,集合 $\{(x,y)\mid 1<x^2+y^2<2\}$ 是开集;集合 $\{(x,y)\mid 1\leqslant x^2+y^2\leqslant 2\}$ 是闭集;而集合 $\{(x,y)\mid 1<x^2+y^2\leqslant 2\}$ 既非开集,也非闭集.

连通集:如果点集 E 内任何两点,都可用折线连结起来,且该折线上的点都属于 E,则称 E 为连通集.

区域(或开区域):连通的开集称为区域或开区域.

闭区域:开区域连同它的边界一起所构成的点集称为闭区域.

例如,集合 $\{(x,y)\mid 1<x^2+y^2<2\}$ 是区域;而集合 $\{(x,y)\mid 1\leqslant x^2+y^2\leqslant 2\}$ 是闭区域.

有界集:对于平面点集 E,如果存在某一正数 r,使得

$$E\subset U(O,r),$$

其中 O 是坐标原点,则称 E 为有界集.

无界集:一个集合如果不是有界集,就称这集合为无界集.

例如,集合 $\{(x,y)\mid 1\leqslant x^2+y^2\leqslant 2\}$ 是有界闭区域;集合 $\{(x,y)\mid x+y>0\}$ 是无界开区域,集合 $\{(x,y)\mid x+y\geqslant 0\}$ 是无界闭区域.

2. n 维空间

设 n 为取定的一个自然数,我们用 $\mathbf{R}^n$ 表示 n 元有序实数组 $(x_1,x_2,\cdots,x_n)$ 的全体所构成的集合,即

$$\mathbf{R}^n=\mathbf{R}\times\mathbf{R}\times\cdots\times\mathbf{R}=\{(x_1,x_2,\cdots,x_n)\mid x_i\in\mathbf{R},i=1,2,\cdots,n\}.$$

$\mathbf{R}^n$ 中的元素 $(x_1,x_2,\cdots,x_n)$ 有时也用单个字母 $\boldsymbol{x}$ 来表示,即 $\boldsymbol{x}=(x_1,x_2,\cdots,x_n)$.当所有的 $x_i(i=1,2,\cdots,n)$ 都为零时,称这样的元素为 $\mathbf{R}^n$ 中的零元,记为 $\mathbf{0}$ 或 O.在解析几何中,通过直角坐标系,$\mathbf{R}^2$(或 $\mathbf{R}^3$)中的元素分别与平面(或空间)中的点或向量建立一一对应,因而 $\mathbf{R}^n$ 中的元素 $\boldsymbol{x}=(x_1,x_2,\cdots,x_n)$ 也称为 $\mathbf{R}^n$ 中的一个点或一个 n 维向量,x_i 称为点 $\boldsymbol{x}$ 的第 i 个坐标或 n 维向量 $\boldsymbol{x}$ 的第 i 个分量.特别地,$\mathbf{R}^n$ 中的零元 $\mathbf{0}$ 称为 $\mathbf{R}^n$ 中的坐标原点或 n 维零向量.

为了在集合 $\mathbf{R}^n$ 中的元素之间建立联系,在 $\mathbf{R}^n$ 中定义线性运算如下:

设 $\boldsymbol{x}=(x_1,x_2,\cdots,x_n)$,$\boldsymbol{y}=(y_1,y_2,\cdots,y_n)$ 为 $\mathbf{R}^n$ 中任意两个元素,$\lambda\in\mathbf{R}$,规定

$$\boldsymbol{x}+\boldsymbol{y}=(x_1+y_1,x_2+y_2,\cdots,x_n+y_n),$$

$$\lambda\boldsymbol{x}=(\lambda x_1,\lambda x_2,\cdots,\lambda x_n).$$

这样定义了线性运算的集合 $\mathbf{R}^n$ 称为n 维空间.

$\mathbf{R}^n$ 中点 $\boldsymbol{x}=(x_1,x_2,\cdots,x_n)$ 和点 $\boldsymbol{y}=(y_1,y_2,\cdots,y_n)$ 间的距离,记作 $\rho(\boldsymbol{x},\boldsymbol{y})$,规定

$$\rho(\boldsymbol{x},\boldsymbol{y})=\sqrt{(x_1-y_1)^2+(x_2-y_2)^2+\cdots+(x_n-y_n)^2}.$$

显然,$n=1,2,3$ 时,上述规定与数轴上、直角坐标系下平面及空间中两点间的距离一致.

$\mathbf{R}^n$ 中元素 $\boldsymbol{x}=(x_1,x_2,\cdots,x_n)$ 与零元 $\mathbf{0}$ 之间的距离 $\rho(\boldsymbol{x},\mathbf{0})$ 记作 $\|\boldsymbol{x}\|$(在 $\mathbf{R}^1$、$\mathbf{R}^2$、$\mathbf{R}^3$ 中,通常将 $\|\boldsymbol{x}\|$ 记作 $|\boldsymbol{x}|$),即

$$\|\boldsymbol{x}\|=\sqrt{x_1^2+x_2^2+\cdots+x_n^2}.$$

采用这一记号,结合向量的线性运算,便得

$$\|\boldsymbol{x}-\boldsymbol{y}\|=\sqrt{(x_1-y_1)^2+(x_2-y_2)^2+\cdots+(x_n-y_n)^2}=\rho(\boldsymbol{x},\boldsymbol{y}).$$

在 n 维空间 $\mathbf{R}^n$ 中定义了距离以后,就可以定义 $\mathbf{R}^n$ 中变元的极限:

设 $\boldsymbol{x}=(x_1,x_2,\cdots,x_n)$,$\boldsymbol{a}=(a_1,a_2,\cdots,a_n)\in\mathbf{R}^n$.

如果

$$\|\boldsymbol{x}-\boldsymbol{a}\|\to 0,$$

则称变元 $\boldsymbol{x}$ 在 $\mathbf{R}^n$ 中趋于固定元 $\boldsymbol{a}$,记作 $\boldsymbol{x}\to\boldsymbol{a}$.

显然,

$$\boldsymbol{x}\to\boldsymbol{a}\Leftrightarrow x_1\to a_1,x_2\to a_2,\cdots,x_n\to a_n.$$

在 $\mathbf{R}^n$ 中线性运算和距离的引入,使得前面讨论过的有关平面点集的一系列概念,可以方便地引入到 $n(n\geqslant 3)$ 维空间中来,例如,

设 $\boldsymbol{a}=(a_1,a_2,\cdots,a_n)\in\mathbf{R}^n$,$\delta$ 是某一正数,则 n 维空间内的点集

$$U(\boldsymbol{a},\delta)=\{\boldsymbol{x}\mid\boldsymbol{x}\in\mathbf{R}^n,\rho(\boldsymbol{x},\boldsymbol{a})<\delta\}$$

就定义为 $\mathbf{R}^n$ 中点 $\boldsymbol{a}$ 的 δ 邻域.以邻域为基础,可以定义点集的内点、外点、边界点和聚点,以及开集、闭集、区域等一系列概念.这里不再赘述.

二、多元函数概念

在很多自然现象以及实际问题中,经常会遇到多个变量之间的依赖关系,举例如下:

例 1 圆柱体的体积 V 和它的底半径 r、高 h 之间具有关系

$$V=\pi r^2h.$$

这里,当 r、h 在集合 $\{(r,h)\mid r>0,h>0\}$ 内取定一对值 (r,h) 时,V 的对应值就随之确定.

例 2 一定量的理想气体的压强 p、体积 V 和绝对温度 T 之间具有关系

$$p=\frac{RT}{V},$$

其中 R 为常数.这里,当 V、T 在集合 $\{(V,T)\mid V>0,T>T_0\}$ 内取定一对值 (V,T) 时,p 的对应值就随之确定.

例 3 设 R 是电阻 R_1、R_2 并联后的总电阻,由电学知道,它们之间具有关系

$$R=\frac{R_1R_2}{R_1+R_2}.$$

这里,当 R_1、R_2 在集合 $\{(R_1,R_2)\mid R_1>0,R_2>0\}$ 内取定一对值 (R_1,R_2) 时,R 的对应值就随之确定.

上面三个例子的具体意义虽各不相同,但它们却有共同的性质,抽出这些共性就可得出以下二元函数的定义.

定义 1 设 D 是 $\mathbf{R}^2$ 的一个非空子集,称映射 $f:D\to\mathbf{R}$ 为定义在 D 上的二元函数,通常记为

$$z=f(x,y),\ (x,y)\in D$$

或

$$z=f(P),\ P\in D,$$

其中点集 D 称为该函数的定义域,x、y 称为自变量,z 称为因变量.

上述定义中,与自变量 x、y 的一对值(即二元有序实数组)(x,y) 相对应的因变量 z 的值,也称为 f 在点 (x,y) 处的函数值,记作 $f(x,y)$,即 $z=f(x,y)$. 函数值 $f(x,y)$ 的全体所构成的集合称为函数 f 的值域,记作 $f(D)$,即

$$f(D)=\{z\mid z=f(x,y),(x,y)\in D\}.$$

与一元函数的情形相仿,记号 f 与 $f(x,y)$ 的意义是有区别的,但习惯上常用记号"$f(x,y),(x,y)\in D$"或"$z=f(x,y),(x,y)\in D$"来表示 D 上的二元函数 f. 表示二元函数的记号 f 也是可以任意选取的,例如也可以记为 $z=\varphi(x,y)$,$z=z(x,y)$ 等.

类似地可以定义三元函数 $u=f(x,y,z)$,$(x,y,z)\in D$ 以及三元以上的函数.一般地,把定义 1 中的平面点集 D 换成 n 维空间 $\mathbf{R}^n$ 内的点集 D,映射 $f:D\to\mathbf{R}$ 就称为定义在 D 上的 n 元函数,通常记为

$$u=f(x_1,x_2,\cdots,x_n),\ (x_1,x_2,\cdots,x_n)\in D,$$

或简记为

$$u=f(\boldsymbol{x}),\ \boldsymbol{x}=(x_1,x_2,\cdots,x_n)\in D,$$

也可记为

$$u=f(P),\ P(x_1,x_2,\cdots,x_n)\in D.$$

在 $n=2$ 或 3 时,习惯上将点 (x_1,x_2) 与点 (x_1,x_2,x_3) 分别写成 (x,y) 与

(x,y,z). 这时，若用字母表示 $\mathbf{R}^2$ 或 $\mathbf{R}^3$ 中的点，即写成 $P(x,y)$ 或 $M(x,y,z)$，则相应地二元函数及三元函数也可简记为 $z=f(P)$ 及 $u=f(M)$.

当 $n=1$ 时，n 元函数就是一元函数. 当 $n\geqslant 2$ 时，n 元函数统称为多元函数.

关于多元函数的定义域，与一元函数相类似，我们作如下约定：在一般地讨论用算式表达的多元函数 $u=f(\boldsymbol{x})$ 时，就以使这个算式有意义的变元 $\boldsymbol{x}$ 的值所组成的点集为这个多元函数的自然定义域. 因而，对这类函数，它的定义域不再特别标出. 例如，函数 $z=\ln(x+y)$ 的定义域为

$$\{(x,y)\mid x+y>0\}$$

(图 8-2)，这是一个无界开区域. 又如，函数 $z=\arcsin(x^2+y^2)$ 的定义域为

$$\{(x,y)\mid x^2+y^2\leqslant 1\}$$

(图 8-3)，这是一个有界闭区域.

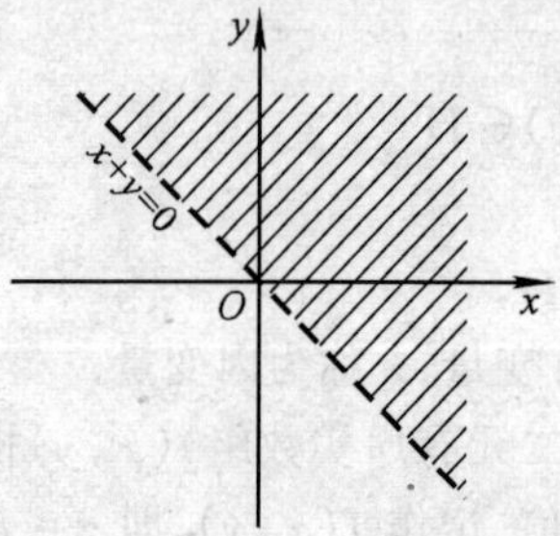

图 8-2

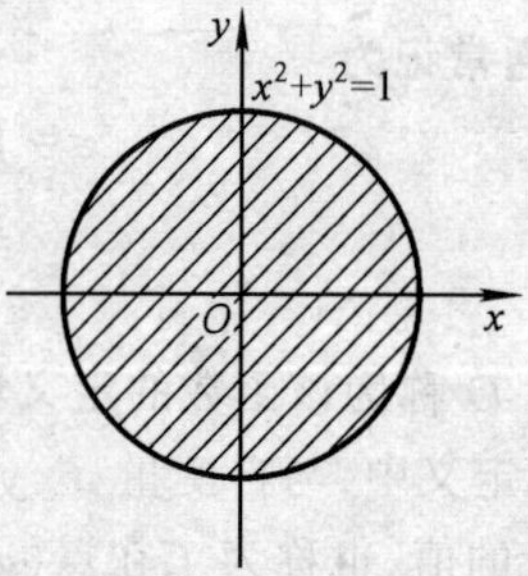

图 8-3

设函数 $z=f(x,y)$ 的定义域为 D. 对于任意取定的点 $P(x,y)\in D$，对应的函数值为 $z=f(x,y)$. 这样，以 x 为横坐标、y 为纵坐标、$z=f(x,y)$ 为竖坐标在空间就确定一点 $M(x,y,z)$. 当 (x,y) 遍取 D 上的一切点时，得到一个空间点集

$$\{(x,y,z)\mid z=f(x,y),(x,y)\in D\},$$

这个点集称为二元函数 $z=f(x,y)$ 的图形（图 8-4）. 通常我们也说二元函数的图形是一张曲面.

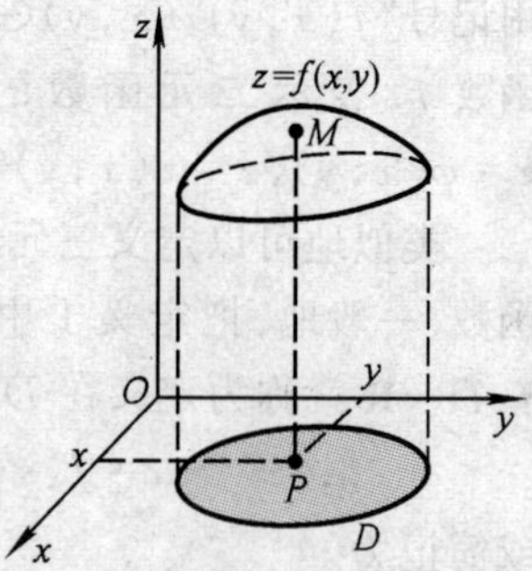

图 8-4

例如，由空间解析几何知道，线性函数 $z=ax+by+c$ 的图形是一张平面，而函数 $z=x^2+y^2$ 的图形是旋转抛物面.

三、多元函数的极限

我们先讨论二元函数 $z=f(x,y)$ 当 $(x,y)\to(x_0,y_0)$，即 $P(x,y)\to P_0(x_0,y_0)$ 时的极限.

这里 $P\to P_0$ 表示点 P 以任何方式趋于点 P_0，也就是点 P 与点 P_0 间的距离趋于零，即

$$|PP_0|=\sqrt{(x-x_0)^2+(y-y_0)^2}\to 0.$$

与一元函数的极限概念类似，如果在 $P(x,y)\to P_0(x_0,y_0)$ 的过程中，对应的函数值 $f(x,y)$ 无限接近于一个确定的常数 A，我们就说 A 是函数 $f(x,y)$ 当 $(x,y)\to(x_0,y_0)$ 时的极限. 下面用"$\varepsilon-\delta$"语言描述这个极限概念.

定义 2 **设二元函数** $f(P)=f(x,y)$ **的定义域为** D，$P_0(x_0,y_0)$ **是** D **的聚点. 如果存在常数** A，**对于任意给定的正数** ε，**总存在正数** δ，**使得当点** $P(x,y)\in D\cap \mathring{U}(P_0,\delta)$ **时，都有**

$$|f(P)-A|=|f(x,y)-A|<\varepsilon$$

成立，那么就称常数 A **为函数** $f(x,y)$ **当** $(x,y)\to(x_0,y_0)$ **时的极限，记作**

$$\lim_{(x,y)\to(x_0,y_0)} f(x,y)=A \quad \text{或} \quad f(x,y)\to A\ ((x,y)\to(x_0,y_0)),$$

也记作

$$\lim_{P\to P_0} f(P)=A \quad \text{或} \quad f(P)\to A\ (P\to P_0).$$

为了区别于一元函数的极限，我们把二元函数的极限叫做二重极限.

例 4 设 $f(x,y)=(x^2+y^2)\sin\dfrac{1}{x^2+y^2}$，

求证 $\displaystyle\lim_{(x,y)\to(0,0)} f(x,y)=0.$

证 这里函数 $f(x,y)$ 的定义域为 $D=\mathbf{R}^2\setminus\{(0,0)\}$，点 $O(0,0)$ 为 D 的聚点. 因为

$$|f(x,y)-0|=\left|(x^2+y^2)\sin\frac{1}{x^2+y^2}-0\right|\leqslant x^2+y^2,$$

可见，$\forall\,\varepsilon>0$，取 $\delta=\sqrt{\varepsilon}$，则当

$$0<\sqrt{(x-0)^2+(y-0)^2}<\delta,$$

即 $P(x,y)\in D\cap\mathring{U}(O,\delta)$ 时，总有

$$|f(x,y)-0|<\varepsilon$$

成立，所以

$$\lim_{(x,y)\to(0,0)} f(x,y)=0.$$

必须注意，所谓二重极限存在，是指 $P(x,y)$ 以任何方式趋于 $P_0(x_0,y_0)$ 时，$f(x,y)$ 都无限接近于 A. 因此，如果 $P(x,y)$ 以某一特殊方式，例如沿着一条定直线或定曲线趋于 $P_0(x_0,y_0)$ 时，即使 $f(x,y)$ 无限接近于某一确定值，我们还不能由此断定函数的极限存在. 但是反过来，如果当 $P(x,y)$ 以不同方式趋于 $P_0(x_0,y_0)$ 时，$f(x,y)$ 趋于不同的值，那么就可以断定这函数的极限不存在. 下面用例子来说明这种情形.

考察函数

$$f(x,y)=\begin{cases}\dfrac{xy}{x^2+y^2}, & x^2+y^2\neq 0,\\ 0, & x^2+y^2=0.\end{cases}$$

显然，当点 $P(x,y)$ 沿 x 轴趋于点 $(0,0)$ 时，

$$\lim_{\substack{(x,y)\to(0,0)\\ y=0}} f(x,y)=\lim_{x\to 0} f(x,0)=\lim_{x\to 0} 0=0;$$

又当点 $P(x,y)$ 沿 y 轴趋于点 $(0,0)$ 时，

$$\lim_{\substack{(x,y)\to(0,0)\\ x=0}} f(x,y)=\lim_{y\to 0} f(0,y)=\lim_{y\to 0} 0=0.$$

虽然点 $P(x,y)$ 以上述两种特殊方式（沿 x 轴或沿 y 轴）趋于原点时函数的极限存在并且相等，但是 $\lim\limits_{(x,y)\to(0,0)} f(x,y)$ 并不存在. 这是因为当点 $P(x,y)$ 沿着直线 $y=kx$ 趋于点 $(0,0)$ 时，有

$$\lim_{\substack{(x,y)\to(0,0)\\ y=kx}} \frac{xy}{x^2+y^2}=\lim_{x\to 0}\frac{kx^2}{x^2+k^2x^2}=\frac{k}{1+k^2},$$

显然它是随着 k 的值的不同而改变的.

以上关于二元函数的极限概念，可相应地推广到 n 元函数 $u=f(P)$ 即 $u=f(x_1,x_2,\cdots,x_n)$ 上去.

关于多元函数的极限运算，有与一元函数类似的运算法则.

例 5 求 $\lim\limits_{(x,y)\to(0,2)} \dfrac{\sin(xy)}{x}$.

解 这里函数 $\dfrac{\sin(xy)}{x}$ 的定义域为 $D=\{(x,y)\mid x\neq 0, y\in\mathbf{R}\}$，$P_0(0,2)$ 为 D 的聚点.

由积的极限运算法则，得

$$\lim_{(x,y)\to(0,2)} \frac{\sin(xy)}{x}=\lim_{(x,y)\to(0,2)}\left[\frac{\sin(xy)}{xy}\cdot y\right]=\lim_{xy\to 0}\frac{\sin(xy)}{xy}\cdot\lim_{y\to 2} y$$
$$=1\cdot 2=2.$$

四、多元函数的连续性

明白了函数极限的概念，就不难说明多元函数的连续性.

定义 3 **设二元函数 $f(P)=f(x,y)$ 的定义域为 D，$P_0(x_0,y_0)$ 为 D 的聚点，且 $P_0\in D$. 如果**

$$\lim_{(x,y)\to(x_0,y_0)} f(x,y)=f(x_0,y_0),$$

则称函数 $f(x,y)$ 在点 $P_0(x_0,y_0)$ 连续.

如果函数 $f(x,y)$ 在 D 的每一点都连续，那么就称函数 $f(x,y)$ 在 D 上连续，或者称 $f(x,y)$ 是 D 上的连续函数.

以上关于二元函数的连续性概念，可相应地推广到 n 元函数 $f(P)$ 上去.

下面，我们把一元基本初等函数看成二元函数(即另一个自变量不出现)的特例，来讨论它的连续性. 先看一个例子.

例 6 设 $f(x,y)=\sin x$，证明 $f(x,y)$ 是 $\mathbf{R}^2$ 上的连续函数.

证 设 $P_0(x_0,y_0)\in\mathbf{R}^2$. $\forall\varepsilon>0$，由于 $\sin x$ 在 x_0 处连续，故 $\exists\delta>0$，当 $|x-x_0|<\delta$ 时，有

$$|\sin x-\sin x_0|<\varepsilon.$$

以上述 δ 作 P_0 的 δ 邻域 $U(P_0,\delta)$，则当 $P(x,y)\in U(P_0,\delta)$ 时，显然

$$|x-x_0|\leqslant\rho(P,P_0)<\delta,$$

从而

$$|f(x,y)-f(x_0,y_0)|=|\sin x-\sin x_0|<\varepsilon,$$

即 $f(x,y)=\sin x$ 在点 $P_0(x_0,y_0)$ 连续. 由 P_0 的任意性知，$\sin x$ 作为 x、y 的二元函数在 $\mathbf{R}^2$ 上连续.

类似的讨论可知，一元基本初等函数看成二元函数或二元以上的多元函数时，它们在各自的定义域内都是连续的.

定义 4 **设函数 $f(x,y)$ 的定义域为 D，$P_0(x_0,y_0)$ 是 D 的聚点. 如果函数 $f(x,y)$ 在点 $P_0(x_0,y_0)$ 不连续，则称 $P_0(x_0,y_0)$ 为函数 $f(x,y)$ 的间断点.**

例如，前面讨论过的函数

$$f(x,y)=\begin{cases}\dfrac{xy}{x^2+y^2}, & x^2+y^2\neq 0,\\ 0, & x^2+y^2=0,\end{cases}$$

其定义域 $D=\mathbf{R}^2$，$O(0,0)$ 是 D 的聚点. $f(x,y)$ 当 $(x,y)\to(0,0)$ 时的极限不存在，所以点 $O(0,0)$ 是该函数的一个间断点；又如函数

$$f(x,y)=\sin\frac{1}{x^2+y^2-1},$$

其定义域为

$$D=\{(x,y)\mid x^2+y^2\neq 1\},$$

圆周 $C=\{(x,y)\mid x^2+y^2=1\}$ 上的点都是 D 的聚点，而 $f(x,y)$ 在 C 上没有定

义，当然 $f(x,y)$ 在 C 上各点都不连续，所以圆周 C 上各点都是该函数的间断点.

前面我们已经指出：一元函数中关于极限的运算法则，对于多元函数仍然适用. 根据多元函数的极限运算法则，可以证明多元连续函数的和、差、积仍为连续函数；连续函数的商在分母不为零处仍连续；多元连续函数的复合函数也是连续函数.

与一元初等函数相类似，多元初等函数是指可用一个式子表示的多元函数，这个式子是由常数及具有不同自变量的一元基本初等函数经过有限次的四则运算和复合运算而得到的. 例如，$\dfrac{x+x^2-y^2}{1+y^2}$，$\sin(x+y)$，$e^{x^2+y^2+z^2}$ 等都是多元初等函数.

根据上面指出的连续函数的和、差、积、商的连续性以及连续函数的复合函数的连续性，再利用基本初等函数的连续性，我们进一步可以得出如下结论：

一切多元初等函数在其定义区域内是连续的. 所谓定义区域是指包含在定义域内的区域或闭区域.

由多元初等函数的连续性，如果要求它在点 P_0 处的极限，而该点又在此函数的定义区域内，则极限值就是函数在该点的函数值，即

$$\lim_{P\to P_0} f(P)=f(P_0).$$

例 7 求 $\displaystyle\lim_{(x,y)\to(1,2)}\frac{x+y}{xy}$.

解 函数 $f(x,y)=\dfrac{x+y}{xy}$ 是初等函数，它的定义域为

$$D=\{(x,y)\mid x\neq 0, y\neq 0\}.$$

$P_0(1,2)$ 为 D 的内点，故存在 P_0 的某一邻域 $U(P_0)\subset D$，而任何邻域都是区域，所以 $U(P_0)$ 是 $f(x,y)$ 的一个定义区域，因此

$$\lim_{(x,y)\to(1,2)}\frac{x+y}{xy}=f(1,2)=\frac{3}{2}.$$

一般地，求 $\displaystyle\lim_{P\to P_0} f(P)$ 时，如果 $f(P)$ 是初等函数，且 P_0 是 $f(P)$ 的定义域的内点，则 $f(P)$ 在点 P_0 处连续，于是

$$\lim_{P\to P_0} f(P)=f(P_0).$$

例 8 求 $\displaystyle\lim_{(x,y)\to(0,0)}\frac{\sqrt{xy+1}-1}{xy}$.

解 $$\lim_{(x,y)\to(0,0)}\frac{\sqrt{xy+1}-1}{xy}=\lim_{(x,y)\to(0,0)}\frac{xy+1-1}{xy(\sqrt{xy+1}+1)}$$

$$=\lim_{(x,y)\to(0,0)}\frac{1}{\sqrt{xy+1}+1}=\frac{1}{2}.$$

以上运算的最后一步用到了二元函数$\dfrac{1}{\sqrt{xy+1}+1}$在点$(0,0)$的连续性.

与闭区间上一元连续函数的性质相类似,在有界闭区域上连续的多元函数具有如下性质.

性质1(有界性与最大值最小值定理)　在有界闭区域 D 上的多元连续函数,必定在 D 上有界,且能取得它的最大值和最小值.

性质1就是说,若 $f(P)$在有界闭区域 D 上连续,则必定存在常数 $M>0$,使得对一切 $P\in D$,有$|f(P)|\leqslant M$;且存在 P_1、$P_2\in D$,使得

$$f(P_1)=\max\{f(P)\mid P\in D\},f(P_2)=\min\{f(P)\mid P\in D\}.$$

性质2(介值定理)　在有界闭区域 D 上的多元连续函数必取得介于最大值和最小值之间的任何值.

***性质3(一致连续性定理)　在有界闭区域 D 上的多元连续函数必定在 D 上一致连续.**

性质3就是说,若 $f(P)$在有界闭区域 D 上连续,则对于任意给定的正数 ε,总存在正数 δ,使得对于 D 上的任意二点 P_1、P_2,只要当$|P_1P_2|<\delta$时,都有

$$|f(P_1)-f(P_2)|<\varepsilon$$

成立.

习　题　8-1

1. 判定下列平面点集中哪些是开集、闭集、区域、有界集、无界集?并分别指出它们的聚点所成的点集(称为导集)和边界.

(1) $\{(x,y)\mid x\neq0,y\neq0\}$;　　(2) $\{(x,y)\mid 1<x^2+y^2\leqslant4\}$;

(3) $\{(x,y)\mid y>x^2\}$;

(4) $\{(x,y)\mid x^2+(y-1)^2\geqslant1\}\cap\{(x,y)\mid x^2+(y-2)^2\leqslant4\}$.

2. 已知函数 $f(x,y)=x^2+y^2-xy\tan\dfrac{x}{y}$,试求 $f(tx,ty)$.

3. 试证函数 $F(x,y)=\ln x\cdot\ln y$ 满足关系式

$$F(xy,uv)=F(x,u)+F(x,v)+F(y,u)+F(y,v).$$

4. 已知函数 $f(u,v,w)=u^w+w^{u+v}$,试求 $f(x+y,x-y,xy)$.

5. 求下列各函数的定义域:

(1) $z=\ln(y^2-2x+1)$;　　(2) $z=\dfrac{1}{\sqrt{x+y}}+\dfrac{1}{\sqrt{x-y}}$;

(3) $z=\sqrt{x-\sqrt{y}}$;　　(4) $z=\ln(y-x)+\dfrac{\sqrt{x}}{\sqrt{1-x^2-y^2}}$;

(5) $u=\sqrt{R^2-x^2-y^2-z^2}+\dfrac{1}{\sqrt{x^2+y^2+z^2-r^2}}\ (R>r>0)$;

(6) $u=\arccos\dfrac{z}{\sqrt{x^2+y^2}}$.

6. 求下列各极限：

(1) $\lim\limits_{(x,y)\to(0,1)}\dfrac{1-xy}{x^2+y^2}$; (2) $\lim\limits_{(x,y)\to(1,0)}\dfrac{\ln(x+e^y)}{\sqrt{x^2+y^2}}$;

(3) $\lim\limits_{(x,y)\to(0,0)}\dfrac{2-\sqrt{xy+4}}{xy}$; (4) $\lim\limits_{(x,y)\to(0,0)}\dfrac{xy}{\sqrt{xy+1}-1}$;

(5) $\lim\limits_{(x,y)\to(2,0)}\dfrac{\sin(xy)}{y}$; (6) $\lim\limits_{(x,y)\to(0,0)}\dfrac{1-\cos(x^2+y^2)}{(x^2+y^2)e^{x^2y^2}}$.

7. 证明下列极限不存在：

(1) $\lim\limits_{(x,y)\to(0,0)}\dfrac{x+y}{x-y}$; (2) $\lim\limits_{(x,y)\to(0,0)}\dfrac{x^2y^2}{x^2y^2+(x-y)^2}$.

8. 函数 $z=\dfrac{y^2+2x}{y^2-2x}$在何处是间断的？

9. 证明 $\lim\limits_{(x,y)\to(0,0)}\dfrac{xy}{\sqrt{x^2+y^2}}=0$.

10. 设 $F(x,y)=f(x)$，$f(x)$在 x_0 处连续，证明：对任意 $y_0\in\mathbf{R}$，$F(x,y)$在(x_0,y_0)处连续.

第二节 偏 导 数

一、偏导数的定义及其计算法

在研究一元函数时，我们从研究函数的变化率引入了导数概念. 对于多元函数同样需要讨论它的变化率. 但多元函数的自变量不止一个，因变量与自变量的关系要比一元函数复杂得多. 在这一节里，我们首先考虑多元函数关于其中一个自变量的变化率. 以二元函数 $z=f(x,y)$为例，如果只有自变量 x 变化，而自变量 y 固定(即看作常量)，这时它就是 x 的一元函数，这函数对 x 的导数，就称为二元函数 $z=f(x,y)$对于 x 的偏导数，即有如下定义：

定义 **设函数 $z=f(x,y)$在点(x_0,y_0)的某一邻域内有定义，当 y 固定在 y_0 而 x 在 x_0 处有增量 Δx 时，相应地函数有增量**

$$f(x_0,+\Delta x,y_0)-f(x_0,y_0),$$

如果

$$\lim_{\Delta x\to 0}\frac{f(x_0+\Delta x,y_0)-f(x_0,y_0)}{\Delta x} \tag{1}$$

$$z=f(x,y)=\begin{cases}\dfrac{xy}{x^2+y^2}, & x^2+y^2\neq 0,\\ 0, & x^2+y^2=0\end{cases}$$

在点 $(0,0)$ 对 x 的偏导数为

$$f_x(0,0)=\lim_{\Delta x\to 0}\frac{f(0+\Delta x,0)-f(0,0)}{\Delta x}=\lim_{\Delta x\to 0}0=0;$$

同样有

$$f_y(0,0)=\lim_{\Delta y\to 0}\frac{f(0,0+\Delta y)-f(0,0)}{\Delta y}=\lim_{\Delta y\to 0}0=0.$$

但是我们在第一节中已经知道这函数在点 $(0,0)$ 并不连续.

二、高阶偏导数

设函数 $z=f(x,y)$ 在区域 D 内具有偏导数

$$\frac{\partial z}{\partial x}=f_x(x,y),\quad \frac{\partial z}{\partial y}=f_y(x,y),$$

那么在 D 内 $f_x(x,y)$、$f_y(x,y)$ 都是 x,y 的函数. 如果这两个函数的偏导数也存在，则称它们是函数 $z=f(x,y)$ 的二阶偏导数. 按照对变量求导次序的不同有下列四个二阶偏导数：

$$\frac{\partial}{\partial x}\left(\frac{\partial z}{\partial x}\right)=\frac{\partial^2 z}{\partial x^2}=f_{xx}(x,y),\quad \frac{\partial}{\partial y}\left(\frac{\partial z}{\partial x}\right)=\frac{\partial^2 z}{\partial x\partial y}=f_{xy}(x,y),$$

$$\frac{\partial}{\partial x}\left(\frac{\partial z}{\partial y}\right)=\frac{\partial^2 z}{\partial y\partial x}=f_{yx}(x,y),\quad \frac{\partial}{\partial y}\left(\frac{\partial z}{\partial y}\right)=\frac{\partial^2 z}{\partial y^2}=f_{yy}(x,y).$$

其中第二、三两个偏导数称为混合偏导数. 同样可得三阶、四阶、…以及 n 阶偏导数. 二阶及二阶以上的偏导数统称为高阶偏导数.

例 6 设 $z=x^3y^2-3xy^3-xy+1$，求 $\dfrac{\partial^2 z}{\partial x^2}$、$\dfrac{\partial^2 z}{\partial y\partial x}$、$\dfrac{\partial^2 z}{\partial x\partial y}$、$\dfrac{\partial^2 z}{\partial y^2}$ 及 $\dfrac{\partial^3 z}{\partial x^3}$.

解 $\dfrac{\partial z}{\partial x}=3x^2y^2-3y^3-y$，$\quad\dfrac{\partial z}{\partial y}=2x^3y-9xy^2-x$；

$$\frac{\partial^2 z}{\partial x^2}=6xy^2,\qquad \frac{\partial^2 z}{\partial y\partial x}=6x^2y-9y^2-1;$$

$$\frac{\partial^2 z}{\partial x\partial y}=6x^2y-9y^2-1,\quad \frac{\partial^2 z}{\partial y^2}=2x^3-18xy;$$

$$\frac{\partial^3 z}{\partial x^3}=6y^2.$$

我们看到例 6 中两个二阶混合偏导数相等，即 $\dfrac{\partial^2 z}{\partial y\partial x}=\dfrac{\partial^2 z}{\partial x\partial y}$. 这不是偶然的. 事实上，我们有下述定理.

存在，则称此极限为函数 $z=f(x,y)$ 在点 (x_0,y_0) 处对 x 的偏导数，记作

$$\left.\frac{\partial z}{\partial x}\right|_{\substack{x=x_0\\y=y_0}},\ \left.\frac{\partial f}{\partial x}\right|_{\substack{x=x_0\\y=y_0}},\ \left.z_x\right|_{\substack{x=x_0\\y=y_0}}\quad\text{或}\quad f_x(x_0,y_0).\text{①}$$

例如，极限 (1) 可以表为

$$f_x(x_0,y_0)=\lim_{\Delta x\to 0}\frac{f(x_0+\Delta x,y_0)-f(x_0,y_0)}{\Delta x}.\tag{2}$$

类似地，函数 $z=f(x,y)$ 在点 (x_0,y_0) 处对 y 的偏导数定义为

$$\lim_{\Delta y\to 0}\frac{f(x_0,y_0+\Delta y)-f(x_0,y_0)}{\Delta y},\tag{3}$$

记作

$$\left.\frac{\partial z}{\partial y}\right|_{\substack{x=x_0\\y=y_0}},\ \left.\frac{\partial f}{\partial y}\right|_{\substack{x=x_0\\y=y_0}},\ \left.z_y\right|_{\substack{x=x_0\\y=y_0}}\quad\text{或}\quad f_y(x_0,y_0).$$

如果函数 $z=f(x,y)$ 在区域 D 内每一点 (x,y) 处对 x 的偏导数都存在，那么这个偏导数就是 x、y 的函数，它就称为函数 $z=f(x,y)$ 对自变量 x 的偏导函数，记作

$$\frac{\partial z}{\partial x},\ \frac{\partial f}{\partial x},\ z_x\quad\text{或}\quad f_x(x,y).$$

类似地，可以定义函数 $z=f(x,y)$ 对自变量 y 的偏导函数，记作

$$\frac{\partial z}{\partial y},\ \frac{\partial f}{\partial y},\ z_y\quad\text{或}\quad f_y(x,y).$$

由偏导函数的概念可知，$f(x,y)$ 在点 (x_0,y_0) 处对 x 的偏导数 $f_x(x_0,y_0)$ 显然就是偏导函数 $f_x(x,y)$ 在点 (x_0,y_0) 处的函数值；$f_y(x_0,y_0)$ 就是偏导函数 $f_y(x,y)$ 在点 (x_0,y_0) 处的函数值. 就像一元函数的导函数一样，以后在不至于混淆的地方也把偏导函数简称为偏导数.

至于实际求 $z=f(x,y)$ 的偏导数，并不需要用新的方法，因为这里只有一个自变量在变动，另一个自变量是看作固定的，所以仍旧是一元函数的微分法问题. 求 $\dfrac{\partial f}{\partial x}$ 时，只要把 y 暂时看作常量而对 x 求导数；求 $\dfrac{\partial f}{\partial y}$ 时，则只要把 x 暂时看作常量而对 y 求导数.

偏导数的概念还可推广到二元以上的函数. 例如三元函数 $u=f(x,y,z)$ 在点 (x,y,z) 处对 x 的偏导数定义为

$$f_x(x,y,z)=\lim_{\Delta x\to 0}\frac{f(x+\Delta x,y,z)-f(x,y,z)}{\Delta x},$$

其中 (x,y,z) 是函数 $u=f(x,y,z)$ 的定义域的内点. 它们的求法也仍旧是一

---

① 偏导数记号 z_x，f_x 也记成 z'_x，f'_x，下面高阶偏导数的记号也有类似的情形.

元函数的微分法问题.

例 1 求 $z=x^2+3xy+y^2$ 在点(1,2)处的偏导数.

解 把 y 看作常量,得

$$\frac{\partial z}{\partial x}=2x+3y;$$

把 x 看作常量,得

$$\frac{\partial z}{\partial y}=3x+2y.$$

将(1,2)代入上面的结果,就得

$$\left.\frac{\partial z}{\partial x}\right|_{\substack{x=1\\y=2}}=2\cdot1+3\cdot2=8,$$

$$\left.\frac{\partial z}{\partial y}\right|_{\substack{x=1\\y=2}}=3\cdot1+2\cdot2=7.$$

例 2 求 $z=x^2\sin 2y$ 的偏导数.

解 $$\frac{\partial z}{\partial x}=2x\sin 2y,$$

$$\frac{\partial z}{\partial y}=2x^2\cos 2y.$$

例 3 设 $z=x^y\ (x>0,x\neq1)$,求证:

$$\frac{x}{y}\frac{\partial z}{\partial x}+\frac{1}{\ln x}\frac{\partial z}{\partial y}=2z.$$

证 因为 $$\frac{\partial z}{\partial x}=y\,x^{y-1},\frac{\partial z}{\partial y}=x^y\ln x.$$

所以 $$\frac{x}{y}\frac{\partial z}{\partial x}+\frac{1}{\ln x}\frac{\partial z}{\partial y}=\frac{x}{y}y\,x^{y-1}+\frac{1}{\ln x}x^y\ln x=x^y+x^y=2z.$$

例 4 求 $r=\sqrt{x^2+y^2+z^2}$ 的偏导数.

解 把 y 和 z 都看作常量,得

$$\frac{\partial r}{\partial x}=\frac{x}{\sqrt{x^2+y^2+z^2}}=\frac{x}{r};$$

由于所给函数关于自变量的对称性①,所以

$$\frac{\partial r}{\partial y}=\frac{y}{r},\quad\frac{\partial r}{\partial z}=\frac{z}{r}.$$

例 5 已知理想气体的状态方程 $pV=RT$(R 为常量),求证:

$$\frac{\partial p}{\partial V}\cdot\frac{\partial V}{\partial T}\cdot\frac{\partial T}{\partial p}=-1.$$

① 这就是说,当函数表达式中任意两个自变量对调后,仍表示原来的函数.

证 因为 $$p=\frac{RT}{V},\ \frac{\partial p}{\partial V}=-\frac{RT}{V^2};$$

$$V=\frac{RT}{p},\ \frac{\partial V}{\partial T}=\frac{R}{p};$$

$$T=\frac{pV}{R},\ \frac{\partial T}{\partial p}=\frac{V}{R};$$

所以

$$\frac{\partial p}{\partial V}\cdot\frac{\partial V}{\partial T}\cdot\frac{\partial T}{\partial p}=-\frac{RT}{V^2}\cdot\frac{R}{p}\cdot\frac{V}{R}=-\frac{RT}{pV}=-1.$$

我们知道,对一元函数来说,$\frac{\mathrm{d}y}{\mathrm{d}x}$可看作函数的微分 $\mathrm{d}y$ 与自变量的微分 $\mathrm{d}x$ 之商.而上式表明,偏导数的记号是一个整体记号,不能看作分子与分母之商.

二元函数 $z=f(x,y)$在点(x_0,y_0)的偏导数有下述几何意义.

设 $M_0(x_0,y_0,f(x_0,y_0))$为曲面 $z=f(x,y)$上的一点,过 M_0 作平面 $y=y_0$,截此曲面得一曲线,此曲线在平面 $y=y_0$ 上的方程为 $z=f(x,y_0)$,则导数$\left.\frac{\mathrm{d}}{\mathrm{d}x}f(x,y_0)\right|_{x=x_0}$,即偏导数 $f_x(x_0,y_0)$,就是这曲线在点 M_0 处的切线 M_0T_x 对 x 轴的斜率(见图 8-5).同样,偏导数 $f_y(x_0,y_0)$的几何意义是曲面被平面$x=x_0$所截得的曲线在点 M_0 处的切线 M_0T_y 对 y 轴的斜率.

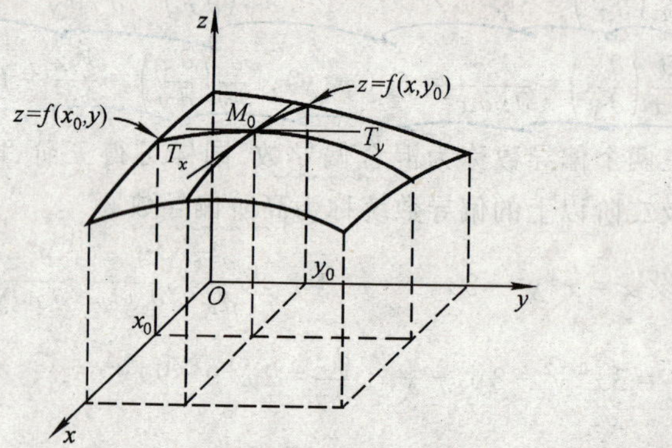

图 8-5

我们已经知道,如果一元函数在某点具有导数,则它在该点必定连续.但
于多元函数来说,即使各偏导数在某点都存在,也不能保证函数在该点连续.
是因为各偏导数存在只能保证点 P 沿着平行于坐标轴的方向趋于P_0 时,函
值 $f(P)$趋于 $f(P_0)$,但不能保证点 P 按任何方式趋于P_0 时,函数值 $f(P)$
于 $f(P_0)$.例如,函数

不证

定理 如果函数 $z=f(x,y)$ 的两个二阶混合偏导数 $\frac{\partial^2 z}{\partial y\partial x}$ 及 $\frac{\partial^2 z}{\partial x\partial y}$ 在区域 D 内连续,那么在该区域内这两个二阶混合偏导数必相等.

换句话说,二阶混合偏导数在连续的条件下与求导的次序无关.这定理的证明从略.

对于二元以上的函数,我们也可以类似地定义高阶偏导数.而且高阶混合偏导数在偏导数连续的条件下也与求导的次序无关.

例 7 验证函数 $z=\ln\sqrt{x^2+y^2}$ 满足方程

$$\frac{\partial^2 z}{\partial x^2}+\frac{\partial^2 z}{\partial y^2}=0.$$

证 因为 $$z=\ln\sqrt{x^2+y^2}=\frac{1}{2}\ln(x^2+y^2),$$

所以
$$\frac{\partial z}{\partial x}=\frac{x}{x^2+y^2},\ \frac{\partial z}{\partial y}=\frac{y}{x^2+y^2},$$

$$\frac{\partial^2 z}{\partial x^2}=\frac{(x^2+y^2)-x\cdot 2x}{(x^2+y^2)^2}=\frac{y^2-x^2}{(x^2+y^2)^2},$$

$$\frac{\partial^2 z}{\partial y^2}=\frac{(x^2+y^2)-y\cdot 2y}{(x^2+y^2)^2}=\frac{x^2-y^2}{(x^2+y^2)^2}.$$

因此
$$\frac{\partial^2 z}{\partial x^2}+\frac{\partial^2 z}{\partial y^2}=\frac{y^2-x^2}{(x^2+y^2)^2}+\frac{x^2-y^2}{(x^2+y^2)^2}=0.$$

例 8 证明函数 $u=\frac{1}{r}$ 满足方程

$$\frac{\partial^2 u}{\partial x^2}+\frac{\partial^2 u}{\partial y^2}+\frac{\partial^2 u}{\partial z^2}=0,$$

其中 $r=\sqrt{x^2+y^2+z^2}$.

证
$$\frac{\partial u}{\partial x}=-\frac{1}{r^2}\frac{\partial r}{\partial x}=-\frac{1}{r^2}\cdot\frac{x}{r}=-\frac{x}{r^3},$$

$$\frac{\partial^2 u}{\partial x^2}=-\frac{1}{r^3}+\frac{3x}{r^4}\cdot\frac{\partial r}{\partial x}=-\frac{1}{r^3}+\frac{3x^2}{r^5}.$$

由于函数关于自变量的对称性,所以

$$\frac{\partial^2 u}{\partial y^2}=-\frac{1}{r^3}+\frac{3y^2}{r^5},\ \frac{\partial^2 u}{\partial z^2}=-\frac{1}{r^3}+\frac{3z^2}{r^5}.$$

因此
$$\frac{\partial^2 u}{\partial x^2}+\frac{\partial^2 u}{\partial y^2}+\frac{\partial^2 u}{\partial z^2}$$

$$=-\frac{3}{r^3}+\frac{3(x^2+y^2+z^2)}{r^5}=-\frac{3}{r^3}+\frac{3r^2}{r^5}=0.$$

例 7 和例 8 中的两个方程都叫做拉普拉斯(Laplace)方程,它是数学物理方程中一种很重要的方程.

习 题 8-2

1. 求下列函数的偏导数:

(1) $z=x^3y-y^3x$;　　(2) $s=\dfrac{u^2+v^2}{uv}$;

(3) $z=\sqrt{\ln(xy)}$;　　(4) $z=\sin(xy)+\cos^2(xy)$;

(5) $z=\ln\tan\dfrac{x}{y}$;　　(6) $z=(1+xy)^y$;

(7) $u=x^{\frac{y}{z}}$;　　(8) $u=\arctan(x-y)^z$.

2. 设 $T=2\pi\sqrt{\dfrac{l}{g}}$,求证 $l\dfrac{\partial T}{\partial l}+g\dfrac{\partial T}{\partial g}=0$.

3. 设 $z=\mathrm{e}^{-\left(\frac{1}{x}+\frac{1}{y}\right)}$,求证 $x^2\dfrac{\partial z}{\partial x}+y^2\dfrac{\partial z}{\partial y}=2z$.

4. 设 $f(x,y)=x+(y-1)\arcsin\sqrt{\dfrac{x}{y}}$,求 $f_x(x,1)$.

5. 曲线 $\begin{cases} z=\dfrac{x^2+y^2}{4}, \\ y=4 \end{cases}$ 在点(2,4,5)处的切线对于 x 轴的倾角是多少?

6. 求下列函数的 $\dfrac{\partial^2 z}{\partial x^2}$,$\dfrac{\partial^2 z}{\partial y^2}$和$\dfrac{\partial^2 z}{\partial x\partial y}$:

(1) $z=x^4+y^4-4x^2y^2$;

(2) $z=\arctan\dfrac{y}{x}$;

(3) $z=y^x$.

7. 设 $f(x,y,z)=xy^2+yz^2+zx^2$,
求 $f_{xx}(0,0,1)$,$f_{xz}(1,0,2)$,$f_{yz}(0,-1,0)$及 $f_{zzx}(2,0,1)$.

8. 设 $z=x\ln(xy)$,求$\dfrac{\partial^3 z}{\partial x^2\partial y}$及$\dfrac{\partial^3 z}{\partial x\partial y^2}$.

9. 验证:

(1) $y=\mathrm{e}^{-kn^2t}\sin nx$ 满足$\dfrac{\partial y}{\partial t}=k\dfrac{\partial^2 y}{\partial x^2}$;

(2) $r=\sqrt{x^2+y^2+z^2}$满足$\dfrac{\partial^2 r}{\partial x^2}+\dfrac{\partial^2 r}{\partial y^2}+\dfrac{\partial^2 r}{\partial z^2}=\dfrac{2}{r}$.

第三节 全 微 分

一、全微分的定义

我们已经知道,二元函数对某个自变量的偏导数表示当另一个自变量固定

时，因变量相对于该自变量的变化率．根据一元函数微分学中增量与微分的关系，可得

$$f(x+\Delta x,y)-f(x,y)\approx f_x(x,y)\Delta x,$$

$$f(x,y+\Delta y)-f(x,y)\approx f_y(x,y)\Delta y.$$

上面两式的左端分别叫做二元函数对 x 和对 y 的偏增量，而右端分别叫做二元函数对 x 和对 y 的偏微分．

在实际问题中，有时需要研究多元函数中各个自变量都取得增量时因变量所获得的增量，即所谓全增量的问题．下面以二元函数为例进行讨论．

设函数 $z=f(x,y)$ 在点 $P(x,y)$ 的某邻域内有定义，$P'(x+\Delta x,y+\Delta y)$ 为这邻域内的任意一点，则称这两点的函数值之差 $f(x+\Delta x,y+\Delta y)-f(x,y)$ 为函数在点 P 对应于自变量增量 Δx、Δy 的全增量，记作 Δz，即

$$\Delta z=f(x+\Delta x,y+\Delta y)-f(x,y). \tag{1}$$

一般说来，计算全增量 Δz 比较复杂．与一元函数的情形一样，我们希望用自变量的增量 Δx、Δy 的线性函数来近似地代替函数的全增量 Δz，从而引入如下定义．

定义　如果函数 $z=f(x,y)$ 在点 (x,y) 的全增量

$$\Delta z=f(x+\Delta x,y+\Delta y)-f(x,y)$$

可表示为

$$\Delta z=A\Delta x+B\Delta y+o(\rho), \tag{2}$$

其中 A、B 不依赖于 Δx、Δy 而仅与 x、y 有关，$\rho=\sqrt{(\Delta x)^2+(\Delta y)^2}$，则称函数 $z=f(x,y)$ 在点 (x,y) 可微分，而 $A\Delta x+B\Delta y$ 称为函数 $z=f(x,y)$ 在点 (x,y) 的全微分，记作 $\mathrm{d}z$，即

$$\mathrm{d}z=A\Delta x+B\Delta y.$$

如果函数在区域 D 内各点处都可微分，那么称这函数在 D 内可微分．

在第二节中曾指出，多元函数在某点的偏导数存在，并不能保证函数在该点连续．但是，由上述定义可知，如果函数 $z=f(x,y)$ 在点 (x,y) 可微分，那么这函数在该点必定连续．事实上，这时由(2)式可得

$$\lim_{\rho\to 0}\Delta z=0,$$

从而①

$$\lim_{(\Delta x,\Delta y)\to(0,0)} f(x+\Delta x,y+\Delta y)=\lim_{\rho\to 0}[f(x,y)+\Delta z]=f(x,y).$$

因此函数 $z=f(x,y)$ 在点 (x,y) 处连续．

下面讨论函数 $z=f(x,y)$ 在点 (x,y) 可微分的条件．

---

① 这里，$\rho\to 0$ 与 $(\Delta x,\Delta y)\to(0,0)$ 相当．

定理 1(必要条件) 如果函数 $z=f(x,y)$ 在点 (x,y) 可微分,则该函数在点 (x,y) 的偏导数 $\frac{\partial z}{\partial x}$、$\frac{\partial z}{\partial y}$ 必定存在,且函数 $z=f(x,y)$ 在点 (x,y) 的全微分为

$$\mathrm{d}z=\frac{\partial z}{\partial x}\Delta x+\frac{\partial z}{\partial y}\Delta y. \tag{3}$$

证 设函数 $z=f(x,y)$ 在点 $P(x,y)$ 可微分. 于是,对于点 P 的某个邻域内的任意一点 $P'(x+\Delta x,y+\Delta y)$,(2)式总成立. 特别当 $\Delta y=0$ 时(2)式也应成立,这时 $\rho=|\Delta x|$,所以(2)式成为

$$f(x+\Delta x,y)-f(x,y)=A\cdot\Delta x+o(|\Delta x|).$$

上式两边各除以 Δx,再令 $\Delta x\to 0$ 而取极限,就得

$$\lim_{\Delta x\to 0}\frac{f(x+\Delta x,y)-f(x,y)}{\Delta x}=A,$$

从而偏导数 $\frac{\partial z}{\partial x}$ 存在,且等于 A. 同样可证 $\frac{\partial z}{\partial y}=B$. 所以(3)式成立. 证毕.

我们知道,一元函数在某点的导数存在是微分存在的充分必要条件. 但对于多元函数来说,情形就不同了. 当函数的各偏导数都存在时,虽然能形式地写出 $\frac{\partial z}{\partial x}\Delta x+\frac{\partial z}{\partial y}\Delta y$,但它与 Δz 之差并不一定是较 ρ 高阶的无穷小,因此它不一定是函数的全微分. 换句话说,各偏导数的存在只是全微分存在的必要条件而不是充分条件. 例如,函数

$$f(x,y)=\begin{cases}\dfrac{xy}{\sqrt{x^2+y^2}}, & x^2+y^2\neq 0,\\ 0, & x^2+y^2=0\end{cases}$$

在点(0,0)处有 $f_x(0,0)=0$ 及 $f_y(0,0)=0$,所以

$$\Delta z-[f_x(0,0)\cdot\Delta x+f_y(0,0)\cdot\Delta y]=\frac{\Delta x\cdot\Delta y}{\sqrt{(\Delta x)^2+(\Delta y)^2}},$$

如果考虑点 $P'(\Delta x,\Delta y)$ 沿着直线 $y=x$ 趋于(0,0),则

$$\frac{\dfrac{\Delta x\cdot\Delta y}{\sqrt{(\Delta x)^2+(\Delta y)^2}}}{\rho}=\frac{\Delta x\cdot\Delta y}{(\Delta x)^2+(\Delta y)^2}=\frac{\Delta x\cdot\Delta x}{(\Delta x)^2+(\Delta x)^2}=\frac{1}{2},$$

它不能随 $\rho\to 0$ 而趋于 0,这表示 $\rho\to 0$ 时,

$$\Delta z-[f_x(0,0)\Delta x+f_y(0,0)\Delta y]$$

并不是较 ρ 高阶的无穷小,因此函数在点(0,0)处的全微分并不存在,即函数在点(0,0)处是不可微分的.

由定理 1 及这个例子可知,偏导数存在是可微分的必要条件而不是充分条件. 但是,如果再假定函数的各个偏导数连续,则可以证明函数是可微分的,即有

下面的定理.

定理 2(充分条件)　如果函数 $z=f(x,y)$ 的偏导数 $\frac{\partial z}{\partial x}$、$\frac{\partial z}{\partial y}$ 在点 (x,y) 连续,则函数在该点可微分.

证　因为我们只限于讨论在某一区域内有定义的函数(对于偏导数也如此),所以假定偏导数在点 $P(x,y)$ 连续,就含有偏导数在该点的某一邻域内必然存在的意思(以后凡说到偏导数在某一点连续均应如此理解).设点 $(x+\Delta x, y+\Delta y)$ 为这邻域内任意一点,考察函数的全增量

$$\begin{aligned}\Delta z &= f(x+\Delta x,y+\Delta y)-f(x,y)\\ &=[f(x+\Delta x,y+\Delta y)-f(x,y+\Delta y)]\\ &\quad+[f(x,y+\Delta y)-f(x,y)].\end{aligned}$$

在第一个方括号内的表达式,由于 $y+\Delta y$ 不变,因而可以看作是 x 的一元函数 $f(x,y+\Delta y)$ 的增量.于是,应用拉格朗日中值定理,得到

$$\begin{aligned}&f(x+\Delta x,y+\Delta y)-f(x,y+\Delta y)\\ &=f_x(x+\theta_1\Delta x,y+\Delta y)\Delta x\quad(0<\theta_1<1).\end{aligned}$$

又依假设,$f_x(x,y)$ 在点 (x,y) 连续,所以上式可写为

$$\begin{aligned}&f(x+\Delta x,y+\Delta y)-f(x,y+\Delta y)\\ &=f_x(x,y)\Delta x+\varepsilon_1\Delta x,\end{aligned}\tag{4}$$

其中 ε_1 为 Δx、Δy 的函数,且当 $\Delta x\to 0,\Delta y\to 0$ 时,$\varepsilon_1\to 0$.

同理可证第二个方括号内的表达式可写为

$$f(x,y+\Delta y)-f(x,y)=f_y(x,y)\Delta y+\varepsilon_2\Delta y,\tag{5}$$

其中 ε_2 为 Δy 的函数,且当 $\Delta y\to 0$ 时,$\varepsilon_2\to 0$.

由(4)、(5)两式可见,在偏导数连续的假定下,全增量 Δz 可以表示为

$$\Delta z=f_x(x,y)\Delta x+f_y(x,y)\Delta y+\varepsilon_1\Delta x+\varepsilon_2\Delta y.\tag{6}$$

容易看出

$$\left|\frac{\varepsilon_1\Delta x+\varepsilon_2\Delta y}{\rho}\right|\leqslant|\varepsilon_1|+|\varepsilon_2|,$$

它是随着 $(\Delta x,\Delta y)\to(0,0)$ 即 $\rho\to 0$ 而趋于零的.

这就证明了 $z=f(x,y)$ 在点 $P(x,y)$ 是可微分的.

以上关于二元函数全微分的定义及可微分的必要条件和充分条件,可以完全类似地推广到三元和三元以上的多元函数.

习惯上,我们将自变量的增量 Δx、Δy 分别记作 $\mathrm{d}x$、$\mathrm{d}y$,并分别称为自变量 x、y 的微分.这样,函数 $z=f(x,y)$ 的全微分就可写为

$$\mathrm{d}z=\frac{\partial z}{\partial x}\mathrm{d}x+\frac{\partial z}{\partial y}\mathrm{d}y.\tag{7}$$

通常我们把二元函数的全微分等于它的两个偏微分之和这件事称为二元函数的微分符合叠加原理.

叠加原理也适用于二元以上的函数的情形.例如,如果三元函数 $u=f(x,y,z)$可微分,那么它的全微分就等于它的三个偏微分之和,即

$$du=\frac{\partial u}{\partial x}dx+\frac{\partial u}{\partial y}dy+\frac{\partial u}{\partial z}dz.$$

例 1 计算函数 $z=x^2y+y^2$ 的全微分.

解 因为 $\frac{\partial z}{\partial x}=2xy,\ \frac{\partial z}{\partial y}=x^2+2y,$

所以 $$dz=2xydx+(x^2+2y)dy.$$

例 2 计算函数 $z=e^{xy}$在点(2,1)处的全微分.

解 因为 $\frac{\partial z}{\partial x}=ye^{xy},\frac{\partial z}{\partial y}=xe^{xy},$

$$\left.\frac{\partial z}{\partial x}\right|_{\substack{x=2\\y=1}}=e^2,\left.\frac{\partial z}{\partial y}\right|_{\substack{x=2\\y=1}}=2e^2,$$

所以 $$dz=e^2dx+2e^2dy.$$

例 3 计算函数 $u=x+\sin\frac{y}{2}+e^{yz}$的全微分.

解 因为 $\frac{\partial u}{\partial x}=1,\ \frac{\partial u}{\partial y}=\frac{1}{2}\cos\frac{y}{2}+ze^{yz},\frac{\partial u}{\partial z}=ye^{yz},$

所以 $$du=dx+\left(\frac{1}{2}\cos\frac{y}{2}+ze^{yz}\right)dy+ye^{yz}dz.$$

*二、全微分在近似计算中的应用

由二元函数的全微分的定义及关于全微分存在的充分条件可知,当二元函数 $z=f(x,y)$在点 $P(x,y)$的两个偏导数 $f_x(x,y),f_y(x,y)$连续,并且$|\Delta x|$,$|\Delta y|$都较小时,就有近似等式

$$\Delta z\approx dz=f_x(x,y)\Delta x+f_y(x,y)\Delta y. \tag{8}$$

上式也可以写成

$$f(x+\Delta x,y+\Delta y)\approx f(x,y)+f_x(x,y)\Delta x+f_y(x,y)\Delta y. \tag{9}$$

与一元函数的情形相类似,我们可以利用(8)式或(9)式对二元函数作近似计算和误差估计,举例于下.

例 4 有一圆柱体,受压后发生形变,它的半径由 20 cm 增大到 20.05 cm,高度由 100 cm 减少到 99 cm.求此圆柱体体积变化的近似值.

解 设圆柱体的半径、高和体积依次为 r、h 和 V,则有

$$V=\pi r^2h.$$

记 r、h 和 V 的增量依次为 Δr、Δh 和 ΔV. 应用公式(8),有

$$\Delta V \approx \mathrm{d}V = V_r \Delta r + V_h \Delta h = 2\pi rh\Delta r + \pi r^2 \Delta h.$$

把 $r=20, h=100, \Delta r=0.05, \Delta h=-1$ 代入,得

$$\Delta V \approx 2\pi \times 20 \times 100 \times 0.05 + \pi \times 20^2 \times (-1) = -200\pi(\mathrm{cm}^3).$$

即此圆柱体在受压后体积约减少了 $200\pi\ \mathrm{cm}^3$.

例 5 计算 $(1.04)^{2.02}$ 的近似值.

解 设函数 $f(x,y)=x^y$. 显然,要计算的值就是函数在 $x=1.04, y=2.02$ 时的函数值 $f(1.04, 2.02)$.

取 $x=1, y=2, \Delta x=0.04, \Delta y=0.02$. 由于

$$f(1,2)=1,$$
$$f_x(x,y)=yx^{y-1},\ f_y(x,y)=x^y\ln x,$$
$$f_x(1,2)=2, \qquad f_y(1,2)=0,$$

所以,应用公式(9)便有

$$(1.04)^{2.02} \approx 1 + 2\times 0.04 + 0\times 0.02 = 1.08.$$

例 6 利用单摆摆动测定重力加速度 g 的公式是

$$g=\frac{4\pi^2 l}{T^2}.$$

现测得单摆摆长 l 与振动周期 T 分别为 $l=100\pm 0.1$ cm、$T=2\pm 0.004$ s. 问由于测定 l 与 T 的误差而引起 g 的绝对误差和相对误差各为多少①?

解 如果把测量 l 与 T 时所产生的误差当作 $|\Delta l|$ 与 $|\Delta T|$,则利用上述计算公式所产生的误差就是二元函数 $g=\dfrac{4\pi^2 l}{T^2}$ 的全增量的绝对值 $|\Delta g|$. 由于 $|\Delta l|$、$|\Delta T|$ 都很小,因此我们可以用 $\mathrm{d}g$ 来近似地代替 Δg. 这样就得到 g 的误差为

$$\begin{aligned}|\Delta g| \approx |\mathrm{d}g| &= \left|\frac{\partial g}{\partial l}\Delta l + \frac{\partial g}{\partial T}\Delta T\right| \\ &\leqslant \left|\frac{\partial g}{\partial l}\right|\cdot \delta_l + \left|\frac{\partial g}{\partial T}\right|\cdot \delta_T \\ &= 4\pi^2\left(\frac{1}{T^2}\delta_l + \frac{2l}{T^3}\delta_T\right),\end{aligned}$$

其中 δ_l 与 δ_T 为 l 与 T 的绝对误差. 把 $l=100, T=2, \delta_l=0.1, \delta_T=0.004$ 代入上式,得 g 的绝对误差约为

$$\delta_g = 4\pi^2\left(\frac{0.1}{2^2} + \frac{2\times 100}{2^3}\times 0.004\right) = 0.5\pi^2 \approx 4.93(\mathrm{cm/s}^2).$$

---

① 按第二章第五节的说明,这里的绝对误差和相对误差各指相应的误差限.

从而 g 的相对误差约为

$$\frac{\delta_g}{g}=\frac{0.5\pi^2}{\dfrac{4\pi^2\times 100}{2^2}}=0.5\%.$$

从上面的例子可以看到，对于一般的二元函数 $z=f(x,y)$，如果自变量 x、y 的绝对误差分别为 δ_x、δ_y，即

$$|\Delta x|\leqslant\delta_x,\ |\Delta y|\leqslant\delta_y,$$

则 z 的误差

$$\begin{aligned}|\Delta z|\approx|\mathrm{d}z|&=\left|\frac{\partial z}{\partial x}\Delta x+\frac{\partial z}{\partial y}\Delta y\right|\\&\leqslant\left|\frac{\partial z}{\partial x}\right|\cdot|\Delta x|+\left|\frac{\partial z}{\partial y}\right|\cdot|\Delta y|\\&\leqslant\left|\frac{\partial z}{\partial x}\right|\delta_x+\left|\frac{\partial z}{\partial y}\right|\delta_y;\end{aligned}$$

从而得到 z 的绝对误差约为

$$\delta_z=\left|\frac{\partial z}{\partial x}\right|\delta_x+\left|\frac{\partial z}{\partial y}\right|\delta_y;\tag{10}$$

z 的相对误差约为

$$\frac{\delta_z}{|z|}=\left|\frac{\dfrac{\partial z}{\partial x}}{z}\right|\delta_x+\left|\frac{\dfrac{\partial z}{\partial y}}{z}\right|\delta_y.\tag{11}$$

习 题 8-3

1. 求下列函数的全微分：

(1) $z=xy+\dfrac{x}{y}$；

(2) $z=\mathrm{e}^{\frac{y}{x}}$；

(3) $z=\dfrac{y}{\sqrt{x^2+y^2}}$；

(4) $u=x^{yz}$.

2. 求函数 $z=\ln(1+x^2+y^2)$ 当 $x=1,y=2$ 时的全微分.

3. 求函数 $z=\dfrac{y}{x}$ 当 $x=2,y=1,\Delta x=0.1,\Delta y=-0.2$ 时的全增量和全微分.

4. 求函数 $z=\mathrm{e}^{xy}$ 当 $x=1,y=1,\Delta x=0.15,\Delta y=0.1$ 时的全微分.

*5. 计算 $\sqrt{(1.02)^3+(1.97)^3}$ 的近似值.

*6. 计算 $(1.97)^{1.05}$ 的近似值($\ln 2=0.693$).

*7. 已知边长为 $x=6$ m 与 $y=8$ m 的矩形，如果 x 边增加 5 cm 而 y 边减少 10 cm，问这

个矩形的对角线的近似变化怎样？

*8. 设有一无盖圆柱形容器，容器的壁与底的厚度均为 0.1 cm，内高为 20 cm，内半径为 4 cm. 求容器外壳体积的近似值.

*9. 设有直角三角形，测得其两直角边的长分别为 7 ± 0.1 cm 和 24 ± 0.1 cm. 试求利用上述二值来计算斜边长度时的绝对误差.

*10. 测得一块三角形土地的两边边长分别为 63 ± 0.1 m 和 78 ± 0.1 m，这两边的夹角为 $60^\circ\pm1^\circ$. 试求三角形面积的近似值，并求其绝对误差和相对误差.

*11. 利用全微分证明：两数之和的绝对误差等于它们各自的绝对误差之和.

*12. 利用全微分证明：乘积的相对误差等于各因子的相对误差之和；商的相对误差等于被除数及除数的相对误差之和.

第四节　多元复合函数的求导法则

现在要将一元函数微分学中复合函数的求导法则推广到多元复合函数的情形. 多元复合函数的求导法则在多元函数微分学中也起着重要作用.

下面按照多元复合函数不同的复合情形，分三种情形讨论.

1. 复合函数的中间变量均为一元函数的情形.

定理 1　如果函数 $u=\varphi(t)$ 及 $v=\psi(t)$ 都在点 t 可导，函数 $z=f(u,v)$ 在对应点 (u,v) 具有连续偏导数，则复合函数 $z=f[\varphi(t),\psi(t)]$ 在点 t 可导，且有

$$\frac{\mathrm{d}z}{\mathrm{d}t}=\frac{\partial z}{\partial u}\frac{\mathrm{d}u}{\mathrm{d}t}+\frac{\partial z}{\partial v}\frac{\mathrm{d}v}{\mathrm{d}t}. \tag{1}$$

证　设 t 获得增量 Δt，这时 $u=\varphi(t)$、$v=\psi(t)$ 的对应增量为 Δu、Δv，由此，函数 $z=f(u,v)$ 相应地获得增量 Δz. 按假定，函数 $z=f(u,v)$ 在点 (u,v) 具有连续偏导数，于是由第三节公式(6)有

$$\Delta z=\frac{\partial z}{\partial u}\Delta u+\frac{\partial z}{\partial v}\Delta v+\varepsilon_1\Delta u+\varepsilon_2\Delta v,$$

这里，当 $\Delta u\to0,\Delta v\to0$ 时，$\varepsilon_1\to0,\varepsilon_2\to0$.

将上式两边各除以 Δt，得

$$\frac{\Delta z}{\Delta t}=\frac{\partial z}{\partial u}\frac{\Delta u}{\Delta t}+\frac{\partial z}{\partial v}\frac{\Delta v}{\Delta t}+\varepsilon_1\frac{\Delta u}{\Delta t}+\varepsilon_2\frac{\Delta v}{\Delta t}.$$

因为当 $\Delta t\to0$ 时，$\Delta u\to0,\Delta v\to0,\dfrac{\Delta u}{\Delta t}\to\dfrac{\mathrm{d}u}{\mathrm{d}t},\dfrac{\Delta v}{\Delta t}\to\dfrac{\mathrm{d}v}{\mathrm{d}t}$，所以

$$\lim_{\Delta t\to0}\frac{\Delta z}{\Delta t}=\frac{\partial z}{\partial u}\frac{\mathrm{d}u}{\mathrm{d}t}+\frac{\partial z}{\partial v}\frac{\mathrm{d}v}{\mathrm{d}t}.$$

这就证明了复合函数 $z=f[\varphi(t),\psi(t)]$ 在点 t 可导，且其导数可用公式(1)计算. 证毕.

用同样的方法，可把定理推广到复合函数的中间变量多于两个的情形．例如，设 $z=f(u,v,w)$，$u=\varphi(t)$，$v=\psi(t)$，$w=\omega(t)$ 复合而得复合函数

$$z=f[\varphi(t),\psi(t),\omega(t)],$$

则在与定理相类似的条件下，这复合函数在点 t 可导，且其导数可用下列公式计算：

$$\frac{\mathrm{d}z}{\mathrm{d}t}=\frac{\partial z}{\partial u}\frac{\mathrm{d}u}{\mathrm{d}t}+\frac{\partial z}{\partial v}\frac{\mathrm{d}v}{\mathrm{d}t}+\frac{\partial z}{\partial w}\frac{\mathrm{d}w}{\mathrm{d}t}. \tag{2}$$

在公式(1)及(2)中的导数 $\frac{\mathrm{d}z}{\mathrm{d}t}$ 称为全导数．

2．复合函数的中间变量均为多元函数的情形．

定理 2　如果函数 $u=\varphi(x,y)$ 及 $v=\psi(x,y)$ 都在点 (x,y) 具有对 x 及对 y 的偏导数，函数 $z=f(u,v)$ 在对应点 (u,v) 具有连续偏导数，则复合函数 $z=f[\varphi(x,y),\psi(x,y)]$ 在点 (x,y) 的两个偏导数存在，且有

$$\frac{\partial z}{\partial x}=\frac{\partial z}{\partial u}\frac{\partial u}{\partial x}+\frac{\partial z}{\partial v}\frac{\partial v}{\partial x}, \tag{3}$$

$$\frac{\partial z}{\partial y}=\frac{\partial z}{\partial u}\frac{\partial u}{\partial y}+\frac{\partial z}{\partial v}\frac{\partial v}{\partial y}. \tag{4}$$

事实上，这里求 $\frac{\partial z}{\partial x}$ 时，将 y 看作常量，因此中间变量 u 及 v 仍可看作一元函数而应用定理 1．但由于复合函数 $z=f[\varphi(x,y),\psi(x,y)]$ 以及 $u=\varphi(x,y)$ 和 $v=\psi(x,y)$ 都是 x、y 的二元函数，所以应把(1)式中的 d 改为 ∂，再把 t 换成 x，这样便由(1)式得(3)式．同理由(1)式可得(4)式．

类似地，设 $u=\varphi(x,y)$、$v=\psi(x,y)$ 及 $w=\omega(x,y)$ 都在点 (x,y) 具有对 x 及对 y 的偏导数，函数 $z=f(u,v,w)$ 在对应点 (u,v,w) 具有连续偏导数，则复合函数

$$z=f[\varphi(x,y),\psi(x,y),\omega(x,y)]$$

在点 (x,y) 的两个偏导数都存在，且可用下列公式计算：

$$\frac{\partial z}{\partial x}=\frac{\partial z}{\partial u}\frac{\partial u}{\partial x}+\frac{\partial z}{\partial v}\frac{\partial v}{\partial x}+\frac{\partial z}{\partial w}\frac{\partial w}{\partial x}, \tag{5}$$

$$\frac{\partial z}{\partial y}=\frac{\partial z}{\partial u}\frac{\partial u}{\partial y}+\frac{\partial z}{\partial v}\frac{\partial v}{\partial y}+\frac{\partial z}{\partial w}\frac{\partial w}{\partial y}. \tag{6}$$

3．复合函数的中间变量既有一元函数，又有多元函数的情形．

定理 3　如果函数 $u=\varphi(x,y)$ 在点 (x,y) 具有对 x 及对 y 的偏导数，函数 $v=\psi(y)$ 在点 y 可导，函数 $z=f(u,v)$ 在对应点 (u,v) 具有连续偏导数，则复合函数 $z=f[\varphi(x,y),\psi(y)]$ 在点 (x,y) 的两个偏导数存在，且有

$$\frac{\partial z}{\partial x}=\frac{\partial z}{\partial u}\frac{\partial u}{\partial x}, \tag{7}$$

$$\frac{\partial z}{\partial y}=\frac{\partial z}{\partial u}\frac{\partial u}{\partial y}+\frac{\partial z}{\partial v}\frac{\mathrm{d}v}{\mathrm{d}y}. \tag{8}$$

上述情形实际上是情形 2 的一种特例，即在情形 2 中，如变量 v 与 x 无关，从而 $\frac{\partial v}{\partial x}=0$；在 v 对 y 求导时，由于 v 是 y 的一元函数，故 $\frac{\partial v}{\partial y}$ 换成了 $\frac{\mathrm{d}v}{\mathrm{d}y}$，这就得上述结果.

在情形 3 中，还会遇到这样的情形：复合函数的某些中间变量本身又是复合函数的自变量. 例如，设 $z=f(u,x,y)$ 具有连续偏导数，而 $u=\varphi(x,y)$ 具有偏导数，则复合函数 $z=f[\varphi(x,y),x,y]$ 可看作情形 2 中当 $v=x, w=y$ 的特殊情形. 因此

$$\frac{\partial v}{\partial x}=1,\qquad \frac{\partial w}{\partial x}=0,$$

$$\frac{\partial v}{\partial y}=0,\qquad \frac{\partial w}{\partial y}=1.$$

从而复合函数 $z=f[\varphi(x,y),x,y]$ 具有对自变量 x 及 y 的偏导数，且由公式(5)、(6)得

$$\frac{\partial z}{\partial x}=\frac{\partial f}{\partial u}\frac{\partial u}{\partial x}+\frac{\partial f}{\partial x},$$

$$\frac{\partial z}{\partial y}=\frac{\partial f}{\partial u}\frac{\partial u}{\partial y}+\frac{\partial f}{\partial y}.$$

注意 这里 $\frac{\partial z}{\partial x}$ 与 $\frac{\partial f}{\partial x}$ 是不同的，$\frac{\partial z}{\partial x}$ 是把复合函数 $z=f[\varphi(x,y),x,y]$ 中的 y 看作不变而对 x 的偏导数，$\frac{\partial f}{\partial x}$ 是把 $f(u,x,y)$ 中的 u 及 y 看作不变而对 x 的偏导数. $\frac{\partial z}{\partial y}$ 与 $\frac{\partial f}{\partial y}$ 也有类似的区别.

例 1 设 $z=\mathrm{e}^u\sin v$，而 $u=xy, v=x+y$. 求 $\frac{\partial z}{\partial x}$ 和 $\frac{\partial z}{\partial y}$.

解

$$\begin{aligned}\frac{\partial z}{\partial x}&=\frac{\partial z}{\partial u}\frac{\partial u}{\partial x}+\frac{\partial z}{\partial v}\frac{\partial v}{\partial x}=\mathrm{e}^u\sin v\cdot y+\mathrm{e}^u\cos v\cdot 1\\&=\mathrm{e}^{xy}[y\sin(x+y)+\cos(x+y)],\\\frac{\partial z}{\partial y}&=\frac{\partial z}{\partial u}\frac{\partial u}{\partial y}+\frac{\partial z}{\partial v}\frac{\partial v}{\partial y}=\mathrm{e}^u\sin v\cdot x+\mathrm{e}^u\cos v\cdot 1\\&=\mathrm{e}^{xy}[x\sin(x+y)+\cos(x+y)].\end{aligned}$$

例 2 设 $u=f(x,y,z)=\mathrm{e}^{x^2+y^2+z^2}$，而 $z=x^2\sin y$. 求 $\frac{\partial u}{\partial x}$ 和 $\frac{\partial u}{\partial y}$.

解 $\frac{\partial u}{\partial x}=\frac{\partial f}{\partial x}+\frac{\partial f}{\partial z}\frac{\partial z}{\partial x}=2x\mathrm{e}^{x^2+y^2+z^2}+2z\mathrm{e}^{x^2+y^2+z^2}\cdot 2x\sin y$

$$=2x(1+2x^2\sin^2 y)e^{x^2+y^2+x^4\sin^2 y}.$$

$$\frac{\partial u}{\partial y}=\frac{\partial f}{\partial y}+\frac{\partial f}{\partial z}\frac{\partial z}{\partial y}=2ye^{x^2+y^2+z^2}+2ze^{x^2+y^2+z^2}\cdot x^2\cos y$$

$$=2(y+x^4\sin y\cos y)e^{x^2+y^2+x^4\sin^2 y}.$$

例 3 设 $z=uv+\sin t$，而 $u=e^t$，$v=\cos t$. 求全导数$\frac{dz}{dt}$.

解 $$\frac{dz}{dt}=\frac{\partial z}{\partial u}\frac{du}{dt}+\frac{\partial z}{\partial v}\frac{dv}{dt}+\frac{\partial z}{\partial t}=ve^t-u\sin t+\cos t$$

$$=e^t\cos t-e^t\sin t+\cos t=e^t(\cos t-\sin t)+\cos t.$$

例 4 设 $w=f(x+y+z,xyz)$，f 具有二阶连续偏导数，求$\frac{\partial w}{\partial x}$及$\frac{\partial^2 w}{\partial x\partial z}$.

解 令 $u=x+y+z$，$v=xyz$，则 $w=f(u,v)$.

为表达简便起见，引入以下记号：

$$f_1'=\frac{\partial f(u,v)}{\partial u},\quad f_{12}''=\frac{\partial^2 f(u,v)}{\partial u\partial v},$$

这里下标 1 表示对第一个变量 u 求偏导数，下标 2 表示对第二个变量 v 求偏导数. 同理有 f_2'，f_{11}''，f_{22}''等等.

因所给函数由 $w=f(u,v)$ 及 $u=x+y+z$，$v=xyz$ 复合而成，根据复合函数求导法则，有

$$\frac{\partial w}{\partial x}=\frac{\partial f}{\partial u}\frac{\partial u}{\partial x}+\frac{\partial f}{\partial v}\frac{\partial v}{\partial x}=f_1'+yzf_2',$$

$$\frac{\partial^2 w}{\partial x\partial z}=\frac{\partial}{\partial z}(f_1'+yzf_2')=\frac{\partial f_1'}{\partial z}+yf_2'+yz\frac{\partial f_2'}{\partial z}.$$

求$\frac{\partial f_1'}{\partial z}$及$\frac{\partial f_2'}{\partial z}$时，应注意 f_1' 及 f_2' 仍旧是复合函数，根据复合函数求导法则，有

$$\frac{\partial f_1'}{\partial z}=\frac{\partial f_1'}{\partial u}\frac{\partial u}{\partial z}+\frac{\partial f_1'}{\partial v}\frac{\partial v}{\partial z}=f_{11}''+xyf_{12}'',$$

$$\frac{\partial f_2'}{\partial z}=\frac{\partial f_2'}{\partial u}\frac{\partial u}{\partial z}+\frac{\partial f_2'}{\partial v}\frac{\partial v}{\partial z}=f_{21}''+xyf_{22}''.$$

于是

$$\frac{\partial^2 w}{\partial x\partial z}=f_{11}''+xyf_{12}''+yf_2'+yzf_{21}''+xy^2zf_{22}''$$

$$=f_{11}''+y(x+z)f_{12}''+xy^2zf_{22}''+yf_2'.$$

例 5 设 $u=f(x,y)$的所有二阶偏导数连续，把下列表达式转换为极坐标系中的形式：

(1) $\left(\frac{\partial u}{\partial x}\right)^2+\left(\frac{\partial u}{\partial y}\right)^2$；　　(2) $\frac{\partial^2 u}{\partial x^2}+\frac{\partial^2 u}{\partial y^2}$.

解 由直角坐标与极坐标间的关系式

$$x=\rho\cos\theta,\quad y=\rho\sin\theta$$

可把函数 $u=f(x,y)$ 换成极坐标 ρ 及 θ 的函数：

$$u=f(x,y)=f(\rho\cos\theta,\rho\sin\theta)=F(\rho,\theta).$$

现在要将式子 $\left(\dfrac{\partial u}{\partial x}\right)^2+\left(\dfrac{\partial u}{\partial y}\right)^2$ 及 $\dfrac{\partial^2 u}{\partial x^2}+\dfrac{\partial^2 u}{\partial y^2}$ 用 ρ、θ 及函数 $u=F(\rho,\theta)$ 对 ρ、θ 的偏导数来表达.为此,要求出 $u=f(x,y)$ 的偏导数 $\dfrac{\partial u}{\partial x}$、$\dfrac{\partial u}{\partial y}$、$\dfrac{\partial^2 u}{\partial x^2}$ 及 $\dfrac{\partial^2 u}{\partial y^2}$.这里 $u=f(x,y)$ 要看作由 $u=F(\rho,\theta)$ 及

$$\rho=\sqrt{x^2+y^2},\quad \theta=\arctan\frac{y}{x}\text{①}$$

复合而成,应用复合函数求导法则,得

$$\frac{\partial u}{\partial x}=\frac{\partial u}{\partial \rho}\frac{\partial \rho}{\partial x}+\frac{\partial u}{\partial \theta}\frac{\partial \theta}{\partial x}=\frac{\partial u}{\partial \rho}\frac{x}{\rho}-\frac{\partial u}{\partial \theta}\frac{y}{\rho^2}=\frac{\partial u}{\partial \rho}\cos\theta-\frac{\partial u}{\partial \theta}\frac{\sin\theta}{\rho},$$

$$\frac{\partial u}{\partial y}=\frac{\partial u}{\partial \rho}\frac{\partial \rho}{\partial y}+\frac{\partial u}{\partial \theta}\frac{\partial \theta}{\partial y}=\frac{\partial u}{\partial \rho}\frac{y}{\rho}+\frac{\partial u}{\partial \theta}\frac{x}{\rho^2}=\frac{\partial u}{\partial \rho}\sin\theta+\frac{\partial u}{\partial \theta}\frac{\cos\theta}{\rho}.$$

两式平方后相加,得

$$\left(\frac{\partial u}{\partial x}\right)^2+\left(\frac{\partial u}{\partial y}\right)^2=\left(\frac{\partial u}{\partial \rho}\right)^2+\frac{1}{\rho^2}\left(\frac{\partial u}{\partial \theta}\right)^2.$$

再求二阶偏导数,得

$$\begin{aligned}\frac{\partial^2 u}{\partial x^2}&=\frac{\partial}{\partial \rho}\left(\frac{\partial u}{\partial x}\right)\cdot\frac{\partial \rho}{\partial x}+\frac{\partial}{\partial \theta}\left(\frac{\partial u}{\partial x}\right)\cdot\frac{\partial \theta}{\partial x}\\&=\frac{\partial}{\partial \rho}\left(\frac{\partial u}{\partial \rho}\cos\theta-\frac{\partial u}{\partial \theta}\frac{\sin\theta}{\rho}\right)\cdot\cos\theta-\frac{\partial}{\partial \theta}\left(\frac{\partial u}{\partial \rho}\cos\theta-\frac{\partial u}{\partial \theta}\frac{\sin\theta}{\rho}\right)\cdot\frac{\sin\theta}{\rho}\\&=\frac{\partial^2 u}{\partial \rho^2}\cos^2\theta-2\frac{\partial^2 u}{\partial \rho\partial \theta}\frac{\sin\theta\cos\theta}{\rho}+\frac{\partial^2 u}{\partial \theta^2}\frac{\sin^2\theta}{\rho^2}+\frac{\partial u}{\partial \theta}\frac{2\sin\theta\cos\theta}{\rho^2}+\frac{\partial u}{\partial \rho}\frac{\sin^2\theta}{\rho}.\end{aligned}$$

同理可得

$$\frac{\partial^2 u}{\partial y^2}=\frac{\partial^2 u}{\partial \rho^2}\sin^2\theta+2\frac{\partial^2 u}{\partial \rho\partial \theta}\frac{\sin\theta\cos\theta}{\rho}+\frac{\partial^2 u}{\partial \theta^2}\frac{\cos^2\theta}{\rho^2}-\frac{\partial u}{\partial \theta}\frac{2\sin\theta\cos\theta}{\rho^2}+\frac{\partial u}{\partial \rho}\frac{\cos^2\theta}{\rho}.$$

两式相加,得

---

① 当点 $P(x,y)$ 在第一、四象限时,规定 θ 的取值范围为:

$$-\frac{\pi}{2}<\theta<\frac{\pi}{2},\text{则 }\theta=\arctan\frac{y}{x};$$

当点 $P(x,y)$ 在第二、三象限时,规定 θ 的取值范围为:

$$\frac{\pi}{2}<\theta<\frac{3}{2}\pi,\text{则 }\theta=\arctan\frac{y}{x}+\pi,$$

此时以下推导仍成立.

$$\frac{\partial^2 u}{\partial x^2}+\frac{\partial^2 u}{\partial y^2}=\frac{\partial^2 u}{\partial \rho^2}+\frac{1}{\rho}\frac{\partial u}{\partial \rho}+\frac{1}{\rho^2}\frac{\partial^2 u}{\partial \theta^2}=\frac{1}{\rho^2}\left[\rho\frac{\partial}{\partial \rho}\left(\rho\frac{\partial u}{\partial \rho}\right)+\frac{\partial^2 u}{\partial \theta^2}\right].$$

全微分形式不变性 设函数 $z=f(u,v)$ 具有连续偏导数,则有全微分

$$\mathrm{d}z=\frac{\partial z}{\partial u}\mathrm{d}u+\frac{\partial z}{\partial v}\mathrm{d}v.$$

如果 u、v 又是 x、y 的函数 $u=\varphi(x,y)$、$v=\psi(x,y)$,且这两个函数也具有连续偏导数,则复合函数

$$z=f[\varphi(x,y),\psi(x,y)]$$

的全微分为

$$\mathrm{d}z=\frac{\partial z}{\partial x}\mathrm{d}x+\frac{\partial z}{\partial y}\mathrm{d}y,$$

其中 $\frac{\partial z}{\partial x}$ 及 $\frac{\partial z}{\partial y}$ 分别由公式(3)及(4)给出.把公式(3)及(4)中的 $\frac{\partial z}{\partial x}$ 及 $\frac{\partial z}{\partial y}$ 代入上式,得

$$\begin{aligned}\mathrm{d}z&=\left(\frac{\partial z}{\partial u}\frac{\partial u}{\partial x}+\frac{\partial z}{\partial v}\frac{\partial v}{\partial x}\right)\mathrm{d}x+\left(\frac{\partial z}{\partial u}\frac{\partial u}{\partial y}+\frac{\partial z}{\partial v}\frac{\partial v}{\partial y}\right)\mathrm{d}y\\&=\frac{\partial z}{\partial u}\left(\frac{\partial u}{\partial x}\mathrm{d}x+\frac{\partial u}{\partial y}\mathrm{d}y\right)+\frac{\partial z}{\partial v}\left(\frac{\partial v}{\partial x}\mathrm{d}x+\frac{\partial v}{\partial y}\mathrm{d}y\right)\\&=\frac{\partial z}{\partial u}\mathrm{d}u+\frac{\partial z}{\partial v}\mathrm{d}v.\end{aligned}$$

由此可见,无论 z 是自变量 u、v 的函数或中间变量 u、v 的函数,它的全微分形式是一样的.这个性质叫做全微分形式不变性.

例 6 利用全微分形式不变性解本节的例 1.

解 $\mathrm{d}z=\mathrm{d}(\mathrm{e}^u\sin v)=\mathrm{e}^u\sin v\mathrm{d}u+\mathrm{e}^u\cos v\mathrm{d}v,$

因

$$\mathrm{d}u=\mathrm{d}(xy)=y\mathrm{d}x+x\mathrm{d}y,$$

$$\mathrm{d}v=\mathrm{d}(x+y)=\mathrm{d}x+\mathrm{d}y,$$

代入后归并含 $\mathrm{d}x$ 及 $\mathrm{d}y$ 的项,得

$$\mathrm{d}z=(\mathrm{e}^u\sin v\cdot y+\mathrm{e}^u\cos v)\mathrm{d}x+(\mathrm{e}^u\sin v\cdot x+\mathrm{e}^u\cos v)\mathrm{d}y,$$

即

$$\begin{aligned}\frac{\partial z}{\partial x}\mathrm{d}x+\frac{\partial z}{\partial y}\mathrm{d}y&=\mathrm{e}^{xy}[y\sin(x+y)+\cos(x+y)]\mathrm{d}x\\&\quad+\mathrm{e}^{xy}[x\sin(x+y)+\cos(x+y)]\mathrm{d}y.\end{aligned}$$

比较上式两边的 $\mathrm{d}x$、$\mathrm{d}y$ 的系数,就同时得到两个偏导数 $\frac{\partial z}{\partial x}$、$\frac{\partial z}{\partial y}$,它们与例 1 的结果一样.

习 题 8-4

1. 设 $z=u^2+v^2$,而 $u=x+y$,$v=x-y$,求 $\frac{\partial z}{\partial x}$,$\frac{\partial z}{\partial y}$.

2. 设 $z=u^2\ln v$，而 $u=\dfrac{x}{y}$，$v=3x-2y$，求$\dfrac{\partial z}{\partial x}$，$\dfrac{\partial z}{\partial y}$.

3. 设 $z=\mathrm{e}^{x-2y}$，而 $x=\sin t$，$y=t^3$，求$\dfrac{\mathrm{d}z}{\mathrm{d}t}$.

4. 设 $z=\arcsin(x-y)$，而 $x=3t$，$y=4t^3$，求$\dfrac{\mathrm{d}z}{\mathrm{d}t}$.

5. 设 $z=\arctan(xy)$，而 $y=\mathrm{e}^x$，求$\dfrac{\mathrm{d}z}{\mathrm{d}x}$.

6. 设 $u=\dfrac{\mathrm{e}^{ax}(y-z)}{a^2+1}$，而 $y=a\sin x$，$z=\cos x$，求$\dfrac{\mathrm{d}u}{\mathrm{d}x}$.

7. 设 $z=\arctan\dfrac{x}{y}$，而 $x=u+v$，$y=u-v$，验证

$$\frac{\partial z}{\partial u}+\frac{\partial z}{\partial v}=\frac{u-v}{u^2+v^2}.$$

8. 求下列函数的一阶偏导数(其中 f 具有一阶连续偏导数)：

(1) $u=f(x^2-y^2,\mathrm{e}^{xy})$；　　(2) $u=f\left(\dfrac{x}{y},\dfrac{y}{z}\right)$；

(3) $u=f(x,xy,xyz)$.

9. 设 $z=xy+xF(u)$，而 $u=\dfrac{y}{x}$，$F(u)$为可导函数，证明

$$x\frac{\partial z}{\partial x}+y\frac{\partial z}{\partial y}=z+xy.$$

10. 设 $z=\dfrac{y}{f(x^2-y^2)}$，其中 $f(u)$为可导函数，验证

$$\frac{1}{x}\frac{\partial z}{\partial x}+\frac{1}{y}\frac{\partial z}{\partial y}=\frac{z}{y^2}.$$

11. 设 $z=f(x^2+y^2)$，其中 f 具有二阶导数，求$\dfrac{\partial^2 z}{\partial x^2}$，$\dfrac{\partial^2 z}{\partial x\partial y}$，$\dfrac{\partial^2 z}{\partial y^2}$.

12. 求下列函数的$\dfrac{\partial^2 z}{\partial x^2}$，$\dfrac{\partial^2 z}{\partial x\partial y}$，$\dfrac{\partial^2 z}{\partial y^2}$(其中 f 具有二阶连续偏导数)：

(1) $z=f(xy,y)$；　　(2) $z=f\left(x,\dfrac{x}{y}\right)$；

(3) $z=f(xy^2,x^2y)$；　　(4) $z=f(\sin x,\cos y,\mathrm{e}^{x+y})$.

13. 设 $u=f(x,y)$的所有二阶偏导数连续，而

$$x=\frac{s-\sqrt{3}t}{2},\qquad y=\frac{\sqrt{3}s+t}{2},$$

证明

$$\left(\frac{\partial u}{\partial x}\right)^2+\left(\frac{\partial u}{\partial y}\right)^2=\left(\frac{\partial u}{\partial s}\right)^2+\left(\frac{\partial u}{\partial t}\right)^2$$

及

$$\frac{\partial^2 u}{\partial x^2}+\frac{\partial^2 u}{\partial y^2}=\frac{\partial^2 u}{\partial s^2}+\frac{\partial^2 u}{\partial t^2}.$$

第五节　隐函数的求导公式

一、一个方程的情形

在第二章第四节中我们已经提出了隐函数的概念，并且指出了不经过显化直接由方程

$$F(x,y)=0 \tag{1}$$

求它所确定的隐函数的导数的方法．现在介绍隐函数存在定理，并根据多元复合函数的求导法来导出隐函数的导数公式．

隐函数存在定理 1　设函数 $F(x,y)$ 在点 $P(x_0,y_0)$ 的某一邻域内具有连续偏导数，且 $F(x_0,y_0)=0$，$F_y(x_0,y_0)\neq 0$，则方程 $F(x,y)=0$ 在点 (x_0,y_0) 的某一邻域内恒能唯一确定一个连续且具有连续导数的函数 $y=f(x)$，它满足条件 $y_0=f(x_0)$，并有

$$\frac{\mathrm{d}y}{\mathrm{d}x}=-\frac{F_x}{F_y}. \tag{2}$$

公式(2)就是隐函数的求导公式．

这个定理我们不证．现仅就公式(2)作如下推导．

将方程(1)所确定的函数 $y=f(x)$ 代入(1)，得恒等式

$$F(x,f(x))\equiv 0,$$

其左端可以看作是 x 的一个复合函数，求这个函数的全导数，由于恒等式两端求导后仍然恒等，即得

$$\frac{\partial F}{\partial x}+\frac{\partial F}{\partial y}\frac{\mathrm{d}y}{\mathrm{d}x}=0,$$

由于 F_y 连续，且 $F_y(x_0,y_0)\neq 0$，所以存在 (x_0,y_0) 的一个邻域，在这个邻域内 $F_y\neq 0$，于是得

$$\frac{\mathrm{d}y}{\mathrm{d}x}=-\frac{F_x}{F_y}.$$

如果 $F(x,y)$ 的二阶偏导数也都连续，我们可以把等式(2)的两端看作 x 的复合函数而再一次求导，即得

$$\begin{aligned}\frac{\mathrm{d}^2y}{\mathrm{d}x^2}&=\frac{\partial}{\partial x}\left(-\frac{F_x}{F_y}\right)+\frac{\partial}{\partial y}\left(-\frac{F_x}{F_y}\right)\frac{\mathrm{d}y}{\mathrm{d}x}\\&=-\frac{F_{xx}F_y-F_{yx}F_x}{F_y^2}-\frac{F_{xy}F_y-F_{yy}F_x}{F_y^2}\left(-\frac{F_x}{F_y}\right)\\&=-\frac{F_{xx}F_y^2-2F_{xy}F_xF_y+F_{yy}F_x^2}{F_y^3}.\end{aligned}$$

例 1 验证方程 $x^2+y^2-1=0$ 在点 $(0,1)$ 的某一邻域内能唯一确定一个有连续导数、当 $x=0$ 时 $y=1$ 的隐函数 $y=f(x)$，并求这函数的一阶与二阶导数在 $x=0$ 的值.

解 设 $F(x,y)=x^2+y^2-1$，则 $F_x=2x, F_y=2y, F(0,1)=0, F_y(0,1)=2\neq0$. 因此由定理 1 可知，方程 $x^2+y^2-1=0$ 在点 $(0,1)$ 的某邻域内能唯一确定一个有连续导数、当 $x=0$ 时 $y=1$ 的函数 $y=f(x)$.

下面求这函数的一阶及二阶导数.

$$\frac{\mathrm{d}y}{\mathrm{d}x}=-\frac{F_x}{F_y}=-\frac{x}{y}, \left.\frac{\mathrm{d}y}{\mathrm{d}x}\right|_{x=0}=0;$$

$$\frac{\mathrm{d}^2y}{\mathrm{d}x^2}=-\frac{y-xy'}{y^2}=-\frac{y-x\left(-\dfrac{x}{y}\right)}{y^2}=-\frac{y^2+x^2}{y^3}=-\frac{1}{y^3},$$

$$\left.\frac{\mathrm{d}^2y}{\mathrm{d}x^2}\right|_{x=0}=-1.$$

隐函数存在定理还可以推广到多元函数. 既然一个二元方程(1)可以确定一个一元隐函数，那么一个三元方程

$$F(x,y,z)=0 \tag{3}$$

就有可能确定一个二元隐函数.

与定理 1 一样，我们同样可以由三元函数 $F(x,y,z)$ 的性质来断定由方程 $F(x,y,z)=0$ 所确定的二元函数 $z=f(x,y)$ 的存在，以及这个函数的性质. 这就是下面的定理.

隐函数存在定理 2 设函数 $F(x,y,z)$ 在点 $P(x_0,y_0,z_0)$ 的某一邻域内具有连续偏导数，且 $F(x_0,y_0,z_0)=0, F_z(x_0,y_0,z_0)\neq0$，则方程 $F(x,y,z)=0$ 在点 (x_0,y_0,z_0) 的某一邻域内恒能唯一确定一个连续且具有连续偏导数的函数 $z=f(x,y)$，它满足条件 $z_0=f(x_0,y_0)$，并有

$$\frac{\partial z}{\partial x}=-\frac{F_x}{F_z}, \frac{\partial z}{\partial y}=-\frac{F_y}{F_z}. \tag{4}$$

这个定理我们不证. 与定理 1 类似，仅就公式(4)作如下推导.

由于 $$F(x,y,f(x,y))\equiv0,$$

将上式两端分别对 x 和 y 求导，应用复合函数求导法则得

$$F_x+F_z\frac{\partial z}{\partial x}=0,\ F_y+F_z\frac{\partial z}{\partial y}=0.$$

因为 F_z 连续，且 $F_z(x_0,y_0,z_0)\neq0$，所以存在点 (x_0,y_0,z_0) 的一个邻域，在这个邻域内 $F_z\neq0$，于是得

$$\frac{\partial z}{\partial x}=-\frac{F_x}{F_z},\ \frac{\partial z}{\partial y}=-\frac{F_y}{F_z}.$$

例 2 设 $x^2+y^2+z^2-4z=0$,求$\frac{\partial^2 z}{\partial x^2}$.

解 设 $F(x,y,z)=x^2+y^2+z^2-4z$,则 $F_x=2x, F_z=2z-4$.应用公式(4),得

$$\frac{\partial z}{\partial x}=\frac{x}{2-z}.$$

再一次对 x 求偏导数,得

$$\frac{\partial^2 z}{\partial x^2}=\frac{(2-z)+x\frac{\partial z}{\partial x}}{(2-z)^2}=\frac{(2-z)+x\left(\frac{x}{2-z}\right)}{(2-z)^2}=\frac{(2-z)^2+x^2}{(2-z)^3}.$$

二、方程组的情形

下面我们将隐函数存在定理作另一方面的推广.我们不仅增加方程中变量的个数,而且增加方程的个数.例如,考虑方程组

$$\begin{cases}F(x,y,u,v)=0,\\ G(x,y,u,v)=0.\end{cases}\tag{5}$$

这时,在四个变量中,一般只能有两个变量独立变化,因此方程组(5)就有可能确定两个二元函数.在这种情况下,我们可以由函数 F、G 的性质来断定由方程组(5)所确定的两个二元函数的存在,以及它们的性质.我们有下面的定理.

隐函数存在定理 3 **设** $F(x,y,u,v)$、$G(x,y,u,v)$ **在点** $P(x_0,y_0,u_0,v_0)$ **的某一邻域内具有对各个变量的连续偏导数,又** $F(x_0,y_0,u_0,v_0)=0$,$G(x_0,y_0,u_0,v_0)=0$,**且偏导数所组成的函数行列式(或称雅可比(Jacobi)式):**

$$J=\frac{\partial(F,G)}{\partial(u,v)}=\begin{vmatrix}\frac{\partial F}{\partial u} & \frac{\partial F}{\partial v}\\ \frac{\partial G}{\partial u} & \frac{\partial G}{\partial v}\end{vmatrix}$$

在点 $P(x_0,y_0,u_0,v_0)$ **不等于零,则方程组** $F(x,y,u,v)=0$,$G(x,y,u,v)=0$ **在点**(x_0,y_0,u_0,v_0)**的某一邻域内恒能唯一确定一组连续且具有连续偏导数的函数** $u=u(x,y)$,$v=v(x,y)$,**它们满足条件** $u_0=u(x_0,y_0)$,$v_0=v(x_0,y_0)$,**并有**

$$\frac{\partial u}{\partial x}=-\frac{1}{J}\frac{\partial(F,G)}{\partial(x,v)}=-\frac{\begin{vmatrix}F_x & F_v\\ G_x & G_v\end{vmatrix}}{\begin{vmatrix}F_u & F_v\\ G_u & G_v\end{vmatrix}},$$

$$\frac{\partial v}{\partial x}=-\frac{1}{J}\frac{\partial(F,G)}{\partial(u,x)}=-\frac{\begin{vmatrix}F_u & F_x\\ G_u & G_x\end{vmatrix}}{\begin{vmatrix}F_u & F_v\\ G_u & G_v\end{vmatrix}},\tag{6}$$

$$\frac{\partial u}{\partial y}=-\frac{1}{J}\frac{\partial(F,G)}{\partial(y,v)}=-\frac{\begin{vmatrix}F_y & F_v\\ G_y & G_v\end{vmatrix}}{\begin{vmatrix}F_u & F_v\\ G_u & G_v\end{vmatrix}},$$

$$\frac{\partial v}{\partial y}=-\frac{1}{J}\frac{\partial(F,G)}{\partial(u,y)}=-\frac{\begin{vmatrix}F_u & F_y\\ G_u & G_y\end{vmatrix}}{\begin{vmatrix}F_u & F_v\\ G_u & G_v\end{vmatrix}}.$$

这个定理我们不证.与前两个定理类似,下面仅就公式(6)作如下推导.

由于
$$F[x,y,u(x,y),v(x,y)]\equiv 0,$$
$$G[x,y,u(x,y),v(x,y)]\equiv 0,$$
将恒等式两边分别对 x 求导,应用复合函数求导法则得

$$\begin{cases}F_x+F_u\dfrac{\partial u}{\partial x}+F_v\dfrac{\partial v}{\partial x}=0,\\[2ex] G_x+G_u\dfrac{\partial u}{\partial x}+G_v\dfrac{\partial v}{\partial x}=0.\end{cases}$$

这是关于$\frac{\partial u}{\partial x},\frac{\partial v}{\partial x}$的线性方程组,由假设可知在点 $P(x_0,y_0,u_0,v_0)$ 的一个邻域内,系数行列式

$$J=\begin{vmatrix}F_u & F_v\\ G_u & G_v\end{vmatrix}\neq 0,$$

从而可解出$\frac{\partial u}{\partial x},\frac{\partial v}{\partial x}$,得

$$\frac{\partial u}{\partial x}=-\frac{1}{J}\frac{\partial(F,G)}{\partial(x,v)},\ \frac{\partial v}{\partial x}=-\frac{1}{J}\frac{\partial(F,G)}{\partial(u,x)}.$$

同理,可得

$$\frac{\partial u}{\partial y}=-\frac{1}{J}\frac{\partial(F,G)}{\partial(y,v)},\ \frac{\partial v}{\partial y}=-\frac{1}{J}\frac{\partial(F,G)}{\partial(u,y)}.$$

例 3 设 $xu-yv=0,yu+xv=1$,求$\frac{\partial u}{\partial x},\frac{\partial u}{\partial y},\frac{\partial v}{\partial x}$和$\frac{\partial v}{\partial y}$.

解 此题可直接利用公式(6),但也可依照推导公式(6)的方法来求解.下面我们用后一种方法来做.

两边对 x 求导并移项,得

$$\begin{cases} x\dfrac{\partial u}{\partial x}-y\dfrac{\partial v}{\partial x}=-u, \\ y\dfrac{\partial u}{\partial x}+x\dfrac{\partial v}{\partial x}=-v. \end{cases}$$

$\begin{matrix} -y \\ x \end{matrix}\Bigg| = x^2+y^2\neq 0$ 的条件下,

$$\frac{\partial u}{\partial x}=\frac{\begin{vmatrix} -u & -y \\ -v & x \end{vmatrix}}{\begin{vmatrix} x & -y \\ y & x \end{vmatrix}}=-\frac{xu+yv}{x^2+y^2},$$

$$\frac{\partial v}{\partial x}=\frac{\begin{vmatrix} x & -u \\ y & -v \end{vmatrix}}{\begin{vmatrix} x & -y \\ y & x \end{vmatrix}}=\frac{yu-xv}{x^2+y^2}.$$

将所给方程的两边对 y 求导.用同样方法在 $J=x^2+y^2\neq 0$ 的条件下可得

$$\frac{\partial u}{\partial y}=\frac{xv-yu}{x^2+y^2},\quad \frac{\partial v}{\partial y}=-\frac{xu+yv}{x^2+y^2}.$$

例 4 设函数 $x=x(u,v),y=y(u,v)$在点(u,v)的某一邻域内连续且有连续偏导数,又

$$\frac{\partial(x,y)}{\partial(u,v)}\neq 0.$$

(1) 证明方程组

$$\begin{cases} x=x(u,v), \\ y=y(u,v) \end{cases} \tag{7}$$

在点(x,y,u,v)的某一邻域内唯一确定一组连续且具有连续偏导数的反函数 $u=u(x,y),v=v(x,y)$.

(2) 求反函数 $u=u(x,y),v=v(x,y)$对 x,y 的偏导数.

解 (1) 将方程组(7)改写成下面的形式

$$\begin{cases} F(x,y,u,v)\equiv x-x(u,v)=0, \\ G(x,y,u,v)\equiv y-y(u,v)=0. \end{cases}$$

则按假设
$$J=\frac{\partial(F,G)}{\partial(u,v)}=\frac{\partial(x,y)}{\partial(u,v)}\neq 0.$$

由隐函数存在定理 3,即得所要证的结论.

(2) 将方程组(7)所确定的反函数 $u=u(x,y),v=v(x,y)$代入(7),即得

$$\begin{cases} x\equiv x[u(x,y),v(x,y)], \\ y\equiv y[u(x,y),v(x,y)]. \end{cases}$$

将上述恒等式两边分别对 x 求偏导数,得

$$\begin{cases}1=\dfrac{\partial x}{\partial u}\cdot\dfrac{\partial u}{\partial x}+\dfrac{\partial x}{\partial v}\dfrac{\partial v}{\partial x},\\ 0=\dfrac{\partial y}{\partial u}\cdot\dfrac{\partial u}{\partial x}+\dfrac{\partial y}{\partial v}\dfrac{\partial v}{\partial x}.\end{cases}$$

由于 $J\neq 0$,故可解得

$$\frac{\partial u}{\partial x}=\frac{1}{J}\frac{\partial y}{\partial v},\ \frac{\partial v}{\partial x}=-\frac{1}{J}\frac{\partial y}{\partial u}.$$

同理,可得

$$\frac{\partial u}{\partial y}=-\frac{1}{J}\frac{\partial x}{\partial v},\ \frac{\partial v}{\partial y}=\frac{1}{J}\frac{\partial x}{\partial u}.$$

习 题 8-5

1. 设 $\sin y+\mathrm{e}^x-xy^2=0$,求 $\dfrac{\mathrm{d}y}{\mathrm{d}x}$.

2. 设 $\ln\sqrt{x^2+y^2}=\arctan\dfrac{y}{x}$,求 $\dfrac{\mathrm{d}y}{\mathrm{d}x}$.

3. 设 $x+2y+z-2\sqrt{xyz}=0$,求 $\dfrac{\partial z}{\partial x}$ 及 $\dfrac{\partial z}{\partial y}$.

4. 设 $\dfrac{x}{z}=\ln\dfrac{z}{y}$,求 $\dfrac{\partial z}{\partial x}$ 及 $\dfrac{\partial z}{\partial y}$.

5. 设 $2\sin(x+2y-3z)=x+2y-3z$,证明 $\dfrac{\partial z}{\partial x}+\dfrac{\partial z}{\partial y}=1$.

6. 设 $x=x(y,z)$,$y=y(x,z)$,$z=z(x,y)$ 都是由方程 $F(x,y,z)=0$ 所确定的具有连续偏导数的函数,证明

$$\frac{\partial x}{\partial y}\cdot\frac{\partial y}{\partial z}\cdot\frac{\partial z}{\partial x}=-1.$$

7. 设 $\Phi(u,v)$ 具有连续偏导数,证明由方程 $\Phi(cx-az,cy-bz)=0$ 所确定的函数 $z=f(x,y)$ 满足 $a\dfrac{\partial z}{\partial x}+b\dfrac{\partial z}{\partial y}=c$.

8. 设 $\mathrm{e}^z-xyz=0$,求 $\dfrac{\partial^2 z}{\partial x^2}$.

9. 设 $z^3-3xyz=a^3$,求 $\dfrac{\partial^2 z}{\partial x\partial y}$.

10. 求由下列方程组所确定的函数的导数或偏导数:

(1) 设 $\begin{cases}z=x^2+y^2,\\ x^2+2y^2+3z^2=20,\end{cases}$ 求 $\dfrac{\mathrm{d}y}{\mathrm{d}x},\dfrac{\mathrm{d}z}{\mathrm{d}x}$;

(2) 设 $\begin{cases}x+y+z=0,\\ x^2+y^2+z^2=1,\end{cases}$ 求 $\dfrac{\mathrm{d}x}{\mathrm{d}z},\dfrac{\mathrm{d}y}{\mathrm{d}z}$;

(3) 设 $\begin{cases}u=f(ux,v+y),\\ v=g(u-x,v^2y),\end{cases}$ 其中 f,g 具有一阶连续偏导数,求 $\dfrac{\partial u}{\partial x},\dfrac{\partial v}{\partial x}$;

(4) 设 $\begin{cases} x = e^u + u\sin v, \\ y = e^u - u\cos v, \end{cases}$ 求 $\dfrac{\partial u}{\partial x}, \dfrac{\partial u}{\partial y}, \dfrac{\partial v}{\partial x}, \dfrac{\partial v}{\partial y}$.

11. 设 $y = f(x,t)$，而 $t = t(x,y)$ 是由方程 $F(x,y,t)=0$ 所确定的函数，其中 f,F 都具有一阶连续偏导数. 试证明

$$\frac{\mathrm{d}y}{\mathrm{d}x} = \frac{\dfrac{\partial f}{\partial x}\dfrac{\partial F}{\partial t} - \dfrac{\partial f}{\partial t}\dfrac{\partial F}{\partial x}}{\dfrac{\partial f}{\partial t}\dfrac{\partial F}{\partial y} + \dfrac{\partial F}{\partial t}}.$$

第六节　多元函数微分学的几何应用

一、空间曲线的切线与法平面

设空间曲线 Γ 的参数方程为

$$x = \varphi(t), y = \psi(t), z = \omega(t) \ (\alpha \leqslant t \leqslant \beta), \tag{1}$$

这里假定(1)式的三个函数都在 $[\alpha, \beta]$ 上可导.

在曲线 Γ 上取对应于 $t = t_0$ 的一点 $M(x_0, y_0, z_0)$ 及对应于 $t = t_0 + \Delta t$ 的邻近一点 $M'(x_0 + \Delta x, y_0 + \Delta y, z_0 + \Delta z)$. 根据解析几何，曲线的割线 MM' 的方程是

$$\frac{x - x_0}{\Delta x} = \frac{y - y_0}{\Delta y} = \frac{z - z_0}{\Delta z}.$$

当 M' 沿着 Γ 趋于 M 时，割线 MM' 的极限位置 MT 就是曲线 Γ 在点 M 处的切线(图 8-6). 用 Δt 除上式的各分母，得

$$\frac{x - x_0}{\dfrac{\Delta x}{\Delta t}} = \frac{y - y_0}{\dfrac{\Delta y}{\Delta t}} = \frac{z - z_0}{\dfrac{\Delta z}{\Delta t}},$$

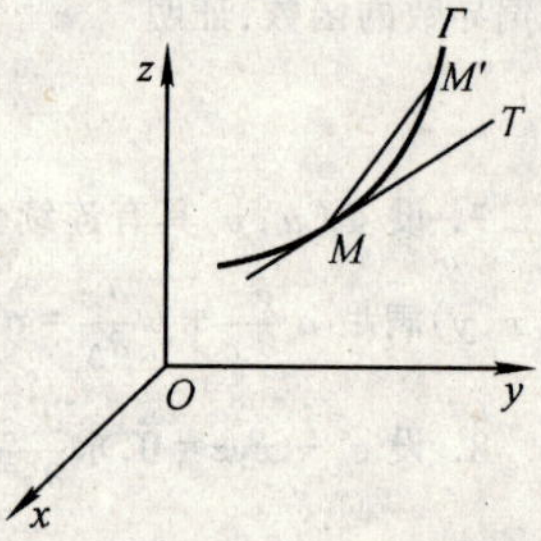

图　8-6

令 $M' \to M$(这时 $\Delta t \to 0$)，通过对上式取极限，即得曲线在点 M 处的切线方程为

$$\frac{x - x_0}{\varphi'(t_0)} = \frac{y - y_0}{\psi'(t_0)} = \frac{z - z_0}{\omega'(t_0)}. \tag{2}$$

这里当然要假定 $\varphi'(t_0)$、$\psi'(t_0)$ 及 $\omega'(t_0)$ 不能都为零. 如果个别为零，则应按空间解析几何中有关直线的对称式方程的说明来理解.

切线的方向向量称为曲线的切向量. 向量

$$\boldsymbol{T} = (\varphi'(t_0), \psi'(t_0), \omega'(t_0))$$

就是曲线 Γ 在点 M 处的一个切向量，它的指向与参数 t 增大时点 M 移动的走向一致.

通过点 M 而与切线垂直的平面称为曲线 Γ 在点 M 处的法平面，它是通过点 $M(x_0,y_0,z_0)$ 而以 $\boldsymbol{T}$ 为法向量的平面，因此这法平面的方程为

$$\varphi'(t_0)(x-x_0)+\psi'(t_0)(y-y_0)+\omega'(t_0)(z-z_0)=0. \tag{3}$$

例 1 求曲线 $x=t,y=t^2,z=t^3$ 在点 $(1,1,1)$ 处的切线及法平面方程.

解 因为 $x'_t=1,y'_t=2t,z'_t=3t^2$，而点 $(1,1,1)$ 所对应的参数 $t=1$，所以

$$\boldsymbol{T}=(1,2,3).$$

于是，切线方程为

$$\frac{x-1}{1}=\frac{y-1}{2}=\frac{z-1}{3},$$

法平面方程为

$$(x-1)+2(y-1)+3(z-1)=0,$$

即

$$x+2y+3z=6.$$

* 曲线的向量方程及向量值函数的导数

曲线 Γ 的参数方程(1)也可以写成向量的形式.若记

$$\boldsymbol{r}=x\boldsymbol{i}+y\boldsymbol{j}+z\boldsymbol{k},\quad \boldsymbol{r}(t)=\varphi(t)\boldsymbol{i}+\psi(t)\boldsymbol{j}+\omega(t)\boldsymbol{k},$$

则方程(1)就成为向量方程

$$\boldsymbol{r}=\boldsymbol{r}(t),\ t\in[\alpha,\beta]. \tag{4}$$

方程(4)确定了一个从 $[\alpha,\beta]\to\mathbf{R}^3$ 的映射.由于这个映射将每一个 $t\in[\alpha,\beta]$，映成一个向量 $\boldsymbol{r}(t)$，故称这映射为向量值函数.在几何上，$\boldsymbol{r}(t)$ 是 $\mathbf{R}^3$ 中点 $(\varphi(t),\psi(t),\omega(t))$ 的向径(图 8-7).空间曲线 Γ 就是变向径 $\boldsymbol{r}(t)$ 的终点的轨迹，故我们也称 Γ 为向量值函数 $\boldsymbol{r}(t)$ 的矢端曲线.

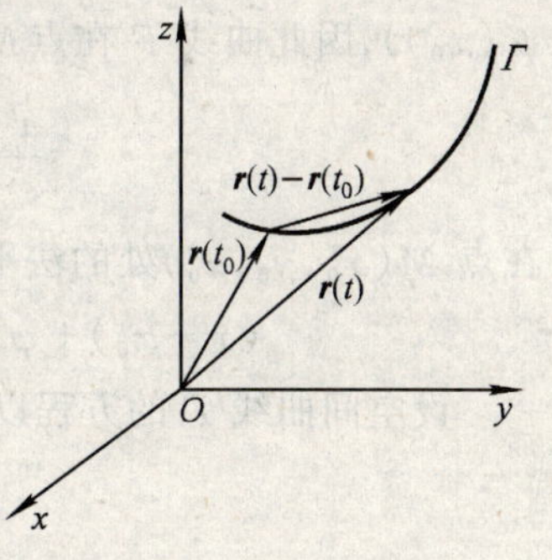

图 8-7

根据 $\mathbf{R}^3$ 中向量的模的概念与向量的线性运算法则，可以定义一元向量值函数 $\boldsymbol{r}(t)$ 的连续性与可导性如下：

设 $\boldsymbol{r}(t)$ 在点 t_0 的某邻域内有定义.如果

$$\lim_{t\to t_0}|\boldsymbol{r}(t)-\boldsymbol{r}(t_0)|=0,$$

则称 $\boldsymbol{r}(t)$ 在 t_0 连续；又若存在常向量 $\boldsymbol{T}=(a,b,c)$，使得

$$\lim_{t\to t_0}\left|\frac{\boldsymbol{r}(t)-\boldsymbol{r}(t_0)}{t-t_0}-\boldsymbol{T}\right|=0,$$

则称 $\boldsymbol{r}(t)$ 在 t_0 可导，并称 $\boldsymbol{T}$ 为 $\boldsymbol{r}(t)$ 在 t_0 的导数(或导向量)，记作 $\boldsymbol{r}'(t_0)$，即 $\boldsymbol{r}'(t_0)=\boldsymbol{T}$.

容易证明：向量值函数 $\boldsymbol{r}(t)$ 在 t_0 连续的充要条件是：$\boldsymbol{r}(t)$ 的三个分量函数 $\varphi(t),\psi(t),\omega(t)$ 都在 t_0 连续；$\boldsymbol{r}(t)$ 在 t_0 可导的充要条件是：$\boldsymbol{r}(t)$ 的三个分量函数 $\varphi(t),\psi(t),\omega(t)$ 都在 t_0 可导. 当 $\boldsymbol{r}(t)$ 在 t_0 可导时，其导数为

$$\boldsymbol{r}'(t_0)=\varphi'(t_0)\boldsymbol{i}+\psi'(t_0)\boldsymbol{j}+\omega'(t_0)\boldsymbol{k}.$$

采用向量的形式，上面讨论的关于空间曲线的切线、切向量的结果可以表达为：

若向量值函数 $\boldsymbol{r}(t)$ 在 t_0 可导，且 $\boldsymbol{r}'(t_0)\neq\boldsymbol{0}$，则 $\boldsymbol{r}(t)$ 的矢端曲线 Γ 在 $\boldsymbol{r}(t_0)$ 的终点处存在切线，$\boldsymbol{r}'(t_0)$ 就是切线的方向向量，它的指向与参数 t 增大时点 M 移动的走向一致.

现在我们再来讨论空间曲线 Γ 的方程以另外两种形式给出的情形.

如果空间曲线 Γ 的方程以

$$\begin{cases}y=\varphi(x),\\ z=\psi(x)\end{cases}$$

的形式给出，取 x 为参数，它就可以表为参数方程的形式

$$\begin{cases}x=x,\\ y=\varphi(x),\\ z=\psi(x).\end{cases}$$

若 $\varphi(x),\psi(x)$ 都在 $x=x_0$ 处可导，那么根据上面的讨论可知，$\boldsymbol{T}=(1,\varphi'(x_0),\psi'(x_0))$，因此曲线 Γ 在点 $M(x_0,y_0,z_0)$ 处的切线方程为

$$\frac{x-x_0}{1}=\frac{y-y_0}{\varphi'(x_0)}=\frac{z-z_0}{\psi'(x_0)},\tag{5}$$

在点 $M(x_0,y_0,z_0)$ 处的法平面方程为

$$(x-x_0)+\varphi'(x_0)(y-y_0)+\psi'(x_0)(z-z_0)=0.\tag{6}$$

设空间曲线 Γ 的方程以

$$\begin{cases}F(x,y,z)=0,\\ G(x,y,z)=0\end{cases}\tag{7}$$

的形式给出，$M(x_0,y_0,z_0)$ 是曲线 Γ 上的一个点. 又设 F、G 有对各个变量的连续偏导数，且

$$\left.\frac{\partial(F,G)}{\partial(y,z)}\right|_{(x_0,y_0,z_0)}\neq 0.$$

这时方程组(7)在点 $M(x_0,y_0,z_0)$ 的某一邻域内确定了一组函数 $y=\varphi(x)$，$z=\psi(x)$. 要求曲线 Γ 在点 M 处的切线方程和法平面方程，只要求出 $\varphi'(x_0)$，$\psi'(x_0)$，然后代入(5)、(6)两式就行了. 为此，我们在恒等式

$$F[x,\varphi(x),\psi(x)]\equiv 0,$$
$$G[x,\varphi(x),\psi(x)]\equiv 0$$

两边分别对 x 求全导数,得

$$\begin{cases}\dfrac{\partial F}{\partial x}+\dfrac{\partial F}{\partial y}\dfrac{\mathrm{d}y}{\mathrm{d}x}+\dfrac{\partial F}{\partial z}\dfrac{\mathrm{d}z}{\mathrm{d}x}=0,\\ \dfrac{\partial G}{\partial x}+\dfrac{\partial G}{\partial y}\dfrac{\mathrm{d}y}{\mathrm{d}x}+\dfrac{\partial G}{\partial z}\dfrac{\mathrm{d}z}{\mathrm{d}x}=0.\end{cases}$$

由假设可知,在点 M 的某个邻域内

$$J=\frac{\partial(F,G)}{\partial(y,z)}\neq 0,$$

故可解得 $\dfrac{\mathrm{d}y}{\mathrm{d}x}=\varphi'(x)=\dfrac{\begin{vmatrix}F_z & F_x\\ G_z & G_x\end{vmatrix}}{\begin{vmatrix}F_y & F_z\\ G_y & G_z\end{vmatrix}},\dfrac{\mathrm{d}z}{\mathrm{d}x}=\psi'(x)=\dfrac{\begin{vmatrix}F_x & F_y\\ G_x & G_y\end{vmatrix}}{\begin{vmatrix}F_y & F_z\\ G_y & G_z\end{vmatrix}}.$

于是 $\boldsymbol{T}=(1,\varphi'(x_0),\psi'(x_0))$是曲线 Γ 在点M 处的一个切向量,这里

$$\varphi'(x_0)=\frac{\begin{vmatrix}F_z & F_x\\ G_z & G_x\end{vmatrix}_0}{\begin{vmatrix}F_y & F_z\\ G_y & G_z\end{vmatrix}_0},\ \psi'(x_0)=\frac{\begin{vmatrix}F_x & F_y\\ G_x & G_y\end{vmatrix}_0}{\begin{vmatrix}F_y & F_z\\ G_y & G_z\end{vmatrix}_0},$$

分子分母中带下标 0 的行列式表示行列式在点 $M(x_0,y_0,z_0)$的值.把上面的切向量 $\boldsymbol{T}$ 乘以$\begin{vmatrix}F_y & F_z\\ G_y & G_z\end{vmatrix}_0$,得

$$\boldsymbol{T}_1=\left(\begin{vmatrix}F_y & F_z\\ G_y & G_z\end{vmatrix}_0,\begin{vmatrix}F_z & F_x\\ G_z & G_x\end{vmatrix}_0,\begin{vmatrix}F_x & F_y\\ G_x & G_y\end{vmatrix}_0\right)$$

这也是曲线 Γ 在点M 处的一个切向量.由此可写出曲线 Γ 在点$M(x_0,y_0,z_0)$处的切线方程为

$$\frac{x-x_0}{\begin{vmatrix}F_y & F_z\\ G_y & G_z\end{vmatrix}_0}=\frac{y-y_0}{\begin{vmatrix}F_z & F_x\\ G_z & G_x\end{vmatrix}_0}=\frac{z-z_0}{\begin{vmatrix}F_x & F_y\\ G_x & G_y\end{vmatrix}_0},\tag{8}$$

曲线 Γ 在点$M(x_0,y_0,z_0)$处的法平面方程为

$$\begin{vmatrix}F_y & F_z\\ G_y & G_z\end{vmatrix}_0(x-x_0)+\begin{vmatrix}F_z & F_x\\ G_z & G_x\end{vmatrix}_0(y-y_0)+\begin{vmatrix}F_x & F_y\\ G_x & G_y\end{vmatrix}_0(z-z_0)=0.\tag{9}$$

如果$\left.\dfrac{\partial(F,G)}{\partial(y,z)}\right|_0=0$ 而$\left.\dfrac{\partial(F,G)}{\partial(z,x)}\right|_0,\left.\dfrac{\partial(F,G)}{\partial(x,y)}\right|_0$ 中至少有一个不等于零,我们可

得同样的结果.

例 2 求曲线 $x^2+y^2+z^2=6, x+y+z=0$ 在点$(1,-2,1)$处的切线及法平面方程.

解 这里可直接利用公式(8)及(9)来解,但下面我们依照推导公式的方法来做.

将所给方程的两边对 x 求导并移项,得

$$\begin{cases} y\dfrac{\mathrm{d}y}{\mathrm{d}x}+z\dfrac{\mathrm{d}z}{\mathrm{d}x}=-x, \\ \dfrac{\mathrm{d}y}{\mathrm{d}x}+\dfrac{\mathrm{d}z}{\mathrm{d}x}=-1. \end{cases}$$

由此得

$$\frac{\mathrm{d}y}{\mathrm{d}x}=\frac{\begin{vmatrix} -x & z \\ -1 & 1 \end{vmatrix}}{\begin{vmatrix} y & z \\ 1 & 1 \end{vmatrix}}=\frac{z-x}{y-z},\ \frac{\mathrm{d}z}{\mathrm{d}x}=\frac{\begin{vmatrix} y & -x \\ 1 & -1 \end{vmatrix}}{\begin{vmatrix} y & z \\ 1 & 1 \end{vmatrix}}=\frac{x-y}{y-z}.$$

$$\left.\frac{\mathrm{d}y}{\mathrm{d}x}\right|_{(1,-2,1)}=0,\ \left.\frac{\mathrm{d}z}{\mathrm{d}x}\right|_{(1,-2,1)}=-1.$$

从而

$$\boldsymbol{T}=(1,0,-1).$$

故所求切线方程为

$$\frac{x-1}{1}=\frac{y+2}{0}=\frac{z-1}{-1},$$

法平面方程为

$$(x-1)+0\cdot(y+2)-(z-1)=0,$$

即

$$x-z=0.$$

二、曲面的切平面与法线

我们先讨论由隐式给出曲面方程

$$F(x,y,z)=0 \tag{10}$$

的情形,然后把由显式给出的曲面方程 $z=f(x,y)$作为它的特殊情形.

设曲面 Σ 由方程(10)给出,$M(x_0,y_0,z_0)$是曲面 Σ 上的一点,并设函数 $F(x,y,z)$的偏导数在该点连续且不同时为零.在曲面 Σ 上,通过点 M 任意引一条曲线 Γ(图 8-8),假定曲线 Γ 的参数方程为

$$x=\varphi(t), y=\psi(t),$$
$$z=\omega(t), (\alpha\leqslant t\leqslant\beta) \tag{11}$$

$t=t_0$ 对应于点 $M(x_0,y_0,z_0)$且 $\varphi'(t_0),\psi'(t_0),\omega'(t_0)$不全为零,则由(2)式可得这曲线的切线方程为

$$\frac{x-x_0}{\varphi'(t_0)}=\frac{y-y_0}{\psi'(t_0)}=\frac{z-z_0}{\omega'(t_0)}.$$

我们现在要证明，在曲面 Σ 上通过点 M 且在点 M 处具有切线的任何曲线，它们在点 M 处的切线都在同一个平面上. 事实上，因为曲线 Γ 完全在曲面 Σ 上，所以有恒等式

$$F[\varphi(t),\psi(t),\omega(t)]\equiv 0,$$

又因 $F(x,y,z)$ 在点 (x_0,y_0,z_0) 处有连续偏导数，且 $\varphi'(t_0)$、$\psi'(t_0)$ 和 $\omega'(t_0)$ 存在，所以这恒等式左边的复合函数在 $t=t_0$ 时有全导数，且这全导数等于零：

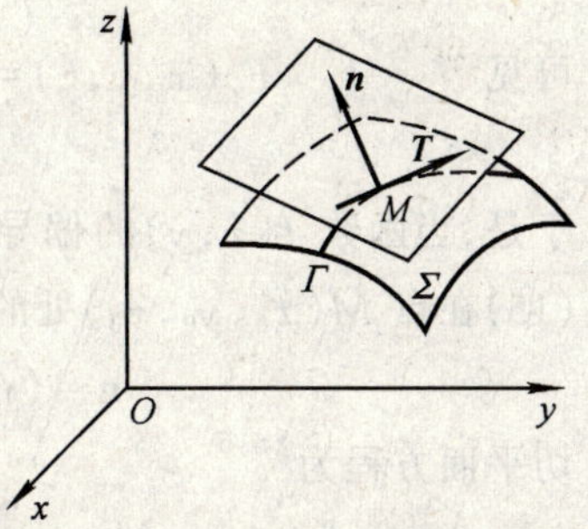

图 8-8

$$\frac{\mathrm{d}}{\mathrm{d}t}F[\varphi(t),\psi(t),\omega(t)]\bigg|_{t=t_0}=0,$$

即有

$$F_x(x_0,y_0,z_0)\varphi'(t_0)+F_y(x_0,y_0,z_0)\psi'(t_0)+F_z(x_0,y_0,z_0)\omega'(t_0)=0. \tag{12}$$

引入向量

$$\boldsymbol{n}=(F_x(x_0,y_0,z_0),F_y(x_0,y_0,z_0),F_z(x_0,y_0,z_0)),$$

则(12)式表示曲线(11)在点 M 处的切向量

$$\boldsymbol{T}=(\varphi'(t_0),\psi'(t_0),\omega'(t_0))$$

与向量 $\boldsymbol{n}$ 垂直. 因为曲线(11)是曲面上通过点 M 的任意一条曲线，它们在点 M 的切线都与同一个向量 $\boldsymbol{n}$ 垂直，所以曲面上通过点 M 的一切曲线在点 M 的切线都在同一个平面上(图 8-8). 这个平面称为曲面 Σ 在点 M 的切平面. 这切平面的方程是

$$F_x(x_0,y_0,z_0)(x-x_0)+F_y(x_0,y_0,z_0)(y-y_0)+F_z(x_0,y_0,z_0)(z-z_0)=0. \tag{13}$$

通过点 $M(x_0,y_0,z_0)$ 而垂直于切平面(13)的直线称为曲面在该点的法线. 法线方程是

$$\frac{x-x_0}{F_x(x_0,y_0,z_0)}=\frac{y-y_0}{F_y(x_0,y_0,z_0)}=\frac{z-z_0}{F_z(x_0,y_0,z_0)}. \tag{14}$$

垂直于曲面上切平面的向量称为曲面的法向量. 向量

$$\boldsymbol{n}=(F_x(x_0,y_0,z_0),F_y(x_0,y_0,z_0),F_z(x_0,y_0,z_0))$$

就是曲面 Σ 在点 M 处的一个法向量.

现在来考虑曲面方程

$$z=f(x,y). \tag{15}$$

令 $$F(x,y,z)=f(x,y)-z,$$

可见 $$F_x(x,y,z)=f_x(x,y),\ F_y(x,y,z)=f_y(x,y),$$
$$F_z(x,y,z)=-1.$$

于是，当函数 $f(x,y)$ 的偏导数 $f_x(x,y)$、$f_y(x,y)$ 在点 (x_0,y_0) 连续时，曲面(15)在点 $M(x_0,y_0,z_0)$ 处的法向量为

$$\boldsymbol{n}=(f_x(x_0,y_0),f_y(x_0,y_0),-1),$$

切平面方程为

$$f_x(x_0,y_0)(x-x_0)+f_y(x_0,y_0)(y-y_0)-(z-z_0)=0,$$

或

$$z-z_0=f_x(x_0,y_0)(x-x_0)+f_y(x_0,y_0)(y-y_0), \tag{16}$$

而法线方程为

$$\frac{x-x_0}{f_x(x_0,y_0)}=\frac{y-y_0}{f_y(x_0,y_0)}=\frac{z-z_0}{-1}.$$

这里顺便指出，方程(16)右端恰好是函数 $z=f(x,y)$ 在点 (x_0,y_0) 的全微分，而左端是切平面上点的竖坐标的增量. 因此，函数 $z=f(x,y)$ 在点 (x_0,y_0) 的全微分，在几何上表示曲面 $z=f(x,y)$ 在点 (x_0,y_0,z_0) 处的切平面上点的竖坐标的增量.

如果用 α、β、γ 表示曲面的法向量的方向角，并假定法向量的方向是向上的，即使得它与 z 轴的正向所成的角 γ 是一锐角，则法向量的方向余弦为

$$\cos\alpha=\frac{-f_x}{\sqrt{1+f_x^2+f_y^2}},\ \cos\beta=\frac{-f_y}{\sqrt{1+f_x^2+f_y^2}},$$

$$\cos\gamma=\frac{1}{\sqrt{1+f_x^2+f_y^2}}.$$

这里，把 $f_x(x_0,y_0)$，$f_y(x_0,y_0)$ 分别简记为 f_x，f_y.

例 3 求球面 $x^2+y^2+z^2=14$ 在点(1,2,3)处的切平面及法线方程.

解 $F(x,y,z)=x^2+y^2+z^2-14,$

$$\boldsymbol{n}=(F_x,F_y,F_z)=(2x,2y,2z),$$
$$\boldsymbol{n}\big|_{(1,2,3)}=(2,4,6).$$

所以在点(1,2,3)处此球面的切平面方程为

$$2(x-1)+4(y-2)+6(z-3)=0,$$

即 $$x+2y+3z-14=0.$$

法线方程为

$$\frac{x-1}{1}=\frac{y-2}{2}=\frac{z-3}{3},$$

即
$$\frac{x}{1}=\frac{y}{2}=\frac{z}{3}.$$
由此可见，法线经过原点(即球心).

例 4 求旋转抛物面 $z=x^2+y^2-1$ 在点(2,1,4)处的切平面及法线方程.

解 $f(x,y)=x^2+y^2-1$,
$$\boldsymbol{n}=(f_x,f_y,-1)=(2x,2y,-1),$$
$$\boldsymbol{n}|_{(2,1,4)}=(4,2,-1).$$
所以在点(2,1,4)处的切平面方程为
$$4(x-2)+2(y-1)-(z-4)=0.$$
即
$$4x+2y-z-6=0.$$
法线方程为
$$\frac{x-2}{4}=\frac{y-1}{2}=\frac{z-4}{-1}.$$

习 题 8-6

1. 求曲线 $x=t-\sin t, y=1-\cos t, z=4\sin\frac{t}{2}$ 在点 $\left(\frac{\pi}{2}-1,1,2\sqrt{2}\right)$ 处的切线及法平面方程.

2. 求曲线 $x=\frac{t}{1+t}, y=\frac{1+t}{t}, z=t^2$ 在对应于 $t=1$ 的点处的切线及法平面方程.

3. 求曲线 $y^2=2mx, z^2=m-x$ 在点 (x_0,y_0,z_0) 处的切线及法平面方程.

4. 求曲线 $\begin{cases}x^2+y^2+z^2-3x=0,\\2x-3y+5z-4=0\end{cases}$ 在点(1,1,1)处的切线及法平面方程.

5. 求出曲线 $x=t, y=t^2, z=t^3$ 上的点，使在该点的切线平行于平面 $x+2y+z=4$.

6. 求曲面 $e^z-z+xy=3$ 在点(2,1,0)处的切平面及法线方程.

7. 求曲面 $ax^2+by^2+cz^2=1$ 在点 (x_0,y_0,z_0) 处的切平面及法线方程.

8. 求椭球面 $x^2+2y^2+z^2=1$ 上平行于平面 $x-y+2z=0$ 的切平面方程.

9. 求旋转椭球面 $3x^2+y^2+z^2=16$ 上点(-1,-2,3)处的切平面与 xOy 面的夹角的余弦.

10. 试证曲面 $\sqrt{x}+\sqrt{y}+\sqrt{z}=\sqrt{a}\,(a>0)$ 上任何点处的切平面在各坐标轴上的截距之和等于 a.

第七节 方向导数与梯度

一、方向导数

偏导数反映的是函数沿坐标轴方向的变化率.但许多物理现象告诉我们，只考虑函数沿坐标轴方向的变化率是不够的. 例如,热空气要向冷的地方流动,气象学中就要确定大气温度、气压沿着某些方向的变化率. 因此我们有必要来讨论函数沿任一指定方向的变化率问题.

设 l 是 xOy 平面上以 $P_0(x_0,y_0)$ 为始点的一条射线,$\boldsymbol{e}_l=(\cos\alpha,\cos\beta)$ 是与 l 同方向的单位向量(图 8-9). 射线 l 的参数方程为

$$\begin{cases} x=x_0+t\cos\alpha, \\ y=y_0+t\cos\beta. \end{cases} \quad (t\geqslant 0)$$

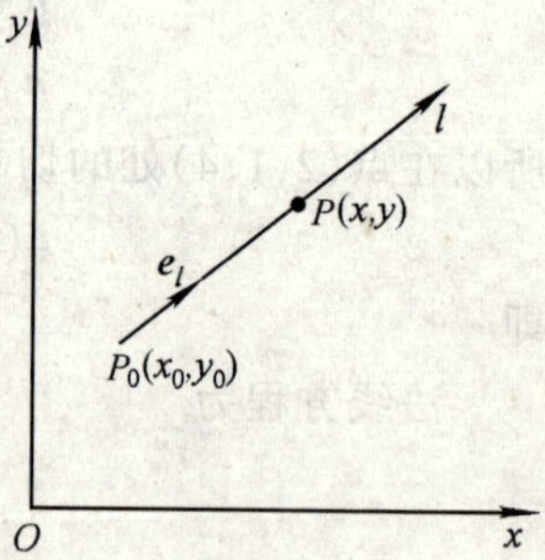

图 8-9

设函数 $z=f(x,y)$ 在点 $P_0(x_0,y_0)$ 的某个邻域 $U(P_0)$ 内有定义,$P(x_0+t\cos\alpha,y_0+t\cos\beta)$ 为 l 上另一点,且 $P\in U(P_0)$. 如果函数增量 $f(x_0+t\cos\alpha,y_0+t\cos\beta)-f(x_0,y_0)$ 与 P 到 P_0 的距离 $|PP_0|=t$ 的比值

$$\frac{f(x_0+t\cos\alpha,y_0+t\cos\beta)-f(x_0,y_0)}{t}$$

当 P 沿着 l 趋于 P_0(即 $t\to0^+$)时的极限存在,则称此极限为函数 $f(x,y)$ 在点 P_0 沿方向 l 的**方向导数**,记作 $\left.\frac{\partial f}{\partial l}\right|_{(x_0,y_0)}$,即

$$\left.\frac{\partial f}{\partial l}\right|_{(x_0,y_0)}=\lim_{t\to0^+}\frac{f(x_0+t\cos\alpha,y_0+t\cos\beta)-f(x_0,y_0)}{t}. \tag{1}$$

从方向导数的定义可知,方向导数 $\left.\frac{\partial f}{\partial l}\right|_{(x_0,y_0)}$ 就是函数 $f(x,y)$ 在点 $P_0(x_0,y_0)$ 处沿方向 l 的变化率. 若函数 $f(x,y)$ 在点 $P_0(x_0,y_0)$ 的偏导数存在,$\boldsymbol{e}_l=\boldsymbol{i}=(1,0)$,则

$$\left.\frac{\partial f}{\partial l}\right|_{(x_0,y_0)}=\lim_{t\to0^+}\frac{f(x_0+t,y_0)-f(x_0,y_0)}{t}=f_x(x_0,y_0);$$

又若 $\boldsymbol{e}_l=\boldsymbol{j}=(0,1)$,则

$$\left.\frac{\partial f}{\partial l}\right|_{(x_0,y_0)}=\lim_{t\to0^+}\frac{f(x_0,y_0+t)-f(x_0,y_0)}{t}=f_y(x_0,y_0).$$

但反之,若 $\boldsymbol{e}_l=\boldsymbol{i}$,$\left.\frac{\partial z}{\partial l}\right|_{(x_0,y_0)}$ 存在,则 $\left.\frac{\partial z}{\partial x}\right|_{(x_0,y_0)}$ 未必存在. 例如,$z=\sqrt{x^2+y^2}$ 在点 $O(0,0)$ 处沿 $l=\boldsymbol{i}$ 方向的方向导数 $\left.\frac{\partial z}{\partial l}\right|_{(0,0)}=1$,而偏导数 $\left.\frac{\partial z}{\partial x}\right|_{(0,0)}$ 不存在.

关于方向导数的存在及计算,我们有以下定理.

定理 **如果函数 $f(x,y)$ 在点 $P_0(x_0,y_0)$ 可微分,那么函数在该点沿任一**

方向 l 的方向导数存在，且有

$$\left.\frac{\partial f}{\partial l}\right|_{(x_0,y_0)}=f_x(x_0,y_0)\cos\alpha+f_y(x_0,y_0)\cos\beta, \tag{2}$$

其中 $\cos\alpha,\cos\beta$ 是方向 l 的方向余弦.

证 由假设，$f(x,y)$ 在点 (x_0,y_0) 可微分，故有

$$\begin{aligned}&f(x_0+\Delta x,y_0+\Delta y)-f(x_0,y_0)\\&=f_x(x_0,y_0)\Delta x+f_y(x_0,y_0)\Delta y+o(\sqrt{(\Delta x)^2+(\Delta y)^2}).\end{aligned}$$

但点 $(x_0+\Delta x,y_0+\Delta y)$ 在以 (x_0,y_0) 为始点的射线 l 上时，应有 $\Delta x=t\cos\alpha$，$\Delta y=t\cos\beta,\sqrt{(\Delta x)^2+(\Delta y)^2}=t$. 所以

$$\begin{aligned}&\lim_{t\to 0^+}\frac{f(x_0+t\cos\alpha,y_0+t\cos\beta)-f(x_0,y_0)}{t}\\&=f_x(x_0,y_0)\cos\alpha+f_y(x_0,y_0)\cos\beta.\end{aligned}$$

这就证明了方向导数存在，且其值为

$$\left.\frac{\partial f}{\partial l}\right|_{(x_0,y_0)}=f_x(x_0,y_0)\cos\alpha+f_y(x_0,y_0)\cos\beta.$$

例 1 求函数 $z=xe^{2y}$ 在点 $P(1,0)$ 处沿从点 $P(1,0)$ 到点 $Q(2,-1)$ 的方向的方向导数.

解 这里方向 l 即向量 $\overrightarrow{PQ}=(1,-1)$ 的方向，与 l 同向的单位向量为 $\boldsymbol{e}_l=\left(\frac{1}{\sqrt{2}},-\frac{1}{\sqrt{2}}\right)$.

因为函数可微分，且

$$\left.\frac{\partial z}{\partial x}\right|_{(1,0)}=\left.e^{2y}\right|_{(1,0)}=1,$$

$$\left.\frac{\partial z}{\partial y}\right|_{(1,0)}=\left.2xe^{2y}\right|_{(1,0)}=2,$$

故所求方向导数为

$$\left.\frac{\partial z}{\partial l}\right|_{(1,0)}=1\cdot\frac{1}{\sqrt{2}}+2\cdot\left(-\frac{1}{\sqrt{2}}\right)=-\frac{\sqrt{2}}{2}.$$

对于三元函数 $f(x,y,z)$ 来说，它在空间一点 $P_0(x_0,y_0,z_0)$ 沿方向 $\boldsymbol{e}_l=(\cos\alpha,\cos\beta,\cos\gamma)$ 的方向导数为

$$\left.\frac{\partial f}{\partial l}\right|_{(x_0,y_0,z_0)}=\lim_{t\to 0^+}\frac{f(x_0+t\cos\alpha,y_0+t\cos\beta,z_0+t\cos\gamma)-f(x_0,y_0,z_0)}{t}. \tag{3}$$

同样可以证明：如果函数 $f(x,y,z)$ 在点 (x_0,y_0,z_0) 可微分，那么函数在该

点沿着方向 $\boldsymbol{e}_l=(\cos\alpha,\cos\beta,\cos\gamma)$ 的方向导数为

$$\left.\frac{\partial f}{\partial l}\right|_{(x_0,y_0,z_0)}=f_x(x_0,y_0,z_0)\cos\alpha+f_y(x_0,y_0,z_0)\cos\beta$$

$$+f_z(x_0,y_0,z_0)\cos\gamma. \tag{4}$$

例 2 求 $f(x,y,z)=xy+yz+zx$ 在点 $(1,1,2)$ 沿方向 l 的方向导数,其中 l 的方向角分别为 $60°,45°,60°$.

解 与 l 同向的单位向量

$$\boldsymbol{e}_l=(\cos 60°,\cos 45°,\cos 60°)=\left(\frac{1}{2},\frac{\sqrt{2}}{2},\frac{1}{2}\right).$$

因为函数可微分,且

$$f_x(1,1,2)=(y+z)\Big|_{(1,1,2)}=3,$$

$$f_y(1,1,2)=(x+z)\Big|_{(1,1,2)}=3,$$

$$f_z(1,1,2)=(y+x)\Big|_{(1,1,2)}=2.$$

由公式(4),得

$$\left.\frac{\partial f}{\partial l}\right|_{(1,1,2)}=3\cdot\frac{1}{2}+3\cdot\frac{\sqrt{2}}{2}+2\cdot\frac{1}{2}=\frac{1}{2}(5+3\sqrt{2}).$$

二、梯度

与方向导数有关联的一个概念是函数的梯度.在二元函数的情形,设函数 $f(x,y)$ 在平面区域 D 内具有一阶连续偏导数,则对于每一点 $P_0(x_0,y_0)\in D$,都可定出一个向量

$$f_x(x_0,y_0)\boldsymbol{i}+f_y(x_0,y_0)\boldsymbol{j},$$

这向量称为函数 $f(x,y)$ 在点 $P_0(x_0,y_0)$ 的梯度,记作 $\textbf{grad}\,f(x_0,y_0)$,即

$$\textbf{grad}\,f(x_0,y_0)=f_x(x_0,y_0)\boldsymbol{i}+f_y(x_0,y_0)\boldsymbol{j}.$$

如果函数 $f(x,y)$ 在点 $P_0(x_0,y_0)$ 可微分,$\boldsymbol{e}_l=(\cos\alpha,\cos\beta)$ 是与方向 l 同向的单位向量,则

$$\left.\frac{\partial f}{\partial l}\right|_{(x_0,y_0)}=f_x(x_0,y_0)\cos\alpha+f_y(x_0,y_0)\cos\beta$$

$$=\textbf{grad}\,f(x_0,y_0)\cdot\boldsymbol{e}_l=|\textbf{grad}\,f(x_0,y_0)|\cos\theta,$$

其中 $\theta=(\widehat{\textbf{grad}\,f(x_0,y_0),\boldsymbol{e}_l})$.

这一关系式表明了函数在一点的梯度与函数在这点的方向导数间的关系.特别,当向量 $\boldsymbol{e}_l$ 与 $\textbf{grad}\,f(x_0,y_0)$ 的夹角 $\theta=0$,即沿梯度方向时,方向导数

$\left.\frac{\partial f}{\partial l}\right|_{(x_0,y_0)}$ 取得最大值，这个最大值就是梯度的模 $|\mathbf{grad}\ f(x_0,y_0)|$. 这就是说：函数在一点的梯度是个向量，它的方向是函数在这点的方向导数取得最大值的方向，它的模就等于方向导数的最大值.

我们知道，一般说来二元函数 $z=f(x,y)$ 在几何上表示一个曲面，这曲面被平面 $z=c$（c 是常数）所截得的曲线 L 的方程为

$$\begin{cases} z=f(x,y), \\ z=c. \end{cases}$$

这条曲线 L 在 xOy 面上的投影是一条平面曲线 L^*（图 8-10），它在 xOy 平面直角坐标系中的方程为

$$f(x,y)=c.$$

对于曲线 L^* 上的一切点，已给函数的函数值都是 c，所以我们称平面曲线 L^* 为函数 $z=f(x,y)$ 的等值线.

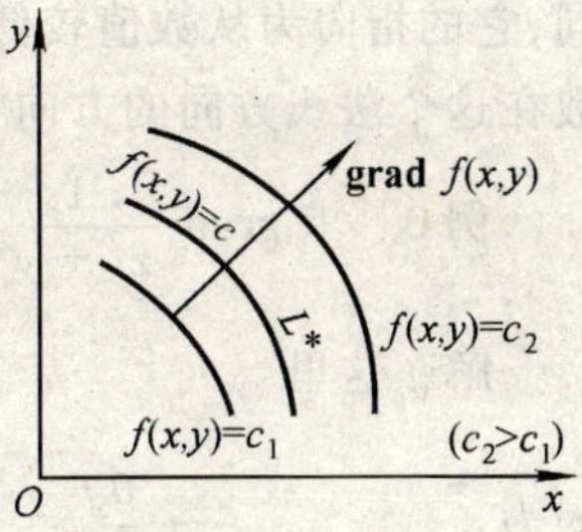

图 8-10

若 f_x,f_y 不同时为零，则等值线 $f(x,y)=c$ 上任一点 $P_0(x_0,y_0)$ 处的一个单位法向量为

$$\boldsymbol{n}=\frac{1}{\sqrt{f_x^2(x_0,y_0)+f_y^2(x_0,y_0)}}(f_x(x_0,y_0),f_y(x_0,y_0)).$$

这表明梯度 $\mathbf{grad}\ f(x_0,y_0)$ 的方向与等值线上这点的一个法线方向相同，而沿这个方向的方向导数 $\frac{\partial f}{\partial \boldsymbol{n}}$ 就等于 $|\mathbf{grad}\ f(x_0,y_0)|$，于是

$$\mathbf{grad}\ f(x_0,y_0)=\frac{\partial f}{\partial n}\boldsymbol{n}.$$

这一关系式表明了函数在一点的梯度与过这点的等值线、方向导数间的关系. 这就是说：函数在一点的梯度方向与等值线在这点的一个法线方向相同，它的指向为从数值较低的等值线指向数值较高的等值线，梯度的模就等于函数在这个法线方向的方向导数.

上面讨论的梯度概念可以类似地推广到三元函数的情形. 设函数 $f(x,y,z)$ 在空间区域 G 内具有一阶连续偏导数，则对于每一点 $P_0(x_0,y_0,z_0)\in G$，都可定出一个向量

$$f_x(x_0,y_0,z_0)\boldsymbol{i}+f_y(x_0,y_0,z_0)\boldsymbol{j}+f_z(x_0,y_0,z_0)\boldsymbol{k},$$

这向量称为函数 $f(x,y,z)$ 在点 $P_0(x_0,y_0,z_0)$ 的梯度，将它记作 $\mathbf{grad}\ f(x_0,y_0,z_0)$，即

$$\mathbf{grad}\ f(x_0,y_0,z_0)=f_x(x_0,y_0,z_0)\boldsymbol{i}+f_y(x_0,y_0,z_0)\boldsymbol{j}+f_z(x_0,y_0,z_0)\boldsymbol{k}.$$

经过与二元函数的情形完全类似的讨论可知，三元函数的梯度也是这样一

个向量,它的方向与取得最大方向导数的方向一致,而它的模为方向导数的最大值.

如果我们引进曲面

$$f(x,y,z)=c$$

为函数 $f(x,y,z)$ 的等量面的概念,则可得函数 $f(x,y,z)$ 在点 $P_0(x_0,y_0,z_0)$ 的梯度的方向与过点 P_0 的等量面 $f(x,y,z)=c$ 在这点的法线的一个方向相同,它的指向为从数值较低的等量面指向数值较高的等量面,而梯度的模等于函数在这个法线方向的方向导数.

例 3 求 $\mathbf{grad}\,\frac{1}{x^2+y^2}$.

解 这里

$$f(x,y)=\frac{1}{x^2+y^2}.$$

因为

$$\frac{\partial f}{\partial x}=-\frac{2x}{(x^2+y^2)^2},\frac{\partial f}{\partial y}=-\frac{2y}{(x^2+y^2)^2},$$

所以

$$\mathbf{grad}\,\frac{1}{x^2+y^2}=-\frac{2x}{(x^2+y^2)^2}\boldsymbol{i}-\frac{2y}{(x^2+y^2)^2}\boldsymbol{j}.$$

例 4 设 $f(x,y,z)=x^2+y^2+z^2$,求 $\mathbf{grad}\,f(1,-1,2)$.

解 $\mathbf{grad}\,f=(f_x,f_y,f_z)=(2x,2y,2z)$,

于是

$$\mathbf{grad}\,f(1,-1,2)=(2,-2,4).$$

下面我们简单地介绍数量场与向量场的概念.

如果对于空间区域 G 内的任一点 M,都有一个确定的数量 $f(M)$,则称在这空间区域 G 内确定了一个数量场(例如温度场、密度场等).一个数量场可用一个数量函数 $f(M)$ 来确定.如果与点 M 相对应的是一个向量 $\boldsymbol{F}(M)$,则称在这空间区域 G 内确定了一个向量场(例如力场、速度场等).一个向量场可用一个向量值函数 $\boldsymbol{F}(M)$ 来确定,而

$$\boldsymbol{F}(M)=P(M)\boldsymbol{i}+Q(M)\boldsymbol{j}+R(M)\boldsymbol{k},$$

其中 $P(M),Q(M),R(M)$ 是点 M 的数量函数.

利用场的概念,我们可以说向量函数 $\mathbf{grad}\,f(M)$ 确定了一个向量场——梯度场,它是由数量场 $f(M)$ 产生的.通常称函数 $f(M)$ 为这个向量场的势,而这个向量场又称为势场.必须注意,任意一个向量场不一定是势场,因为它不一定是某个数量函数的梯度场.

例 5 试求数量场 $\frac{m}{r}$ 所产生的梯度场,其中常数 $m>0$,$r=\sqrt{x^2+y^2+z^2}$ 为原点 O 与点 $M(x,y,z)$ 间的距离.

解 $\frac{\partial}{\partial x}\left(\frac{m}{r}\right)=-\frac{m}{r^2}\frac{\partial r}{\partial x}=-\frac{mx}{r^3}$,

同理 $$\frac{\partial}{\partial y}\left(\frac{m}{r}\right)=-\frac{my}{r^3},\ \frac{\partial}{\partial z}\left(\frac{m}{r}\right)=-\frac{mz}{r^3}.$$

从而

$$\mathbf{grad}\ \frac{m}{r}=-\frac{m}{r^2}\left(\frac{x}{r}\boldsymbol{i}+\frac{y}{r}\boldsymbol{j}+\frac{z}{r}\boldsymbol{k}\right).$$

如果用 $\boldsymbol{e}_r$ 表示与$\overrightarrow{OM}$同方向的单位向量，则

$$\boldsymbol{e}_r=\frac{x}{r}\boldsymbol{i}+\frac{y}{r}\boldsymbol{j}+\frac{z}{r}\boldsymbol{k}.$$

因此

$$\mathbf{grad}\ \frac{m}{r}=-\frac{m}{r^2}\boldsymbol{e}_r.$$

上式右端在力学上可解释为，位于原点 O 而质量为 m 的质点对位于点 M 而质量为 1 的质点的引力．这引力的大小与两质点的质量的乘积成正比、而与它们的距离平方成反比，这引力的方向由点 M 指向原点．因此数量场$\frac{m}{r}$的势场即梯度场 $\mathbf{grad}\ \frac{m}{r}$ 称为引力场，而函数$\frac{m}{r}$称为引力势．

习　题　8－7

1．求函数 $z=x^2+y^2$ 在点(1,2)处沿从点(1,2)到点$(2,2+\sqrt{3})$的方向的方向导数．

2．求函数 $z=\ln(x+y)$在抛物线 $y^2=4x$ 上点(1,2)处，沿着这抛物线在该点处偏向 x 轴正向的切线方向的方向导数．

3．求函数 $z=1-\left(\frac{x^2}{a^2}+\frac{y^2}{b^2}\right)$在点$\left(\frac{a}{\sqrt{2}},\frac{b}{\sqrt{2}}\right)$处沿曲线$\frac{x^2}{a^2}+\frac{y^2}{b^2}=1$ 在这点的内法线方向的方向导数．

4．求函数 $u=xy^2+z^3-xyz$ 在点(1,1,2)处沿方向角为 $\alpha=\frac{\pi}{3},\beta=\frac{\pi}{4},\gamma=\frac{\pi}{3}$的方向的方向导数．

5．求函数 $u=xyz$ 在点(5,1,2)处沿从点(5,1,2)到点(9,4,14)的方向的方向导数．

6．求函数 $u=x^2+y^2+z^2$ 在曲线 $x=t,y=t^2,z=t^3$ 上点(1,1,1)处，沿曲线在该点的切线正方向(对应于 t 增大的方向)的方向导数．

7．求函数 $u=x+y+z$ 在球面 $x^2+y^2+z^2=1$ 上点(x_0,y_0,z_0)处，沿球面在该点的外法线方向的方向导数．

8．设 $f(x,y,z)=x^2+2y^2+3z^2+xy+3x-2y-6z$，求 $\mathbf{grad}\ f(0,0,0)$及 $\mathbf{grad}\ f(1,1,1)$．

9．设 u,v 都是 x,y,z 的函数，u,v 的各偏导数都存在且连续，证明：

(1) $\mathbf{grad}(u+v)=\mathbf{grad}\ u+\mathbf{grad}\ v$；

(2) $\mathbf{grad}(uv)=v\,\mathbf{grad}\ u+u\,\mathbf{grad}\ v$；

(3) $\mathbf{grad}(u^2)=2u\mathbf{grad}\ u$.

10. 问函数 $u=xy^2z$ 在点$P(1,-1,2)$处沿什么方向的方向导数最大？并求此方向导数的最大值.

第八节　多元函数的极值及其求法

一、多元函数的极值及最大值、最小值

在实际问题中，往往会遇到多元函数的最大值、最小值问题. 与一元函数相类似，多元函数的最大值、最小值与极大值、极小值有密切联系，因此我们以二元函数为例，先来讨论多元函数的极值问题.

定义　设函数 $z=f(x,y)$的定义域为 D，$P_0(x_0,y_0)$为 D 的内点. 若存在 P_0 的某个邻域 $U(P_0)\subset D$，使得对于该邻域内异于 P_0 的任何点(x,y)，都有

$$f(x,y)<f(x_0,y_0),$$

则称函数 $f(x,y)$在点(x_0,y_0)有极大值 $f(x_0,y_0)$，点(x_0,y_0)称为函数 $f(x,y)$的极大值点；若对于该邻域内异于 P_0 的任何点(x,y)，都有

$$f(x,y)>f(x_0,y_0),$$

则称函数 $f(x,y)$在点(x_0,y_0)有极小值 $f(x_0,y_0)$，点(x_0,y_0)称为函数 $f(x,y)$的极小值点. 极大值、极小值统称为极值. 使得函数取得极值的点称为极值点.

例 1　函数 $z=3x^2+4y^2$ 在点$(0,0)$处有极小值. 因为对于点$(0,0)$的任一邻域内异于$(0,0)$的点，函数值都为正，而在点$(0,0)$处的函数值为零. 从几何上看这是显然的，因为点$(0,0,0)$是开口朝上的椭圆抛物面 $z=3x^2+4y^2$ 的顶点.

例 2　函数 $z=-\sqrt{x^2+y^2}$在点$(0,0)$处有极大值. 因为在点$(0,0)$处函数值为零，而对于点$(0,0)$的任一邻域内异于$(0,0)$的点，函数值都为负. 点$(0,0,0)$是位于 xOy 平面下方的锥面$z=-\sqrt{x^2+y^2}$的顶点.

例 3　函数 $z=xy$ 在点$(0,0)$处既不取得极大值也不取得极小值. 因为在点$(0,0)$处的函数值为零，而在点$(0,0)$的任一邻域内，总有使函数值为正的点，也有使函数值为负的点.

以上关于二元函数的极值概念，可推广到 n 元函数. 设 n 元函数 $u=f(P)$的定义域为 D，P_0 为 D 的内点. 若存在 P_0 的某个邻域 $U(P_0)\subset D$，使得该邻域内异于 P_0 的任何点 P，都有

$$f(P)<f(P_0)\qquad(\text{或 } f(P)>f(P_0)),$$

则称函数 $f(P)$在点 P_0 有极大值(或极小值)$f(P_0)$.

二元函数的极值问题，一般可以利用偏导数来解决．下面两个定理就是关于这问题的结论．

定理 1（必要条件） **设函数** $z=f(x,y)$ **在点** (x_0,y_0) **具有偏导数，且在点** (x_0,y_0) **处有极值，则有**

$$f_x(x_0,y_0)=0,\qquad f_y(x_0,y_0)=0.$$

证 不妨设 $z=f(x,y)$ 在点 (x_0,y_0) 处有极大值．依极大值的定义，在点 (x_0,y_0) 的某邻域内异于 (x_0,y_0) 的点 (x,y) 都适合不等式

$$f(x,y)<f(x_0,y_0).$$

特殊地，在该邻域内取 $y=y_0$ 而 $x\neq x_0$ 的点，也应适合不等式

$$f(x,y_0)<f(x_0,y_0).$$

这表明一元函数 $f(x,y_0)$ 在 $x=x_0$ 处取得极大值，因而必有

$$f_x(x_0,y_0)=0.$$

类似地可证

$$f_y(x_0,y_0)=0.$$

从几何上看，这时如果曲面 $z=f(x,y)$ 在点 (x_0,y_0,z_0) 处有切平面，则切平面

$$z-z_0=f_x(x_0,y_0)(x-x_0)+f_y(x_0,y_0)(y-y_0)$$

成为平行于 xOy 坐标面的平面 $z-z_0=0$．

类似地可推得，如果三元函数 $u=f(x,y,z)$ 在点 (x_0,y_0,z_0) 具有偏导数，则它在点 (x_0,y_0,z_0) 具有极值的必要条件为

$$f_x(x_0,y_0,z_0)=0,f_y(x_0,y_0,z_0)=0,f_z(x_0,y_0,z_0)=0.$$

仿照一元函数，凡是能使 $f_x(x,y)=0,f_y(x,y)=0$ 同时成立的点 (x_0,y_0) 称为函数 $z=f(x,y)$ 的驻点．从定理 1 可知，具有偏导数的函数的极值点必定是驻点．但函数的驻点不一定是极值点，例如，点 $(0,0)$ 是函数 $z=xy$ 的驻点，但函数在该点并无极值．

怎样判定一个驻点是否是极值点呢？下面的定理回答了这个问题．

定理 2（充分条件） **设函数** $z=f(x,y)$ **在点** (x_0,y_0) **的某邻域内连续且有一阶及二阶连续偏导数，又** $f_x(x_0,y_0)=0,f_y(x_0,y_0)=0$**，令**

$$f_{xx}(x_0,y_0)=A,f_{xy}(x_0,y_0)=B,f_{yy}(x_0,y_0)=C,$$

则 $f(x,y)$ **在** (x_0,y_0) **处是否取得极值的条件如下：**

(1) $AC-B^2>0$ **时具有极值，且当** $A<0$ **时有极大值，当** $A>0$ **时有极小值；**

(2) $AC-B^2<0$ **时没有极值；**

(3) $AC-B^2=0$ **时可能有极值,也可能没有极值,还需另作讨论**.

这个定理现在不证①. 利用定理 1、2,我们把具有二阶连续偏导数的函数 $z=f(x,y)$ 的极值的求法叙述如下:

第一步 解方程组

$$f_x(x,y)=0, \qquad f_y(x,y)=0,$$

求得一切实数解,即可求得一切驻点.

第二步 对于每一个驻点 (x_0,y_0),求出二阶偏导数的值 A、B 和 C.

第三步 定出 $AC-B^2$ 的符号,按定理 2 的结论判定 $f(x_0,y_0)$ 是否是极值、是极大值还是极小值.

例 4 求函数 $f(x,y)=x^3-y^3+3x^2+3y^2-9x$ 的极值.

解 先解方程组

$$\begin{cases} f_x(x,y)=3x^2+6x-9=0, \\ f_y(x,y)=-3y^2+6y=0, \end{cases}$$

求得驻点为 $(1,0)$、$(1,2)$、$(-3,0)$、$(-3,2)$.

再求出二阶偏导数

$$f_{xx}(x,y)=6x+6, \qquad f_{xy}(x,y)=0, \qquad f_{yy}(x,y)=-6y+6.$$

在点 $(1,0)$ 处,$AC-B^2=12\cdot 6>0$,又 $A>0$,所以函数在 $(1,0)$ 处有极小值 $f(1,0)=-5$;

在点 $(1,2)$ 处,$AC-B^2=12\cdot(-6)<0$,所以 $f(1,2)$ 不是极值;

在点 $(-3,0)$ 处,$AC-B^2=-12\cdot 6<0$,所以 $f(-3,0)$ 不是极值;

在点 $(-3,2)$ 处,$AC-B^2=-12\cdot(-6)>0$,又 $A<0$,所以函数在 $(-3,2)$ 处有极大值 $f(-3,2)=31$.

讨论函数的极值问题时,如果函数在所讨论的区域内具有偏导数,则由定理 1 可知,极值只可能在驻点处取得. 然而,如果函数在个别点处的偏导数不存在,这些点当然不是驻点,但也可能是极值点. 例如在例 2 中,函数 $z=-\sqrt{x^2+y^2}$ 在点 $(0,0)$ 处的偏导数不存在,但该函数在点 $(0,0)$ 处却具有极大值. 因此,在考虑函数的极值问题时,除了考虑函数的驻点外,如果有偏导数不存在的点,那么对这些点也应当考虑.

与一元函数相类似,我们可以利用函数的极值来求函数的最大值和最小值. 在第一节中已经指出,如果 $f(x,y)$ 在有界闭区域 D 上连续,则 $f(x,y)$ 在 D 上必定能取得最大值和最小值. 这种使函数取得最大值或最小值的点既可能在 D 的内部,也可能在 D 的边界上. 我们假定,函数在 D 上连续、在 D 内可微分且只

① 证明见第九节第二目.

有有限个驻点；这时如果函数在 D 的内部取得最大值(最小值)，则这个最大值(最小值)也是函数的极大值(极小值). 因此，在上述假定下，求函数的最大值和最小值的一般方法是：将函数 $f(x,y)$在 D 内的所有驻点处的函数值及在D 的边界上的最大值和最小值相互比较，其中最大的就是最大值，最小的就是最小值. 但这种做法，由于要求出 $f(x,y)$在 D 的边界上的最大值和最小值，所以往往相当复杂. 在通常遇到的实际问题中，如果根据问题的性质，知道函数$f(x,y)$的最大值(最小值)一定在 D 的内部取得，而函数在 D 内只有一个驻点，那么可以肯定该驻点处的函数值就是函数 $f(x,y)$在 D 上的最大值(最小值).

例 5 某厂要用铁板做成一个体积为 2 m^3 的有盖长方体水箱. 问当长、宽、高各取怎样的尺寸时，才能使用料最省.

解 设水箱的长为 x m，宽为 y m，则其高应为$\dfrac{2}{xy}$ m. 此水箱所用材料的面积

$$A=2\left(xy+y\cdot\frac{2}{xy}+x\cdot\frac{2}{xy}\right),$$

即

$$A=2\left(xy+\frac{2}{x}+\frac{2}{y}\right)\quad(x>0,y>0).$$

可见材料面积 A 是x 和y 的二元函数，这就是目标函数，下面求使这函数取得最小值的点(x,y).

令

$$A_x=2\left(y-\frac{2}{x^2}\right)=0,$$

$$A_y=2\left(x-\frac{2}{y^2}\right)=0.$$

解这方程组，得

$$x=\sqrt[3]{2},\qquad y=\sqrt[3]{2}.$$

根据题意可知，水箱所用材料面积的最小值一定存在，并在开区域 $D=\{(x,y)\mid x>0,y>0\}$内取得. 又函数在 D 内只有唯一的驻点$(\sqrt[3]{2},\sqrt[3]{2})$，因此可断定当 $x=\sqrt[3]{2}$，$y=\sqrt[3]{2}$时，A 取得最小值. 就是说，当水箱的长为$\sqrt[3]{2}$ m、宽为$\sqrt[3]{2}$ m、高为$\dfrac{2}{\sqrt[3]{2}\cdot\sqrt[3]{2}}=\sqrt[3]{2}$ m 时，水箱所用的材料最省.

从这个例子还可看出，在体积一定的长方体中，以立方体的表面积为最小.

例 6 有一宽为 24 cm 的长方形铁板，把它两边折起来做成一断面为等腰梯形的水槽. 问怎样折法才能使断面的面积最大？

解 设折起来的边长为 x cm，倾角为 α(图 8－11)，那么梯形断面的下底长为 $24-2x$，上底长为 $24-2x+2x\cos\alpha$，高为 $x\sin\alpha$，所以断面面积

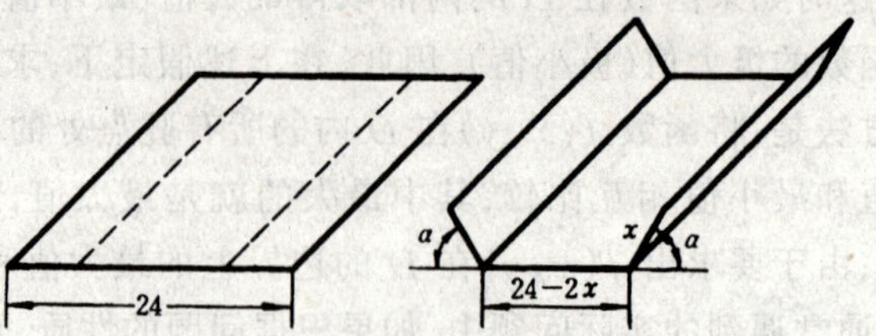

图 8-11

$$A=\frac{1}{2}(24-2x+2x\cos\alpha+24-2x)\cdot x\sin\alpha,$$

即 $$A=24x\sin\alpha-2x^2\sin\alpha+x^2\sin\alpha\cos\alpha$$

$$\left(0<x<12,0<\alpha\leqslant\frac{\pi}{2}\right).$$

可见断面面积 $A=A(x,\alpha)$，这就是目标函数，下面求使这函数取得最大值的点 (x,α).

令

$$\begin{cases}A_x=24\sin\alpha-4x\sin\alpha+2x\sin\alpha\cos\alpha=0,\\A_\alpha=24x\cos\alpha-2x^2\cos\alpha+x^2(\cos^2\alpha-\sin^2\alpha)=0.\end{cases}$$

由于 $\sin\alpha\neq0$、$x\neq0$，上述方程组可化为

$$\begin{cases}12-2x+x\cos\alpha=0,\\24\cos\alpha-2x\cos\alpha+x(\cos^2\alpha-\sin^2\alpha)=0.\end{cases}$$

解这方程组，得

$$\alpha=\frac{\pi}{3}=60°,x=8(\text{cm}).$$

根据题意可知断面面积的最大值一定存在，并且在 $D=\{(x,y)\mid 0<x<12,0<\alpha\leqslant\frac{\pi}{2}\}$ 内取得. 通过计算得知 $\alpha=\frac{\pi}{2}$ 时的函数值比 $\alpha=60°$，$x=8\text{cm}$ 时的函数值为小. 又函数在 D 内只有一个驻点，因此可以断定，当 $x=8\text{ cm}$，$\alpha=60°$ 时，就能使断面的面积最大.

二、条件极值 拉格朗日乘数法

上面所讨论的极值问题，对于函数的自变量，除了限制在函数的定义域内以外，并无其他条件，所以有时候称为无条件极值. 但在实际问题中，有时会遇到对函数的自变量还有附加条件的极值问题. 例如，求表面积为 a^2 而体积为最大的长方体的体积问题. 设长方体的三棱的长为 x,y,z，则体积 $V=xyz$. 又因假定

表面积为 a^2，所以自变量 x,y,z 还必须满足附加条件 $2(xy+yz+xz)=a^2$. 像这种对自变量有附加条件的极值称为条件极值. 对于有些实际问题，可以把条件极值化为无条件极值，然后利用第一目中的方法加以解决. 例如上述问题，可由条件 $2(xy+yz+xz)=a^2$，将 z 表成 x,y 的函数

$$z=\frac{a^2-2xy}{2(x+y)}.$$

再把它代入 $V=xyz$ 中，于是问题就化为求

$$V=\frac{xy}{2}\left(\frac{a^2-2xy}{x+y}\right)$$

的无条件极值. 例 5 也是属于把条件极值化为无条件极值的例子.

但在很多情形下，将条件极值化为无条件极值并不这样简单. 我们另有一种直接寻求条件极值的方法，可以不必先把问题化到无条件极值的问题，这就是下面要介绍的拉格朗日乘数法.

现在我们来寻求函数

$$z=f(x,y) \tag{1}$$

在条件

$$\varphi(x,y)=0 \tag{2}$$

下取得极值的必要条件.

如果函数(1)在 (x_0,y_0) 取得所求的极值，那么首先有

$$\varphi(x_0,y_0)=0. \tag{3}$$

我们假定在 (x_0,y_0) 的某一邻域内 $f(x,y)$ 与 $\varphi(x,y)$ 均有连续的一阶偏导数，而 $\varphi_y(x_0,y_0)\neq 0$. 由隐函数存在定理可知，方程(2)确定一个连续且具有连续导数的函数 $y=\psi(x)$，将其代入(1)式，结果得到一个变量 x 的函数

$$z=f[x,\psi(x)]. \tag{4}$$

于是函数(1)在 (x_0,y_0) 取得所求的极值，也就是相当于函数(4)在 $x=x_0$ 取得极值. 由一元可导函数取得极值的必要条件知道

$$\left.\frac{\mathrm{d}z}{\mathrm{d}x}\right|_{x=x_0}=f_x(x_0,y_0)+f_y(x_0,y_0)\left.\frac{\mathrm{d}y}{\mathrm{d}x}\right|_{x=x_0}=0, \tag{5}$$

而由(2)用隐函数求导公式，有

$$\left.\frac{\mathrm{d}y}{\mathrm{d}x}\right|_{x=x_0}=-\frac{\varphi_x(x_0,y_0)}{\varphi_y(x_0,y_0)}.$$

把上式代入(5)式，得

$$f_x(x_0,y_0)-f_y(x_0,y_0)\frac{\varphi_x(x_0,y_0)}{\varphi_y(x_0,y_0)}=0. \tag{6}$$

(3)、(6)两式就是函数(1)在条件(2)下在 (x_0,y_0) 取得极值的必要条件.

① 转化

设$\dfrac{f_y(x_0,y_0)}{\varphi_y(x_0,y_0)}=-\lambda$,上述必要条件就变为

$$\begin{cases} f_x(x_0,y_0)+\lambda\varphi_x(x_0,y_0)=0, \\ f_y(x_0,y_0)+\lambda\varphi_y(x_0,y_0)=0, \\ \varphi(x_0,y_0)=0. \end{cases} \tag{7}$$

若引进辅助函数

$$L(x,y)=f(x,y)+\lambda\varphi(x,y),$$

则不难看出,(7)中前两式就是

$$L_x(x_0,y_0)=0, \qquad L_y(x_0,y_0)=0.$$

函数 $L(x,y)$称为拉格朗日函数,参数 λ 称为拉格朗日乘子.

由以上讨论,我们得到以下结论.

拉格朗日乘数法 要找函数 $z=f(x,y)$在附加条件$\varphi(x,y)=0$下的可能极值点,可以先作拉格朗日函数

$$L(x,y)=f(x,y)+\lambda\varphi(x,y),$$

其中 λ 为参数.求其对 x 与 y 的一阶偏导数,并使之为零,然后与方程(2)联立起来:

$$\begin{cases} f_x(x,y)+\lambda\varphi_x(x,y)=0, \\ f_y(x,y)+\lambda\varphi_y(x,y)=0, \\ \varphi(x,y)=0. \end{cases} \tag{8}$$

由这方程组解出 x,y 及λ,这样得到的(x,y)就是函数 $f(x,y)$在附加条件$\varphi(x,y)=0$下的可能极值点.

这方法还可以推广到自变量多于两个而条件多于一个的情形.例如,要求函数

$$u=f(x,y,z,t)$$

在附加条件

$$\varphi(x,y,z,t)=0 \qquad \psi(x,y,z,t)=0 \tag{9}$$

下的极值,可以先作拉格朗日函数

$$L(x,y,z,t)=f(x,y,z,t)+\lambda\varphi(x,y,z,t)+\mu\psi(x,y,z,t),$$

其中 λ,μ 均为参数,求其一阶偏导数,并使之为零,然后与(9)中的两个方程联立起来求解,这样得出的(x,y,z,t)就是函数 $f(x,y,z,t)$在附加条件(9)下的可能极值点.

至于如何确定所求得的点是否极值点,在实际问题中往往可根据问题本身的性质来判定.

例 7 求表面积为 a^2 而体积为最大的长方体的体积.

解 设长方体的三棱长为 x,y,z,则问题就是在条件

$$\varphi(x,y,z)=2xy+2yz+2xz-a^2=0 \tag{10}$$

下,求函数

$$V=xyz \qquad (x>0,y>0,z>0)$$

的最大值.作拉格朗日函数

$$L(x,y,z)=xyz+\lambda(2xy+2yz+2xz-a^2),$$

求其对 x,y,z 的偏导数,并使之为零,得到

$$\begin{aligned} &yz+2\lambda(y+z)=0,\\ &xz+2\lambda(x+z)=0,\\ &xy+2\lambda(y+x)=0. \end{aligned} \tag{11}$$

再与(10)联立求解.

因 x,y,z 都不等于零,所以由(11)可得

$$\frac{x}{y}=\frac{x+z}{y+z},\qquad \frac{y}{z}=\frac{x+y}{x+z}.$$

由以上两式解得

$$x=y=z.$$

将此代入(10)式,便得

$$x=y=z=\frac{\sqrt{6}}{6}a,$$

这是唯一可能的极值点.因为由问题本身可知最大值一定存在,所以最大值就在这个可能的极值点处取得.也就是说,表面积为 a^2 的长方体中,以棱长为 $\frac{\sqrt{6}}{6}a$ 的正方体的体积为最大,最大体积 $V=\frac{\sqrt{6}}{36}a^3$.

例 8 求函数 $u=xyz$ 在附加条件

$$\frac{1}{x}+\frac{1}{y}+\frac{1}{z}=\frac{1}{a} \quad (x>0,y>0,z>0,a>0) \tag{12}$$

下的极值.

解 作拉格朗日函数

$$L(x,y,z)=xyz+\lambda\left(\frac{1}{x}+\frac{1}{y}+\frac{1}{z}-\frac{1}{a}\right).$$

令

$$\begin{aligned} &L_x=yz-\frac{\lambda}{x^2}=0,\\ &L_y=xz-\frac{\lambda}{y^2}=0,\\ &L_z=xy-\frac{\lambda}{z^2}=0. \end{aligned} \tag{13}$$

注意到以上三个方程左端的第一项都是三个变量 x,y,z 中某两个变量的乘积，将各方程两端同乘以相应缺少的那个变量，使各方程左端的第一项都成为 xyz，然后将所得的三个方程左、右两端相加，得

$$3xyz-\lambda\left(\frac{1}{x}+\frac{1}{y}+\frac{1}{z}\right)=0$$

把(12)代入上式，得

$$xyz=\frac{\lambda}{3a}.$$

再把这个结果分别代入(13)中各式，便得 $x=y=z=3a$. 由此得到点$(3a,3a,3a)$是函数 $u=xyz$ 在条件(12)下唯一可能的极值点. 把条件(12)确定的隐函数记作 $z=z(x,y)$，将目标函数看作 $u=xyz(x,y)=F(x,y)$，再应用二元函数极值的充分条件判断，可知点$(3a,3a,3a)$是函数 $u=xyz$ 在条件(12)下的极小值点. 因此，目标函数 $u=xyz$ 在条件(12)下在点$(3a,3a,3a)$处取得极小值 $27a^3$.

下面的问题涉及经济学中的一个最优价格的模型.

在生产和销售商品过程中，商品销售量、生产成本与销售价格是相互影响的. 厂家要选择合理的销售价格，才能获得最大利润. 这个价格称为最优价格. 下面的例题就是讨论怎样确定电视机的最优价格.

例 9 设某电视机厂生产一台电视机的成本为 c，每台电视机的销售价格为 p，销售量为 x. 假设该厂的生产处于平衡状态，即电视机的生产量等于销售量. 根据市场预测，销售量 x 与销售价格 p 之间有下面的关系：

$$x=M\mathrm{e}^{-ap}\qquad(M>0,a>0)\tag{14}$$

其中 M 为市场最大需求量，a 是价格系数. 同时，生产部门根据对生产环节的分析，对每台电视机的生产成本 c 有如下测算：

$$c=c_0-k\ln x\qquad(k>0,x>1),\tag{15}$$

其中 c_0 是只生产一台电视机时的成本，k 是规模系数.

根据上述条件，应如何确定电视机的售价 p，才能使该厂获得最大利润？

解 设厂家获得的利润为 u，每台电视机售价为 p，每台生产成本为 c，销售量为 x，则

$$u=(p-c)x.$$

于是问题化为求利润函数 $u=(p-c)x$ 在附加条件(14)、(15)下的极值问题.

作拉格朗日函数

$$L(x,p,c)=(p-c)x+\lambda(x-M\mathrm{e}^{-ap})+\mu(c-c_0+k\ln x).$$

令

$$L_x=(p-c)+\lambda+k\frac{\mu}{x}=0,$$

$$L_p = x + \lambda a M e^{-ap} = 0,$$
$$L_c = -x + \mu = 0.$$

将(14)代入(15),得

$$c = c_0 - k(\ln M - ap). \tag{16}$$

由(14)及 $L_p=0$ 知 $\lambda a = -1$, 即 $\lambda = -\frac{1}{a}$. (17)

由 $L_c=0$ 知 $x=\mu$,即 $\frac{x}{\mu}=1$. (18)

将(16)、(17)、(18)代入 $L_x=0$,得

$$p - c_0 + k(\ln M - ap) - \frac{1}{a} + k = 0,$$

由此得

$$p^* = \frac{c_0 - k\ln M + \frac{1}{a} - k}{1 - ak}.$$

因为由问题本身可知最优价格必定存在,所以这个 p^* 就是电视机的最优价格.只要确定了规模系数 k,价格系数 a,电视机的最优价格问题就解决了.

习 题 8-8

1. 求函数 $f(x,y)=4(x-y)-x^2-y^2$ 的极值.

2. 求函数 $f(x,y)=(6x-x^2)(4y-y^2)$的极值.

3. 求函数 $f(x,y)=e^{2x}(x+y^2+2y)$的极值.

4. 求函数 $z=xy$ 在适合附加条件 $x+y=1$ 下的极大值.

5. 从斜边之长为 l 的一切直角三角形中,求有最大周长的直角三角形.

6. 要造一个容积等于定数 k 的长方体无盖水池,应如何选择水池的尺寸,方可使它的表面积最小.

7. 在平面 xOy 上求一点,使它到 $x=0$, $y=0$ 及 $x+2y-16=0$ 三直线的距离平方之和为最小.

8. 将周长为 $2p$ 的矩形绕它的一边旋转而构成一个圆柱体.问矩形的边长各为多少时,才可使圆柱体的体积为最大?

9. 求内接于半径为 a 的球且有最大体积的长方体.

10. 抛物面 $z=x^2+y^2$ 被平面 $x+y+z=1$ 截成一椭圆,求原点到这椭圆的最长与最短距离.

*第九节　二元函数的泰勒公式

一、二元函数的泰勒公式

在上册第三章,我们已经知道:若函数 $f(x)$ 在含有 x_0 的某个开区间 (a,b) 内具有直到 $(n+1)$ 阶的导数,则当 x 在 (a,b) 内时,有下面的 n 阶泰勒公式

$$\begin{aligned}f(x)=&f(x_0)+f'(x_0)(x-x_0)\\&+\frac{f''(x_0)}{2!}(x-x_0)^2+\cdots+\frac{f^{(n)}(x_0)}{n!}(x-x_0)^n\\&+\frac{f^{(n+1)}(x_0+\theta(x-x_0))}{(n+1)!}(x-x_0)^{n+1}(0<\theta<1)\end{aligned}$$

成立.利用一元函数的泰勒公式,我们可用 n 次多项式来近似表达函数 $f(x)$,且误差是当 $x\to x_0$ 时比 $(x-x_0)^n$ 高阶的无穷小.对于多元函数来说,无论是为了理论的或实际计算的目的,也都有必要考虑用多个变量的多项式来近似表达一个给定的多元函数,并能具体地估算出误差的大小来.今以二元函数为例,设 $z=f(x,y)$ 在点 (x_0,y_0) 的某一邻域内连续且有直到 $(n+1)$ 阶的连续偏导数,(x_0+h,y_0+k) 为此邻域内任一点,我们的问题就是要把函数 $f(x_0+h,y_0+k)$ 近似地表达为 $h=x-x_0,k=y-y_0$ 的 n 次多项式,而由此所产生的误差是当 $\rho=\sqrt{h^2+k^2}\to 0$ 时比 ρ^n 高阶的无穷小.为了解决这个问题,就要把一元函数的泰勒中值定理推广到多元函数的情形.

定理　设 $z=f(x,y)$ 在点 (x_0,y_0) 的某一邻域内连续且有直到 $(n+1)$ 阶的连续偏导数,(x_0+h,y_0+k) 为此邻域内任一点,则有

$$\begin{aligned}f(x_0+h,y_0+k)=&f(x_0,y_0)+\left(h\frac{\partial}{\partial x}+k\frac{\partial}{\partial y}\right)f(x_0,y_0)\\&+\frac{1}{2!}\left(h\frac{\partial}{\partial x}+k\frac{\partial}{\partial y}\right)^2f(x_0,y_0)+\cdots+\frac{1}{n!}\left(h\frac{\partial}{\partial x}+k\frac{\partial}{\partial y}\right)^nf(x_0,y_0)\\&+\frac{1}{(n+1)!}\left(h\frac{\partial}{\partial x}+k\frac{\partial}{\partial y}\right)^{n+1}f(x_0+\theta h,y_0+\theta k),\quad(0<\theta<1).\end{aligned}$$

其中记号

$\left(h\dfrac{\partial}{\partial x}+k\dfrac{\partial}{\partial y}\right)f(x_0,y_0)$ 表示 $hf_x(x_0,y_0)+kf_y(x_0,y_0)$,

$\left(h\dfrac{\partial}{\partial x}+k\dfrac{\partial}{\partial y}\right)^2f(x_0,y_0)$ 表示 $h^2f_{xx}(x_0,y_0)+2hkf_{xy}(x_0,y_0)+k^2f_{yy}(x_0,y_0)$,

一般地,记号

$\left(h\frac{\partial}{\partial x}+k\frac{\partial}{\partial y}\right)^m f(x_0,y_0)$表示 $\sum_{p=0}^{m}C_m^p h^p k^{m-p}\frac{\partial^m f}{\partial x^p\partial y^{m-p}}\Big|_{(x_0,y_0)}$.

证 为了利用一元函数的泰勒公式来进行证明,我们引入函数

$$\Phi(t)=f(x_0+ht,y_0+kt),\qquad(0\leqslant t\leqslant 1).$$

显然 $\Phi(0)=f(x_0,y_0)$,$\Phi(1)=f(x_0+h,y_0+k)$. 由 $\Phi(t)$的定义及多元复合函数的求导法则,可得

$$\begin{aligned}\Phi'(t)&=hf_x(x_0+ht,y_0+kt)+kf_y(x_0+ht,y_0+kt)\\&=\left(h\frac{\partial}{\partial x}+k\frac{\partial}{\partial y}\right)f(x_0+ht,y_0+kt),\end{aligned}$$

$$\begin{aligned}\Phi''(t)&=h^2f_{xx}(x_0+ht,y_0+kt)+2hkf_{xy}(x_0+ht,y_0+kt)\\&\quad+k^2f_{yy}(x_0+ht,y_0+kt)\\&=\left(h\frac{\partial}{\partial x}+k\frac{\partial}{\partial y}\right)^2f(x_0+ht,y_0+kt),\end{aligned}$$

…………

$$\begin{aligned}\Phi^{(n+1)}(t)&=\sum_{p=0}^{n+1}C_{n+1}^p h^p k^{n+1-p}\frac{\partial^{n+1}f}{\partial x^p\partial y^{n+1-p}}\Big|_{(x_0+ht,y_0+kt)}\\&=\left(h\frac{\partial}{\partial x}+k\frac{\partial}{\partial y}\right)^{n+1}f(x_0+ht,y_0+kt).\end{aligned}$$

利用一元函数的麦克劳林公式,得

$$\Phi(1)=\Phi(0)+\Phi'(0)+\frac{1}{2!}\Phi''(0)+\cdots+\frac{1}{n!}\Phi^{(n)}(0)+\frac{1}{(n+1)!}\Phi^{(n+1)}(\theta),$$

$$(0<\theta<1).$$

将 $\Phi(0)=f(x_0,y_0)$,$\Phi(1)=f(x_0+h,y_0+k)$及上面求得的 $\Phi(t)$直到 n 阶导数在 $t=0$ 的值,以及 $\Phi^{(n+1)}(t)$在 $t=\theta$ 的值代入上式,即得

$$\begin{aligned}&f(x_0+h,y_0+k)\\&=f(x_0,y_0)+\left(h\frac{\partial}{\partial x}+k\frac{\partial}{\partial y}\right)f(x_0,y_0)+\frac{1}{2!}\left(h\frac{\partial}{\partial x}+k\frac{\partial}{\partial y}\right)^2f(x_0,y_0)+\cdots\\&\quad+\frac{1}{n!}\left(h\frac{\partial}{\partial x}+k\frac{\partial}{\partial y}\right)^nf(x_0,y_0)+R_n,\end{aligned}\tag{1}$$

其中

$$R_n=\frac{1}{(n+1)!}\left(h\frac{\partial}{\partial x}+k\frac{\partial}{\partial y}\right)^{n+1}f(x_0+\theta h,y_0+\theta k),\qquad(0<\theta<1).\tag{2}$$

定理证毕.

公式(1)称为二元函数 $f(x,y)$在点(x_0,y_0)的n阶泰勒公式,而 R_n 的表达式(2)称为拉格朗日型余项.

由二元函数的泰勒公式可知,以(1)式右端 h 及 k 的 n 次多项式近似表达函数 $f(x_0+h,y_0+k)$ 时,其误差为 $|R_n|$. 由假设,函数的各 $(n+1)$ 阶偏导数都连续,故它们的绝对值在点 (x_0,y_0) 的某一邻域内都不超过某一正常数 M. 于是,有下面的误差估计式:

$$|R_n|\leqslant\frac{M}{(n+1)!}(|h|+|k|)^{n+1}=\frac{M}{(n+1)!}\rho^{n+1}(|\cos\alpha|+|\sin\alpha|)^{n+1}$$

$$\leqslant\frac{(\sqrt{2})^{n+1}}{(n+1)!}M\rho^{n+1}①,\tag{3}$$

其中 $\rho=\sqrt{h^2+k^2}$.

由(3)式可知,误差 $|R_n|$ 是当 $\rho\to 0$ 时比 ρ^n 高阶的无穷小.

当 $n=0$ 时,公式(1)成为

$$f(x_0+h,y_0+k)=f(x_0,y_0)+hf_x(x_0+\theta h,y_0+\theta k)$$
$$+kf_y(x_0+\theta h,y_0+\theta k).\tag{4}$$

公式(4)称为二元函数的拉格朗日中值公式. 由(4)式即可推得下述结论:

如果函数 $f(x,y)$ 的偏导数 $f_x(x,y)$, $f_y(x,y)$ 在某一区域内都恒等于零,则函数 $f(x,y)$ 在该区域内为一常数.

例 1 求函数 $f(x,y)=\ln(1+x+y)$ 在点 $(0,0)$ 的三阶泰勒公式.

解 因为

$$f_x(x,y)=f_y(x,y)=\frac{1}{1+x+y},$$

$$f_{xx}(x,y)=f_{xy}(x,y)=f_{yy}(x,y)=-\frac{1}{(1+x+y)^2},$$

$$\frac{\partial^3 f}{\partial x^p\partial y^{3-p}}=\frac{2!}{(1+x+y)^3},(p=0,1,2,3),$$

$$\frac{\partial^4 f}{\partial x^p\partial y^{4-p}}=-\frac{3!}{(1+x+y)^4},(p=0,1,2,3,4),$$

所以

$$\left(h\frac{\partial}{\partial x}+k\frac{\partial}{\partial y}\right)f(0,0)=hf_x(0,0)+kf_y(0,0)=h+k,$$

$$\left(h\frac{\partial}{\partial x}+k\frac{\partial}{\partial y}\right)^2 f(0,0)=h^2f_{xx}(0,0)+2hkf_{xy}(0,0)+k^2f_{yy}(0,0)$$
$$=-(h+k)^2,$$

---

① 令 $|\cos\alpha|=x$,则 $|\sin\alpha|=(1-x^2)^{\frac{1}{2}}$, $|\cos\alpha|+|\sin\alpha|=x+\sqrt{1-x^2}=\varphi(x)$, $\varphi(x)$ 在 $[0,1]$ 上的最大值为 $\sqrt{2}$.

$$\left(h\frac{\partial}{\partial x}+k\frac{\partial}{\partial y}\right)^3 f(0,0)=h^3 f_{xxx}(0,0)+3h^2kf_{xxy}(0,0)+3hk^2f_{xyy}(0,0)$$
$$+k^3f_{yyy}(0,0)=2(h+k)^3.$$

又 $f(0,0)=0$，并将 $h=x,k=y$ 代入，由三阶泰勒公式便得

$$\ln(1+x+y)=x+y-\frac{1}{2}(x+y)^2+\frac{1}{3}(x+y)^3+R_3,$$

其中 $$R_3=\frac{1}{4!}\left[\left(h\frac{\partial}{\partial x}+k\frac{\partial}{\partial y}\right)^4 f(\theta h,\theta k)\right]_{h=x,k=y}$$
$$=-\frac{1}{4}\cdot\frac{(x+y)^4}{(1+\theta x+\theta y)^4}\qquad(0<\theta<1).$$

二、极值充分条件的证明

现在来证明第八节中的定理 2.

设函数 $z=f(x,y)$ 在点 $P_0(x_0,y_0)$ 的某邻域 $U_1(P_0)$ 内连续且有一阶及二阶连续偏导数，又 $f_x(x_0,y_0)=0,f_y(x_0,y_0)=0$.

依二元函数的泰勒公式，对于任一 $(x_0+h,y_0+k)\in U_1(P_0)$ 有

$$\Delta f=f(x_0+h,y_0+k)-f(x_0,y_0).$$
$$=\frac{1}{2}[h^2f_{xx}(x_0+\theta h,y_0+\theta k)+2hkf_{xy}(x_0+\theta h,y_0+\theta k)$$
$$+k^2f_{yy}(x_0+\theta h,y_0+\theta k)]\quad(0<\theta<1).\tag{5}$$

(1) 设 $AC-B^2>0$，即

$$f_{xx}(x_0,y_0)f_{yy}(x_0,y_0)-[f_{xy}(x_0,y_0)]^2>0.\tag{6}$$

因 $f(x,y)$ 的二阶偏导数在 $U_1(P_0)$ 内连续，由不等式(6)可知，存在点 P_0 的邻域 $U_2(P_0)\subset U_1(P_0)$，使得对任一 $(x_0+h,y_0+k)\in U_2(P_0)$ 有

$$f_{xx}(x_0+\theta h,y_0+\theta k)f_{yy}(x_0+\theta h,y_0+\theta k)$$
$$-[f_{xy}(x_0+\theta h,y_0+\theta k)]^2>0.\tag{7}$$

为书写简便起见，把 $f_{xx}(x,y),f_{xy}(x,y),f_{yy}(x,y)$ 在点 $(x_0+\theta h,y_0+\theta k)$ 处的值依次记为 f_{xx},f_{xy},f_{yy}. 由(7)式可知，当 $(x_0+h,y_0+k)\in U_2(P_0)$ 时，f_{xx} 及 f_{yy} 都不等于零且两者同号. 于是(5)式可写成

$$\Delta f=\frac{1}{2f_{xx}}[(hf_{xx}+kf_{xy})^2+k^2(f_{xx}f_{yy}-f_{xy}^2)].$$

当 h、k 不同时为零且 $(x_0+h,y_0+k)\in U_2(P_0)$ 时，上式右端方括号内的值为正，所以 Δf 异于零且与 f_{xx} 同号. 又由 $f(x,y)$ 的二阶偏导数的连续性知 f_{xx} 与 A 同号，因此 Δf 与 A 同号. 所以，当 $A>0$ 时 $f(x_0,y_0)$ 为极小值，当 $A<0$ 时 $f(x_0,y_0)$ 为极大值.

(2) 设 $AC-B^2<0$,即

$$f_{xx}(x_0,y_0)f_{yy}(x_0,y_0)-[f_{xy}(x_0,y_0)]^2<0. \tag{8}$$

先假定 $f_{xx}(x_0,y_0)=f_{yy}(x_0,y_0)=0$,于是由(8)式可知这时 $f_{xy}(x_0,y_0)\neq 0$.现在分别令 $k=h$ 及 $k=-h$,则由(5)式分别得

$$\Delta f=\frac{h^2}{2}[f_{xx}(x_0+\theta_1 h,y_0+\theta_1 h)+2f_{xy}(x_0+\theta_1 h,y_0+\theta_1 h)$$
$$+f_{yy}(x_0+\theta_1 h,y_0+\theta_1 h)]$$

及

$$\Delta f=\frac{h^2}{2}[f_{xx}(x_0+\theta_2 h,y_0-\theta_2 h)-2f_{xy}(x_0+\theta_2 h,y_0-\theta_2 h)$$
$$+f_{yy}(x_0+\theta_2 h,y_0-\theta_2 h)],$$

其中 $0<\theta_1,\theta_2<1$.当 $h\to 0$ 时,以上两式中方括号内的式子分别趋于极限

$$2f_{xy}(x_0,y_0)\quad 及 -2f_{xy}(x_0,y_0),$$

从而当 h 充分接近零时,两式中方括号内的值有相反的符号,因此 Δf 可取不同符号的值,所以 $f(x_0,y_0)$不是极值.

再证 $f_{xx}(x_0,y_0)$和 $f_{yy}(x_0,y_0)$不同时为零的情形.不妨假定 $f_{yy}(x_0,y_0)\neq 0$.先取 $k=0$,于是由(5)式得

$$\Delta f=\frac{1}{2}h^2 f_{xx}(x_0+\theta h,y_0).$$

由此看出,当 h 充分接近零时,Δf 与 $f_{xx}(x_0,y_0)$同号.

但如果取

$$h=-f_{xy}(x_0,y_0)s,\qquad k=f_{xx}(x_0,y_0)s, \tag{9}$$

其中 s 是异于零但充分接近零的数,则可发现,当$|s|$充分小时,Δf 与 $f_{xx}(x_0,y_0)$异号.事实上,在(5)式中将 h 及 k 用(9)式给定的值代入,得

$$\Delta f=\frac{1}{2}s^2\{[f_{xy}(x_0,y_0)]^2 f_{xx}(x_0+\theta h,y_0+\theta k)$$
$$-2f_{xy}(x_0,y_0)f_{xx}(x_0,y_0)f_{xy}(x_0+\theta h,y_0+\theta k)$$
$$+[f_{xx}(x_0,y_0)]^2 f_{yy}(x_0+\theta h,y_0+\theta k)\}. \tag{10}$$

上式右端花括号内的式子当 $s\to 0$ 时趋于极限

$$f_{xx}(x_0,y_0)\{f_{xx}(x_0,y_0)f_{yy}(x_0,y_0)-[f_{xy}(x_0,y_0)]^2\}.$$

由不等式(8),上式花括号内的值为负,因此当 s 充分接近零时,(10)式右端(从而 Δf)与 $f_{xx}(x_0,y_0)$异号.

以上已经证得:在点(x_0,y_0)的任意邻近,Δf 可取不同符号的值,因此 $f(x_0,y_0)$不是极值.

(3) 考察函数

$$f(x,y)=x^2+y^4 \text{ 及 } g(x,y)=x^2+y^3.$$

容易验证,这两个函数都以(0,0)为驻点,且在点(0,0)处都满足 $AC-B^2=0$.但 $f(x,y)$在点(0,0)处有极小值,而 $g(x,y)$在点(0,0)处却没有极值.

*习　题　8-9

1. 求函数 $f(x,y)=2x^2-xy-y^2-6x-3y+5$ 在点(1,-2)的泰勒公式.
2. 求函数 $f(x,y)=e^x\ln(1+y)$在点(0,0)的三阶泰勒公式.
3. 求函数 $f(x,y)=\sin x\sin y$ 在点$\left(\frac{\pi}{4},\frac{\pi}{4}\right)$的二阶泰勒公式.
4. 利用函数 $f(x,y)=x^y$ 的三阶泰勒公式,计算 $1.1^{1.02}$ 的近似值.
5. 求函数 $f(x,y)=e^{x+y}$在点(0,0)的 n 阶泰勒公式.

*第十节　最小二乘法

许多工程问题,常常需要根据两个变量的几组实验数值——实验数据,来找出这两个变量的函数关系的近似表达式.通常把这样得到的函数的近似表达式叫做经验公式.经验公式建立以后,就可以把生产或实验中所积累的某些经验,提高到理论上加以分析.下面我们通过举例介绍常用的一种建立经验公式的方法.

例 1　为了测定刀具的磨损速度,我们做这样的实验:经过一定时间(如每隔一小时),测量一次刀具的厚度,得到一组实验数据如下:

顺序编号 i	0	1	2	3	4	5	6	7
时间 t_i/h	0	1	2	3	4	5	6	7
刀具厚度 y_i/mm	27.0	26.8	26.5	26.3	26.1	25.7	25.3	24.8

试根据上面的实验数据建立 y 和 t 之间的经验公式 $y=f(t)$.也就是,要找出一个能使上述数据大体适合的函数关系 $y=f(t)$.

解　首先,要确定 $f(t)$的类型.为此,我们可按下法处理.在直角坐标纸上取 t 为横坐标,y 为纵坐标,描出上述各对数据的对应点,如图 8-12 所示.从图上可以看出,这些点的连线大致接近于一条直线.于是,我们就可以认为 $y=f(t)$是线性函数,并设

$$f(t)=at+b,$$

其中 a 和 b 是待定常数.

常数 a 和 b 如何确定呢?最理想的情形是选取这样的 a 和 b,能使直线 $y=at+b$ 经过图 8-12 中所标出的各点.但在实际上这是不可能的.因为这些点

本来就不在同一条直线上.因此,我们只能要求选取这样的 a、b,使得 $f(t)=at+b$ 在 t_0,t_1,t_2,…,t_7 处的函数值与实验数据 y_0,y_1,y_2,…,y_7 相差都很小,就是要使偏差

$$y_i - f(t_i) \quad (i=0,1,2,\cdots,7)$$

都很小.那么如何达到这一要求呢?能否设法使偏差的和

$$\sum_{i=0}^{7}[y_i - f(t_i)]$$

很小来保证每个偏差都很小呢?不能,因为偏差有正有负,在求和时,可能互相抵消.为了避免这种情形,可对偏差取绝对值再求和,只要

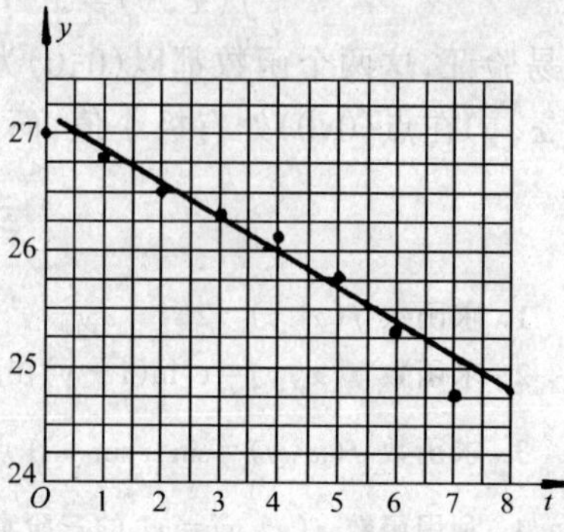

图 8-12

$$\sum_{i=0}^{7}|y_i - f(t_i)| = \sum_{i=0}^{7}|y_i - (at_i + b)|$$

很小,就可以保证每个偏差的绝对值都很小.但是这个式子中有绝对值记号,不便于进一步分析讨论.由于任何实数的平方都是正数或零,因此我们可以考虑选取常数 a、b,使

$$M = \sum_{i=0}^{7}[y_i - (at_i + b)]^2$$

最小来保证每个偏差的绝对值都很小.这种根据偏差的平方和为最小的条件来选择常数 a、b 的方法叫做最小二乘法.这种确定常数 a、b 的方法是通常所采用的.

现在我们来研究,经验公式 $y=at+b$ 中,a 和 b 符合什么条件时,可以使上述的 M 为最小.如果我们把 M 看成与自变量 a 和 b 相对应的因变量,那么问题就可归结为求函数 $M=M(a,b)$ 在哪些点处取得最小值.由第八节中的讨论可知,上述问题可以通过求方程组

$$\begin{cases} M_a(a,b)=0, \\ M_b(a,b)=0 \end{cases}$$

的解来解决,即令

$$\begin{cases} \dfrac{\partial M}{\partial a} = -2\displaystyle\sum_{i=0}^{7}[y_i - (at_i + b)]t_i = 0, \\ \dfrac{\partial M}{\partial b} = -2\displaystyle\sum_{i=0}^{7}[y_i - (at_i + b)] = 0; \end{cases}$$

亦即

$$\begin{cases}\sum_{i=0}^{7} t_i[y_i-(at_i+b)]=0,\\ \sum_{i=0}^{7}[y_i-(at_i+b)]=0.\end{cases}$$

将括号内各项进行整理合并，并把未知数 a 和 b 分离出来，便得

$$\begin{cases}a\sum_{i=0}^{7} t_i^2+b\sum_{i=0}^{7} t_i=\sum_{i=0}^{7} y_i t_i,\\ a\sum_{i=0}^{7} t_i+8b=\sum_{i=0}^{7} y_i.\end{cases} \tag{1}$$

下面我们通过列表来计算 $\sum_{i=0}^{7} t_i$，$\sum_{i=0}^{7} t_i^2$，$\sum_{i=0}^{7} y_i$ 及 $\sum_{i=0}^{7} y_i t_i$.

	t_i	t_i^2	y_i	$y_i t_i$
	0	0	27.0	0
	1	1	26.8	26.8
	2	4	26.5	53.0
	3	9	26.3	78.9
	4	16	26.1	104.4
	5	25	25.7	128.5
	6	36	25.3	151.8
	7	49	24.8	173.6
Σ	28	140	208.5	717.0

代入方程组(1)，得到

$$\begin{cases}140a+28b=717,\\ 28a+8b=208.5.\end{cases}$$

解此方程组，得到 $a=-0.303\,6, b=27.125$. 这样便得到所求经验公式为

$$y=f(t)=-0.303\,6t+27.125. \tag{2}$$

由(2)式算出的函数值 $f(t_i)$ 与实测的 y_i 有一定的偏差. 现列表比较如下：

t_i	0	1	2	3	4	5	6	7
实测的 y_i/mm	27.0	26.8	26.5	26.3	26.1	25.7	25.3	24.8
算得的 $f(t_i)$/mm	27.125	26.821	26.518	26.214	25.911	25.607	25.303	25.000
偏差	-0.125	-0.021	-0.018	0.086	0.189	0.093	-0.003	-0.200

偏差的平方和 $M=0.108\,165$,它的平方根$\sqrt{M}=0.329$.我们把$\sqrt{M}$称为均方误差,它的大小在一定程度上反映了用经验公式来近似表达原来函数关系的近似程度的好坏.

在例1中,按实验数据描出的图形接近于一条直线.在这种情形下,就可认为函数关系是线性函数类型的,从而问题可化为求解一个二元一次方程组,计算比较方便.还有一些实际问题,经验公式的类型不是线性函数,但我们可以设法把它化成线性函数的类型来讨论.举例说明于下:

例2 在研究某单分子化学反应速度时,得到下列数据:

i	1	2	3	4	5	6	7	8
τ_i	3	6	9	12	15	18	21	24
y_i	57.6	41.9	31.0	22.7	16.6	12.2	8.9	6.5

其中 τ 表示从实验开始算起的时间,y 表示时刻τ 反应物的量.试根据上述数据定出经验公式 $y=f(\tau)$.

解 由化学反应速度的理论知道,$y=f(\tau)$应是指数函数:$y=k\mathrm{e}^{m\tau}$,其中 k 和 m 是待定常数.对这批数据,我们先来验证这个结论.为此,在 $y=k\mathrm{e}^{m\tau}$ 的两边取常用对数,得

$$\lg y=(m\cdot\lg \mathrm{e})\tau+\lg k.$$

记 $m\cdot\lg \mathrm{e}$ 即 $0.434\,3m=a$,$\lg k=b$,则上式可写为

$$\lg y=a\tau+b,$$

于是 $\lg y$ 就是τ 的线性函数.所以,我们把表中各对数据$(\tau_i,y_i)(i=1,2\cdots,8)$所对应的点描在半对数坐标纸上(半对数坐标纸的横轴上各点处所标明的数字与普通的直角坐标纸相同,而纵轴上各点处所标明的数字是这样的,它的常用对数就是该点到原点的距离),如图8-13所示.从图上看出,这些点的连线非常接近于一条直线,这说明 $y=f(\tau)$确实可以认为是指数函数.

下面来具体定出 k 与 m 的值.

由于

$$\lg y=a\tau+b,$$

所以可仿照例1中的讨论,通过求方程组

$$\begin{cases} a\sum\limits_{i=1}^{8}\tau_i^2+b\sum\limits_{i=1}^{8}\tau_i=\sum\limits_{i=1}^{8}\tau_i\lg y_i, \\ a\sum\limits_{i=1}^{8}\tau_i+8b=\sum\limits_{i=1}^{8}\lg y_i \end{cases} \tag{3}$$

的解,把 a,b 确定出来.

下面通过列表来计算 $\sum\limits_{i=1}^{8}\tau_i$,$\sum\limits_{i=1}^{8}\tau_i^2$,$\sum\limits_{i=1}^{8}\lg y_i$ 及$\sum\limits_{i=1}^{8}\tau_i\lg y_i$.

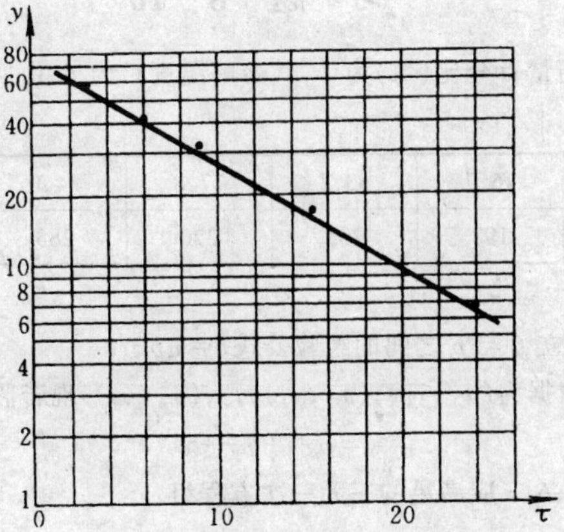

图 8-13

	τ_i	τ_i^2	y_i	$\lg y_i$	$\tau_i \lg y_i$
	3	9	57.6	1.760 4	5.281 2
	6	36	41.9	1.622 2	9.733 2
	9	81	31.0	1.491 4	13.422 6
	12	144	22.7	1.356 0	16.272 0
	15	225	16.6	1.220 1	18.301 5
	18	324	12.2	1.086 4	19.555 2
	21	441	8.9	0.949 4	19.937 4
	24	576	6.5	0.812 9	19.509 6
$\sum$	108	1 836		10.298 8	122.012 7

将它们代入方程组(3)$\left(\text{其中取}\sum_{i=1}^{8}\lg y_i = 10.3,\ \sum_{i=1}^{8}\tau_i \lg y_i = 122\right)$,得

$$\begin{cases} 1\,836a + 108b = 122, \\ 108a + 8b = 10.3. \end{cases}$$

解这方程组,得

$$\begin{cases} a = 0.434\,3m = -0.045, \\ b = \lg k = 1.896\,4, \end{cases}$$

所以 $$m = -0.103\,6,\ k = 78.78.$$

因此所求的经验公式为

$$y = 78.78\mathrm{e}^{-0.103\,6\tau}.$$

*习 题 8-10

1. 某种合金的含铅量百分比(%)为 p,其熔解温度℃为 θ,由实验测得 p 与 θ 的数据如下表:

p/(%)	36.9	46.7	63.7	77.8	84.0	87.5	
θ/℃	181	197	235	270	283	292	

试用最小二乘法建立 θ 与 p 之间的经验公式 $\theta = ap + b$.

2. 已知一组实验数据为 $(x_1, y_1), (x_2, y_2), \cdots, (x_n, y_n)$. 现若假定经验公式是

$$y = ax^2 + bx + c.$$

试按最小二乘法建立 a、b、c 应满足的三元一次方程组.

总 习 题 八

1. 在"充分"、"必要"和"充分必要"三者中选择一个正确的填入下列空格内:

(1) $f(x,y)$ 在点 (x,y) 可微分是 $f(x,y)$ 在该点连续的________条件. $f(x,y)$ 在点 (x,y) 连续是 $f(x,y)$ 在该点可微分的________条件.

(2) $z = f(x,y)$ 在点 (x,y) 的偏导数 $\dfrac{\partial z}{\partial x}$ 及 $\dfrac{\partial z}{\partial y}$ 存在是 $f(x,y)$ 在该点可微分的________条件. $z = f(x,y)$ 在点 (x,y) 可微分是函数在该点的偏导数 $\dfrac{\partial z}{\partial x}$ 及 $\dfrac{\partial z}{\partial y}$ 存在的________条件.

(3) $z = f(x,y)$ 的偏导数 $\dfrac{\partial z}{\partial x}$ 及 $\dfrac{\partial z}{\partial y}$ 在点 (x,y) 存在且连续是 $f(x,y)$ 在该点可微分的________条件.

(4) 函数 $z = f(x,y)$ 的两个二阶混合偏导数 $\dfrac{\partial^2 z}{\partial x \partial y}$ 及 $\dfrac{\partial^2 z}{\partial y \partial x}$ 在区域 D 内连续是这两个二阶混合偏导数在 D 内相等的________条件.

2. 选择下述题中给出的四个结论中一个正确的结论:

设函数 $f(x,y)$ 在点 $(0,0)$ 的某邻域内有定义,且 $f_x(0,0) = 3$, $f_y(0,0) = -1$,则有________.

(A) $\mathrm{d}z|_{(0,0)} = 3\mathrm{d}x - \mathrm{d}y$.

(B) 曲面 $z = f(x,y)$ 在点 $(0,0,f(0,0))$ 的一个法向量为 $(3,-1,1)$.

(C) 曲线 $\begin{cases} z = f(x,y), \\ y = 0 \end{cases}$ 在点 $(0,0,f(0,0))$ 的一个切向量为 $(1,0,3)$.

(D) 曲线 $\begin{cases} z = f(x,y), \\ y = 0 \end{cases}$ 在点 $(0,0,f(0,0))$ 的一个切向量为 $(3,0,1)$.

3. 求函数 $f(x,y) = \dfrac{\sqrt{4x - y^2}}{\ln(1 - x^2 - y^2)}$ 的定义域,并求 $\lim\limits_{(x,y)\to(\frac{1}{2},0)} f(x,y)$.

4. 证明极限 $\lim\limits_{(x,y)\to(0,0)} \dfrac{xy^2}{x^2 + y^4}$ 不存在.

5. 设

$$f(x,y)=\begin{cases}\dfrac{x^2y}{x^2+y^2}, & x^2+y^2\neq 0,\\ 0, & x^2+y^2=0.\end{cases}$$

求 $f_x(x,y)$ 及 $f_y(x,y)$.

6. 求下列函数的一阶和二阶偏导数:

(1) $z=\ln(x+y^2)$;　　(2) $z=x^y$.

7. 求函数 $z=\dfrac{xy}{x^2-y^2}$ 当 $x=2,y=1,\Delta x=0.01,\Delta y=0.03$ 时的全增量和全微分.

8. 设

$$f(x,y)=\begin{cases}\dfrac{x^2y^2}{(x^2+y^2)^{3/2}}, & x^2+y^2\neq 0,\\ 0, & x^2+y^2=0.\end{cases}$$

证明:$f(x,y)$ 在点 $(0,0)$ 处连续且偏导数存在,但不可微分.

9. 设 $u=x^y$,而 $x=\varphi(t),y=\psi(t)$ 都是可微函数,求 $\dfrac{\mathrm{d}u}{\mathrm{d}t}$.

10. 设 $z=f(u,v,w)$ 具有连续偏导数,而

$$u=\eta-\zeta, v=\zeta-\xi, w=\xi-\eta,$$

求 $\dfrac{\partial z}{\partial \xi},\dfrac{\partial z}{\partial \eta},\dfrac{\partial z}{\partial \zeta}$.

11. 设 $z=f(u,x,y),u=xe^y$,其中 f 具有连续的二阶偏导数,求 $\dfrac{\partial^2 z}{\partial x\partial y}$.

12. 设 $x=e^u\cos v,y=e^u\sin v,z=uv$.试求 $\dfrac{\partial z}{\partial x}$ 和 $\dfrac{\partial z}{\partial y}$.

13. 求螺旋线 $x=a\cos\theta,y=a\sin\theta,z=b\theta$ 在点 $(a,0,0)$ 处的切线及法平面方程.

14. 在曲面 $z=xy$ 上求一点,使这点处的法线垂直于平面 $x+3y+z+9=0$,并写出这法线的方程.

15. 设 $\boldsymbol{e}_l=(\cos\theta,\sin\theta)$,求函数

$$f(x,y)=x^2-xy+y^2$$

在点 $(1,1)$ 沿方向 l 的方向导数,并分别确定角 θ,使这导数有(1)最大值,(2)最小值,(3)等于 0.

16. 求函数 $u=x^2+y^2+z^2$ 在椭球面 $\dfrac{x^2}{a^2}+\dfrac{y^2}{b^2}+\dfrac{z^2}{c^2}=1$ 上点 $M_0(x_0,y_0,z_0)$ 处沿外法线方向的方向导数.

17. 求平面 $\dfrac{x}{3}+\dfrac{y}{4}+\dfrac{z}{5}=1$ 和柱面 $x^2+y^2=1$ 的交线上与 xOy 平面距离最短的点.

18. 在第一卦限内作椭球面 $\dfrac{x^2}{a^2}+\dfrac{y^2}{b^2}+\dfrac{z^2}{c^2}=1$ 的切平面,使该切平面与三坐标面所围成的四面体的体积最小.求这切平面的切点,并求此最小体积.

第九章　重　积　分

本章和下一章是多元函数积分学的内容．在一元函数积分学中我们知道，定积分是某种确定形式的和的极限．这种和的极限的概念推广到定义在区域、曲线及曲面上多元函数的情形，便得到重积分、曲线积分及曲面积分的概念．本章将介绍重积分（包括二重积分和三重积分）的概念、计算法以及它们的一些应用．

第一节　二重积分的概念与性质

一、二重积分的概念

1．曲顶柱体的体积

设有一立体，它的底是 xOy 面上的闭区域 D①，它的侧面是以 D 的边界曲线为准线而母线平行于 z 轴的柱面，它的顶是曲面 $z=f(x,y)$，这里 $f(x,y)\geqslant 0$ 且在 D 上连续（图 9－1）．这种立体叫做曲顶柱体．现在我们来讨论如何定义并计算上述曲顶柱体的体积 V．

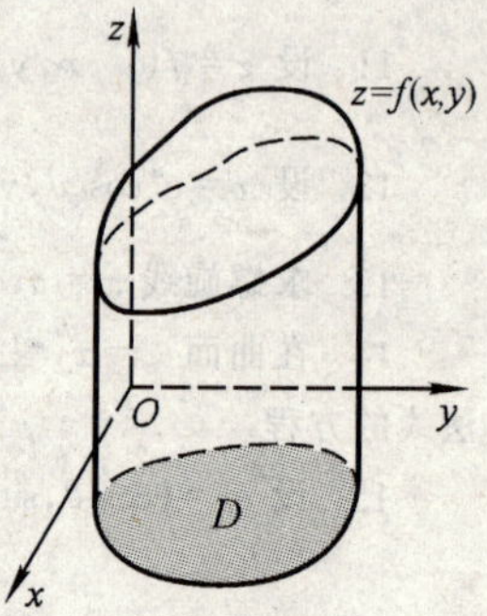

图　9－1

我们知道，平顶柱体的高是不变的，它的体积可以用公式

$$体积=高\times底面积$$

来定义和计算．关于曲顶柱体，当点 (x,y) 在区域 D 上变动时，高度 $f(x,y)$ 是个变量，因此它的体积不能直接用上式来定义和计算．但如果回忆起第五章中求曲边梯形面积的问题，就不难想到，那里所采用的解决办法，原则上可以用来解决目前的问题．

首先，用一组曲线网把 D 分成 n 个小闭区域

$$\Delta\sigma_1,\Delta\sigma_2,\cdots,\Delta\sigma_n.$$

分别以这些小闭区域的边界曲线为准线，作母线平行于 z 轴的柱面，这些柱面把原来的曲顶柱体分为 n 个细曲顶柱体．当这些小闭区域的直径②很小时，由于

① 为简便起见，本章以后除特别说明者外，都假定平面闭区域和空间闭区域是有界的，且平面闭区域有有限面积，空间闭区域有有限体积．

② 一个闭区域的直径是指区域上任意两点间距离的最大者．

$f(x,y)$连续，对同一个小闭区域来说，$f(x,y)$变化很小，这时细曲顶柱体可近似看作平顶柱体．我们在每个 $\Delta\sigma_i$（这小闭区域的面积也记作 $\Delta\sigma_i$）中任取一点 (ξ_i,η_i)，以 $f(\xi_i,\eta_i)$ 为高而底为 $\Delta\sigma_i$ 的平顶柱体（图9－2）的体积为

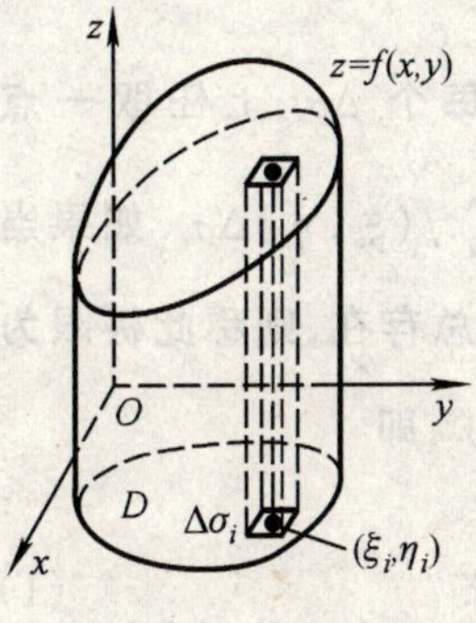

图 9－2

$$f(\xi_i,\eta_i)\Delta\sigma_i \qquad (i=1,2,\cdots,n).$$

这 n 个平顶柱体体积之和

$$\sum_{i=1}^{n} f(\xi_i,\eta_i)\Delta\sigma_i$$

可以认为是整个曲顶柱体体积的近似值．令 n 个小闭区域的直径中的最大值（记作 λ）趋于零，取上述和的极限，所得的极限便自然地定义为所论曲顶柱体的体积 V，即

$$V=\lim_{\lambda\to 0}\sum_{i=1}^{n} f(\xi_i,\eta_i)\Delta\sigma_i .$$

2．平面薄片的质量

设有一平面薄片占有 xOy 面上的闭区域 D，它在点 (x,y) 处的面密度为 $\mu(x,y)$，这里 $\mu(x,y)>0$ 且在 D 上连续．现在要计算该薄片的质量 M．

我们知道，如果薄片是均匀的，即面密度是常数，那么薄片的质量可以用公式

$$质量=面密度\times面积$$

来计算．现在面密度 $\mu(x,y)$ 是变量，薄片的质量就不能直接用上式来计算．但是上面用来处理曲顶柱体体积问题的方法完全适用于本问题．

由于 $\mu(x,y)$ 连续，把薄片分成许多小块后，只要小块所占的小闭区域 $\Delta\sigma_i$ 的直径很小，这些小块就可以近似地看作均匀薄片．在 $\Delta\sigma_i$ 上任取一点 (ξ_i,η_i)，则

$$\mu(\xi_i,\eta_i)\Delta\sigma_i \qquad (i=1,2,\cdots,n)$$

可看作第 i 个小块的质量的近似值（图 9－3）．通过求和、取极限，便得出

$$M=\lim_{\lambda\to 0}\sum_{i=1}^{n} \mu(\xi_i,\eta_i)\Delta\sigma_i .$$

上面两个问题的实际意义虽然不同，但所求量都归结为同一形式的和的极限．在物理、力学、几何和工程技术中，有许多物理量或几何量都可归结为这一形式的和的极限．因此我们要一般地研究这种和的极限，并抽象出下述二重积分的定义．

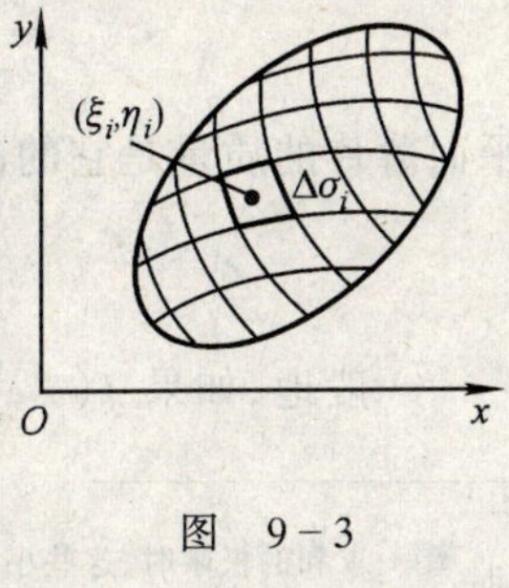

图 9－3

定义 **设** $f(x,y)$ **是有界闭区域** D **上的有界函数．**

将闭区域 D 任意分成 n 个小闭区域

$$\Delta\sigma_1,\Delta\sigma_2,\cdots,\Delta\sigma_n,$$

其中 $\Delta\sigma_i$ 表示第 i 个小闭区域,也表示它的面积.在每个 $\Delta\sigma_i$ 上任取一点 (ξ_i,η_i),作乘积 $f(\xi_i,\eta_i)\Delta\sigma_i(i=1,2,\cdots,n)$,并作和 $\sum\limits_{i=1}^{n}f(\xi_i,\eta_i)\Delta\sigma_i$.如果当各小闭区域的直径中的最大值 λ 趋于零时,这和的极限总存在,则称此极限为函数 $f(x,y)$ 在闭区域 D 上的二重积分,记作 $\iint\limits_D f(x,y)\mathrm{d}\sigma$,即

$$\iint\limits_D f(x,y)\mathrm{d}\sigma=\lim_{\lambda\to0}\sum_{i=1}^{n}f(\xi_i,\eta_i)\Delta\sigma_i. \tag{1}$$

其中 $f(x,y)$ 叫做被积函数,$f(x,y)\mathrm{d}\sigma$ 叫做被积表达式,$\mathrm{d}\sigma$ 叫做面积元素,x 与 y 叫做积分变量,D 叫做积分区域,$\sum\limits_{i=1}^{n}f(\xi_i,\eta_i)\Delta\sigma_i$ 叫做积分和.

在二重积分的定义中对闭区域 D 的划分是任意的,如果在直角坐标系中用平行于坐标轴的直线网来划分 D,那么除了包含边界点的一些小闭区域外①,其余的小闭区域都是矩形闭区域.设矩形闭区域 $\Delta\sigma_i$ 的边长为 Δx_j 和 Δy_k,则 $\Delta\sigma_i=\Delta x_j\cdot\Delta y_k$.因此在直角坐标系中,有时也把面积元素 $\mathrm{d}\sigma$ 记作 $\mathrm{d}x\mathrm{d}y$,而把二重积分记作

$$\iint\limits_D f(x,y)\mathrm{d}x\mathrm{d}y,$$

其中 $\mathrm{d}x\mathrm{d}y$ 叫做直角坐标系中的面积元素.

这里我们要指出,当 $f(x,y)$ 在闭区域 D 上连续时,(1)式右端的和的极限必定存在,也就是说,函数 $f(x,y)$ 在 D 上的二重积分必定存在.我们总假定函数 $f(x,y)$ 在闭区域 D 上连续,所以 $f(x,y)$ 在 D 上的二重积分都是存在的,以后就不再每次加以说明了.

由二重积分的定义可知,曲顶柱体的体积是函数 $f(x,y)$ 在底 D 上的二重积分

$$V=\iint\limits_D f(x,y)\mathrm{d}\sigma,$$

平面薄片的质量是它的面密度 $\mu(x,y)$ 在薄片所占闭区域 D 上的二重积分

$$M=\iint\limits_D \mu(x,y)\mathrm{d}\sigma.$$

一般地,如果 $f(x,y)\geqslant0$,被积函数 $f(x,y)$ 可解释为曲顶柱体的顶在点

---

① 求和的极限时,这些小闭区域所对应的项的和的极限为零,因此这些小闭区域可以略去不计.

(x,y)处的竖坐标，所以二重积分的几何意义就是柱体的体积. 如果 $f(x,y)$是负的，柱体就在 xOy 面的下方，二重积分的绝对值仍等于柱体的体积，但二重积分的值是负的. 如果 $f(x,y)$在 D 的若干部分区域上是正的，而在其他的部分区域上是负的，我们可以把 xOy 面上方的柱体体积取成正，xOy 面下方的柱体体积取成负，那么，$f(x,y)$在 D 上的二重积分就等于这些部分区域上的柱体体积的代数和.

二、二重积分的性质

比较定积分与二重积分的定义可以想到，二重积分与定积分有类似的性质，现叙述于下.

性质 1 设 α、β 为常数，则

$$\iint\limits_D [\alpha f(x,y)+\beta g(x,y)]\mathrm{d}\sigma=\alpha\iint\limits_D f(x,y)\mathrm{d}\sigma+\beta\iint\limits_D g(x,y)\mathrm{d}\sigma .$$

性质 2 如果闭区域 D 被有限条曲线分为有限个部分闭区域，则在 D 上的二重积分等于在各部分闭区域上的二重积分的和. 例如 D 分为两个闭区域 D_1 与 D_2，则

$$\iint\limits_D f(x,y)\mathrm{d}\sigma=\iint\limits_{D_1} f(x,y)\mathrm{d}\sigma+\iint\limits_{D_2} f(x,y)\mathrm{d}\sigma .$$

这个性质表示二重积分对于积分区域具有可加性.

性质 3 如果在 D 上，$f(x,y)=1$，σ 为 D 的面积，则

$$\sigma=\iint\limits_D 1\cdot\mathrm{d}\sigma=\iint\limits_D \mathrm{d}\sigma .$$

这性质的几何意义是很明显的，因为高为 1 的平顶柱体的体积在数值上就等于柱体的底面积.

性质 4 如果在 D 上，$f(x,y)\leqslant\varphi(x,y)$，则有

$$\iint\limits_D f(x,y)\mathrm{d}\sigma\leqslant\iint\limits_D \varphi(x,y)\mathrm{d}\sigma .$$

特殊地，由于

$$-|f(x,y)|\leqslant f(x,y)\leqslant|f(x,y)|,$$

又有

$$\left|\iint\limits_D f(x,y)\mathrm{d}\sigma\right|\leqslant\iint\limits_D |f(x,y)|\mathrm{d}\sigma .$$

性质 5 设 M、m 分别是$f(x,y)$在闭区域 D 上的最大值和最小值，σ 是 D 的面积，则有

$$m\sigma \leqslant \iint_D f(x,y)\mathrm{d}\sigma \leqslant M\sigma .$$

上述不等式是对于二重积分估值的不等式.因为 $m\leqslant f(x,y)\leqslant M$,所以由性质 4 有

$$\iint_D m\,\mathrm{d}\sigma \leqslant \iint_D f(x,y)\mathrm{d}\sigma \leqslant \iint_D M\,\mathrm{d}\sigma ,$$

再应用性质 1 和性质 3,便得此估值不等式.

性质 6(二重积分的中值定理) **设函数 $f(x,y)$ 在闭区域 D 上连续,σ 是 D 的面积,则在 D 上至少存在一点 (ξ,η) 使得**

$$\iint_D f(x,y)\mathrm{d}\sigma = f(\xi,\eta)\cdot\sigma .$$

证 显然 $\sigma\neq 0$.把性质 5 中不等式各除以 σ,有

$$m\leqslant \frac{1}{\sigma}\iint_D f(x,y)\mathrm{d}\sigma \leqslant M .$$

这就是说,确定的数值 $\frac{1}{\sigma}\iint_D f(x,y)\mathrm{d}\sigma$ 是介于函数 $f(x,y)$ 的最大值 M 与最小值 m 之间的.根据在区闭域上连续函数的介值定理,在 D 上至少存在一点 (ξ,η) 使得函数在该点的值与这个确定的数值相等,即

$$\frac{1}{\sigma}\iint_D f(x,y)\mathrm{d}\sigma = f(\xi,\eta).$$

上式两端各乘以 σ,就得所需要证明的公式.

习　题　9－1

1. 设有一平面薄板(不计其厚度),占有 xOy 面上的闭区域 D,薄板上分布有面密度为 $\mu=\mu(x,y)$ 的电荷,且 $\mu(x,y)$ 在 D 上连续,试用二重积分表达该板上的全部电荷 Q.

2. 设 $I_1=\iint_{D_1}(x^2+y^2)^3\mathrm{d}\sigma$ 其中 $D_1=\{(x,y)\mid -1\leqslant x\leqslant 1,-2\leqslant y\leqslant 2\}$;

又 $I_2=\iint_{D_2}(x^2+y^2)^3\mathrm{d}\sigma$ 其中 $D_2=\{(x,y)\mid 0\leqslant x\leqslant 1,0\leqslant y\leqslant 2\}$.

试利用二重积分的几何意义说明 I_1 与 I_2 之间的关系.

3. 利用二重积分定义证明:

(1) $\iint_D \mathrm{d}\sigma=\sigma$ (其中 σ 为 D 的面积);

(2) $\iint_D kf(x,y)\mathrm{d}\sigma = k\iint_D f(x,y)\mathrm{d}\sigma$ (其中 k 为常数);

(3) $\iint_D f(x,y)\mathrm{d}\sigma=\iint_{D_1} f(x,y)\mathrm{d}\sigma+\iint_{D_2} f(x,y)\mathrm{d}\sigma$,

其中 $D=D_1\cup D_2$,D_1、D_2 为两个无公共内点的闭区域.

4. 根据二重积分的性质,比较下列积分的大小:

(1) $\iint\limits_D (x+y)^2 d\sigma$ 与 $\iint\limits_D (x+y)^3 d\sigma$,其中积分区域 D 是由 x 轴、y 轴与直线 $x+y=1$ 所围成;

(2) $\iint\limits_D (x+y)^2 d\sigma$ 与 $\iint\limits_D (x+y)^3 d\sigma$,其中积分区域 D 是由圆周 $(x-2)^2+(y-1)^2=2$ 所围成;

(3) $\iint\limits_D \ln(x+y) d\sigma$ 与 $\iint\limits_D [\ln(x+y)]^2 d\sigma$,其中 D 是三角形闭区域,三顶点分别为(1,0),(1,1),(2,0);

(4) $\iint\limits_D \ln(x+y) d\sigma$ 与 $\iint\limits_D [\ln(x+y)]^2 d\sigma$,其中 $D=\{(x,y)\mid 3\leqslant x\leqslant 5,0\leqslant y\leqslant 1\}$.

5. 利用二重积分的性质估计下列积分的值:

(1) $I=\iint\limits_D xy(x+y) d\sigma$,其中 $D=\{(x,y)\mid 0\leqslant x\leqslant 1,0\leqslant y\leqslant 1\}$;

(2) $I=\iint\limits_D \sin^2 x\sin^2 y d\sigma$,其中 $D=\{(x,y)\mid 0\leqslant x\leqslant \pi,0\leqslant y\leqslant \pi\}$;

(3) $I=\iint\limits_D (x+y+1) d\sigma$,其中 $D=\{(x,y)\mid 0\leqslant x\leqslant 1,0\leqslant y\leqslant 2\}$;

(4) $I=\iint\limits_D (x^2+4y^2+9) d\sigma$,其中 $D=\{(x,y)\mid x^2+y^2\leqslant 4\}$.

第二节　二重积分的计算法

按照二重积分的定义来计算二重积分,对少数特别简单的被积函数和积分区域来说是可行的,但对一般的函数和区域来说,这不是一种切实可行的方法.本节介绍一种计算二重积分的方法,这种方法是把二重积分化为两次单积分(即两次定积分)来计算.

一、利用直角坐标计算二重积分

下面用几何观点来讨论二重积分 $\iint\limits_D f(x,y) d\sigma$ 的计算问题.在讨论中我们假定 $f(x,y)\geqslant 0$.

设积分区域 D 可以用不等式

$$\varphi_1(x)\leqslant y\leqslant \varphi_2(x),a\leqslant x\leqslant b$$

来表示(图 9-4),其中函数 $\varphi_1(x)$、$\varphi_2(x)$ 在区间 $[a,b]$ 上连续.

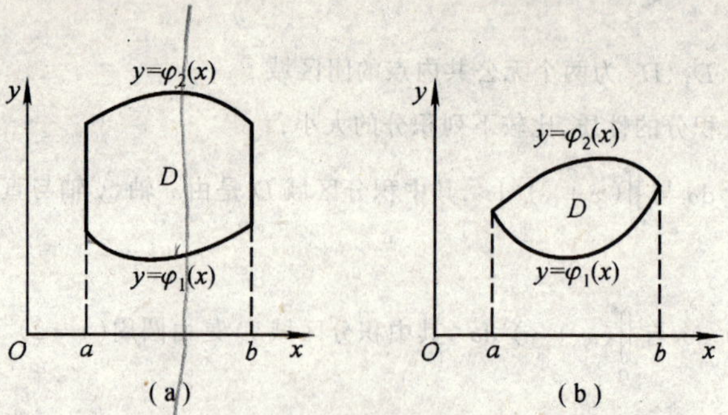

图 9-4

按照二重积分的几何意义,二重积分 $\iint\limits_D f(x,y)\mathrm{d}\sigma$ 的值等于以 D 为底,以曲面 $z=f(x,y)$ 为顶的曲顶柱体(图 9-5)的体积.下面我们应用第六章中计算"平行截面面积为已知的立体的体积"的方法,来计算这个曲顶柱体的体积.

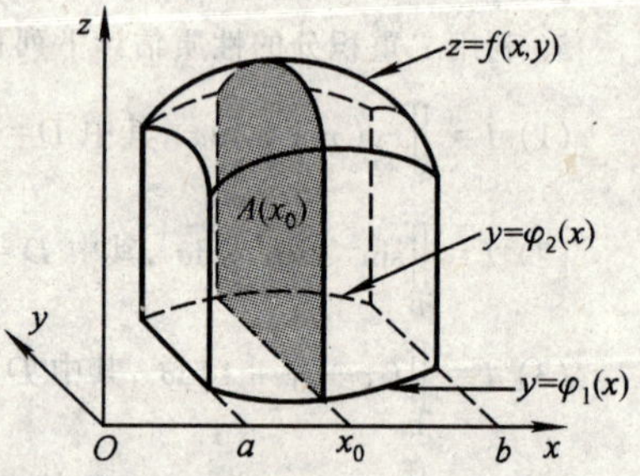

图 9-5

先计算截面面积.为此,在区间$[a,b]$上任意取定一点 x_0,作平行于 yOz 面的平面 $x=x_0$.这平面截曲顶柱体所得的截面是一个以区间$[\varphi_1(x_0),\varphi_2(x_0)]$为底、曲线 $z=f(x_0,y)$为曲边的曲边梯形(图 9-5 中阴影部分),所以这截面的面积为

$$A(x_0)=\int_{\varphi_1(x_0)}^{\varphi_2(x_0)} f(x_0,y)\mathrm{d}y.$$

一般地,过区间$[a,b]$上任一点 x 且平行于 yOz 面的平面截曲顶柱体所得截面的面积为

$$A(x)=\int_{\varphi_1(x)}^{\varphi_2(x)} f(x,y)\mathrm{d}y.$$

于是,应用计算平行截面面积为已知的立体体积的方法,得曲顶柱体体积为

$$V=\int_a^b A(x)\mathrm{d}x=\int_a^b\left[\int_{\varphi_1(x)}^{\varphi_2(x)} f(x,y)\mathrm{d}y\right]\mathrm{d}x.$$

这个体积也就是所求二重积分的值,从而有等式

$$\iint\limits_D f(x,y)\mathrm{d}\sigma=\int_a^b\left[\int_{\varphi_1(x)}^{\varphi_2(x)} f(x,y)\mathrm{d}y\right]\mathrm{d}x. \tag{1}$$

上式右端的积分叫做先对 y、后对 x 的二次积分.就是说,先把 x 看作常

数,把 $f(x,y)$ 只看作 y 的函数,并对 y 计算从 $\varphi_1(x)$ 到 $\varphi_2(x)$ 的定积分;然后把算得的结果(是 x 的函数)再对 x 计算在区间 $[a,b]$ 上的定积分.这个先对 y、后对 x 的二次积分也常记作

$$\int_a^b \mathrm{d}x \int_{\varphi_1(x)}^{\varphi_2(x)} f(x,y)\mathrm{d}y.$$

因此,等式(1)也写成

$$\iint\limits_D f(x,y)\mathrm{d}\sigma = \int_a^b \mathrm{d}x \int_{\varphi_1(x)}^{\varphi_2(x)} f(x,y)\mathrm{d}y, \tag{1'}$$

这就是把二重积分化为先对 y、后对 x 的二次积分的公式.

在上述讨论中,我们假定 $f(x,y)\geqslant 0$,但实际上公式(1)的成立并不受此条件限制.

类似地,如果积分区域 D 可以用不等式

$$\psi_1(y)\leqslant x\leqslant \psi_2(y),\ c\leqslant y\leqslant d$$

来表示(图 9-6),其中函数 $\psi_1(y)$、$\psi_2(y)$ 在区间 $[c,d]$ 上连续,那么就有

$$\iint\limits_D f(x,y)\mathrm{d}\sigma = \int_c^d \left[\int_{\psi_1(y)}^{\psi_2(y)} f(x,y)\mathrm{d}x\right]\mathrm{d}y. \tag{2}$$

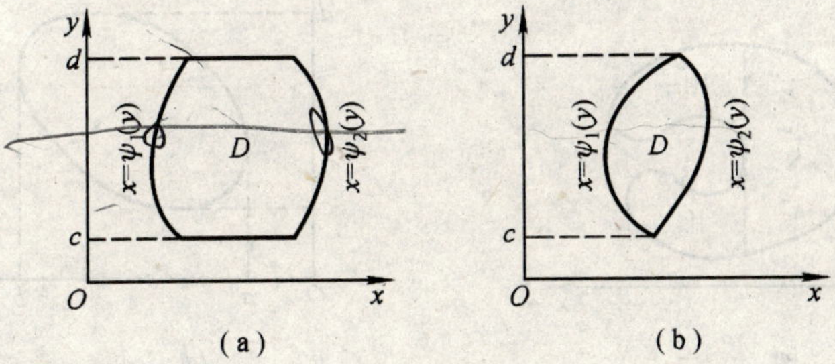

图 9-6

上式右端的积分叫做先对 x、后对 y 的二次积分,这个积分也常记作

$$\int_c^d \mathrm{d}y \int_{\psi_1(y)}^{\psi_2(y)} f(x,y)\mathrm{d}x.$$

因此,等式(2)也写成

$$\iint\limits_D f(x,y)\mathrm{d}\sigma = \int_c^d \mathrm{d}y \int_{\psi_1(y)}^{\psi_2(y)} f(x,y)\mathrm{d}x, \tag{2'}$$

这就是把二重积分化为先对 x、后对 y 的二次积分的公式.

以后我们称图 9-4 所示的积分区域为 X-型区域,图 9-6 所示的积分区域为 Y-型区域.应用公式(1)时,积分区域必须是 X-型区域,X-型区域 D 的特点是:穿过 D 内部且平行于 y 轴的直线与 D 的边界相交不多于两点;而用

公式(2)时,积分区域必须是 Y - 型区域,Y - 型区域 D 的特点是:穿过 D 内部且平行于 x 轴的直线与 D 的边界相交不多于两点.如果积分区域 D 如图 9-7 那样,既有一部分,使穿过 D 内部且平行于 y 轴的直线与 D 的边界相交多于两点;又有一部分,使穿过 D 内部且平行于 x 轴的直线与 D 的边界相交多于两点,即 D 既不是 X - 型区域,又不是 Y - 型区域.对于这种情形,我们可以把 D 分成几部分,使每个部分是 X - 型区域或是 Y - 型区域.例如,在图 9-7 中,把 D 分成三部分,它们都是 X - 型区域,从而在这三部分上的二重积分都可应用公式(1).各部分上的二重积分求得后,根据二重积分的性质 2,它们的和就是在 D 上的二重积分.

如果积分区域 D 既是 X - 型的,可用不等式 $\varphi_1(x)\leqslant y\leqslant\varphi_2(x)$,$a\leqslant x\leqslant b$ 表示,又是 Y - 型的,可用不等式 $\psi_1(y)\leqslant x\leqslant\psi_2(y)$,$c\leqslant y\leqslant d$ 表示(图 9-8),则由公式(1′)及(2′)就得

$$\int_a^b \mathrm{d}x\int_{\varphi_1(x)}^{\varphi_2(x)} f(x,y)\mathrm{d}y=\int_c^d \mathrm{d}y\int_{\psi_1(y)}^{\psi_2(y)} f(x,y)\mathrm{d}x. \tag{3}$$

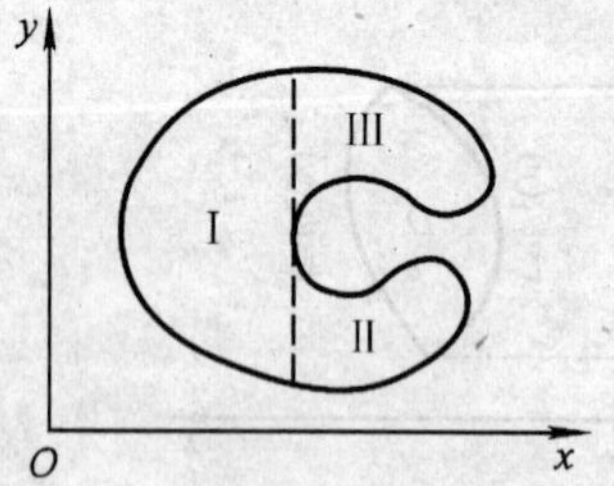

图 9-7

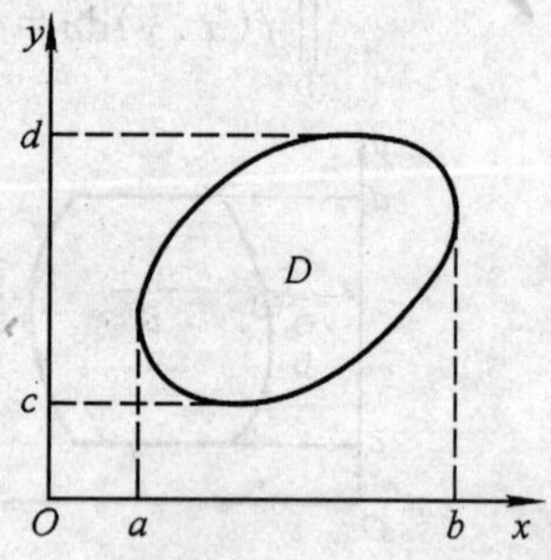

图 9-8

上式表明,这两个不同次序的二次积分相等,因为它们都等于同一个二重积分

$$\iint_D f(x,y)\mathrm{d}\sigma.$$

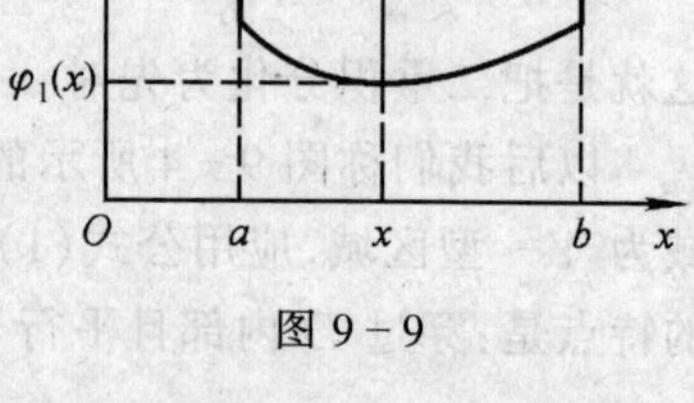

图 9-9

将二重积分化为二次积分时,确定积分限是一个关键.积分限是根据积分区域 D 来确定的,先画出积分区域 D 的图形.假如积分区域 D 是 X - 型的,如图 9-9 所示,在区间 $[a,b]$ 上任意取定一个 x 值,积分区域上以这个 x 值为横坐标的点在一段直线上,这段直线平行于 y 轴,该线段上点的纵坐标从 $\varphi_1(x)$ 变到 $\varphi_2(x)$,这就是公式(1)中先把 x 看作常量而对 y 积分时的

下限和上限.因为上面的 x 值是在$[a,b]$上任意取定的,所以再把 x 看作变量而对 x 积分时,积分区间就是$[a,b]$.

例 1 计算 $\iint\limits_D xy\mathrm{d}\sigma$,其中 D 是由直线 $y=1$、$x=2$ 及 $y=x$ 所围成的闭区域.

解法 1 首先画出积分区域 D(图 9-10).D 是 X-型的,D 上的点的横坐标的变动范围是区间$[1,2]$.在区间$[1,2]$上任意取定一个 x 值,则 D 上以这个 x 值为横坐标的点在一段直线上,这段直线平行于 y 轴,该线段上点的纵坐标从 $y=1$ 变到 $y=x$.利用公式(1)得

$$\iint\limits_D xy\mathrm{d}\sigma=\int_1^2\left[\int_1^x xy\mathrm{d}y\right]\mathrm{d}x=\int_1^2\left[x\cdot\frac{y^2}{2}\right]_1^x\mathrm{d}x$$

$$=\int_1^2\left(\frac{x^3}{2}-\frac{x}{2}\right)\mathrm{d}x=\left[\frac{x^4}{8}-\frac{x^2}{4}\right]_1^2=1\frac{1}{8}.$$

解法 2 如图 9-11,积分区域 D 是 Y-型的,D 上的点的纵坐标的变动范围是区间$[1,2]$.在区间$[1,2]$上任意取定一个 y 值,则 D 上以这个 y 值为纵坐标的点在一段直线上,这段直线平行于 x 轴,该线段上点的横坐标从 $x=y$ 变到 $x=2$.于是,利用公式(2)得

$$\iint\limits_D xy\mathrm{d}\sigma=\int_1^2\left[\int_y^2 xy\mathrm{d}x\right]\mathrm{d}y=\int_1^2\left[y\cdot\frac{x^2}{2}\right]_y^2\mathrm{d}y$$

$$=\int_1^2\left(2y-\frac{y^3}{2}\right)\mathrm{d}y=\left[y^2-\frac{y^4}{8}\right]_1^2=1\frac{1}{8}.$$

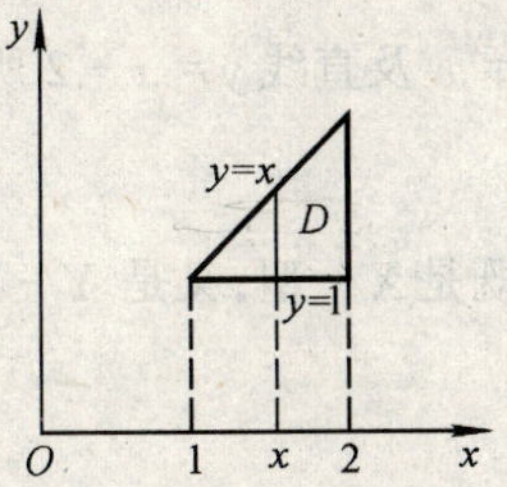

图 9-10

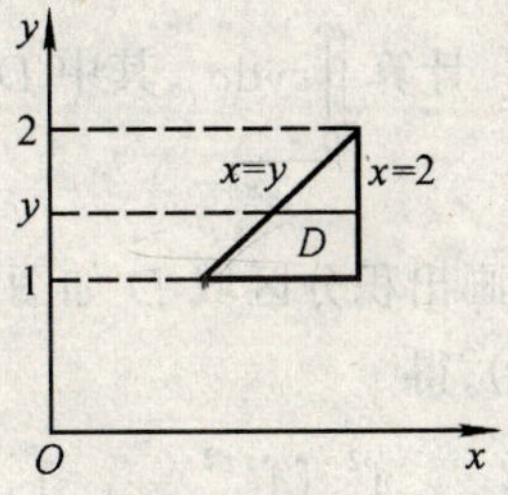

图 9-11

例 2 计算 $\iint\limits_D y\sqrt{1+x^2-y^2}\mathrm{d}\sigma$,其中 D 是由直线 $y=x$、$x=-1$ 和 $y=1$ 所围成的闭区域.

解 画出积分区域 D 如图 9-12 所示.D 既是 X-型,又是 Y-型的.若利用公式(1),得

$$\iint\limits_D y\sqrt{1+x^2-y^2}\mathrm{d}\sigma=\int_{-1}^1\left[\int_x^1 y\sqrt{1+x^2-y^2}\mathrm{d}y\right]\mathrm{d}x$$

$$= -\frac{1}{3}\int_{-1}^{1}\left[(1+x^2-y^2)^{\frac{3}{2}}\right]_x^1 \mathrm{d}x$$

$$= -\frac{1}{3}\int_{-1}^{1}(|x|^3-1)\mathrm{d}x$$

$$= -\frac{2}{3}\int_{0}^{1}(x^3-1)\mathrm{d}x = \frac{1}{2}.$$

若利用公式(2)(图 9－13),就有

$$\iint\limits_D y\sqrt{1+x^2-y^2}\,\mathrm{d}\sigma = \int_{-1}^{1} y\left[\int_{-1}^{y}\sqrt{1+x^2-y^2}\,\mathrm{d}x\right]\mathrm{d}y,$$

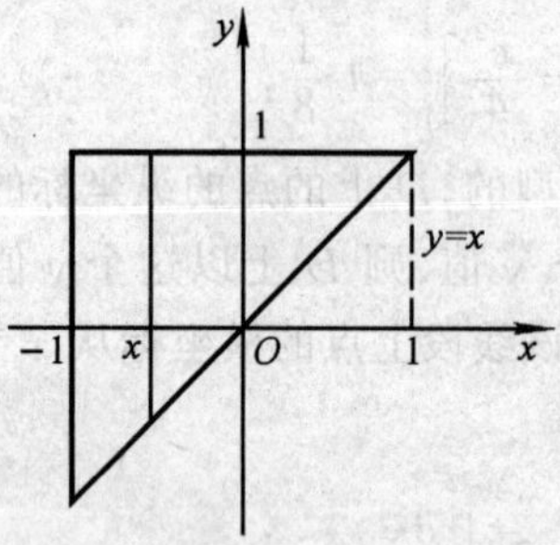

图 9－12

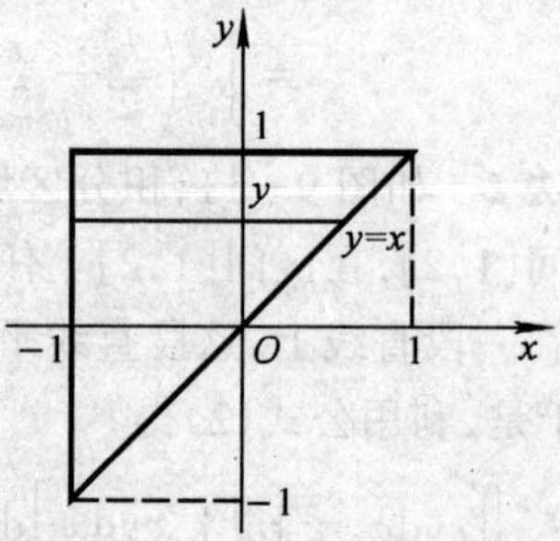

图 9－13

其中关于 x 的积分计算比较麻烦.所以这里用公式(1)计算较为方便.

例 3 计算 $\iint\limits_D xy\,\mathrm{d}\sigma$,其中 D 是由抛物线 $y^2=x$ 及直线 $y=x-2$ 所围成的闭区域.

解 画出积分区域 D 如图 9－14 所示. D 既是 X－型,又是 Y－型的.若利用公式(2),得

$$\iint\limits_D xy\,\mathrm{d}\sigma = \int_{-1}^{2}\left[\int_{y^2}^{y+2} xy\,\mathrm{d}x\right]\mathrm{d}y$$

$$= \int_{-1}^{2}\left[\frac{x^2}{2}y\right]_{y^2}^{y+2}\mathrm{d}y = \frac{1}{2}\int_{-1}^{2}\left[y(y+2)^2-y^5\right]\mathrm{d}y$$

$$= \frac{1}{2}\left[\frac{y^4}{4}+\frac{4}{3}y^3+2y^2-\frac{y^6}{6}\right]_{-1}^{2} = 5\frac{5}{8}.$$

若利用公式(1)来计算,则由于在区间[0,1]及[1,4]上表示 $\varphi_1(x)$ 的式子不同,所以要用经过交点(1,－1)且平行于 y 轴的直线 $x=1$ 把区域 D 分成 D_1 和 D_2 两部分(图 9－15),其中

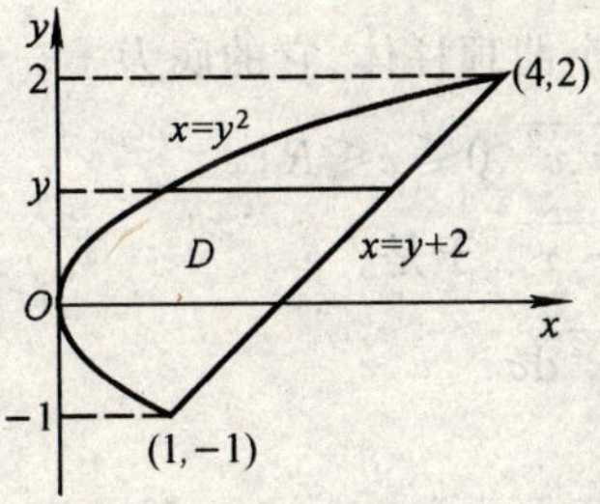

图 9-14

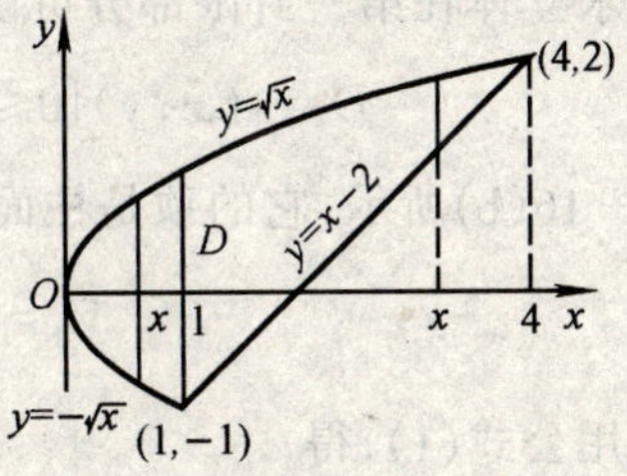

图 9-15

$$D_1=\{(x,y)\mid -\sqrt{x}\leqslant y\leqslant\sqrt{x},0\leqslant x\leqslant 1\},$$

$$D_2=\{(x,y)\mid x-2\leqslant y\leqslant\sqrt{x},1\leqslant x\leqslant 4\}.$$

因此,根据二重积分的性质 2,就有

$$\begin{aligned}\iint_D xy\mathrm{d}\sigma&=\iint_{D_1}xy\mathrm{d}\sigma+\iint_{D_2}xy\mathrm{d}\sigma\\&=\int_0^1\left[\int_{-\sqrt{x}}^{\sqrt{x}}xy\mathrm{d}y\right]\mathrm{d}x+\int_1^4\left[\int_{x-2}^{\sqrt{x}}xy\mathrm{d}y\right]\mathrm{d}x.\end{aligned}$$

由此可见,这里用公式(1)来计算比较麻烦.

上述几个例子说明,在化二重积分为二次积分时,为了计算简便,需要选择恰当的二次积分的次序.这时,既要考虑积分区域 D 的形状,又要考虑被积函数 $f(x,y)$的特性.

例 4 求两个底圆半径都等于 R 的直交圆柱面所围成的立体的体积.

解 设这两个圆柱面的方程分别为

$$x^2+y^2=R^2 \quad 及 \quad x^2+z^2=R^2.$$

利用立体关于坐标平面的对称性,只要算出它在第一卦限部分(图 9-16(a))的

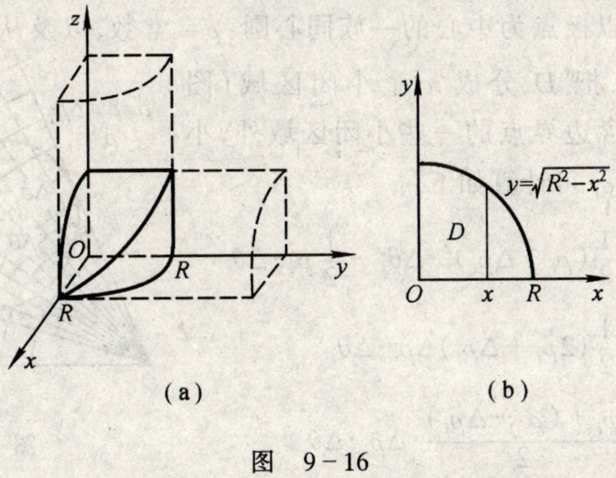

图 9-16

体积 V_1,然后再乘以 8 就行了.

所求立体在第一卦限部分可以看成是一个曲顶柱体,它的底为

$$D=\{(x,y)\mid 0\leqslant y\leqslant\sqrt{R^2-x^2},0\leqslant x\leqslant R\},$$

如图 9-16(b)所示. 它的顶是柱面 $z=\sqrt{R^2-x^2}$. 于是,

$$V_1=\iint\limits_D\sqrt{R^2-x^2}\,\mathrm{d}\sigma.$$

利用公式(1),得

$$\begin{aligned}V_1&=\iint\limits_D\sqrt{R^2-x^2}\,\mathrm{d}\sigma=\int_0^R\left[\int_0^{\sqrt{R^2-x^2}}\sqrt{R^2-x^2}\,\mathrm{d}y\right]\mathrm{d}x\\&=\int_0^R\left[\sqrt{R^2-x^2}\,y\right]_0^{\sqrt{R^2-x^2}}\mathrm{d}x=\int_0^R(R^2-x^2)\,\mathrm{d}x=\frac{2}{3}R^3.\end{aligned}$$

从而所求立体的体积为

$$V=8V_1=\frac{16}{3}R^3.$$

二、利用极坐标计算二重积分

有些二重积分,积分区域 D 的边界曲线用极坐标方程来表示比较方便,且被积函数用极坐标变量 ρ、θ 表达比较简单. 这时,我们就可以考虑利用极坐标来计算二重积分 $\iint\limits_D f(x,y)\,\mathrm{d}\sigma$.

按二重积分的定义

$$\iint\limits_D f(x,y)\,\mathrm{d}\sigma=\lim_{\lambda\to 0}\sum_{i=1}^{n}f(\xi_i,\eta_i)\Delta\sigma_i,$$

下面我们来研究这个和的极限在极坐标系中的形式.

假定从极点 O 出发且穿过闭区域 D 内部的射线与 D 的边界曲线相交不多于两点. 我们用以极点为中心的一族同心圆:$\rho=$ 常数,以及从极点出发的一族射线:$\theta=$ 常数,把 D 分成 n 个小闭区域(图 9-17). 除了包含边界点的一些小闭区域外,小闭区域的面积 $\Delta\sigma_i$ 可计算如下:

$$\begin{aligned}\Delta\sigma_i&=\frac{1}{2}(\rho_i+\Delta\rho_i)^2\cdot\Delta\theta_i-\frac{1}{2}\rho_i^2\cdot\Delta\theta_i\\&=\frac{1}{2}(2\rho_i+\Delta\rho_i)\Delta\rho_i\cdot\Delta\theta_i\\&=\frac{\rho_i+(\rho_i+\Delta\rho_i)}{2}\cdot\Delta\rho_i\cdot\Delta\theta_i\end{aligned}$$

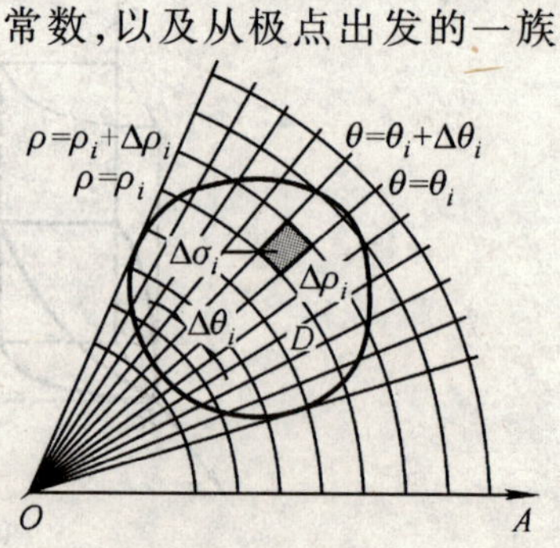

图 9-17

$$= \bar{\rho}_i \cdot \Delta\rho_i \cdot \Delta\theta_i ,$$

其中 $\bar{\rho}_i$ 表示相邻两圆弧的半径的平均值.在这小闭区域内取圆周 $\rho = \bar{\rho}_i$ 上的一点$(\bar{\rho}_i, \bar{\theta}_i)$,该点的直角坐标设为 ξ_i, η_i,则由直角坐标与极坐标之间的关系有 $\xi_i = \bar{\rho}_i \cos \bar{\theta}_i, \eta_i = \bar{\rho}_i \sin \bar{\theta}_i$.于是

$$\lim_{\lambda \to 0} \sum_{i=1}^{n} f(\xi_i, \eta_i) \Delta\sigma_i = \lim_{\lambda \to 0} \sum_{i=1}^{n} f(\bar{\rho}_i \cos \bar{\theta}_i, \bar{\rho}_i \sin \bar{\theta}_i) \bar{\rho}_i \cdot \Delta\rho_i \cdot \Delta\theta_i ,$$

即
$$\iint_D f(x, y) \mathrm{d}\sigma = \iint_D f(\rho\cos\theta, \rho\sin\theta) \rho \mathrm{d}\rho \mathrm{d}\theta .$$

由于在直角坐标系中 $\iint_D f(x, y) \mathrm{d}\sigma$ 也常记作 $\iint_D f(x, y) \mathrm{d}x\mathrm{d}y$,所以上式又可写成

$$\iint_D f(x, y) \mathrm{d}x\mathrm{d}y = \iint_D f(\rho\cos\theta, \rho\sin\theta) \rho \mathrm{d}\rho \mathrm{d}\theta . \tag{4}$$

这就是二重积分的变量从直角坐标变换为极坐标的变换公式,其中 $\rho \mathrm{d}\rho \mathrm{d}\theta$ 就是极坐标系中的面积元素.

公式(4)表明,要把二重积分中的变量从直角坐标变换为极坐标,只要把被积函数中的 x、y 分别换成 $\rho\cos\theta$、$\rho\sin\theta$,并把直角坐标系中的面积元素 $\mathrm{d}x\mathrm{d}y$ 换成极坐标系中的面积元素 $\rho\mathrm{d}\rho\mathrm{d}\theta$.

极坐标系中的二重积分,同样可以化为二次积分来计算.

设积分区域 D 可以用不等式

$$\varphi_1(\theta) \leqslant \rho \leqslant \varphi_2(\theta), \alpha \leqslant \theta \leqslant \beta$$

来表示(图 9-18),其中函数 $\varphi_1(\theta)$、$\varphi_2(\theta)$在区间$[\alpha, \beta]$上连续.

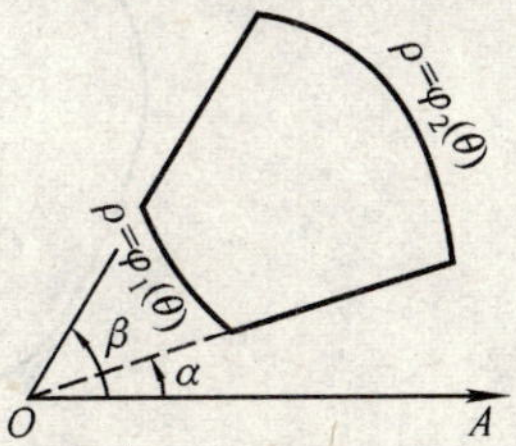

(a)

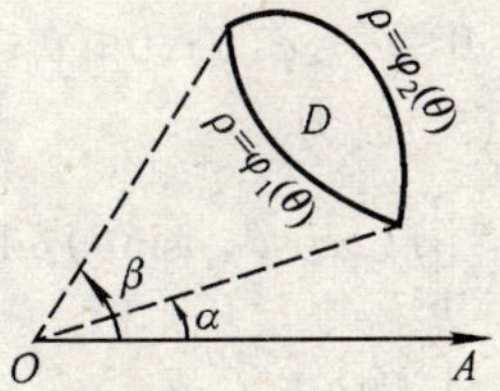

(b)

图 9-18

先在区间$[\alpha, \beta]$上任意取定一个 θ 值.对应于这个 θ 值,D 上的点(图9-19中这些点在线段 EF 上)的极径 ρ 从 $\varphi_1(\theta)$变到 $\varphi_2(\theta)$.又 θ 是在$[\alpha, \beta]$上任意取定的,所以 θ 的变化范围是区间$[\alpha, \beta]$.这样就可看出,极坐标系中的二重积分化为二次积分的公式为

$$\iint_D f(\rho\cos\theta,\rho\sin\theta)\rho\mathrm{d}\rho\mathrm{d}\theta=\int_\alpha^\beta\left[\int_{\varphi_1(\theta)}^{\varphi_2(\theta)}f(\rho\cos\theta,\rho\sin\theta)\rho\mathrm{d}\rho\right]\mathrm{d}\theta. \tag{5}$$

上式也写成

$$\iint_D f(\rho\cos\theta,\rho\sin\theta)\rho\mathrm{d}\rho\mathrm{d}\theta=\int_\alpha^\beta\mathrm{d}\theta\int_{\varphi_1(\theta)}^{\varphi_2(\theta)}f(\rho\cos\theta,\rho\sin\theta)\rho\mathrm{d}\rho. \tag{5$'$}$$

如果积分区域 D 是图 9-20 所示的曲边扇形，那么可以把它看作图 9-18(a)中当 $\varphi_1(\theta)\equiv 0,\varphi_2(\theta)=\varphi(\theta)$时的特例. 这时闭区域 D 可以用不等式

$$0\leqslant\rho\leqslant\varphi(\theta),\alpha\leqslant\theta\leqslant\beta$$

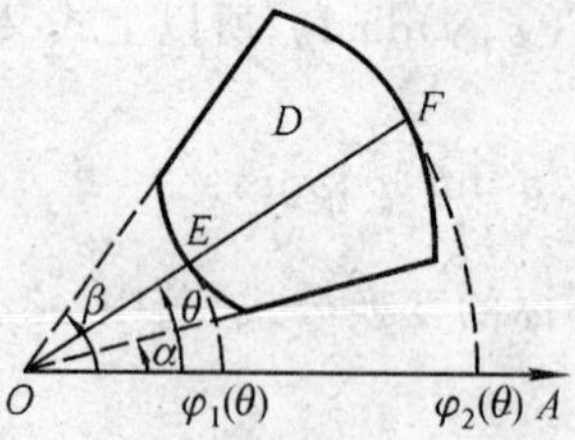

图 9-19

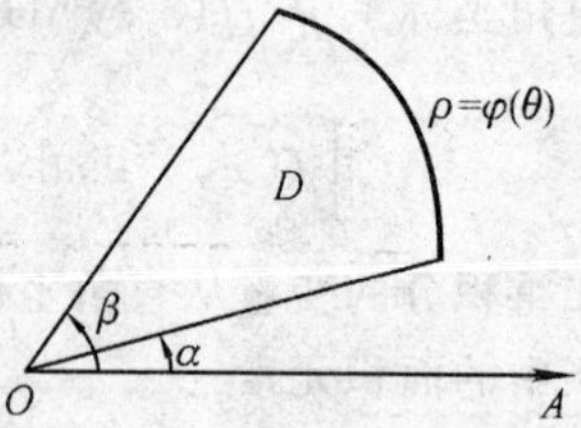

图 9-20

来表示，而公式(5′)成为

$$\iint_D f(\rho\cos\theta,\rho\sin\theta)\rho\mathrm{d}\rho\mathrm{d}\theta=\int_\alpha^\beta\mathrm{d}\theta\int_0^{\varphi(\theta)}f(\rho\cos\theta,\rho\sin\theta)\rho\mathrm{d}\rho.$$

如果积分区域 D 如图 9-21 所示，极点在 D 的内部，那么可以把它看作图 9-20 中当 $\alpha=0$、$\beta=2\pi$ 时的特例. 这时闭区域 D 可以用不等式

$$0\leqslant\rho\leqslant\varphi(\theta),0\leqslant\theta\leqslant 2\pi$$

来表示，而公式(5′)成为

$$\iint_D f(\rho\cos\theta,\rho\sin\theta)\rho\mathrm{d}\rho\mathrm{d}\theta$$

$$=\int_0^{2\pi}\mathrm{d}\theta\int_0^{\varphi(\theta)}f(\rho\cos\theta,\rho\sin\theta)\rho\mathrm{d}\rho.$$

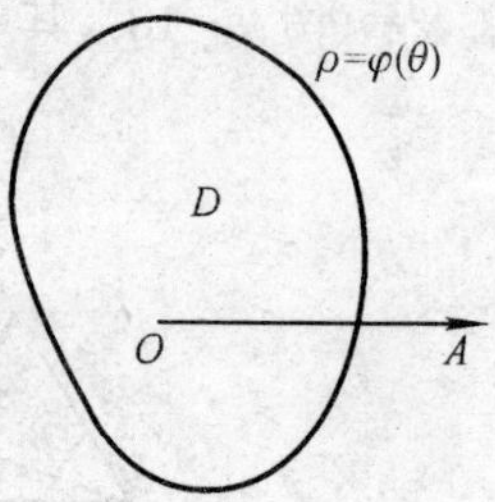

图 9-21

由二重积分的性质 3，闭区域 D 的面积 σ 可以表示为

$$\sigma=\iint_D\mathrm{d}\sigma.$$

在极坐标系中，面积元素 $\mathrm{d}\sigma=\rho\mathrm{d}\rho\mathrm{d}\theta$，上式成为

$$\sigma=\iint_D\rho\mathrm{d}\rho\mathrm{d}\theta.$$

如果闭区域 D 如图 9-18(a)所示，则由公式(5′)有

$$\sigma=\iint_D\rho\mathrm{d}\rho\mathrm{d}\theta=\int_\alpha^\beta\mathrm{d}\theta\int_{\varphi_1(\theta)}^{\varphi_2(\theta)}\rho\mathrm{d}\rho=\frac{1}{2}\int_\alpha^\beta\left[\varphi_2^2(\theta)-\varphi_1^2(\theta)\right]\mathrm{d}\theta.$$

特别地,如果闭区域 D 如图 9-20 所示,则 $\varphi_1(\theta)=0,\varphi_2(\theta)=\varphi(\theta)$. 于是

$$\sigma=\frac{1}{2}\int_\alpha^\beta\varphi^2(\theta)\mathrm{d}\theta.$$

例 5 计算 $\iint_D \mathrm{e}^{-x^2-y^2}\mathrm{d}x\mathrm{d}y$,其中 D 是由中心在原点、半径为 a 的圆周所围成的闭区域.

解 在极坐标系中,闭区域 D 可表示为

$$0\leqslant\rho\leqslant a,0\leqslant\theta\leqslant2\pi.$$

由公式(4)及(5)有

$$\begin{aligned}\iint_D\mathrm{e}^{-x^2-y^2}\mathrm{d}x\mathrm{d}y&=\iint_D\mathrm{e}^{-\rho^2}\rho\mathrm{d}\rho\mathrm{d}\theta=\int_0^{2\pi}\left[\int_0^a\mathrm{e}^{-\rho^2}\rho\mathrm{d}\rho\right]\mathrm{d}\theta\\&=\int_0^{2\pi}\left[-\frac{1}{2}\mathrm{e}^{-\rho^2}\right]_0^a\mathrm{d}\theta=\frac{1}{2}(1-\mathrm{e}^{-a^2})\int_0^{2\pi}\mathrm{d}\theta\\&=\pi(1-\mathrm{e}^{-a^2}).\end{aligned}$$

本题如果用直角坐标计算,由于积分 $\int\mathrm{e}^{-x^2}\mathrm{d}x$ 不能用初等函数表示,所以算不出来.现在我们利用上面的结果来计算工程上常用的反常积分 $\int_0^{+\infty}\mathrm{e}^{-x^2}\mathrm{d}x$.

设

$D_1=\{(x,y)\mid x^2+y^2\leqslant R^2,x\geqslant0,y\geqslant0\}$,

$D_2=\{(x,y)\mid x^2+y^2\leqslant 2R^2,x\geqslant0,y\geqslant0\}$,

$S=\{(x,y)\mid 0\leqslant x\leqslant R,0\leqslant y\leqslant R\}$.

显然 $D_1\subset S\subset D_2$(图 9-22).由于 $\mathrm{e}^{-x^2-y^2}>0$,从而在这些闭区域上的二重积分之间有不等式

$$\iint_{D_1}\mathrm{e}^{-x^2-y^2}\mathrm{d}x\mathrm{d}y<\iint_S\mathrm{e}^{-x^2-y^2}\mathrm{d}x\mathrm{d}y<\iint_{D_2}\mathrm{e}^{-x^2-y^2}\mathrm{d}x\mathrm{d}y.$$

因为
$$\begin{aligned}\iint_S\mathrm{e}^{-x^2-y^2}\mathrm{d}x\mathrm{d}y&=\int_0^R\mathrm{e}^{-x^2}\mathrm{d}x\cdot\int_0^R\mathrm{e}^{-y^2}\mathrm{d}y\\&=\left(\int_0^R\mathrm{e}^{-x^2}\mathrm{d}x\right)^2,\end{aligned}$$

又应用上面已得的结果有

$$\iint_{D_1}\mathrm{e}^{-x^2-y^2}\mathrm{d}x\mathrm{d}y=\frac{\pi}{4}(1-\mathrm{e}^{-R^2}),$$

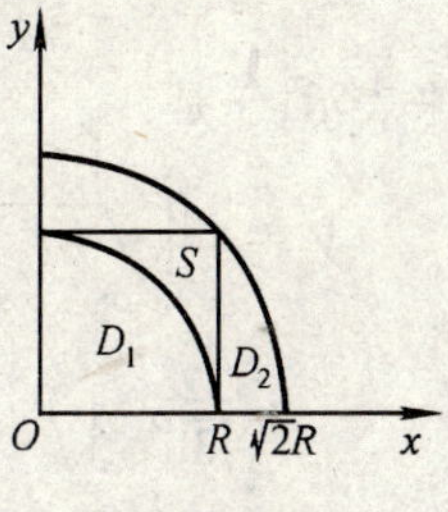

图 9-22

$$\iint_{D_2} e^{-x^2-y^2}\,dx\,dy = \frac{\pi}{4}(1-e^{-2R^2}),$$

于是上面的不等式可写成

$$\frac{\pi}{4}(1-e^{-R^2}) < \left(\int_0^R e^{-x^2}\,dx\right)^2 < \frac{\pi}{4}(1-e^{-2R^2}).$$

令 $R\to+\infty$,上式两端趋于同一极限$\frac{\pi}{4}$,从而

$$\int_0^{+\infty} e^{-x^2}\,dx = \frac{\sqrt{\pi}}{2}.$$

例 6 求球体 $x^2+y^2+z^2\leqslant 4a^2$ 被圆柱面 $x^2+y^2=2ax(a>0)$所截得的(含在圆柱面内的部分)立体的体积(图 9-23).

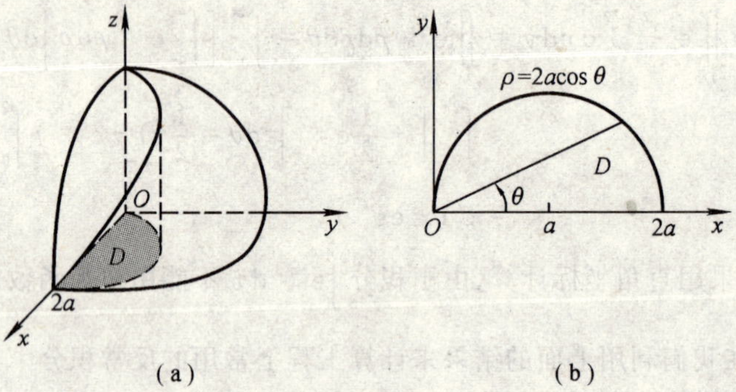

图 9-23

解 由对称性,

$$V = 4\iint_D \sqrt{4a^2-x^2-y^2}\,dx\,dy,$$

其中 D 为半圆周 $y=\sqrt{2ax-x^2}$ 及 x 轴所围成的闭区域. 在极坐标系中,闭区域 D 可用不等式

$$0\leqslant\rho\leqslant 2a\cos\theta, 0\leqslant\theta\leqslant\frac{\pi}{2}$$

来表示. 于是

$$V = 4\iint_D \sqrt{4a^2-\rho^2}\,\rho\,d\rho\,d\theta = 4\int_0^{\frac{\pi}{2}} d\theta \int_0^{2a\cos\theta} \sqrt{4a^2-\rho^2}\,\rho\,d\rho$$

$$= \frac{32}{3}a^3\int_0^{\frac{\pi}{2}}(1-\sin^3\theta)\,d\theta = \frac{32}{3}a^3\left(\frac{\pi}{2}-\frac{2}{3}\right).$$

*三、二重积分的换元法

上一目得到的二重积分的变量从直角坐标变换为极坐标的变换公式，是二重积分换元法的一种特殊情形．在那里，我们把平面上同一个点 M，既用直角坐标 (x,y) 表示，又用极坐标 (ρ,θ) 表示，它们间的关系为

$$\begin{cases} x=\rho\cos\theta, \\ y=\rho\sin\theta. \end{cases} \tag{6}$$

也就是说，由(6)式联系的点 (x,y) 和点 (ρ,θ) 看成是同一个平面上的同一个点，只是采用不同的坐标罢了．现在，我们采用另一种观点来加以解释．把(6)式看成是从直角坐标平面 $\rho O\theta$ 到直角坐标平面 xOy 的一种变换，即对于 $\rho O\theta$ 平面上的一点 $M'(\rho,\theta)$，通过变换(6)，变成 xOy 平面上的一点 $M(x,y)$．在两个平面各自限定的某个范围内，这种变换还是一对一的(即是一一映射)．下面就采用这种观点来讨论二重积分换元法的一般情形．

定理 **设 $f(x,y)$ 在 xOy 平面上的闭区域 D 上连续，变换**

$$T: x=x(u,v),\ y=y(u,v) \tag{7}$$

将 uOv 平面上的闭区域 D' 变为 xOy 平面上的 D，且满足

(1) **$x(u,v),y(u,v)$ 在 D' 上具有一阶连续偏导数；**

(2) **在 D' 上雅可比式**

$$J(u,v)=\frac{\partial(x,y)}{\partial(u,v)}\neq 0;$$

(3) **变换 $T:D'\to D$ 是一对一的，**

则有

$$\iint\limits_D f(x,y)\mathrm{d}x\mathrm{d}y=\iint\limits_{D'} f[x(u,v),y(u,v)]\,|J(u,v)|\,\mathrm{d}u\mathrm{d}v. \tag{8}$$

公式(8)称为二重积分的换元公式．

证明 显然，在定理的假设下，(8)式两端的二重积分都存在．由于二重积分与积分区域的分法无关，我们用平行于坐标轴的直线网来分割 D'，使得除去包含边界点的小闭区域外，其余的小闭区域都为边长是 h 的正方形闭区域．任取一个这样得到的正方形闭区域，设其顶点为 $M'_1(u,v)$，$M'_2(u+h,v)$，$M'_3(u+h,v+h)$，$M'_4(u,v+h)$，其面积为 $\Delta\sigma'=h^2$(图 9-24(a))．正方形闭区域 $M'_1M'_2M'_3M'_4$ 经变换(7)变成 xOy 平面上的一个曲边四边形 $M_1M_2M_3M_4$，它的四个顶点的坐标是

$M_1: x_1=x(u,v),\ y_1=y(u,v);$

$M_2: x_2=x(u+h,v)=x(u,v)+x_u(u,v)h+o(h),$

$\quad y_2=y(u+h,v)=y(u,v)+y_u(u,v)h+o(h);$

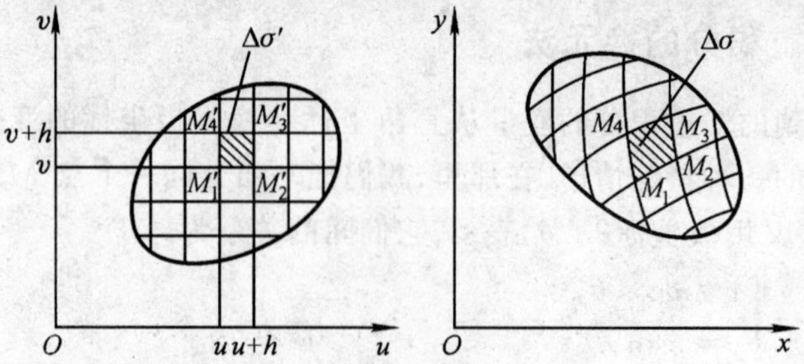

图 9-24

$$M_3: x_3 = x(u+h, v+h) = x(u,v) + x_u(u,v)h + x_v(u,v)h + o(h),$$
$$y_3 = y(u+h, v+h) = y(u,v) + y_u(u,v)h + y_v(u,v)h + o(h);$$
$$M_4: x_4 = x(u, v+h) = x(u,v) + x_v(u,v)h + o(h),$$
$$y_4 = y(u, v+h) = y(u,v) + y_v(u,v)h + o(h),$$

其面积为 $\Delta\sigma$(图 9-24(b)). 可以证明,曲边四边形 $M_1M_2M_3M_4$ 的面积与直边四边形 $M_1M_2M_3M_4$(四个顶点用直线相连)的面积当 $h\to 0$ 时只差高阶无穷小. 又由上面这些坐标表示式可知,若不计高阶无穷小,则有

$$x_2 - x_1 = x_3 - x_4, y_2 - y_1 = y_3 - y_4,$$
$$x_4 - x_1 = x_3 - x_2, y_4 - y_1 = y_3 - y_2,$$

这表示,直边四边形 $M_1M_2M_3M_4$ 的对边的长度可看作两两相等. 因此,若不计高阶无穷小,曲边四边形 $M_1M_2M_3M_4$ 可看作平行四边形,于是它的面积 $\Delta\sigma$ 近似等于 $\triangle M_1M_2M_3$ 的面积的两倍. 根据解析几何,$\triangle M_1M_2M_3$ 的面积的两倍等于行列式

$$\begin{vmatrix} x_2 - x_1 & x_3 - x_2 \\ y_2 - y_1 & y_3 - y_2 \end{vmatrix}$$

的绝对值,由于

$$x_2 - x_1 = x_u(u,v)h + o(h), x_3 - x_2 = x_v(u,v)h + o(h),$$
$$y_2 - y_1 = y_u(u,v)h + o(h), y_3 - y_2 = y_v(u,v)h + o(h),$$

因此上面的行列式与行列式

$$\begin{vmatrix} x_u(u,v)h & x_v(u,v)h \\ y_u(u,v)h & y_v(u,v)h \end{vmatrix} = \begin{vmatrix} x_u(u,v) & x_v(u,v) \\ y_u(u,v) & y_v(u,v) \end{vmatrix} h^2$$

只差一个比 h^2 高阶的无穷小. 于是

$$\Delta\sigma = \left|\frac{\partial(x,y)}{\partial(u,v)}\right| \Delta\sigma' + o(\Delta\sigma') \qquad (h\to 0).$$

把 $f(x,y)=f[x(u,v),y(u,v)]$ 的两端分别与上式两端相乘,得

$$f(x,y)\Delta\sigma=f[x(u,v),y(u,v)]\left|\frac{\partial(x,y)}{\partial(u,v)}\right|\Delta\sigma'$$
$$+f[x(u,v),y(u,v)]\cdot o(\Delta\sigma').$$

上式对一切小正方形闭区域取和并令 $h\to 0$ 求极限,由于上式右端第二项的和的极限为零,于是得公式(8).定理证毕.

这里我们指出,如果雅可比式 $J(u,v)$ 只在 D' 内个别点上,或一条曲线上为零,而在其他点上不为零,那么换元公式(8)仍成立.

在变换为极坐标 $x=\rho\cos\theta, y=\rho\sin\theta$ 的特殊情形下,雅可比式

$$J=\begin{vmatrix}\dfrac{\partial x}{\partial\rho} & \dfrac{\partial x}{\partial\theta}\\ \dfrac{\partial y}{\partial\rho} & \dfrac{\partial y}{\partial\theta}\end{vmatrix}=\begin{vmatrix}\cos\theta & -\rho\sin\theta\\ \sin\theta & \rho\cos\theta\end{vmatrix}=\rho,$$

它仅在 $\rho=0$ 处为零,故不论闭区域 D' 是否含有极点,换元公式仍成立.即有

$$\iint\limits_D f(x,y)\mathrm{d}x\mathrm{d}y=\iint\limits_{D'} f(\rho\cos\theta,\rho\sin\theta)\rho\mathrm{d}\rho\mathrm{d}\theta,$$

这里 D' 是 D 在直角坐标平面 $\rho O\theta$ 上的对应区域.在上一目内所证得的相同的公式中用的是 D 而不是 D',因为在那里我们把点 (ρ,θ) 看作是在同一平面上点 (x,y) 的极坐标,所以积分区域仍然记作 D.

例 7 计算 $\iint\limits_D \mathrm{e}^{\frac{y-x}{y+x}}\mathrm{d}x\mathrm{d}y$,其中 D 是由 x 轴、y 轴和直线 $x+y=2$ 所围成的闭区域.

解 令 $u=y-x, v=y+x$,则 $x=\dfrac{v-u}{2}, y=\dfrac{v+u}{2}$.

作变换 $x=\dfrac{v-u}{2}, y=\dfrac{v+u}{2}$,则 xOy 平面上的闭区域 D 和它在 uOv 平面上的对应区域 D' 如图 9-25 所示.

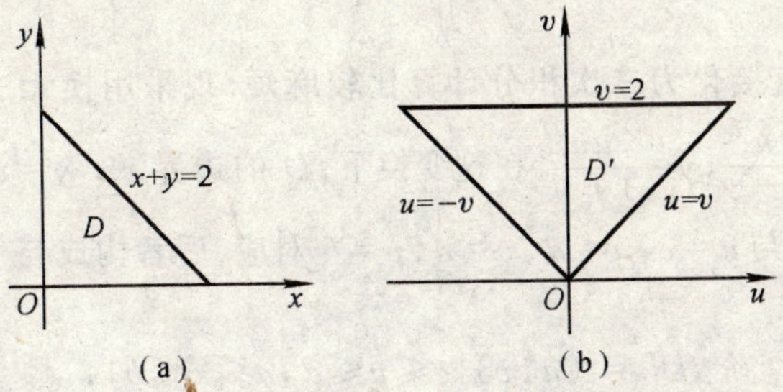

图 9-25

雅可比式为

$$J=\frac{\partial(x,y)}{\partial(u,v)}=\begin{vmatrix}-\frac{1}{2} & \frac{1}{2}\\ \frac{1}{2} & \frac{1}{2}\end{vmatrix}=-\frac{1}{2}.$$

利用公式(8),得

$$\begin{aligned}\iint_D e^{\frac{y-x}{y+x}}\,dx\,dy&=\iint_{D'} e^{\frac{u}{v}}\left|-\frac{1}{2}\right|du\,dv\\&=\frac{1}{2}\int_0^2 dv\int_{-v}^{v} e^{\frac{u}{v}}\,du\\&=\frac{1}{2}\int_0^2 (e-e^{-1})v\,dv=e-e^{-1}.\end{aligned}$$

例 8 求由直线 $x+y=c$, $x+y=d$, $y=ax$, $y=bx$ $(0<c<d, 0<a<b)$ 所围成的闭区域 D(图 9-26(a))的面积.

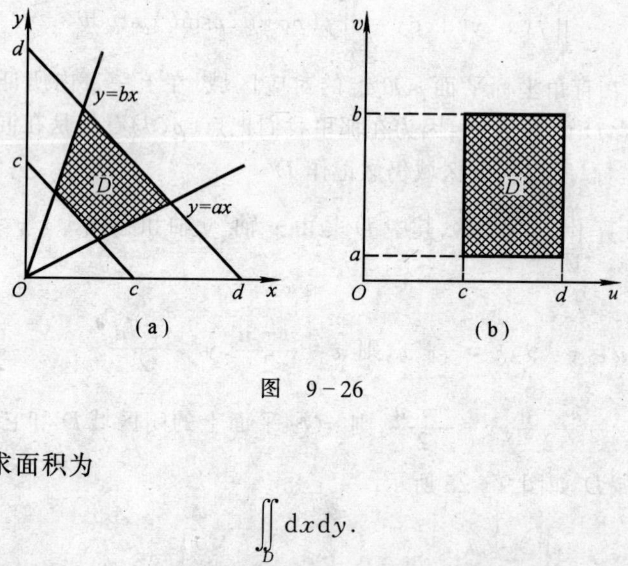

图 9-26

解 所求面积为

$$\iint_D dx\,dy.$$

上述二重积分直接化为二次积分计算比较麻烦.现采用换元法.令 $u=x+y$, $v=\frac{y}{x}$,则 $x=\frac{u}{1+v}$, $y=\frac{uv}{1+v}$.在这变换下,D 的边界 $x+y=c$, $x+y=d$, $y=ax$, $y=bx$ 依次与 $u=c$, $u=d$, $v=a$, $v=b$ 对应.后者构成与 D 对应的闭区域 D' 的边界.于是

$$D'=\{(u,v)\mid c\leqslant u\leqslant d, a\leqslant v\leqslant b\},$$

如图 9-26(b)所示.又雅可比式

$$J=\frac{\partial(x,y)}{\partial(u,v)}=\frac{u}{(1+v)^2}\neq 0,(u,v)\in D'.$$

从而所求面积为

$$\begin{aligned}\iint_D \mathrm{d}x\mathrm{d}y &= \iint_{D'} \frac{u}{(1+v)^2}\mathrm{d}u\mathrm{d}v=\int_a^b \frac{\mathrm{d}v}{(1+v)^2}\int_c^d u\mathrm{d}u\\ &=\frac{(b-a)(d^2-c^2)}{2(1+a)(1+b)}.\end{aligned}$$

例 9 计算 $\iint_D \sqrt{1-\frac{x^2}{a^2}-\frac{y^2}{b^2}}\mathrm{d}x\mathrm{d}y$，其中 D 为椭圆 $\frac{x^2}{a^2}+\frac{y^2}{b^2}=1$ 所围成的闭区域.

解 作广义极坐标变换

$$\begin{cases}x=a\rho\cos\theta,\\ y=b\rho\sin\theta,\end{cases}$$

其中 $a>0,b>0,\rho\geqslant 0,0\leqslant\theta\leqslant 2\pi$. 在这变换下，与 D 对应的闭区域为 $D'=\{(\rho,\theta)\mid 0\leqslant\rho\leqslant 1,0\leqslant\theta\leqslant 2\pi\}$，雅可比式

$$J=\frac{\partial(x,y)}{\partial(\rho,\theta)}=ab\rho.$$

J 在 D' 内仅当 $\rho=0$ 处为零，故换元公式仍成立，从而有

$$\iint_D \sqrt{1-\frac{x^2}{a^2}-\frac{y^2}{b^2}}\mathrm{d}x\mathrm{d}y=\iint_{D'}\sqrt{1-\rho^2}\,ab\rho\mathrm{d}\rho\mathrm{d}\theta=\frac{2}{3}\pi ab.$$

习　题　9-2

1. 计算下列二重积分：

(1) $\iint_D (x^2+y^2)\mathrm{d}\sigma$，其中 $D=\{(x,y)\mid |x|\leqslant 1,|y|\leqslant 1\}$；

(2) $\iint_D (3x+2y)\mathrm{d}\sigma$，其中 D 是由两坐标轴及直线 $x+y=2$ 所围成的闭区域；

(3) $\iint_D (x^3+3x^2y+y^3)\mathrm{d}\sigma$，其中 $D=\{(x,y)\mid 0\leqslant x\leqslant 1,0\leqslant y\leqslant 1\}$；

(4) $\iint_D x\cos(x+y)\mathrm{d}\sigma$，其中 D 是顶点分别为 $(0,0)$，$(\pi,0)$ 和 (π,π) 的三角形闭区域.

2. 画出积分区域，并计算下列二重积分：

(1) $\iint_D x\sqrt{y}\mathrm{d}\sigma$，其中 D 是由两条抛物线 $y=\sqrt{x}$，$y=x^2$ 所围成的闭区域；

(2) $\iint_D xy^2\mathrm{d}\sigma$，其中 D 是由圆周 $x^2+y^2=4$ 及 y 轴所围成的右半闭区域；

(3) $\iint\limits_D e^{x+y}\mathrm{d}\sigma$,其中 $D=\{(x,y)\mid |x|+|y|\leqslant 1\}$;

(4) $\iint\limits_D (x^2+y^2-x)\mathrm{d}\sigma$,其中 D 是由直线 $y=2, y=x$ 及 $y=2x$ 所围成的闭区域.

3. 如果二重积分 $\iint\limits_D f(x,y)\mathrm{d}x\mathrm{d}y$ 的被积函数 $f(x,y)$ 是两个函数 $f_1(x)$ 及 $f_2(y)$ 的乘积,即 $f(x,y)=f_1(x)\cdot f_2(y)$,积分区域 $D=\{(x,y)\mid a\leqslant x\leqslant b, c\leqslant y\leqslant d\}$,证明这个二重积分等于两个单积分的乘积,即

$$\iint\limits_D f_1(x)\cdot f_2(y)\mathrm{d}x\mathrm{d}y=\left[\int_a^b f_1(x)\mathrm{d}x\right]\cdot\left[\int_c^d f_2(y)\mathrm{d}y\right].$$

4. 化二重积分

$$I=\iint\limits_D f(x,y)\mathrm{d}\sigma$$

为二次积分(分别列出对两个变量先后次序不同的两个二次积分),其中积分区域 D 是:

(1) 由直线 $y=x$ 及抛物线 $y^2=4x$ 所围成的闭区域;

(2) 由 x 轴及半圆周 $x^2+y^2=r^2(y\geqslant 0)$ 所围成的闭区域;

(3) 由直线 $y=x, x=2$ 及双曲线 $y=\dfrac{1}{x}(x>0)$ 所围成的闭区域;

(4) 环形闭区域 $\{(x,y)\mid 1\leqslant x^2+y^2\leqslant 4\}$.

5. 设 $f(x,y)$ 在 D 上连续,其中 D 是由直线 $y=x$、$y=a$ 及 $x=b(b>a)$ 所围成的闭区域,证明

$$\int_a^b \mathrm{d}x\int_a^x f(x,y)\mathrm{d}y=\int_a^b \mathrm{d}y\int_y^b f(x,y)\mathrm{d}x.$$

6. 改换下列二次积分的积分次序:

(1) $\int_0^1 \mathrm{d}y\int_0^y f(x,y)\mathrm{d}x$;　　(2) $\int_0^2 \mathrm{d}y\int_{y^2}^{2y} f(x,y)\mathrm{d}x$;

(3) $\int_0^1 \mathrm{d}y\int_{-\sqrt{1-y^2}}^{\sqrt{1-y^2}} f(x,y)\mathrm{d}x$;　　(4) $\int_1^2 \mathrm{d}x\int_{2-x}^{\sqrt{2x-x^2}} f(x,y)\mathrm{d}y$;

(5) $\int_1^e \mathrm{d}x\int_0^{\ln x} f(x,y)\mathrm{d}y$;　　(6) $\int_0^{\pi} \mathrm{d}x\int_{-\sin\frac{x}{2}}^{\sin x} f(x,y)\mathrm{d}y$.

7. 设平面薄片所占的闭区域 D 由直线 $x+y=2, y=x$ 和 x 轴所围成,它的面密度 $\mu(x,y)=x^2+y^2$,求该薄片的质量.

8. 计算由四个平面 $x=0, y=0, x=1, y=1$ 所围成的柱体被平面 $z=0$ 及 $2x+3y+z=6$ 截得的立体的体积.

9. 求由平面 $x=0, y=0, x+y=1$ 所围成的柱体被平面 $z=0$ 及抛物面 $x^2+y^2=6-z$ 截得的立体的体积.

10. 求由曲面 $z=x^2+2y^2$ 及 $z=6-2x^2-y^2$ 所围成的立体的体积.

11. 画出积分区域,把积分 $\iint\limits_D f(x,y)\mathrm{d}x\mathrm{d}y$ 表示为极坐标形式的二次积分,其中积分区域 D 是:

(1) $\{(x,y)\mid x^2+y^2\leqslant a^2\}(a>0)$;

(2) $\{(x,y)\mid x^2+y^2\leqslant 2x\}$;

(3) $\{(x,y)\mid a^2\leqslant x^2+y^2\leqslant b^2\}$,其中 $0<a<b$;

(4) $\{(x,y)\mid 0\leqslant y\leqslant 1-x,0\leqslant x\leqslant 1\}$.

12. 化下列二次积分为极坐标形式的二次积分:

(1) $\int_0^1 dx\int_0^1 f(x,y)dy$. (2) $\int_0^2 dx\int_x^{\sqrt{3}x} f(\sqrt{x^2+y^2})dy$;

(3) $\int_0^1 dx\int_{1-x}^{\sqrt{1-x^2}} f(x,y)dy$; (4) $\int_0^1 dx\int_0^{x^2} f(x,y)dy$.

13. 把下列积分化为极坐标形式,并计算积分值:

(1) $\int_0^{2a} dx\int_0^{\sqrt{2ax-x^2}} (x^2+y^2)dy$; (2) $\int_0^a dx\int_0^x \sqrt{x^2+y^2}dy$;

(3) $\int_0^1 dx\int_{x^2}^x (x^2+y^2)^{-\frac{1}{2}}dy$; (4) $\int_0^a dy\int_0^{\sqrt{a^2-y^2}} (x^2+y^2)dx$.

14. 利用极坐标计算下列各题:

(1) $\iint\limits_D e^{x^2+y^2}d\sigma$,其中 D 是由圆周 $x^2+y^2=4$ 所围成的闭区域;

(2) $\iint\limits_D \ln(1+x^2+y^2)d\sigma$,其中 D 是由圆周 $x^2+y^2=1$ 及坐标轴所围成的在第一象限内的闭区域;

(3) $\iint\limits_D \arctan\frac{y}{x}d\sigma$,其中 D 是由圆周 $x^2+y^2=4$,$x^2+y^2=1$ 及直线 $y=0$,$y=x$ 所围成的在第一象限内的闭区域.

15. 选用适当的坐标计算下列各题:

(1) $\iint\limits_D \frac{x^2}{y^2}d\sigma$,其中 D 是由直线 $x=2$,$y=x$ 及曲线 $xy=1$ 所围成的闭区域;

(2) $\iint\limits_D \sqrt{\frac{1-x^2-y^2}{1+x^2+y^2}}d\sigma$,其中 D 是由圆周 $x^2+y^2=1$ 及坐标轴所围成的在第一象限内的闭区域;

(3) $\iint\limits_D (x^2+y^2)d\sigma$,其中 D 是由直线 $y=x$,$y=x+a$,$y=a$,$y=3a(a>0)$ 所围成的闭区域;

(4) $\iint\limits_D \sqrt{x^2+y^2}d\sigma$,其中 D 是圆环形闭区域 $\{(x,y)\mid a^2\leqslant x^2+y^2\leqslant b^2\}$.

16. 设平面薄片所占的闭区域 D 由螺线 $\rho=2\theta$ 上一段弧 $\left(0\leqslant\theta\leqslant\frac{\pi}{2}\right)$ 与直线 $\theta=\frac{\pi}{2}$ 所围成,它的面密度为 $\mu(x,y)=x^2+y^2$.求这薄片的质量(图 9-27).

17. 求由平面 $y=0$,$y=kx(k>0)$,$z=0$ 以及球心在原点、半径为 R 的上半球面所围成的在第一卦限内的立体的体积(图 9-28).

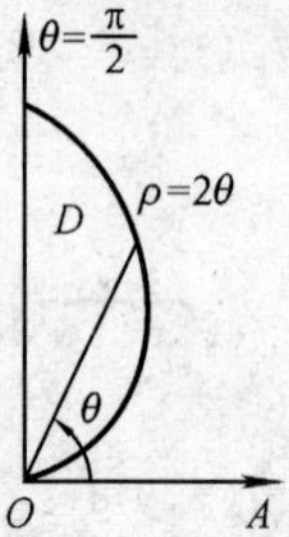

图 9-27

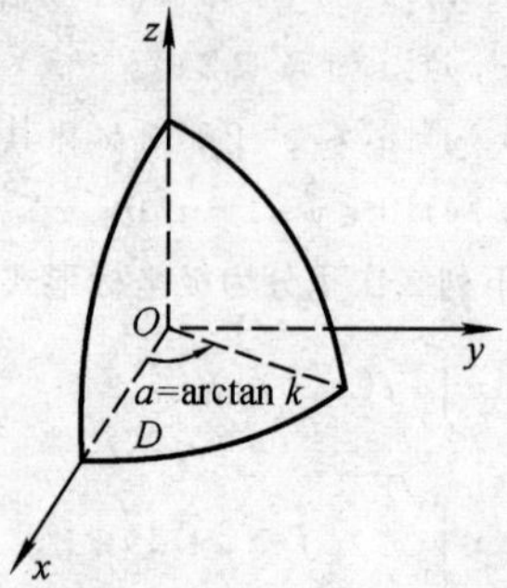

图 9-28

18. 计算以 xOy 面上的圆周 $x^2+y^2=ax$ 围成的闭区域为底，而以曲面 $z=x^2+y^2$ 为顶的曲顶柱体的体积.

*19. 作适当的变换，计算下列二重积分：

(1) $\iint\limits_D (x-y)^2\sin^2(x+y)\mathrm{d}x\mathrm{d}y$，其中 D 是平行四边形闭区域，它的四个顶点是 $(\pi,0)$，$(2\pi,\pi)$，$(\pi,2\pi)$ 和 $(0,\pi)$；

(2) $\iint\limits_D x^2y^2\mathrm{d}x\mathrm{d}y$，其中 D 是由两条双曲线 $xy=1$ 和 $xy=2$，直线 $y=x$ 和 $y=4x$ 所围成的在第Ⅰ象限内的闭区域；

(3) $\iint\limits_D \mathrm{e}^{\frac{y}{x+y}}\mathrm{d}x\mathrm{d}y$，其中 D 是由 x 轴、y 轴和直线 $x+y=1$ 所围成的闭区域；

(4) $\iint\limits_D \left(\frac{x^2}{a^2}+\frac{y^2}{b^2}\right)\mathrm{d}x\mathrm{d}y$，其中 $D=\left\{(x,y)\,\middle|\,\frac{x^2}{a^2}+\frac{y^2}{b^2}\leqslant 1\right\}$.

*20. 求由下列曲线所围成的闭区域 D 的面积：

(1) D 是由曲线 $xy=4$，$xy=8$，$xy^3=5$，$xy^3=15$ 所围成的第Ⅰ象限部分的闭区域；

(2) D 是由曲线 $y=x^3$，$y=4x^3$，$x=y^3$，$x=4y^3$ 所围成的第Ⅰ象限部分的闭区域.

*21. 设闭区域 D 是由直线 $x+y=1$，$x=0$，$y=0$ 所围成，求证

$$\iint\limits_D \cos\left(\frac{x-y}{x+y}\right)\mathrm{d}x\mathrm{d}y=\frac{1}{2}\sin 1.$$

*22. 选取适当的变换，证明下列等式：

(1) $\iint\limits_D f(x+y)\mathrm{d}x\mathrm{d}y=\int_{-1}^{1}f(u)\mathrm{d}u$，其中闭区域 $D=\{(x,y)\,|\,|x|+|y|\leqslant 1\}$；

(2) $\iint\limits_D f(ax+by+c)\mathrm{d}x\mathrm{d}y=2\int_{-1}^{1}\sqrt{1-u^2}\,f(u\sqrt{a^2+b^2}+c)\mathrm{d}u$，其中 $D=\{(x,y)\,|\,x^2+y^2\leqslant 1\}$，且 $a^2+b^2\neq 0$.

第三节 三重积分

一、三重积分的概念

定积分及二重积分作为和的极限的概念,可以很自然地推广到三重积分.

定义 **设** $f(x,y,z)$**是空间有界闭区域** Ω **上的有界函数.将** Ω **任意分成** n **个小闭区域**

$$\Delta v_1, \Delta v_2, \cdots, \Delta v_n,$$

其中 Δv_i **表示第** i **个小闭区域,也表示它的体积.在每个** Δv_i **上任取一点** (ξ_i, η_i, ζ_i)**,作乘积** $f(\xi_i, \eta_i, \zeta_i)\Delta v_i (i=1,2,\cdots,n)$**,并作和** $\sum_{i=1}^{n} f(\xi_i, \eta_i, \zeta_i)\Delta v_i$**.如果当各小闭区域直径中的最大值** λ **趋于零时这和的极限总存在,则称此极限为函数** $f(x,y,z)$**在闭区域** Ω **上的三重积分.记作** $\iiint\limits_{\Omega} f(x,y,z)\mathrm{d}v$**,即**

$$\iiint\limits_{\Omega} f(x,y,z)\mathrm{d}v = \lim_{\lambda \to 0} \sum_{i=1}^{n} f(\xi_i, \eta_i, \zeta_i)\Delta v_i, \tag{1}$$

其中 $\mathrm{d}v$ 叫做体积元素.

在直角坐标系中,如果用平行于坐标面的平面来划分 Ω,那么除了包含 Ω 的边界点的一些不规则小闭区域外,得到的小闭区域 Δv_i 为长方体.设长方体小闭区域 Δv_i 的边长为 Δx_j、Δy_k、Δz_l,则 $\Delta v_i = \Delta x_j \Delta y_k \Delta z_l$.因此在直角坐标系中,有时也把体积元素 $\mathrm{d}v$ 记作 $\mathrm{d}x\mathrm{d}y\mathrm{d}z$,而把三重积分记作

$$\iiint\limits_{\Omega} f(x,y,z)\mathrm{d}x\mathrm{d}y\mathrm{d}z,$$

其中 $\mathrm{d}x\mathrm{d}y\mathrm{d}z$ 叫做直角坐标系中的体积元素.

当函数 $f(x,y,z)$在闭区域 Ω 上连续时,(1)式右端的和的极限必定存在,也就是函数 $f(x,y,z)$在闭区域 Ω 上的三重积分必定存在.以后我们总假定函数 $f(x,y,z)$在闭区域 Ω 上是连续的.关于二重积分的一些术语,例如被积函数、积分区域等,也可相应地用到三重积分上.三重积分的性质也与第一节中所叙述的二重积分的性质类似,这里不再重复了.

如果 $f(x,y,z)$表示某物体在点(x,y,z)处的密度,Ω 是该物体所占有的空间闭区域,$f(x,y,z)$在 Ω 上连续,则 $\sum_{i=1}^{n} f(\xi_i, \eta_i, \zeta_i)\Delta v_i$ 是该物体的质量 M 的近似值,这个和当 $\lambda \to 0$ 时的极限就是该物体的质量 M,所以

$$M = \iiint\limits_{\Omega} f(x,y,z)\,\mathrm{d}v.$$

二、三重积分的计算

计算三重积分的基本方法是将三重积分化为三次积分来计算. 下面按利用不同的坐标来分别讨论将三重积分化为三次积分的方法,且只限于叙述方法.

1. 利用直角坐标计算三重积分

假设平行于 z 轴且穿过闭区域 Ω 内部的直线与闭区域 Ω 的边界曲面 S 相交不多于两点. 把闭区域 Ω 投影到 xOy 面上,得一平面闭区域 D_{xy}(图 9-29). 以 D_{xy} 的边界为准线作母线平行于 z 轴的柱面. 这柱面与曲面 S 的交线从 S 中分出的上、下两部分,它们的方程分别为

$$S_1: \quad z = z_1(x,y),$$
$$S_2: \quad z = z_2(x,y),$$

其中 $z_1(x,y)$ 与 $z_2(x,y)$ 都是 D_{xy} 上的连续函数,且 $z_1(x,y) \leqslant z_2(x,y)$. 过 D_{xy} 内任一点 (x,y) 作平行于 z 轴的直线,这直线通过曲面 S_1 穿入 Ω 内,然后通过曲面 S_2 穿出 Ω 外,穿入点与穿出点的竖坐标分别为 $z_1(x,y)$ 与 $z_2(x,y)$.

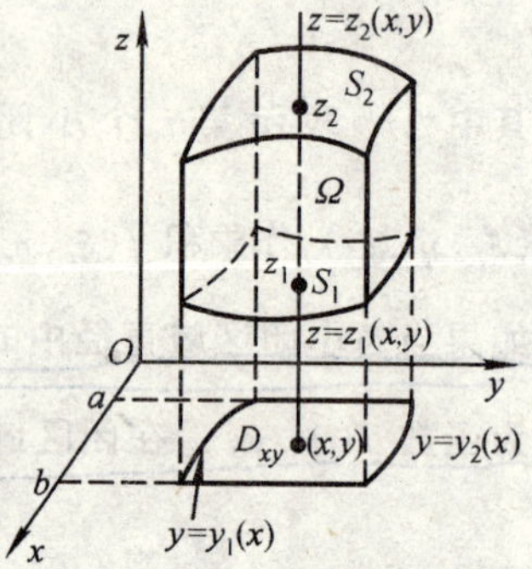

图 9-29

在这种情形下,积分区域 Ω 可表示为

$$\Omega = \{(x,y,z) \mid z_1(x,y) \leqslant z \leqslant z_2(x,y), (x,y) \in D_{xy}\}.$$

先将 x、y 看作定值,将 $f(x,y,z)$ 只看作 z 的函数,在区间 $[z_1(x,y), z_2(x,y)]$ 上对 z 积分. 积分的结果是 x、y 的函数,记为 $F(x,y)$,即

$$F(x,y) = \int_{z_1(x,y)}^{z_2(x,y)} f(x,y,z)\,\mathrm{d}z.$$

然后计算 $F(x,y)$ 在闭区域 D_{xy} 上的二重积分

$$\iint\limits_{D_{xy}} F(x,y)\,\mathrm{d}\sigma = \iint\limits_{D_{xy}} \left[\int_{z_1(x,y)}^{z_2(x,y)} f(x,y,z)\,\mathrm{d}z\right]\mathrm{d}\sigma.$$

假如闭区域

$$D_{xy} = \{(x,y) \mid y_1(x) \leqslant y \leqslant y_2(x), a \leqslant x \leqslant b\},$$

把这个二重积分化为二次积分,于是得到三重积分的计算公式:

$$\iiint\limits_{\Omega} f(x,y,z)\,\mathrm{d}v = \int_a^b \mathrm{d}x \int_{y_1(x)}^{y_2(x)} \mathrm{d}y \int_{z_1(x,y)}^{z_2(x,y)} f(x,y,z)\,\mathrm{d}z. \tag{2}$$

公式(2)把三重积分化为先对 z、次对 y、最后对 x 的三次积分.

如果平行于 x 轴或 y 轴且穿过闭区域 Ω 内部的直线与 Ω 的边界曲面 S 相交不多于两点，也可把闭区域 Ω 投影到 yOz 面上或 xOz 面上，这样便可把三重积分化为按其他顺序的三次积分. 如果平行于坐标轴且穿过闭区域 Ω 内部的直线与边界曲面 S 的交点多于两个，也可像处理二重积分那样，把 Ω 分成若干部分，使 Ω 上的三重积分化为各部分闭区域上的三重积分的和.

例 1 计算三重积分 $\iiint\limits_{\Omega} x\mathrm{d}x\mathrm{d}y\mathrm{d}z$，其中 Ω 为三个坐标面及平面 $x+2y+z=1$ 所围成的闭区域.

解 作闭区域 Ω 如图 9－30 所示.

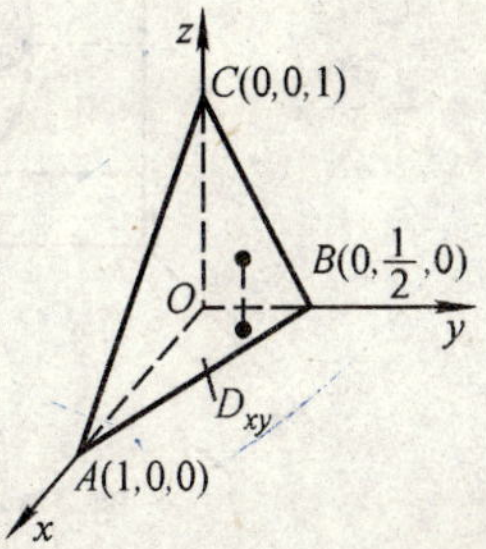

图 9－30

将 Ω 投影到 xOy 面上，得投影区域 D_{xy} 为三角形闭区域 OAB. 直线 OA、OB 及 AB 的方程依次为 $y=0$、$x=0$ 及 $x+2y=1$，所以

$$D_{xy}=\left\{(x,y)\mid 0\leqslant y\leqslant \frac{1-x}{2},0\leqslant x\leqslant 1\right\}.$$

在 D_{xy} 内任取一点 (x,y)，过此点作平行于 z 轴的直线，该直线通过平面 $z=0$ 穿入 Ω 内，然后通过平面 $z=1-x-2y$ 穿出 Ω 外.

于是，由公式(2)得

$$\begin{aligned}\iiint\limits_{\Omega} x\mathrm{d}x\mathrm{d}y\mathrm{d}z &= \int_0^1 \mathrm{d}x\int_0^{\frac{1-x}{2}}\mathrm{d}y\int_0^{1-x-2y} x\mathrm{d}z\\ &= \int_0^1 x\mathrm{d}x\int_0^{\frac{1-x}{2}}(1-x-2y)\mathrm{d}y\\ &= \frac{1}{4}\int_0^1 (x-2x^2+x^3)\mathrm{d}x=\frac{1}{48}.\end{aligned}$$

有时，我们计算一个三重积分也可以化为先计算一个二重积分、再计算一个定积分，即有下述计算公式.

设空间闭区域

$$\Omega=\{(x,y,z)\mid (x,y)\in D_z,c_1\leqslant z\leqslant c_2\},$$

其中 D_z 是竖标为 z 的平面截闭区域 Ω 所得到的一个平面闭区域(图 9－31)，则有

$$\iiint\limits_{\Omega} f(x,y,z)\mathrm{d}v=\int_{c_1}^{c_2}\mathrm{d}z\iint\limits_{D_z} f(x,y,z)\mathrm{d}x\mathrm{d}y. \qquad (3)$$

例 2 计算三重积分 $\iiint\limits_{\Omega} z^2\mathrm{d}x\mathrm{d}y\mathrm{d}z$，其中 Ω 是由椭球面 $\frac{x^2}{a^2}+\frac{y^2}{b^2}+\frac{z^2}{c^2}=1$ 所围成的空间闭区域.

解 空间闭区域 Ω 可表为

$$\left\{(x,y,z)\,\middle|\,\frac{x^2}{a^2}+\frac{y^2}{b^2}\leqslant 1-\frac{z^2}{c^2},\ -c\leqslant z\leqslant c\right\},$$

如图 9-32 所示. 由公式(3)得

$$\iiint\limits_{\Omega} z^2\,\mathrm{d}x\mathrm{d}y\mathrm{d}z=\int_{-c}^{c} z^2\,\mathrm{d}z\iint\limits_{D_z}\mathrm{d}x\mathrm{d}y=\pi ab\int_{-c}^{c}\left(1-\frac{z^2}{c^2}\right)z^2\,\mathrm{d}z=\frac{4}{15}\pi abc^3.$$

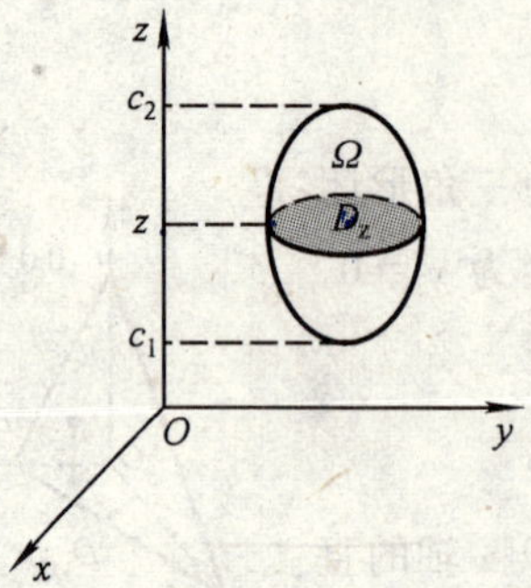

图 9-31

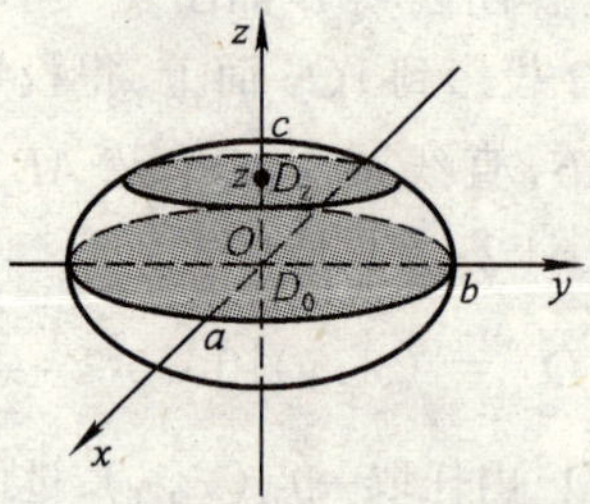

图 9-32

2. 利用柱面坐标计算三重积分

设 $M(x,y,z)$ 为空间内一点，并设点 M 在 xOy 面上的投影 P 的极坐标为 ρ,θ，则这样的三个数 ρ,θ,z 就叫做点 M 的柱面坐标(图 9-33)，这里规定 ρ、θ、z 的变化范围为：

$$0\leqslant\rho<+\infty,$$
$$0\leqslant\theta\leqslant 2\pi,$$
$$-\infty<z<+\infty.$$

三组坐标面分别为

$\rho=$ 常数，即以 z 轴为轴的圆柱面；

$\theta=$ 常数，即过 z 轴的半平面；

$z=$ 常数，即与 xOy 面平行的平面.

显然，点 M 的直角坐标与柱面坐标的关系为

$$\begin{cases} x=\rho\cos\theta, \\ y=\rho\sin\theta, \\ z=z. \end{cases} \tag{4}$$

现在要把三重积分 $\iiint\limits_{\Omega} f(x,y,z)\mathrm{d}v$ 中的变量变换为柱面坐标. 为此，用三组坐标面 $\rho=$ 常数，$\theta=$ 常数，$z=$ 常数把 Ω 分成许多小闭区域，除了含 Ω 的边

界点的一些不规则小闭区域外，这种小闭区域都是柱体．今考虑由 ρ,θ,z 各取得微小增量 $d\rho,d\theta,dz$ 所成的柱体的体积(图 9-34)．这个体积等于高与底面积的乘积．现在高为 dz、底面积在不计高阶无穷小时为 $\rho d\rho d\theta$(即极坐标系中的面积元素)，于是得

$$dv=\rho d\rho d\theta dz,$$

这就是柱面坐标系中的体积元素．再注意到关系式(4)，就有

$$\iiint_{\Omega} f(x,y,z)dxdydz=\iiint_{\Omega} F(\rho,\theta,z)\rho d\rho d\theta dz, \tag{5}$$

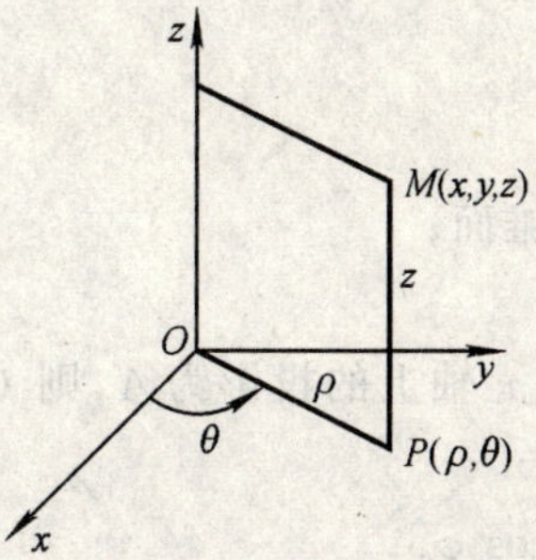

图 9-33

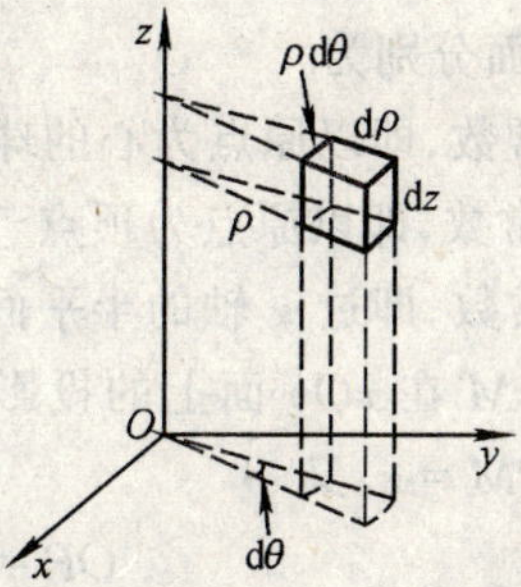

图 9-34

其中 $F(\rho,\theta,z)=f(\rho\cos\theta,\rho\sin\theta,z)$．(5)式就是把三重积分的变量从直角坐标变换为柱面坐标的公式．至于变量变换为柱面坐标后的三重积分的计算，则可化为三次积分来进行．化为三次积分时，积分限是根据 ρ,θ,z 在积分区域 Ω 中的变化范围来确定的，下面通过例子来说明．

例 3 利用柱面坐标计算三重积分 $\iiint_{\Omega} z dxdydz$，其中 Ω 是由曲面 $z=x^2+y^2$ 与平面 $z=4$ 所围成的闭区域．

解 把闭区域 Ω 投影到 xOy 面上，得半径为 2 的圆形闭区域 $D_{xy}=\{(\rho,\theta)\mid 0\leqslant\rho\leqslant 2,0\leqslant\theta\leqslant 2\pi\}$．在 D_{xy} 内任取一点 (ρ,θ)，过此点作平行于 z 轴的直线，此直线通过曲面 $z=x^2+y^2$ 穿入 Ω 内，然后通过平面 $z=4$ 穿出 Ω 外．因此闭区域 Ω 可用不等式

$$\rho^2\leqslant z\leqslant 4,0\leqslant\rho\leqslant 2,0\leqslant\theta\leqslant 2\pi$$

来表示．于是

$$\begin{aligned}\iiint_{\Omega} z dxdydz&=\iiint_{\Omega} z\rho d\rho d\theta dz=\int_0^{2\pi}d\theta\int_0^2\rho d\rho\int_{\rho^2}^4 z dz\\&=\frac{1}{2}\int_0^{2\pi}d\theta\int_0^2\rho(16-\rho^4)d\rho=\frac{1}{2}\cdot 2\pi\left[8\rho^2-\frac{1}{6}\rho^6\right]_0^2=\frac{64}{3}\pi.\end{aligned}$$

3. 利用球面坐标计算三重积分

设 $M(x,y,z)$ 为空间内一点，则点 M 也可用这样三个有次序的数 r,φ,θ 来确定，其中 r 为原点 O 与点 M 间的距离，φ 为有向线段 $\overrightarrow{OM}$ 与 z 轴正向所夹的角，θ 为从正 z 轴来看自 x 轴按逆时针方向转到有向线段 $\overrightarrow{OP}$ 的角，这里 P 为点 M 在 xOy 面上的投影（图 9-35）. 这样的三个数 r,φ,θ 叫做点 M 的球面坐标，这里 r,φ,θ 的变化范围为

$$0\leqslant r<+\infty,$$
$$0\leqslant\varphi\leqslant\pi,$$
$$0\leqslant\theta\leqslant 2\pi.$$

三组坐标面分别为

$r=$常数，即以原点为心的球面；

$\varphi=$常数，即以原点为顶点、z 轴为轴的圆锥面；

$\theta=$常数，即过 z 轴的半平面.

设点 M 在 xOy 面上的投影为 P，点 P 在 x 轴上的投影为 A，则 $OA=x$，$AP=y$，$PM=z$. 又

$$OP=r\sin\varphi,\ z=r\cos\varphi.$$

因此，点 M 的直角坐标与球面坐标的关系为

$$\begin{cases}x=OP\cos\theta=r\sin\varphi\cos\theta,\\ y=OP\sin\theta=r\sin\varphi\sin\theta,\\ z=r\cos\varphi.\end{cases}\tag{6}$$

为了把三重积分中的变量从直角坐标变换为球面坐标，用三组坐标面 $r=$常数，$\varphi=$常数，$\theta=$常数把积分区域 Ω 分成许多小闭区域. 考虑由 r,φ,θ 各取得微小增量 $\mathrm{d}r,\mathrm{d}\varphi,\mathrm{d}\theta$ 所成的六面体的体积（图 9-36）. 不计高阶无穷小，可把这个六面体看作长方体，其经线方向的长为 $r\mathrm{d}\varphi$ 纬线方向的宽为 $r\sin\varphi\mathrm{d}\theta$，向径方向的高为 $\mathrm{d}r$，于是得

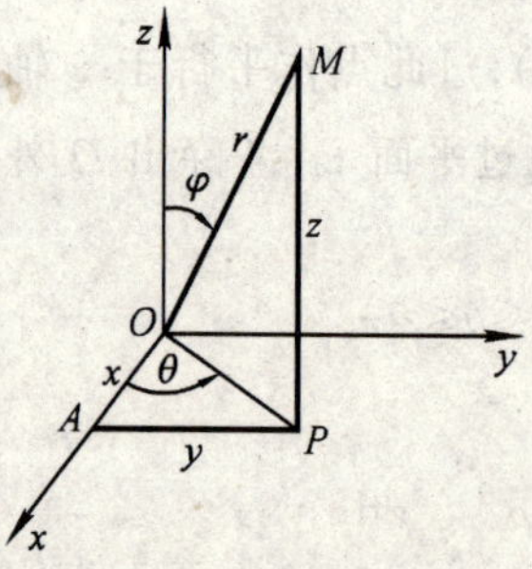

图 9-35

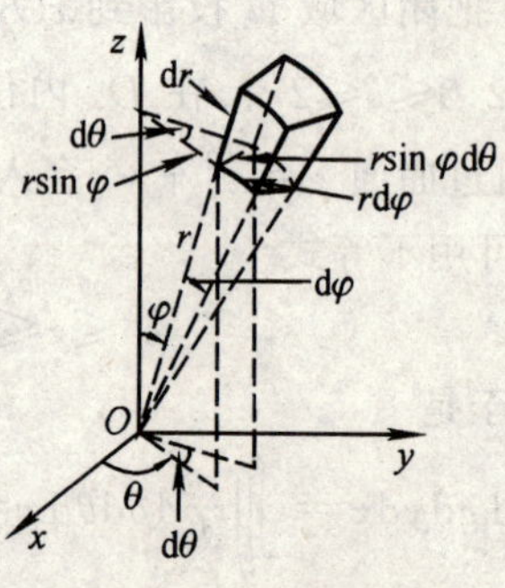

图 9-36

$$dv = r^2\sin\varphi\ drd\varphi d\theta,$$

这就是球面坐标系中的体积元素.再注意到关系式(6),就有

$$\iiint_\Omega f(x,y,z)dxdydz = \iiint_\Omega F(r,\varphi,\theta)r^2\sin\varphi drd\varphi d\theta, \tag{7}$$

其中 $F(r,\varphi,\theta)=f(r\sin\varphi\cos\theta, r\sin\varphi\sin\theta, r\cos\varphi)$.(7)式就是把三重积分的变量从直角坐标变换为球面坐标的公式.

要计算变量变换为球面坐标后的三重积分,可把它化为对 r、对 φ 及对 θ 的三次积分.

若积分区域 Ω 的边界曲面是一个包围原点在内的闭曲面,其球面坐标方程为 $r=r(\varphi,\theta)$,则

$$\begin{aligned} I &= \iiint_\Omega F(r,\varphi,\theta)r^2\sin\varphi\ drd\varphi d\theta \\ &= \int_0^{2\pi} d\theta\int_0^{\pi} d\varphi\int_0^{r(\varphi,\theta)} F(r,\varphi,\theta)r^2\sin\varphi\ dr. \end{aligned}$$

当积分区域 Ω 为球面 $r=a$ 所围成时,则

$$I = \int_0^{2\pi} d\theta\int_0^{\pi} d\varphi\int_0^{a} F(r,\varphi,\theta)r^2\sin\varphi\ dr.$$

特别地,当 $F(r,\varphi,\theta)=1$ 时,由上式即得球的体积

$$V = \int_0^{2\pi} d\theta\int_0^{\pi}\sin\varphi d\varphi\int_0^{a} r^2 dr = 2\pi\cdot 2\cdot\frac{a^3}{3} = \frac{4}{3}\pi a^3,$$

这是我们所熟知的结果.

例 4 求半径为 a 的球面与半顶角为 α 的内接锥面所围成的立体(图 9-37)的体积.

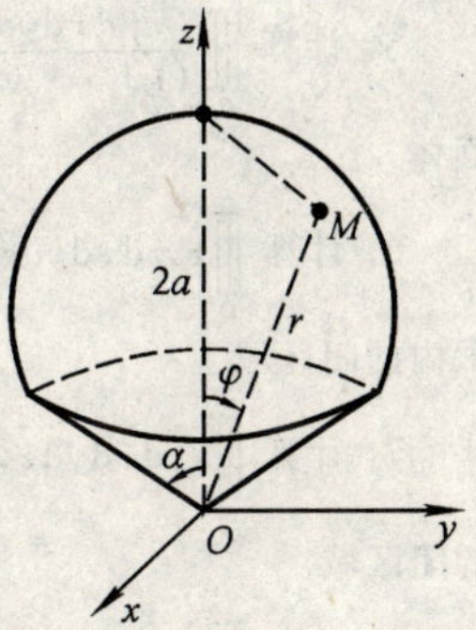

图 9-37

解 设球面通过原点 O,球心在 z 轴上,又内接锥面的顶点在原点 O,其轴与 z 轴重合,则球面方程为 $r=2a\cos\varphi$,锥面方程为 $\varphi=\alpha$.因为立体所占有的空间闭区域 Ω 可用不等式

$$0\leqslant r\leqslant 2a\cos\varphi, 0\leqslant\varphi\leqslant\alpha, 0\leqslant\theta\leqslant 2\pi$$

来表示,所以

$$\begin{aligned} V &= \iiint_\Omega r^2\sin\varphi\ drd\varphi d\theta = \int_0^{2\pi} d\theta\int_0^{\alpha} d\varphi\int_0^{2a\cos\varphi} r^2\sin\varphi\ dr \\ &= 2\pi\int_0^{\alpha}\sin\varphi d\varphi\int_0^{2a\cos\varphi} r^2\ dr = \frac{16\pi a^3}{3}\int_0^{\alpha}\cos^3\varphi\sin\varphi\ d\varphi \\ &= \frac{4\pi a^3}{3}(1-\cos^4\alpha). \end{aligned}$$

习 题 9-3

1. 化三重积分 $I=\iiint\limits_{\Omega}f(x,y,z)\mathrm{d}x\mathrm{d}y\mathrm{d}z$ 为三次积分，其中积分区域 Ω 分别是：

(1) 由双曲抛物面 $xy=z$ 及平面 $x+y-1=0$，$z=0$ 所围成的闭区域；

(2) 由曲面 $z=x^2+y^2$ 及平面 $z=1$ 所围成的闭区域；

(3) 由曲面 $z=x^2+2y^2$ 及 $z=2-x^2$ 所围成的闭区域；

(4) 由曲面 $cz=xy(c>0)$，$\dfrac{x^2}{a^2}+\dfrac{y^2}{b^2}=1$，$z=0$ 所围成的在第一卦限内的闭区域.

2. 设有一物体，占有空间闭区域 $\Omega=\{(x,y,z)\mid 0\leqslant x\leqslant 1,0\leqslant y\leqslant 1,0\leqslant z\leqslant 1\}$，在点 (x,y,z) 处的密度为 $\rho(x,y,z)=x+y+z$，计算该物体的质量.

3. 如果三重积分 $\iiint\limits_{\Omega}f(x,y,z)\mathrm{d}x\mathrm{d}y\mathrm{d}z$ 的被积函数 $f(x,y,z)$ 是三个函数 $f_1(x)$、$f_2(y)$、$f_3(z)$ 的乘积，即 $f(x,y,z)=f_1(x)\cdot f_2(y)\cdot f_3(z)$，积分区域 $\Omega=\{(x,y,z)\mid a\leqslant x\leqslant b,c\leqslant y\leqslant d,l\leqslant z\leqslant m\}$，证明这个三重积分等于三个单积分的乘积，即

$$\iiint\limits_{\Omega}f_1(x)f_2(y)f_3(z)\mathrm{d}x\mathrm{d}y\mathrm{d}z=\int_a^b f_1(x)\mathrm{d}x\int_c^d f_2(y)\mathrm{d}y\int_l^m f_3(z)\mathrm{d}z.$$

4. 计算 $\iiint\limits_{\Omega}xy^2z^3\mathrm{d}x\mathrm{d}y\mathrm{d}z$，其中 Ω 是由曲面 $z=xy$，与平面 $y=x$，$x=1$ 和 $z=0$ 所围成的闭区域.

5. 计算 $\iiint\limits_{\Omega}\dfrac{\mathrm{d}x\mathrm{d}y\mathrm{d}z}{(1+x+y+z)^3}$，其中 Ω 为平面 $x=0$，$y=0$，$z=0$，$x+y+z=1$ 所围成的四面体.

6. 计算 $\iiint\limits_{\Omega}xyz\mathrm{d}x\mathrm{d}y\mathrm{d}z$，其中 Ω 为球面 $x^2+y^2+z^2=1$ 及三个坐标面所围成的在第一卦限内的闭区域.

7. 计算 $\iiint\limits_{\Omega}xz\mathrm{d}x\mathrm{d}y\mathrm{d}z$，其中 Ω 是由平面 $z=0$，$z=y$，$y=1$ 以及抛物柱面 $y=x^2$ 所围成的闭区域.

8. 计算 $\iiint\limits_{\Omega}z\mathrm{d}x\mathrm{d}y\mathrm{d}z$，其中 Ω 是由锥面 $z=\dfrac{h}{R}\sqrt{x^2+y^2}$ 与平面 $z=h(R>0,h>0)$ 所围成的闭区域.

9. 利用柱面坐标计算下列三重积分：

(1) $\iiint\limits_{\Omega}z\mathrm{d}v$，其中 Ω 是由曲面 $z=\sqrt{2-x^2-y^2}$ 及 $z=x^2+y^2$ 所围成的闭区域；

(2) $\iiint\limits_{\Omega}(x^2+y^2)\mathrm{d}v$，其中 Ω 是由曲面 $x^2+y^2=2z$ 及平面 $z=2$ 所围成的闭区域.

10. 利用球面坐标计算下列三重积分：

(1) $\iiint\limits_{\Omega}(x^2+y^2+z^2)\mathrm{d}v$，其中 Ω 是由球面 $x^2+y^2+z^2=1$ 所围成的闭区域；

(2) $\iiint\limits_{\Omega} z\mathrm{d}v$,其中闭区域 Ω 由不等式 $x^2+y^2+(z-a)^2\leqslant a^2, x^2+y^2\leqslant z^2$ 所确定.

11. 选用适当的坐标计算下列三重积分:

(1) $\iiint\limits_{\Omega} xy\mathrm{d}v$,其中 Ω 为柱面 $x^2+y^2=1$ 及平面 $z=1, z=0, x=0, y=0$ 所围成的在第一卦限内的闭区域;

(2) $\iiint\limits_{\Omega} \sqrt{x^2+y^2+z^2}\mathrm{d}v$,其中 Ω 是由球面 $x^2+y^2+z^2=z$ 所围成的闭区域;

(3) $\iiint\limits_{\Omega} (x^2+y^2)\mathrm{d}v$,其中 Ω 是由曲面 $4z^2=25(x^2+y^2)$ 及平面 $z=5$ 所围成的闭区域;

(4) $\iiint\limits_{\Omega} (x^2+y^2)\mathrm{d}v$,其中闭区域 Ω 由不等式 $0<a\leqslant\sqrt{x^2+y^2+z^2}\leqslant A, z\geqslant 0$ 所确定.

12. 利用三重积分计算下列由曲面所围成的立体的体积:

(1) $z=6-x^2-y^2$ 及 $z=\sqrt{x^2+y^2}$;

(2) $x^2+y^2+z^2=2az\ (a>0)$ 及 $x^2+y^2=z^2$(含有 z 轴的部分);

(3) $z=\sqrt{x^2+y^2}$ 及 $z=x^2+y^2$;

(4) $z=\sqrt{5-x^2-y^2}$ 及 $x^2+y^2=4z$.

13. 球心在原点、半径为 R 的球体,在其上任意一点的密度的大小与这点到球心的距离成正比,求这球体的质量.

第四节　重积分的应用

由前面的讨论可知,曲顶柱体的体积、平面薄片的质量可用二重积分计算,空间物体的质量可用三重积分计算.本节中我们将把定积分应用中的元素法推广到重积分的应用中,利用重积分的元素法来讨论重积分在几何、物理上的一些其他应用.

一、曲面的面积

设曲面 S 由方程

$$z=f(x,y)$$

给出,D 为曲面 S 在 xOy 面上的投影区域,函数 $f(x,y)$ 在 D 上具有连续偏导数 $f_x(x,y)$ 和 $f_y(x,y)$.我们要计算曲面 S 的面积 A.

在闭区域 D 上任取一直径很小的闭区域 $\mathrm{d}\sigma$(这小闭区域的面积也记作 $\mathrm{d}\sigma$).在 $\mathrm{d}\sigma$ 上取一点 $P(x,y)$,对应地曲面 S 上有一点 $M(x,y,f(x,y))$,点 M 在 xOy 面上的投影即点 P.点 M 处曲面 S 的切平面设为 T(图 9-38).以小闭区域 $\mathrm{d}\sigma$ 的边界为准线作母线平行于 z 轴的柱面,这柱面在曲面 S 上截下一小片曲面,在切平面 T 上截下一小片平面.由于 $\mathrm{d}\sigma$ 的直径很小,切平面 T 上的那

一小片平面的面积 dA 可以近似代替相应的那小片曲面的面积. 设点 M 处曲面 S 上的法线(指向朝上)与 z 轴所成的角为 γ, 则

$$dA=\frac{d\sigma}{\cos\gamma}\text{①}.$$

因为 $$\cos\gamma=\frac{1}{\sqrt{1+f_x^2(x,y)+f_y^2(x,y)}},$$

所以 $$dA=\sqrt{1+f_x^2(x,y)+f_y^2(x,y)}\,d\sigma.$$

这就是曲面 S 的面积元素, 以它为被积表达式在闭区域 D 上积分, 得

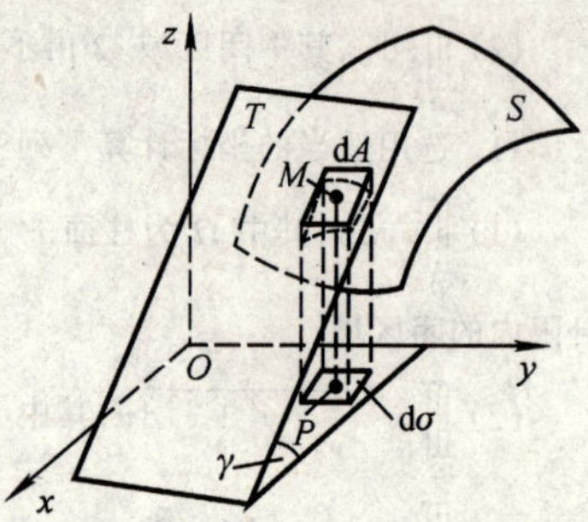

图 9-38

$$A=\iint_D\sqrt{1+f_x^2(x,y)+f_y^2(x,y)}\,d\sigma.$$

上式也可写成

---

① 设两平面 Π_1、Π_2 的夹角为 θ(取锐角), Π_1 上的闭区域 D 在 Π_2 上的投影区域为 D_0, 则 D 的面积 A 与 D_0 的面积 σ 之间有下列关系:

$$A=\frac{\sigma}{\cos\theta}.$$

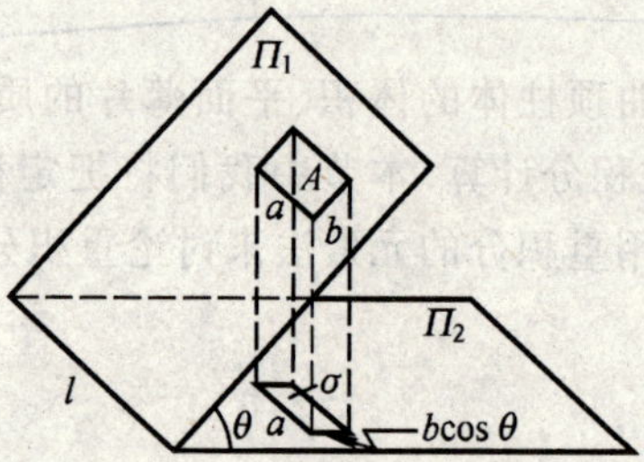

图 9-39

事实上, 先假定 D 是矩形闭区域, 且其一边平行于平面 Π_1、Π_2 的交线 l, 边长为 a, 另一边长为 b(图 9-39), 则 D_0 也是矩形闭区域, 且边长分别为 a 及 $b\cos\theta$, 从而

$$\sigma=ab\cos\theta=A\cos\theta,$$

即 $$A=\frac{\sigma}{\cos\theta}.$$

在一般情况, 可把 D 分成上述类型的 m 个小矩形闭区域(不计含边界点的不规则部分), 则小矩形闭区域的面积 A_k 及其投影区域的面积 σ_k 之间符合 $A_k=\frac{\sigma_k}{\cos\theta}(k=1,2,\cdots,m)$. 从而 $\sum_{k=1}^{m}A_k=\frac{\sum_{k=1}^{m}\sigma_k}{\cos\theta}$. 使各小闭区域的直径中的最大者趋于零, 取极限便得 $A=\frac{\sigma}{\cos\theta}$.

$$A=\iint\limits_{D}\sqrt{1+\left(\frac{\partial z}{\partial x}\right)^2+\left(\frac{\partial z}{\partial y}\right)^2}\,\mathrm{d}x\mathrm{d}y.$$

这就是计算曲面面积的公式.

设曲面的方程为 $x=g(y,z)$ 或 $y=h(z,x)$，可分别把曲面投影到 yOz 面上(投影区域记作 D_{yz})或 zOx 面上(投影区域记作 D_{zx})，类似地可得

$$A=\iint\limits_{D_{yz}}\sqrt{1+\left(\frac{\partial x}{\partial y}\right)^2+\left(\frac{\partial x}{\partial z}\right)^2}\,\mathrm{d}y\mathrm{d}z,$$

或
$$A=\iint\limits_{D_{zx}}\sqrt{1+\left(\frac{\partial y}{\partial z}\right)^2+\left(\frac{\partial y}{\partial x}\right)^2}\,\mathrm{d}z\mathrm{d}x.$$

例 1 求半径为 a 的球的表面积.

解 取上半球面方程为 $z=\sqrt{a^2-x^2-y^2}$，则它在 xOy 面上的投影区域 $D=\{(x,y)\mid x^2+y^2\leqslant a^2\}$.

由
$$\frac{\partial z}{\partial x}=\frac{-x}{\sqrt{a^2-x^2-y^2}},\frac{\partial z}{\partial y}=\frac{-y}{\sqrt{a^2-x^2-y^2}},$$

得
$$\sqrt{1+\left(\frac{\partial z}{\partial x}\right)^2+\left(\frac{\partial z}{\partial y}\right)^2}=\frac{a}{\sqrt{a^2-x^2-y^2}}.$$

因为这函数在闭区域 D 上无界，我们不能直接应用曲面面积公式. 所以先取区域 $D_1=\{(x,y)\mid x^2+y^2\leqslant b^2\}(0<b<a)$ 为积分区域，算出相应于 D_1 上的球面面积 A_1 后，令 $b\to a$ 取 A_1 的极限[①]就得半球面的面积.

$$A_1=\iint\limits_{D_1}\frac{a}{\sqrt{a^2-x^2-y^2}}\mathrm{d}x\mathrm{d}y,$$

利用极坐标，得

$$\begin{aligned}A_1&=\iint\limits_{D_1}\frac{a}{\sqrt{a^2-\rho^2}}\rho\mathrm{d}\rho\mathrm{d}\theta=a\int_0^{2\pi}\mathrm{d}\theta\int_0^b\frac{\rho\mathrm{d}\rho}{\sqrt{a^2-\rho^2}}\\&=2\pi a\int_0^b\frac{\rho\mathrm{d}\rho}{\sqrt{a^2-\rho^2}}=2\pi a(a-\sqrt{a^2-b^2}).\end{aligned}$$

于是
$$\lim_{b\to a}A_1=\lim_{b\to a}2\pi a(a-\sqrt{a^2-b^2})=2\pi a^2.$$

这就是半个球面的面积，因此整个球面的面积为

$$A=4\pi a^2.$$

例 2 设有一颗地球同步轨道通讯卫星，距地面的高度为 $h=36\ 000$ km，运

---

① 这极限就是函数 $\frac{a}{\sqrt{a^2-x^2-y^2}}$ 在闭区域 D 上的所谓反常二重积分.

行的角速度与地球自转的角速度相同.试计算该通讯卫星的覆盖面积与地球表面积的比值(地球半径 $R=6\,400$ km).

解 取地心为坐标原点,地心到通讯卫星中心的连线为 z 轴,建立坐标系,如图 9-40 所示.

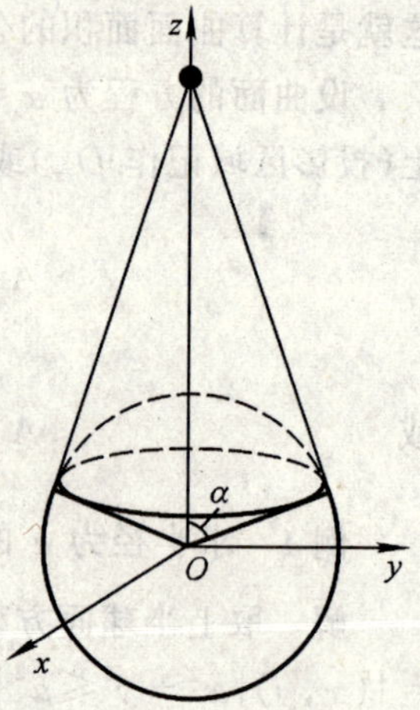

图 9-40

通讯卫星覆盖的曲面 Σ 是上半球面被半顶角为 α 的圆锥面所截得的部分. Σ 的方程为

$$z=\sqrt{R^2-x^2-y^2},x^2+y^2\leqslant R^2\sin^2\alpha.$$

于是通讯卫星的覆盖面积为

$$A=\iint\limits_{D_{xy}}\sqrt{1+\left(\frac{\partial z}{\partial x}\right)^2+\left(\frac{\partial z}{\partial y}\right)^2}\,\mathrm{d}x\mathrm{d}y$$

$$=\iint\limits_{D_{xy}}\frac{R}{\sqrt{R^2-x^2-y^2}}\mathrm{d}x\mathrm{d}y.$$

其中 D_{xy} 是曲面 Σ 在 xOy 面上的投影区域,

$D_{xy}=\{(x,y)\mid x^2+y^2\leqslant R^2\sin^2\alpha\}$.

利用极坐标,得

$$A=\int_0^{2\pi}\mathrm{d}\theta\int_0^{R\sin\alpha}\frac{R}{\sqrt{R^2-\rho^2}}\rho\mathrm{d}\rho=2\pi R\int_0^{R\sin\alpha}\frac{\rho}{\sqrt{R^2-\rho^2}}\mathrm{d}\rho$$

$$=2\pi R^2(1-\cos\alpha).$$

由于 $\cos\alpha=\dfrac{R}{R+h}$,代入上式得

$$A=2\pi R^2\left(1-\frac{R}{R+h}\right)=2\pi R^2\cdot\frac{h}{R+h}.$$

由此得这颗通讯卫星的覆盖面积与地球表面积之比为

$$\frac{A}{4\pi R^2}=\frac{h}{2(R+h)}=\frac{36\cdot10^6}{2(36+6.4)\cdot10^6}\approx42.5\%.$$

由以上结果可知,卫星覆盖了全球三分之一以上的面积,故使用三颗相隔 $\dfrac{2}{3}\pi$ 角度的通讯卫星就可以覆盖几乎地球全部表面.

***利用曲面的参数方程求曲面的面积**

若曲面 S 由参数方程

$$\begin{cases}x=x(u,v),\\y=y(u,v),\\z=z(u,v)\end{cases}\qquad(u,v)\in D$$

给出,其中 D 是一个平面有界闭区域,又 $x(u,v),y(u,v),z(u,v)$ 在 D 上具

有连续的一阶偏导数，且

$$\frac{\partial(x,y)}{\partial(u,v)},\frac{\partial(y,z)}{\partial(u,v)},\frac{\partial(z,x)}{\partial(u,v)}$$

不全为零，则曲面 S 的面积

$$A=\iint_D \sqrt{EG-F^2}\,\mathrm{d}u\mathrm{d}v,$$

其中

$$E=x_u^2+y_u^2+z_u^2,$$
$$F=x_u\cdot x_v+y_u\cdot y_v+z_u\cdot z_v,$$
$$G=x_v^2+y_v^2+z_v^2.$$

下面我们对例 2 用球面的参数方程按上述公式来进行计算.

Σ 的参数方程为

$$\begin{cases}x=R\sin\varphi\cos\theta,\\ y=R\sin\varphi\sin\theta,\\ z=R\cos\varphi,\end{cases}\qquad(\varphi,\theta)\in D_{\varphi\theta}.$$

这里 $D_{\varphi\theta}=\{(\varphi,\theta)\mid 0\leqslant\varphi\leqslant\alpha,0\leqslant\theta\leqslant 2\pi\}$.

由于 $$\sqrt{EG-F^2}=R^2\sin\varphi,$$

于是

$$\begin{aligned}A&=\iint_{D_{\varphi\theta}}\sqrt{EG-F^2}\,\mathrm{d}\varphi\mathrm{d}\theta\\&=\iint_{D_{\varphi\theta}}R^2\sin\varphi\mathrm{d}\varphi\mathrm{d}\theta=R^2\int_0^{2\pi}\mathrm{d}\theta\int_0^{\alpha}\sin\varphi\,\mathrm{d}\varphi.\\&=2\pi R^2(1-\cos\alpha)=2\pi R^2\cdot\frac{h}{R+h}.\end{aligned}$$

二、质心

先讨论平面薄片的质心.

设在 xOy 平面上有 n 个质点，它们分别位于点 $(x_1,y_1),(x_2,y_2),\cdots,(x_n,y_n)$ 处，质量分别为 $m_1,m_2,\cdots,m_n$. 由力学知道，该质点系的质心的坐标为

$$\bar{x}=\frac{M_y}{M}=\frac{\sum_{i=1}^n m_ix_i}{\sum_{i=1}^n m_i},\quad\bar{y}=\frac{M_x}{M}=\frac{\sum_{i=1}^n m_iy_i}{\sum_{i=1}^n m_i},$$

其中 $M=\sum_{i=1}^n m_i$ 为该质点系的总质量，

$$M_y=\sum_{i=1}^{n} m_i x_i, M_x=\sum_{i=1}^{n} m_i y_i,$$

分别为该质点系对 y 轴和 x 轴的静矩.

设有一平面薄片，占有 xOy 面上的闭区域 D，在点 (x,y) 处的面密度为 $\mu(x,y)$，假定 $\mu(x,y)$ 在 D 上连续.现在要找该薄片的质心的坐标.

在闭区域 D 上任取一直径很小的闭区域 $\mathrm{d}\sigma$（这小闭区域的面积也记作 $\mathrm{d}\sigma$），(x,y) 是这小闭区域上的一个点.由于 $\mathrm{d}\sigma$ 的直径很小，且 $\mu(x,y)$ 在 D 上连续，所以薄片中相应于 $\mathrm{d}\sigma$ 的部分的质量近似等于 $\mu(x,y)\mathrm{d}\sigma$，这部分质量可近似看作集中在点 (x,y) 上，于是可写出静矩元素 $\mathrm{d}M_y$ 及 $\mathrm{d}M_x$：

$$\mathrm{d}M_y=x\mu(x,y)\mathrm{d}\sigma, \mathrm{d}M_x=y\mu(x,y)\mathrm{d}\sigma.$$

以这些元素为被积表达式，在闭区域 D 上积分，便得

$$M_y=\iint\limits_D x\mu(x,y)\mathrm{d}\sigma, M_x=\iint\limits_D y\mu(x,y)\mathrm{d}\sigma.$$

又由第一节知道，薄片的质量为

$$M=\iint\limits_D \mu(x,y)\mathrm{d}\sigma.$$

所以，薄片的质心的坐标为

$$\bar{x}=\frac{M_y}{M}=\frac{\iint\limits_D x\mu(x,y)\mathrm{d}\sigma}{\iint\limits_D \mu(x,y)\mathrm{d}\sigma}, \bar{y}=\frac{M_x}{M}=\frac{\iint\limits_D y\mu(x,y)\mathrm{d}\sigma}{\iint\limits_D \mu(x,y)\mathrm{d}\sigma}.$$

如果薄片是均匀的，即面密度为常量，则上式中可把 μ 提到积分记号外面并从分子、分母中约去，这样便得均匀薄片的质心的坐标为

$$\bar{x}=\frac{1}{A}\iint\limits_D x\mathrm{d}\sigma, \quad \bar{y}=\frac{1}{A}\iint\limits_D y\mathrm{d}\sigma, \tag{1}$$

其中 $A=\iint\limits_D \mathrm{d}\sigma$ 为闭区域 D 的面积.这时薄片的质心完全由闭区域 D 的形状所决定.我们把均匀平面薄片的质心叫做这平面薄片所占的平面图形的形心.因此，平面图形 D 的形心的坐标，就可用公式(1)计算

例 3 求位于两圆 $\rho=2\sin\theta$ 和 $\rho=4\sin\theta$ 之间的均匀薄片的质心(图9-41).

解 因为闭区域 D 对称于 y 轴，所以质心 $C(\bar{x},\bar{y})$ 必位于 y 轴上，于是 $\bar{x}=0$.

再按公式

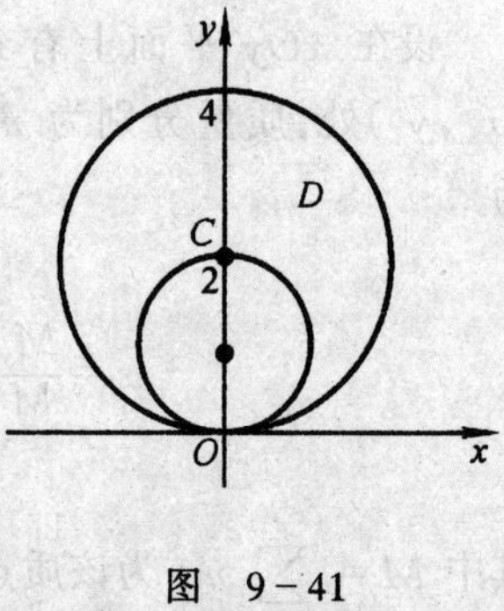

图 9-41

$$\bar{y}=\frac{1}{A}\iint_D y\mathrm{d}\sigma$$

计算 $\bar{y}$. 由于闭区域 D 位于半径为 1 与半径为 2 的两圆之间,所以它的面积等于这两个圆的面积之差,即 $A=3\pi$. 再利用极坐标计算积分:

$$\iint_D y\mathrm{d}\sigma=\iint_D \rho^2\sin\theta\mathrm{d}\rho\mathrm{d}\theta=\int_0^{\pi}\sin\theta\mathrm{d}\theta\int_{2\sin\theta}^{4\sin\theta}\rho^2\mathrm{d}\rho=\frac{56}{3}\int_0^{\pi}\sin^4\theta\mathrm{d}\theta=7\pi.$$

因此 $\qquad \bar{y}=\dfrac{7\pi}{3\pi}=\dfrac{7}{3},$

所求质心是 $C\left(0,\dfrac{7}{3}\right)$.

类似地,占有空间有界闭区域 Ω、在点 (x,y,z) 处的密度为 $\rho(x,y,z)$(假定 $\rho(x,y,z)$ 在 Ω 上连续)的物体的质心坐标是

$$\bar{x}=\frac{1}{M}\iiint_{\Omega}x\rho(x,y,z)\mathrm{d}v,\bar{y}=\frac{1}{M}\iiint_{\Omega}y\rho(x,y,z)\mathrm{d}v,\bar{z}=\frac{1}{M}\iiint_{\Omega}z\rho(x,y,z)\mathrm{d}v,$$

其中 $M=\iiint_{\Omega}\rho(x,y,z)\mathrm{d}v$.

例 4 求均匀半球体的质心.

解 取半球体的对称轴为 z 轴,原点取在球心上,又设球半径为 a,则半球体所占空间闭区域

$$\Omega=\{(x,y,z)\mid x^2+y^2+z^2\leqslant a^2,z\geqslant 0\}.$$

显然,质心在 z 轴上,故 $\bar{x}=\bar{y}=0$.

$$\bar{z}=\frac{1}{M}\iiint_{\Omega}z\rho\mathrm{d}v=\frac{1}{V}\iiint_{\Omega}z\mathrm{d}v,$$

其中 $V=\dfrac{2}{3}\pi a^3$ 为半球体的体积.

$$\iiint_{\Omega}z\mathrm{d}v=\iiint_{\Omega}r\cos\varphi\cdot r^2\sin\varphi\mathrm{d}r\mathrm{d}\varphi\mathrm{d}\theta=\int_0^{2\pi}\mathrm{d}\theta\int_0^{\frac{\pi}{2}}\cos\varphi\sin\varphi\mathrm{d}\varphi\int_0^a r^3\mathrm{d}r$$

$$=2\pi\cdot\left[\frac{\sin^2\varphi}{2}\right]_0^{\frac{\pi}{2}}\cdot\frac{a^4}{4}=\frac{\pi a^4}{4}.$$

因此,$\bar{z}=\dfrac{3}{8}a$,质心为 $\left(0,0,\dfrac{3}{8}a\right)$.

三、转动惯量

先讨论平面薄片的转动惯量.

设在 xOy 平面上有 n 个质点,它们分别位于点 $(x_1,y_1),(x_2,y_2),\cdots,(x_n,y_n)$ 处,质量分别为 $m_1,m_2,\cdots,m_n$. 由力学知道,该质点系对于 x 轴以及对于 y

轴的转动惯量依次为：

$$I_x = \sum_{i=1}^{n} y_i^2 m_i ; I_y = \sum_{i=1}^{n} x_i^2 m_i .$$

设有一薄片，占有 xOy 面上的闭区域 D，在点 (x, y) 处的面密度为 $\mu(x,y)$，假定 $\mu(x,y)$ 在 D 上连续. 现在要求该薄片对于 x 轴的转动惯量 I_x 以及对于 y 轴的转动惯量 I_y.

应用元素法. 在闭区域 D 上任取一直径很小的闭区域 $\mathrm{d}\sigma$（这小闭区域的面积也记作 $\mathrm{d}\sigma$），(x, y) 是这小闭区域上的一个点. 因为 $\mathrm{d}\sigma$ 的直径很小，且 $\mu(x,y)$ 在 D 上连续，所以薄片中相应于 $\mathrm{d}\sigma$ 部分的质量近似等于 $\mu(x,y)\mathrm{d}\sigma$，这部分质量可近似看作集中在点 (x,y) 上，于是可写出薄片对于 x 轴以及对于 y 轴的转动惯量元素：

$$\mathrm{d}I_x = y^2 \mu(x,y)\mathrm{d}\sigma, \mathrm{d}I_y = x^2 \mu(x,y)\mathrm{d}\sigma.$$

以这些元素为被积表达式，在闭区域 D 上积分，便得

$$I_x = \iint_D y^2 \mu(x,y)\mathrm{d}\sigma, I_y = \iint_D x^2 \mu(x,y)\mathrm{d}\sigma.$$

例 5 求半径为 a 的均匀半圆薄片（面密度为常量 μ）对于其直径边的转动惯量.

解 取坐标系如图 9-42 所示，则薄片所占闭区域

$$D = \{(x,y) \mid x^2 + y^2 \leqslant a^2, y \geqslant 0\},$$

而所求转动惯量即半圆薄片对于 x 轴的转动惯量 I_x.

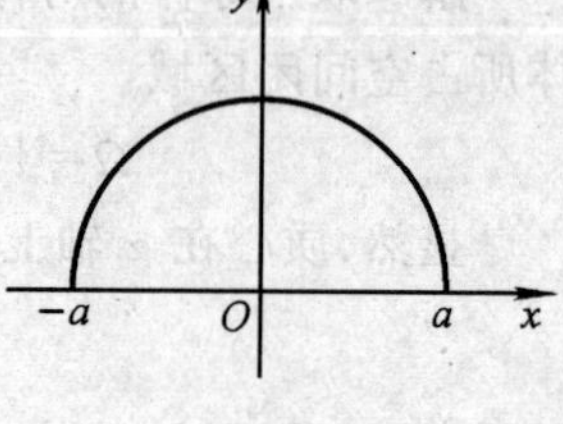

图 9-42

$$\begin{aligned} I_x &= \iint_D \mu y^2 \mathrm{d}\sigma = \mu \iint_D \rho^3 \sin^2\theta \mathrm{d}\rho \mathrm{d}\theta \\ &= \mu \int_0^{\pi} \mathrm{d}\theta \int_0^a \rho^3 \sin^2\theta \mathrm{d}\rho = \mu \cdot \frac{a^4}{4} \int_0^{\pi} \sin^2\theta \mathrm{d}\theta \\ &= \frac{1}{4}\mu a^4 \cdot \frac{\pi}{2} = \frac{1}{4} M a^2, \end{aligned}$$

其中 $M = \frac{1}{2}\pi a^2 \mu$ 为半圆薄片的质量.

类似地，占有空间有界闭区域 Ω、在点 (x, y, z) 处的密度为 $\rho(x, y, z)$（假定 $\rho(x,y,z)$ 在 Ω 上连续）的物体对于 x、y、z 轴的转动惯量为

$$I_x = \iiint_{\Omega} (y^2 + z^2)\rho(x,y,z)\mathrm{d}v,$$

$$I_y = \iiint_{\Omega} (z^2 + x^2)\rho(x,y,z)\mathrm{d}v,$$

$$I_z = \iiint_{\Omega} (x^2 + y^2)\rho(x,y,z)\mathrm{d}v.$$

例 6 求密度为 ρ 的均匀球体对于过球心的一条轴 l 的转动惯量.

解 取球心为坐标原点, z 轴与轴 l 重合, 又设球的半径为 a, 则球体所占空间闭区域

$$\Omega = \{(x,y,z) \mid x^2 + y^2 + z^2 \leqslant a^2\}.$$

所求转动惯量即球体对于 z 轴的转动惯量为

$$\begin{aligned}
I_z &= \iiint_{\Omega} (x^2 + y^2)\rho\mathrm{d}v \\
&= \rho \iiint_{\Omega} (r^2\sin^2\varphi\cos^2\theta + r^2\sin^2\varphi\sin^2\theta) r^2\sin\varphi\mathrm{d}r\mathrm{d}\varphi\mathrm{d}\theta \\
&= \rho \iiint_{\Omega} r^4\sin^3\varphi\mathrm{d}r\mathrm{d}\varphi\mathrm{d}\theta = \rho\int_0^{2\pi}\mathrm{d}\theta\int_0^{\pi}\sin^3\varphi\mathrm{d}\varphi\int_0^a r^4\mathrm{d}r \\
&= \rho\cdot 2\pi\cdot\frac{a^5}{5}\int_0^{\pi}\sin^3\varphi\mathrm{d}\varphi \\
&= \frac{2}{5}\pi a^5\rho\cdot\frac{4}{3} = \frac{2}{5}a^2 M,
\end{aligned}$$

其中 $M = \frac{4}{3}\pi a^3\rho$ 为球体的质量.

四、引力

现在, 我们来讨论空间一物体对于物体外一点 $P_0(x_0,y_0,z_0)$ 处的单位质量的质点的引力问题.

设物体占有空间有界闭区域 Ω, 它在点 (x,y,z) 处的密度为 $\rho(x,y,z)$, 并假定 $\rho(x,y,z)$ 在 Ω 上连续. 在物体内任取一直径很小的闭区域 $\mathrm{d}v$ (这闭区域的体积也记作 $\mathrm{d}v$), (x,y,z) 为这一小块中的一点. 把这一小块物体的质量 $\rho\mathrm{d}v$ 近似地看作集中在点 (x,y,z) 处. 于是按两质点间的引力公式, 可得这一小块物体对位于 $P_0(x_0,y_0,z_0)$ 处的单位质量的质点的引力近似地为

$$\begin{aligned}
\mathrm{d}\boldsymbol{F} &= (\mathrm{d}F_x, \mathrm{d}F_y, \mathrm{d}F_z) \\
&= \left(G\frac{\rho(x,y,z)(x-x_0)}{r^3}\mathrm{d}v, G\frac{\rho(x,y,z)(y-y_0)}{r^3}\mathrm{d}v,\right. \\
&\qquad \left. G\frac{\rho(x,y,z)(z-z_0)}{r^3}\mathrm{d}v\right),
\end{aligned}$$

其中 $\mathrm{d}F_x$, $\mathrm{d}F_y$, $\mathrm{d}F_z$ 为引力元素 $\mathrm{d}\boldsymbol{F}$ 在三个坐标轴上的分量, $r = \sqrt{(x-x_0)^2 + (y-y_0)^2 + (z-z_0)^2}$, G 为引力常数. 将 $\mathrm{d}F_x$, $\mathrm{d}F_y$, $\mathrm{d}F_z$ 在 Ω 上分别积分, 即得

$$\begin{aligned}\boldsymbol{F}&=(F_x,F_y,F_z)\\&=\left(\iiint\limits_{\Omega}\frac{G\rho(x,y,z)(x-x_0)}{r^3}\mathrm{d}v,\iiint\limits_{\Omega}\frac{G\rho(x,y,z)(y-y_0)}{r^3}\mathrm{d}v,\right.\\&\qquad\left.\iiint\limits_{\Omega}\frac{G\rho(x,y,z)(z-z_0)}{r^3}\mathrm{d}v\right).\end{aligned}$$

如果我们考虑平面薄片对薄片外一点 $P_0(x_0,y_0,z_0)$处的单位质量的质点的引力,设平面薄片占有 xOy 平面上的有界闭区域D,其面密度为 $\mu(x,y)$,那么只要将上式中的密度 $\rho(x,y,z)$换成面密度 $\mu(x,y)$,将 Ω 上的三重积分换成D 上的二重积分,就可得到相应的计算公式.

例 7 设半径为 R 的匀质球占有空间闭区域$\Omega=\{(x,y,z)\mid x^2+y^2+z^2\leqslant R^2\}$.求它对位于 $M_0(0,0,a)(a>R)$处的单位质量的质点的引力.

解 设球的密度为 ρ_0,由球体的对称性及质量分布的均匀性知 $F_x=F_y=0$,所求引力沿 z 轴的分量为

$$\begin{aligned}F_z&=\iiint\limits_{\Omega}G\rho_0\frac{z-a}{[x^2+y^2+(z-a)^2]^{\frac{3}{2}}}\mathrm{d}v\\&=G\rho_0\int_{-R}^{R}(z-a)\mathrm{d}z\iint\limits_{x^2+y^2\leqslant R^2-z^2}\frac{\mathrm{d}x\mathrm{d}y}{[x^2+y^2+(z-a)^2]^{\frac{3}{2}}}\\&=G\rho_0\int_{-R}^{R}(z-a)\mathrm{d}z\int_0^{2\pi}\mathrm{d}\theta\int_0^{\sqrt{R^2-z^2}}\frac{\rho\mathrm{d}\rho}{[\rho^2+(z-a)^2]^{\frac{3}{2}}}\\&=2\pi G\rho_0\int_{-R}^{R}(z-a)\left(\frac{1}{a-z}-\frac{1}{\sqrt{R^2-2az+a^2}}\right)\mathrm{d}z\\&=2\pi G\rho_0\left[-2R+\frac{1}{a}\int_{-R}^{R}(z-a)\mathrm{d}\sqrt{R^2-2az+a^2}\right]\\&=2\pi G\rho_0\left(-2R+2R-\frac{2R^3}{3a^2}\right)\\&=-G\cdot\frac{4\pi R^3}{3}\rho_0\cdot\frac{1}{a^2}=-G\frac{M}{a^2},\end{aligned}$$

其中 $M=\dfrac{4\pi R^3}{3}\rho_0$ 为球的质量.上述结果表明:匀质球对球外一质点的引力如同球的质量集中于球心时两质点间的引力.

习 题 9-4

1. 求球面 $x^2+y^2+z^2=a^2$ 含在圆柱面 $x^2+y^2=ax$ 内部的那部分面积.
2. 求锥面 $z=\sqrt{x^2+y^2}$被柱面 $z^2=2x$ 所割下部分的曲面面积.
3. 求底圆半径相等的两个直交圆柱面 $x^2+y^2=R^2$ 及 $x^2+z^2=R^2$ 所围立体的表面

积.

4. 设薄片所占的闭区域 D 如下,求均匀薄片的质心:

(1) D 由 $y=\sqrt{2px}$, $x=x_0$, $y=0$ 所围成;

(2) D 是半椭圆形闭区域 $\left\{(x,y)\mid \dfrac{x^2}{a^2}+\dfrac{y^2}{b^2}\leqslant 1, y\geqslant 0\right\}$;

(3) D 是介于两个圆 $\rho=a\cos\theta$, $\rho=b\cos\theta(0<a<b)$ 之间的闭区域.

5. 设平面薄片所占的闭区域 D 由抛物线 $y=x^2$ 及直线 $y=x$ 所围成,它在点 (x,y) 处的面密度 $\mu(x,y)=x^2y$,求该薄片的质心.

6. 设有一等腰直角三角形薄片,腰长为 a,各点处的面密度等于该点到直角顶点的距离的平方,求这薄片的质心.

7. 利用三重积分计算下列由曲面所围立体的质心(设密度 $\rho=1$):

(1) $z^2=x^2+y^2$, $z=1$;

(2) $z=\sqrt{A^2-x^2-y^2}$, $z=\sqrt{a^2-x^2-y^2}(A>a>0)$, $z=0$;

(3) $z=x^2+y^2$, $x+y=a$, $x=0$, $y=0$, $z=0$.

8. 设球体占有闭区域 $\Omega=\{(x,y,z)\mid x^2+y^2+z^2\leqslant 2Rz\}$,它在内部各点处的密度的大小等于该点到坐标原点的距离的平方.试求这球体的质心.

9. 设均匀薄片(面密度为常数 1)所占闭区域 D 如下,求指定的转动惯量:

(1) $D=\left\{(x,y)\mid \dfrac{x^2}{a^2}+\dfrac{y^2}{b^2}\leqslant 1\right\}$,求 I_y;

(2) D 由抛物线 $y^2=\dfrac{9}{2}x$ 与直线 $x=2$ 所围成,求 I_x 和 I_y;

(3) D 为矩形闭区域 $\{(x,y)\mid 0\leqslant x\leqslant a, 0\leqslant y\leqslant b\}$,求 I_x 和 I_y.

10. 已知均匀矩形板(面密度为常量 μ)的长和宽分别为 b 和 h,计算此矩形板对于通过其形心且分别与一边平行的两轴的转动惯量.

11. 一均匀物体(密度 ρ 为常量)占有的闭区域 Ω 由曲面 $z=x^2+y^2$ 和平面 $z=0$, $|x|=a$, $|y|=a$ 所围成,

(1) 求物体的体积;

(2) 求物体的质心;

(3) 求物体关于 z 轴的转动惯量.

12. 求半径为 a、高为 h 的均匀圆柱体对于过中心而平行于母线的轴的转动惯量(设密度 $\rho=1$).

13. 设面密度为常量 μ 的匀质半圆环形薄片占有闭区域 $D=\{(x,y,0)\mid R_1\leqslant\sqrt{x^2+y^2}\leqslant R_2, x\geqslant 0\}$,求它对位于 z 轴上点 $M_0(0,0,a)(a>0)$ 处单位质量的质点的引力 F.

14. 设均匀柱体密度为 ρ,占有闭区域 $\Omega=\{(x,y,z)\mid x^2+y^2\leqslant R^2, 0\leqslant z\leqslant h\}$,求它对于位于点 $M_0(0,0,a)(a>h)$ 处的单位质量的质点的引力.

*第五节　含参变量的积分

设 $f(x,y)$ 是矩形(闭区域) $R=[a,b]\times[\alpha,\beta]$ 上的连续函数.在 $[a,b]$ 上

任意取定 x 的一个值，于是 $f(x,y)$ 是变量 y 在 $[\alpha,\beta]$ 上的一个一元连续函数，从而积分

$$\int_{\alpha}^{\beta} f(x,y)\mathrm{d}y$$

存在，这个积分的值依赖于取定的 x 值. 当 x 的值改变时，一般说来这个积分的值也跟着改变. 这个积分确定一个定义在 $[a,b]$ 上的 x 的函数，我们把它记作 $\varphi(x)$，即

$$\varphi(x)=\int_{\alpha}^{\beta} f(x,y)\mathrm{d}y \quad (a\leqslant x\leqslant b). \tag{1}$$

这里变量 x 在积分过程中是一个常量，通常称它为参变量，因此(1)式右端是一个含参变量 x 的积分，这积分确定 x 的一个函数 $\varphi(x)$，下面讨论关于 $\varphi(x)$ 的一些性质.

定理 1　如果函数 $f(x,y)$ 在矩形 $R=[a,b]\times[\alpha,\beta]$ 上连续，那么由积分(1)确定的函数 $\varphi(x)$ 在 $[a,b]$ 上也连续.

证　设 x 和 $x+\Delta x$ 是 $[a,b]$ 上的两点，则

$$\varphi(x+\Delta x)-\varphi(x)=\int_{\alpha}^{\beta}[f(x+\Delta x,y)-f(x,y)]\mathrm{d}y. \tag{2}$$

由于 $f(x,y)$ 在闭区域 R 上连续，从而一致连续. 因此对于任意取定的 $\varepsilon>0$，存在 $\delta>0$，使得对于 R 内的任意两点 (x_1,y_1) 及 (x_2,y_2)，只要它们之间的距离小于 δ，即

$$\sqrt{(x_2-x_1)^2+(y_2-y_1)^2}<\delta,$$

就有

$$|f(x_2,y_2)-f(x_1,y_1)|<\varepsilon.$$

因为点 $(x+\Delta x,y)$ 与 (x,y) 的距离等于 $|\Delta x|$，所以当 $|\Delta x|<\delta$ 时，就有

$$|f(x+\Delta x,y)-f(x,y)|<\varepsilon$$

于是由(2)式有

$$\begin{aligned}&|\varphi(x+\Delta x)-\varphi(x)|\\ \leqslant&\int_{\alpha}^{\beta}|f(x+\Delta x,y)-f(x,y)|\mathrm{d}y<\varepsilon(\beta-\alpha).\end{aligned}$$

所以 $\varphi(x)$ 在 $[a,b]$ 上连续.

既然函数 $\varphi(x)$ 在 $[a,b]$ 上连续，那么它在 $[a,b]$ 上的积分存在，这个积分可以写为

$$\int_a^b \varphi(x)\mathrm{d}x=\int_a^b\left[\int_{\alpha}^{\beta} f(x,y)\mathrm{d}y\right]\mathrm{d}x=\int_a^b\mathrm{d}x\int_{\alpha}^{\beta} f(x,y)\mathrm{d}y.$$

右端积分是函数 $f(x,y)$ 先对 y 后对 x 的二次积分. 当 $f(x,y)$ 在矩形 R 上连

续时，$f(x,y)$在 R 上的二重积分$\iint\limits_R f(x,y)\mathrm{d}x\mathrm{d}y$是存在的，这个二重积分化为二次积分来计算时，如果先对 y 后对 x 积分，就是上面的这个二次积分．但二重积分$\iint\limits_R f(x,y)\mathrm{d}x\mathrm{d}y$也可化为先对 x 后对 y 的二次积分 $\int_\alpha^\beta\left[\int_a^b f(x,y)\mathrm{d}x\right]\mathrm{d}y$，因此有下面的定理 2．

定理 2　如果函数 $f(x,y)$在矩形 $R=[a,b]\times[\alpha,\beta]$上连续，则

$$\int_a^b\left[\int_\alpha^\beta f(x,y)\mathrm{d}y\right]\mathrm{d}x=\int_\alpha^\beta\left[\int_a^b f(x,y)\mathrm{d}x\right]\mathrm{d}y. \tag{3}$$

公式(3)也可写成

$$\int_a^b\mathrm{d}x\int_\alpha^\beta f(x,y)\mathrm{d}y=\int_\alpha^\beta\mathrm{d}y\int_a^b f(x,y)\mathrm{d}x. \tag{3'}$$

下面考虑由积分(1)确定的函数 $\varphi(x)$的微分问题．

定理 3　如果函数 $f(x,y)$及其偏导数$\dfrac{\partial f(x,y)}{\partial x}$都在矩形 $R=[a,b]\times[\alpha,\beta]$上连续，那么由积分(1)确定的函数 $\varphi(x)$在$[a,b]$上可微分，并且

$$\varphi'(x)=\frac{\mathrm{d}}{\mathrm{d}x}\int_\alpha^\beta f(x,y)\mathrm{d}y=\int_\alpha^\beta\frac{\partial f(x,y)}{\partial x}\mathrm{d}y. \tag{4}$$

证　因为 $\varphi'(x)=\lim\limits_{\Delta x\to0}\dfrac{\varphi(x+\Delta x)-\varphi(x)}{\Delta x}$，为了求 $\varphi'(x)$，先利用公式(2)作出增量之比

$$\frac{\varphi(x+\Delta x)-\varphi(x)}{\Delta x}=\int_\alpha^\beta\frac{f(x+\Delta x,y)-f(x,y)}{\Delta x}\mathrm{d}y. \tag{5}$$

由拉格朗日中值定理，以及$\dfrac{\partial f}{\partial x}$的一致连续性，我们有

$$\begin{aligned}\frac{f(x+\Delta x,y)-f(x,y)}{\Delta x}&=\frac{\partial f(x+\theta\Delta x,y)}{\partial x}\\&=\frac{\partial f(x,y)}{\partial x}+\eta(x,y,\Delta x),\end{aligned} \tag{6}$$

其中 $0<\theta<1$，$|\eta|$可小于任意给定的正数 ε，只要$|\Delta x|$小于某个正数 δ．因此

$$\left|\int_\alpha^\beta\eta(x,y,\Delta x)\mathrm{d}y\right|<\int_\alpha^\beta\varepsilon\mathrm{d}y=\varepsilon(\beta-\alpha)\quad(|\Delta x|<\delta),$$

这就是说

$$\lim_{\Delta x\to0}\int_\alpha^\beta\eta(x,y,\Delta x)\mathrm{d}y=0.$$

由(5)及(6)有

$$\frac{\varphi(x+\Delta x)-\varphi(x)}{\Delta x}=\int_\alpha^\beta\frac{\partial f(x,y)}{\partial x}\mathrm{d}y+\int_\alpha^\beta\eta(x,y,\Delta x)\mathrm{d}y,$$

令 $\Delta x\to0$ 取上式的极限，即得公式(4)．

在积分(1)中积分限 α 与 β 都是常数. 但在实际应用中还会遇到对于参变量 x 的不同的值,积分限也不同的情形,这时积分限也是参变量 x 的函数. 这样,积分

$$\Phi(x)=\int_{\alpha(x)}^{\beta(x)} f(x,y)\mathrm{d}y \tag{7}$$

也是参变量 x 的函数. 下面我们考虑这种更为广泛地依赖于参变量的积分的某些性质.

定理 4 **如果函数 $f(x,y)$ 在矩形 $R=[a,b]\times[\alpha,\beta]$ 上连续,函数 $\alpha(x)$ 与 $\beta(x)$ 在区间 $[a,b]$ 上连续,且**

$$\alpha\leqslant\alpha(x)\leqslant\beta,\alpha\leqslant\beta(x)\leqslant\beta\quad(a\leqslant x\leqslant b),$$

则由积分(7)确定的函数 $\Phi(x)$ 在 $[a,b]$ 上也连续.

证 设 x 和 $x+\Delta x$ 是 $[a,b]$ 上的两点,则

$$\begin{aligned}&\Phi(x+\Delta x)-\Phi(x)\\&=\int_{\alpha(x+\Delta x)}^{\beta(x+\Delta x)} f(x+\Delta x,y)\mathrm{d}y-\int_{\alpha(x)}^{\beta(x)} f(x,y)\mathrm{d}y.\end{aligned}$$

因为 $\displaystyle\int_{\alpha(x+\Delta x)}^{\beta(x+\Delta x)} f(x+\Delta x,y)\mathrm{d}y$

$$=\int_{\alpha(x+\Delta x)}^{\alpha(x)} f(x+\Delta x,y)\mathrm{d}y+\int_{\alpha(x)}^{\beta(x)} f(x+\Delta x,y)\mathrm{d}y+\int_{\beta(x)}^{\beta(x+\Delta x)} f(x+\Delta x,y)\mathrm{d}y,$$

所以 $\displaystyle\Phi(x+\Delta x)-\Phi(x)=\int_{\alpha(x+\Delta x)}^{\alpha(x)} f(x+\Delta x,y)\mathrm{d}y$

$$+\int_{\beta(x)}^{\beta(x+\Delta x)} f(x+\Delta x,y)\mathrm{d}y+\int_{\alpha(x)}^{\beta(x)}[f(x+\Delta x,y)-f(x,y)]\mathrm{d}y. \tag{8}$$

当 $\Delta x\to 0$ 时,上式右端最后一个积分的积分限不变,根据证明定理 1 时同样的理由,这个积分趋于零. 又

$$\left|\int_{\alpha(x+\Delta x)}^{\alpha(x)} f(x+\Delta x,y)\mathrm{d}y\right|\leqslant M|\alpha(x+\Delta x)-\alpha(x)|,$$

$$\left|\int_{\beta(x)}^{\beta(x+\Delta x)} f(x+\Delta x,y)\mathrm{d}y\right|\leqslant M|\beta(x+\Delta x)-\beta(x)|,$$

其中 M 是 $|f(x,y)|$ 在矩形 R 上的最大值. 根据 $\alpha(x)$ 与 $\beta(x)$ 在 $[a,b]$ 上连续的假定,由以上两式可见,当 $\Delta x\to 0$ 时,(8)式右端的前两个积分都趋于零. 于是,当 $\Delta x\to 0$ 时,

$$\Phi(x+\Delta x)-\Phi(x)\to 0\quad(a\leqslant x\leqslant b),$$

所以函数 $\Phi(x)$ 在 $[a,b]$ 上连续.

关于函数 $\Phi(x)$ 的微分,有下列定理.

定理 5 **如果函数 $f(x,y)$ 及其偏导数 $\dfrac{\partial f(x,y)}{\partial x}$ 都在矩形 $R=[a,b]\times$**

$[\alpha,\beta]$**上连续,函数** $\alpha(x)$ **与** $\beta(x)$ **都在区间** $[a,b]$ **上可微,且**

$$\alpha\leqslant\alpha(x)\leqslant\beta,\alpha\leqslant\beta(x)\leqslant\beta\quad(a\leqslant x\leqslant b),$$

则由积分(7)确定的函数 $\Phi(x)$ **在** $[a,b]$ **上可微,且**

$$\Phi'(x)=\frac{\mathrm{d}}{\mathrm{d}x}\int_{\alpha(x)}^{\beta(x)}f(x,y)\mathrm{d}y$$

$$=\int_{\alpha(x)}^{\beta(x)}\frac{\partial f(x,y)}{\partial x}\mathrm{d}y+f[x,\beta(x)]\beta'(x)-f[x,\alpha(x)]\alpha'(x).\quad(9)$$

证 由(8)式有

$$\frac{\Phi(x+\Delta x)-\Phi(x)}{\Delta x}=\int_{\alpha(x)}^{\beta(x)}\frac{f(x+\Delta x,y)-f(x,y)}{\Delta x}\mathrm{d}y$$

$$+\frac{1}{\Delta x}\int_{\beta(x)}^{\beta(x+\Delta x)}f(x+\Delta x,y)\mathrm{d}y-\frac{1}{\Delta x}\int_{\alpha(x)}^{\alpha(x+\Delta x)}f(x+\Delta x,y)\mathrm{d}y.\quad(10)$$

当 $\Delta x\to0$ 时,上式右端的第一个积分的积分限不变,根据证明定理 3 时同样的理由,有

$$\int_{\alpha(x)}^{\beta(x)}\frac{f(x+\Delta x,y)-f(x,y)}{\Delta x}\mathrm{d}y\to\int_{\alpha(x)}^{\beta(x)}\frac{\partial f(x,y)}{\partial x}\mathrm{d}y.$$

对于(10)式右端的第二项,应用积分中值定理得

$$\frac{1}{\Delta x}\int_{\beta(x)}^{\beta(x+\Delta x)}f(x+\Delta x,y)\mathrm{d}y=\frac{1}{\Delta x}[\beta(x+\Delta x)-\beta(x)]f(x+\Delta x,\eta),$$

其中 η 在 $\beta(x)$ 与 $\beta(x+\Delta x)$ 之间.当 $\Delta x\to0$ 时,

$$\frac{1}{\Delta x}[\beta(x+\Delta x)-\beta(x)]\to\beta'(x),f(x+\Delta x,\eta)\to f[x,\beta(x)].$$

于是 $\displaystyle\frac{1}{\Delta x}\int_{\beta(x)}^{\beta(x+\Delta x)}f(x+\Delta x,y)\mathrm{d}y\to f[x,\beta(x)]\beta'(x).$

类似地可证,当 $\Delta x\to0$ 时,

$$\frac{1}{\Delta x}\int_{\alpha(x)}^{\alpha(x+\Delta x)}f(x+\Delta x,y)\mathrm{d}y\to f[x,\alpha(x)]\alpha'(x).$$

因此,令 $\Delta x\to0$,取(10)式的极限便得公式(9).

公式(9)称为莱布尼茨公式.

例 1 设 $\Phi(x)=\displaystyle\int_x^{x^2}\frac{\sin(xy)}{y}\mathrm{d}y$,求 $\Phi'(x)$.

解 应用莱布尼茨公式,得

$$\Phi'(x)=\int_x^{x^2}\cos(xy)\mathrm{d}y+\frac{\sin x^3}{x^2}\cdot2x-\frac{\sin x^2}{x}\cdot1$$

$$=\left[\frac{\sin(xy)}{x}\right]_x^{x^2}+\frac{2\sin x^3}{x}-\frac{\sin x^2}{x}=\frac{3\sin x^3-2\sin x^2}{x}.$$

例 2 求 $I=\int_0^1 \frac{x^b-x^a}{\ln x}\mathrm{d}x \quad (0<a<b)$.

解 因为

$$\int_a^b x^y \mathrm{d}y=\left[\frac{x^y}{\ln x}\right]_a^b=\frac{x^b-x^a}{\ln x},$$

所以
$$I=\int_0^1 \mathrm{d}x\int_a^b x^y \mathrm{d}y.$$

这里函数 $f(x,y)=x^y$ 在矩形 $R=[0,1]\times[a,b]$ 上连续,根据定理 2,可交换积分次序,由此有

$$I=\int_a^b \mathrm{d}y\int_0^1 x^y\mathrm{d}x=\int_a^b\left[\frac{x^{y+1}}{y+1}\right]_0^1\mathrm{d}y=\int_a^b\frac{1}{y+1}\mathrm{d}y=\ln\frac{b+1}{a+1}.$$

例 3 计算定积分 $I=\int_0^1\frac{\ln(1+x)}{1+x^2}\mathrm{d}x$.

解 考虑含参变量 α 的积分所确定的函数

$$\varphi(\alpha)=\int_0^1\frac{\ln(1+\alpha x)}{1+x^2}\mathrm{d}x.$$

显然,$\varphi(0)=0$,$\varphi(1)=I$. 根据公式(4)得

$$\varphi'(\alpha)=\int_0^1\frac{x}{(1+\alpha x)(1+x^2)}\mathrm{d}x.$$

把被积函数分解为部分分式,得到

$$\frac{x}{(1+\alpha x)(1+x^2)}=\frac{1}{1+\alpha^2}\left[\frac{-\alpha}{1+\alpha x}+\frac{x}{1+x^2}+\frac{\alpha}{1+x^2}\right].$$

于是

$$\begin{aligned}\varphi'(\alpha)&=\frac{1}{1+\alpha^2}\left[\int_0^1\frac{-\alpha\mathrm{d}x}{1+\alpha x}+\int_0^1\frac{x\mathrm{d}x}{1+x^2}+\int_0^1\frac{\alpha\mathrm{d}x}{1+x^2}\right]\\&=\frac{1}{1+\alpha^2}\left[-\ln(1+\alpha)+\frac{1}{2}\ln 2+\alpha\cdot\frac{\pi}{4}\right],\end{aligned}$$

上式在$[0,1]$上对 α 积分,得到

$$\begin{aligned}&\varphi(1)-\varphi(0)\\&\quad=-\int_0^1\frac{\ln(1+\alpha)}{1+\alpha^2}\mathrm{d}\alpha\\&\qquad+\frac{1}{2}\ln 2\int_0^1\frac{\mathrm{d}\alpha}{1+\alpha^2}+\frac{\pi}{4}\int_0^1\frac{\alpha}{1+\alpha^2}\mathrm{d}\alpha,\end{aligned}$$

即
$$I=-I+\frac{\ln 2}{2}\cdot\frac{\pi}{4}+\frac{\pi}{4}\cdot\frac{\ln 2}{2}=-I+\frac{\pi}{4}\ln 2.$$

从而
$$I=\frac{\pi}{8}\ln 2.$$

*习 题 9-5

1. 求下列含参变量的积分所确定的函数的极限：

(1) $\lim\limits_{x\to 0}\int_{x}^{1+x}\dfrac{\mathrm{d}y}{1+x^2+y^2}$； (2) $\lim\limits_{x\to 0}\int_{-1}^{1}\sqrt{x^2+y^2}\,\mathrm{d}y$；

(3) $\lim\limits_{x\to 0}\int_{0}^{2}y^2\cos(xy)\mathrm{d}y$.

2. 求下列函数的导数：

(1) $\varphi(x)=\int_{\sin x}^{\cos x}(y^2\sin x-y^3)\mathrm{d}y$； (2) $\varphi(x)=\int_{0}^{x}\dfrac{\ln(1+xy)}{y}\mathrm{d}y$；

(3) $\varphi(x)=\int_{x^2}^{x^3}\arctan\dfrac{y}{x}\mathrm{d}y$； (4) $\varphi(x)=\int_{x}^{x^2}\mathrm{e}^{-xy^2}\mathrm{d}y$.

3. 设 $F(x)=\int_{0}^{x}(x+y)f(y)\mathrm{d}y$，其中 $f(y)$ 为可微分的函数，求 $F''(x)$.

4. 应用对参数的微分法，计算下列积分：

(1) $I=\int_{0}^{\frac{\pi}{2}}\ln\dfrac{1+a\cos x}{1-a\cos x}\cdot\dfrac{\mathrm{d}x}{\cos x}\quad(|a|<1)$；

(2) $I=\int_{0}^{\frac{\pi}{2}}\ln(\cos^2 x+a^2\sin^2 x)\mathrm{d}x\quad(a>0)$.

5. 计算下列积分：

(1) $\int_{0}^{1}\dfrac{\arctan x}{x}\dfrac{\mathrm{d}x}{\sqrt{1-x^2}}$；

(2) $\int_{0}^{1}\sin\left(\ln\dfrac{1}{x}\right)\dfrac{x^b-x^a}{\ln x}\mathrm{d}x\quad(0<a<b)$.

总习题九

1. 选择以下各题中给出的四个结论中一个正确的结论：

(1) 设有空间闭区域 $\Omega_1=\{(x,y,z)\mid x^2+y^2+z^2\leqslant R^2,z\geqslant 0\}$，$\Omega_2=\{(x,y,z)\mid x^2+y^2+z^2\leqslant R^2,x\geqslant 0,y\geqslant 0,z\geqslant 0\}$，则有________.

(A) $\iiint\limits_{\Omega_1}x\mathrm{d}v=4\iiint\limits_{\Omega_2}x\mathrm{d}v$. (B) $\iiint\limits_{\Omega_1}y\mathrm{d}v=4\iiint\limits_{\Omega_2}y\mathrm{d}v$.

(C) $\iiint\limits_{\Omega_1}z\mathrm{d}v=4\iiint\limits_{\Omega_2}z\mathrm{d}v$. (D) $\iiint\limits_{\Omega_1}xyz\mathrm{d}v=4\iiint\limits_{\Omega_2}xyz\mathrm{d}v$.

(2) 设有平面闭区域 $D=\{(x,y)\mid -a\leqslant x\leqslant a,x\leqslant y\leqslant a\}$，$D_1=\{(x,y)\mid 0\leqslant x\leqslant a,x\leqslant y\leqslant a\}$. 则 $\iint\limits_{D}(xy+\cos x\sin y)\mathrm{d}x\mathrm{d}y=$________.

(A) $2\iint\limits_{D_1}\cos x\sin y\mathrm{d}x\mathrm{d}y$. (B) $2\iint\limits_{D_1}xy\mathrm{d}x\mathrm{d}y$.

(C) $4\iint\limits_{D_1}(xy+\cos x\sin y)\mathrm{d}x\mathrm{d}y$. (D) 0.

2. 计算下列二重积分：

(1) $\iint\limits_D (1+x)\sin y\mathrm{d}\sigma$，其中 D 是顶点分别为(0,0)，(1,0)，(1,2)和(0,1)的梯形闭区域；

(2) $\iint\limits_D (x^2-y^2)\mathrm{d}\sigma$，其中 $D=\{(x,y)\mid 0\leqslant y\leqslant \sin x, 0\leqslant x\leqslant \pi\}$；

(3) $\iint\limits_D \sqrt{R^2-x^2-y^2}\mathrm{d}\sigma$，其中 D 是圆周 $x^2+y^2=Rx$ 所围成的闭区域；

(4) $\iint\limits_D (y^2+3x-6y+9)\mathrm{d}\sigma$，其中 $D=\{(x,y)\mid x^2+y^2\leqslant R^2\}$.

3. 交换下列二次积分的次序：

(1) $\int_0^4 \mathrm{d}y\int_{-\sqrt{4-y}}^{\frac{1}{2}(y-4)} f(x,y)\mathrm{d}x$；

(2) $\int_0^1 \mathrm{d}y\int_0^{2y} f(x,y)\mathrm{d}x+\int_1^3 \mathrm{d}y\int_0^{3-y} f(x,y)\mathrm{d}x$；

(3) $\int_0^1 \mathrm{d}x\int_{\sqrt{x}}^{1+\sqrt{1-x^2}} f(x,y)\mathrm{d}y$.

4. 证明：

$$\int_0^a \mathrm{d}y\int_0^y \mathrm{e}^{m(a-x)}f(x)\mathrm{d}x=\int_0^a (a-x)\mathrm{e}^{m(a-x)}f(x)\mathrm{d}x.$$

5. 把积分 $\iint\limits_D f(x,y)\mathrm{d}x\mathrm{d}y$ 表为极坐标形式的二次积分，其中积分区域 $D=\{(x,y)\mid x^2\leqslant y\leqslant 1, -1\leqslant x\leqslant 1\}$.

6. 把积分 $\iiint\limits_\Omega f(x,y,z)\mathrm{d}x\mathrm{d}y\mathrm{d}z$ 化为三次积分，其中积分区域 Ω 是由曲面 $z=x^2+y^2$，$y=x^2$ 及平面 $y=1$，$z=0$ 所围成的闭区域.

7. 计算下列三重积分：

(1) $\iiint\limits_\Omega z^2\mathrm{d}x\mathrm{d}y\mathrm{d}z$，其中 Ω 是两个球：$x^2+y^2+z^2\leqslant R^2$ 和 $x^2+y^2+z^2\leqslant 2Rz\ (R>0)$ 的公共部分；

(2) $\iiint\limits_\Omega \dfrac{z\ln(x^2+y^2+z^2+1)}{x^2+y^2+z^2+1}\mathrm{d}v$，其中 Ω 是由球面 $x^2+y^2+z^2=1$ 所围成的闭区域；

(3) $\iiint\limits_\Omega (y^2+z^2)\mathrm{d}v$，其中 Ω 是由 xOy 平面上曲线 $y^2=2x$ 绕 x 轴旋转而成的曲面与平面 $x=5$ 所围成的闭区域.

8. 求平面 $\dfrac{x}{a}+\dfrac{y}{b}+\dfrac{z}{c}=1$ 被三坐标面所割出的有限部分的面积.

9. 在均匀的半径为 R 的半圆形薄片的直径上，要接上一个一边与直径等长的同样材料的均匀矩形薄片，为了使整个均匀薄片的质心恰好落在圆心上，问接上去的均匀矩形薄片另一边的长度应是多少？

10. 求由抛物线 $y=x^2$ 及直线 $y=1$ 所围成的均匀薄片（面密度为常数 μ）对于直线 $y=-1$ 的转动惯量.

11. 设在 xOy 面上有一质量为 M 的匀质半圆形薄片，占有平面闭区域 $D=\{(x,y)\mid x^2+y^2\leqslant R^2,y\geqslant 0\}$，过圆心 O 垂直于薄片的直线上有一质量为 m 的质点 P，$OP=a$．求半圆形薄片对质点 P 的引力．

第十章　曲线积分与曲面积分

上一章已经把积分概念从积分范围为数轴上一个区间的情形推广到积分范围为平面或空间内的一个闭区域的情形.本章将把积分概念推广到积分范围为一段曲线弧或一片曲面①的情形(这样推广后的积分称为曲线积分和曲面积分),并阐明有关这两种积分的一些基本内容.

第一节　对弧长的曲线积分

一、对弧长的曲线积分的概念与性质

曲线形构件的质量　在设计曲线形构件时,为了合理使用材料,应该根据构件各部分受力情况,把构件上各点处的粗细程度设计得不完全一样.因此,可以认为这构件的线密度(单位长度的质量)是变量.假设这构件所占的位置在 xOy 面内的一段曲线弧 L 上,它的端点是 A、B,在 L 上任一点 (x,y) 处,它的线密度为 $\mu(x,y)$.现在要计算这构件的质量 M(图 10-1).

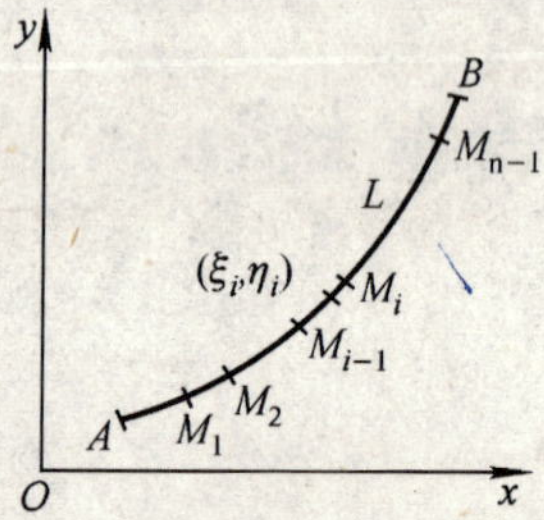

图　10-1

如果构件的线密度为常量,那么这构件的质量就等于它的线密度与长度的乘积.现在构件上各点处的线密度是变量,就不能直接用上述方法来计算.为了克服这个困难,可以用 L 上的点 $M_1,M_2,\cdots,M_{n-1}$ 把 L 分成 n 个小段,取其中一小段构件 $\widehat{M_{i-1}M_i}$ 来分析.在线密度连续变化的前提下,只要这小段很短,就可以用这小段上任一点 (ξ_i,η_i) 处的线密度代替这小段上其他各点处的线密度,从而得到这小段构件的质量的近似值为

$$\mu(\xi_i,\eta_i)\Delta s_i.$$

其中 Δs_i 表示 $\widehat{M_{i-1}M_i}$ 的长度.于是整个曲线形构件的质量

$$M\approx\sum_{i=1}^{n}\mu(\xi_i,\eta_i)\Delta s_i.$$

用 λ 表示 n 个小弧段的最大长度.为了计算 M 的精确值,取上式右端之和

① 本章讨论的都是具有有限长度的曲线和具有有限面积的曲面.

当 $\lambda \to 0$ 时的极限，从而得到

$$M=\lim_{\lambda\to 0}\sum_{i=1}^{n}\mu(\xi_i,\eta_i)\Delta s_i .$$

这种和的极限在研究其他问题时也会遇到．现在引进下面的定义．

定义 设 L 为 xOy 面内的一条光滑曲线弧，函数 $f(x,y)$ 在 L 上有界．在 L 上任意插入一点列 $M_1,M_2,\cdots,M_{n-1}$ 把 L 分成 n 个小段．设第 i 个小段的长度为 Δs_i．又 (ξ_i,η_i) 为第 i 个小段上任意取定的一点，作乘积 $f(\xi_i,\eta_i)\Delta s_i(i=1,2,\cdots,n)$，并作和 $\sum\limits_{i=1}^{n}f(\xi_i,\eta_i)\Delta s_i$，如果当各小弧段的长度的最大值 $\lambda\to 0$ 时，这和的极限总存在，则称此极限为函数 $f(x,y)$ 在曲线弧 L 上对弧长的曲线积分或第一类曲线积分，记作 $\int_L f(x,y)\mathrm{d}s$，即

$$\int_L f(x,y)\mathrm{d}s=\lim_{\lambda\to 0}\sum_{i=1}^{n}f(\xi_i,\eta_i)\Delta s_i ,$$

其中 $f(x,y)$ 叫做被积函数，L 叫做积分弧段．

在第二目中我们将看到，当 $f(x,y)$ 在光滑曲线弧 L 上连续时，对弧长的曲线积分 $\int_L f(x,y)\mathrm{d}s$ 是存在的．以后我们总假定 $f(x,y)$ 在 L 上是连续的．

根据这个定义，前述曲线形构件的质量 M 当线密度 $\mu(x,y)$ 在 L 上连续时，就等于 $\mu(x,y)$ 对弧长的曲线积分，即

$$M=\int_L \mu(x,y)\mathrm{d}s .$$

上述定义可以类似地推广到积分弧段为空间曲线弧 Γ 的情形，即函数 $f(x,y,z)$ 在曲线弧 Γ 上对弧长的曲线积分

$$\int_\Gamma f(x,y,z)\mathrm{d}s=\lim_{\lambda\to 0}\sum_{i=1}^{n}f(\xi_i,\eta_i,\zeta_i)\Delta s_i .$$

如果 L（或 Γ）是分段光滑的[①]，我们规定函数在 L（或 Γ）上的曲线积分等于函数在光滑的各段上的曲线积分之和．例如，设 L 可分成两段光滑曲线弧 L_1 及 L_2（记作 $L=L_1+L_2$），就规定

$$\int_{L_1+L_2} f(x,y)\mathrm{d}s=\int_{L_1} f(x,y)\mathrm{d}s+\int_{L_2} f(x,y)\mathrm{d}s$$

如果 L 是闭曲线，那么函数 $f(x,y)$ 在闭曲线 L 上对弧长的曲线积分记为 $\oint_L f(x,y)\mathrm{d}s$．

① 就是说，L（或 Γ）可以分成有限段，而每一段都是光滑的．以后我们总假定 L（或 Γ）是光滑的或分段光滑的．

由对弧长的曲线积分的定义可知,它有以下性质.

性质 1 设 α、β 为常数,则

$$\int_L [\alpha f(x,y) + \beta g(x,y)]\mathrm{d}s = \alpha \int_L f(x,y)\mathrm{d}s + \beta \int_L g(x,y)\mathrm{d}s.$$

性质 2 若积分弧段 L 可分成两段光滑曲线弧 L_1 和 L_2,则

$$\int_L f(x,y)\mathrm{d}s = \int_{L_1} f(x,y)\mathrm{d}s + \int_{L_2} f(x,y)\mathrm{d}s.$$

性质 3 设在 L 上 $f(x,y) \leqslant g(x,y)$,则

$$\int_L f(x,y)\mathrm{d}s \leqslant \int_L g(x,y)\mathrm{d}s.$$

特别地,有

$$\left|\int_L f(x,y)\mathrm{d}s\right| \leqslant \int_L |f(x,y)|\mathrm{d}s.$$

二、对弧长的曲线积分的计算法

定理 设 $f(x,y)$ 在曲线弧 L 上有定义且连续,L 的参数方程为

$$\begin{cases} x = \varphi(t), \\ y = \psi(t), \end{cases} \quad (\alpha \leqslant t \leqslant \beta)$$

其中 $\varphi(t)$、$\psi(t)$ 在 $[\alpha,\beta]$ 上具有一阶连续导数,且 $\varphi'^2(t) + \psi'^2(t) \neq 0$,则曲线积分 $\int_L f(x,y)\mathrm{d}s$ 存在,且

$$\int_L f(x,y)\mathrm{d}s = \int_\alpha^\beta f[\varphi(t),\psi(t)]\sqrt{\varphi'^2(t) + \psi'^2(t)}\mathrm{d}t \qquad (\alpha < \beta). \tag{1}$$

证 假定当参数 t 由 α 变至 β 时,L 上的点 $M(x,y)$ 依点 A 至点 B 的方向描出曲线 L.在 L 上取一列点

$$A = M_0, M_1, M_2, \cdots, M_{n-1}, M_n = B,$$

它们对应于一列单调增加的参数值

$$\alpha = t_0 < t_1 < t_2 \cdots < t_{n-1} < t_n = \beta.$$

根据对弧长的曲线积分的定义,有

$$\int_L f(x,y)\mathrm{d}s = \lim_{\lambda \to 0} \sum_{i=1}^n f(\xi_i,\eta_i)\Delta s_i.$$

设点 (ξ_i,η_i) 对应于参数值 τ_i,即 $\xi_i = \varphi(\tau_i)$、$\eta_i = \psi(\tau_i)$,这里 $t_{i-1} \leqslant \tau_i \leqslant t_i$.由于

$$\Delta s_i = \int_{t_{i-1}}^{t_i} \sqrt{\varphi'^2(t) + \psi'^2(t)}\mathrm{d}t,$$

应用积分中值定理,有

$$\Delta s_i = \sqrt{\varphi'^2(\tau'_i) + \psi'^2(\tau'_i)}\Delta t_i,$$

其中 $\Delta t_i = t_i - t_{i-1}, t_{i-1} \leqslant \tau'_i \leqslant t_i$. 于是

$$\int_L f(x,y)\mathrm{d}s = \lim_{\lambda \to 0} \sum_{i=1}^{n} f[\varphi(\tau_i), \psi(\tau_i)] \sqrt{\varphi'^2(\tau'_i) + \psi'^2(\tau'_i)}\Delta t_i.$$

由于函数 $\sqrt{\varphi'^2(t) + \psi'^2(t)}$ 在闭区间 $[\alpha, \beta]$ 上连续，我们可以把上式中的 τ'_i 换成 τ_i①，从而

$$\int_L f(x,y)\mathrm{d}s = \lim_{\lambda \to 0} \sum_{i=1}^{n} f[\varphi(\tau_i), \psi(\tau_i)] \sqrt{\varphi'^2(\tau_i) + \psi'^2(\tau_i)}\Delta t_i.$$

上式右端的和的极限，就是函数 $f[\varphi(t), \psi(t)]\sqrt{\varphi'^2(t) + \psi'^2(t)}$ 在区间 $[\alpha, \beta]$ 上的定积分，由于这个函数在 $[\alpha, \beta]$ 上连续，所以这个定积分是存在的，因此上式左端的曲线积分 $\int_L f(x,y)\mathrm{d}s$ 也存在，并且有

$$\int_L f(x,y)\mathrm{d}s = \int_\alpha^\beta f[\varphi(t), \psi(t)]\sqrt{\varphi'^2(t) + \psi'^2(t)}\mathrm{d}t \quad (\alpha < \beta). \tag{1}$$

公式(1)表明，计算对弧长的曲线积分 $\int_L f(x,y)\mathrm{d}s$ 时，只要把 x、y、$\mathrm{d}s$ 依次换为 $\varphi(t)$、$\psi(t)$、$\sqrt{\varphi'^2(t) + \psi'^2(t)}\mathrm{d}t$，然后从 α 到 β 作定积分就行了，这里必须**注意，定积分的下限 α 一定要小于上限 β**. 这是因为，从上述推导中可以看出，由于小弧段的长度 Δs_i 总是正的，从而 $\Delta t_i > 0$，所以定积分的下限 α 一定小于上限 β.

如果曲线 L 由方程

$$y = \psi(x) \qquad (x_0 \leqslant x \leqslant X)$$

给出，那么可以把这种情形看作是特殊的参数方程

$$x = t, y = \psi(t) \qquad (x_0 \leqslant t \leqslant X)$$

的情形，从而由公式(1)得出

$$\int_L f(x,y)\mathrm{d}s = \int_{x_0}^{X} f[x, \psi(x)]\sqrt{1 + \psi'^2(x)}\mathrm{d}x \quad (x_0 < X). \tag{2}$$

类似地，如果曲线 L 由方程

$$x = \varphi(y) \qquad (y_0 \leqslant y \leqslant Y)$$

给出，则有

$$\int_L f(x,y)\mathrm{d}s = \int_{y_0}^{Y} f[\varphi(y), y]\sqrt{1 + \varphi'^2(y)}\mathrm{d}y \quad (y_0 < Y). \tag{3}$$

公式(1)可推广到空间曲线弧 Γ 由参数方程

---

① 此事的证明要用到函数 $\sqrt{\varphi'^2(t) + \psi'^2(t)}$ 在闭区间 $[\alpha, \beta]$ 上的一致连续性，这里从略.

$$x=\varphi(t), y=\psi(t), z=\omega(t) \quad (\alpha\leqslant t\leqslant\beta)$$

给出的情形,这样就有

$$\int_\Gamma f(x,y,z)\mathrm{d}s=\int_\alpha^\beta f[\varphi(t),\psi(t),\omega(t)]\sqrt{\varphi'^2(t)+\psi'^2(t)+\omega'^2(t)}\mathrm{d}t$$

$$(\alpha<\beta). \tag{4}$$

例 1 计算 $\int_L \sqrt{y}\mathrm{d}s$,其中 L 是抛物线 $y=x^2$ 上点 $O(0,0)$ 与点 $B(1,1)$ 之间的一段弧(图 10-2).

解 由于 L 由方程

$$y=x^2 \qquad (0\leqslant x\leqslant 1)$$

给出,因此

$$\int_L \sqrt{y}\mathrm{d}s=\int_0^1\sqrt{x^2}\sqrt{1+(x^2)'^2}\mathrm{d}x=\int_0^1 x\sqrt{1+4x^2}\mathrm{d}x$$

$$=\left[\frac{1}{12}(1+4x^2)^{3/2}\right]_0^1=\frac{1}{12}(5\sqrt{5}-1).$$

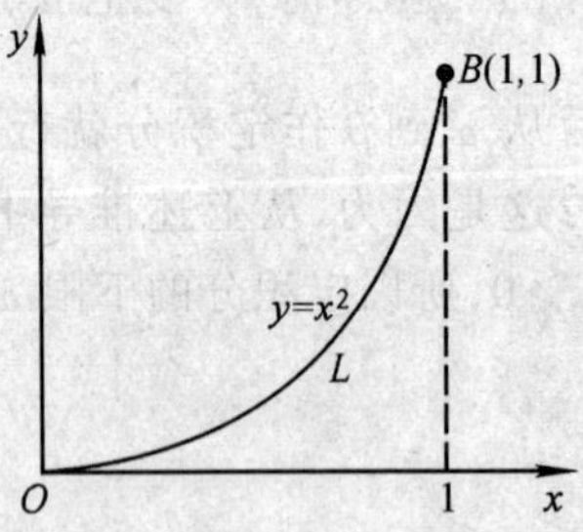

图 10-2

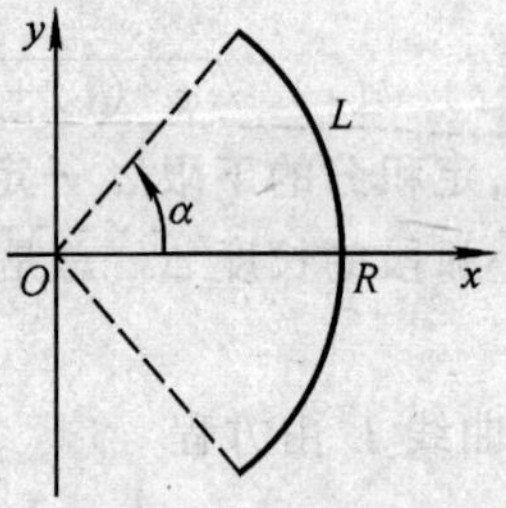

图 10-3

例 2 计算半径为 R、中心角为 2α 的圆弧 L 对于它的对称轴的转动惯量 I(设线密度 $\mu=1$).

解 取坐标系如图 10-3 所示,则

$$I=\int_L y^2\mathrm{d}s.$$

为了便于计算,利用 L 的参数方程

$$x=R\cos\theta, y=R\sin\theta \quad (-\alpha\leqslant\theta\leqslant\alpha).$$

于是

$$I=\int_L y^2\mathrm{d}s=\int_{-\alpha}^{\alpha}R^2\sin^2\theta\sqrt{(-R\sin\theta)^2+(R\cos\theta)^2}\mathrm{d}\theta$$

$$=R^3\int_{-\alpha}^{\alpha}\sin^2\theta\mathrm{d}\theta=\frac{R^3}{2}\left[\theta-\frac{\sin 2\theta}{2}\right]_{-\alpha}^{\alpha}$$

$$=\frac{R^3}{2}(2\alpha-\sin 2\alpha)=R^3(\alpha-\sin\alpha\cos\alpha).$$

例 3 计算曲线积分 $\int_\Gamma (x^2+y^2+z^2)\mathrm{d}s$，其中 Γ 为螺旋线 $x=a\cos t$、$y=a\sin t$、$z=kt$ 上相应于 t 从 0 到 2π 的一段弧.

解

$$\begin{aligned}&\int_\Gamma (x^2+y^2+z^2)\mathrm{d}s\\ &=\int_0^{2\pi}[(a\cos t)^2+(a\sin t)^2+(kt)^2]\\ &\quad\cdot\sqrt{(-a\sin t)^2+(a\cos t)^2+k^2}\,\mathrm{d}t\\ &=\int_0^{2\pi}(a^2+k^2t^2)\sqrt{a^2+k^2}\,\mathrm{d}t\\ &=\sqrt{a^2+k^2}\left[a^2t+\frac{k^2}{3}t^3\right]_0^{2\pi}\\ &=\frac{2}{3}\pi\sqrt{a^2+k^2}(3a^2+4\pi^2k^2).\end{aligned}$$

习 题 10－1

1. 设在 xOy 面内有一分布着质量的曲线弧 L，在点 (x,y) 处它的线密度为 $\mu(x,y)$. 用对弧长的曲线积分分别表达：

(1) 这曲线弧对 x 轴、对 y 轴的转动惯量 I_x、I_y；

(2) 这曲线弧的质心坐标 $\bar{x}$、$\bar{y}$.

2. 利用对弧长的曲线积分的定义证明性质 2.

3. 计算下列对弧长的曲线积分：

(1) $\oint_L (x^2+y^2)^n\mathrm{d}s$，其中 L 为圆周 $x=a\cos t$，$y=a\sin t\,(0\leqslant t\leqslant 2\pi)$；

(2) $\int_L (x+y)\mathrm{d}s$，其中 L 为连接 $(1,0)$ 及 $(0,1)$ 两点的直线段；

(3) $\oint_L x\mathrm{d}s$，其中 L 为由直线 $y=x$ 及抛物线 $y=x^2$ 所围成的区域的整个边界；

(4) $\oint_L \mathrm{e}^{\sqrt{x^2+y^2}}\mathrm{d}s$，其中 L 为圆周 $x^2+y^2=a^2$，直线 $y=x$ 及 x 轴在第一象限内所围成的扇形的整个边界；

(5) $\int_\Gamma \frac{1}{x^2+y^2+z^2}\mathrm{d}s$，其中 Γ 为曲线 $x=\mathrm{e}^t\cos t$，$y=\mathrm{e}^t\sin t$，$z=\mathrm{e}^t$ 上相应于 t 从 0 变到 2 的这段弧；

(6) $\int_\Gamma x^2yz\mathrm{d}s$，其中 Γ 为折线 $ABCD$，这里 A、B、C、D 依次为点 $(0,0,0)$、$(0,0,2)$、$(1,0,2)$、$(1,3,2)$；

(7) $\int_L y^2\mathrm{d}s$，其中 L 为摆线的一拱 $x=a(t-\sin t)$，$y=a(1-\cos t)\,(0\leqslant t\leqslant 2\pi)$；

(8) $\int_L (x^2+y^2)\mathrm{d}s$,其中 L 为曲线 $x=a(\cos t+t\sin t)$, $y=a(\sin t-t\cos t)$ $(0\leqslant t\leqslant 2\pi)$.

4. 求半径为 a、中心角为 2φ 的均匀圆弧(线密度 $\mu=1$)的质心.

5. 设螺旋形弹簧一圈的方程为 $x=a\cos t$, $y=a\sin t$, $z=kt$,其中 $0\leqslant t\leqslant 2\pi$,它的线密度 $\rho(x,y,z)=x^2+y^2+z^2$.求:

(1) 它关于 z 轴的转动惯量 I_z;

(2) 它的质心.

第二节　对坐标的曲线积分

一、对坐标的曲线积分的概念与性质

变力沿曲线所作的功　设一个质点在 xOy 面内从点 A 沿光滑曲线弧 L 移动到点 B.在移动过程中,这质点受到力

$$\boldsymbol{F}(x,y)=P(x,y)\boldsymbol{i}+Q(x,y)\boldsymbol{j}$$

的作用,其中函数 $P(x,y)$, $Q(x,y)$ 在 L 上连续.要计算在上述移动过程中变力 $\boldsymbol{F}(x,y)$ 所作的功(图 10-4).

我们知道,如果力 $\boldsymbol{F}$ 是常力,且质点从 A 沿直线移动到 B,那么常力 $\boldsymbol{F}$ 所作的功 W 等于向量 $\boldsymbol{F}$ 与向量 $\overrightarrow{AB}$ 的数量积,即

$$W=\boldsymbol{F}\cdot\overrightarrow{AB}.$$

现在 $\boldsymbol{F}(x,y)$ 是变力,且质点沿曲线 L 移动,功 W 不能直接按以上公式计算.然而第一节中用来处理构件质量问题的方法,原则上也适用于目前的问题.

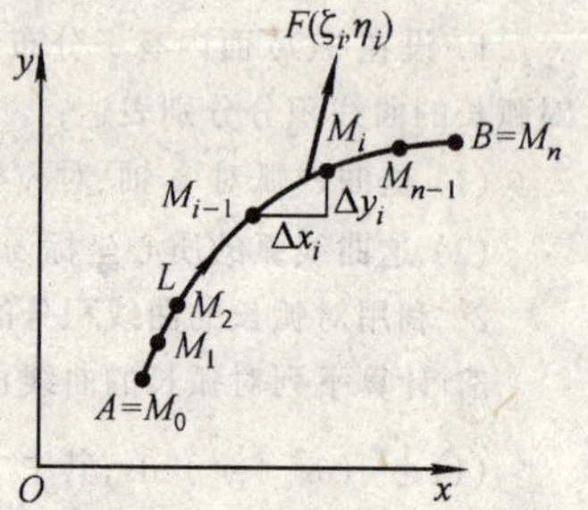

图　10-4

先用曲线弧 L 上的点 $M_1(x_1,y_1)$, $M_2(x_2,y_2)$, $\cdots$, $M_{n-1}(x_{n-1},y_{n-1})$ 把 L 分成 n 个小弧段,取其中一个有向小弧段 $\widehat{M_{i-1}M_i}$ 来分析:由于 $\widehat{M_{i-1}M_i}$ 光滑而且很短,可以用有向线段

$$\overrightarrow{M_{i-1}M_i}=(\Delta x_i)\boldsymbol{i}+(\Delta y_i)\boldsymbol{j}$$

来近似代替它,其中 $\Delta x_i=x_i-x_{i-1}$、$\Delta y_i=y_i-y_{i-1}$.又由于函数 $P(x,y)$、$Q(x,y)$ 在 L 上连续,可以用 $\widehat{M_{i-1}M_i}$ 上任意取定的一点 (ξ_i,η_i) 处的力

$$\boldsymbol{F}(\xi_i,\eta_i)=P(\xi_i,\eta_i)\boldsymbol{i}+Q(\xi_i,\eta_i)\boldsymbol{j}$$

来近似代替这小弧段上各点处的力.这样,变力 $\boldsymbol{F}(x,y)$ 沿有向小弧段 $\widehat{M_{i-1}M_i}$

所作的功 ΔW_i 可以认为近似地等于常力 $\boldsymbol{F}(\xi_i,\eta_i)$ 沿 $\overrightarrow{M_{i-1}M_i}$ 所作的功：

$$\Delta W_i \approx \boldsymbol{F}(\xi_i,\eta_i)\cdot\overrightarrow{M_{i-1}M_i},$$

即

$$\Delta W_i \approx P(\xi_i,\eta_i)\Delta x_i + Q(\xi_i,\eta_i)\Delta y_i.$$

于是 $W=\sum_{i=1}^{n}\Delta W_i \approx \sum_{i=1}^{n}[P(\xi_i,\eta_i)\Delta x_i + Q(\xi_i,\eta_i)\Delta y_i].$

用 λ 表示 n 个小弧段的最大长度，令 $\lambda\to 0$ 取上述和的极限，所得到的极限自然地被认作变力 $\boldsymbol{F}$ 沿有向曲线弧所作的功，即

$$W=\lim_{\lambda\to 0}\sum_{i=1}^{n}[P(\xi_i,\eta_i)\Delta x_i + Q(\xi_i,\eta_i)\Delta y_i].$$

这种和的极限在研究其他问题时也会遇到.现在引进下面的定义.

定义　设 L 为 xOy 面内从点 A 到点 B 的一条有向光滑曲线弧，函数 $P(x,y)$、$Q(x,y)$ 在 L 上有界.在 L 上沿 L 的方向任意插入一点列 $M_1(x_1,y_1)$，$M_2(x_2,y_2)$，$\cdots$，$M_{n-1}(x_{n-1},y_{n-1})$ 把 L 分成 n 个有向小弧段

$$\widehat{M_{i-1}M_i}\quad (i=1,2,\cdots,n;M_0=A,M_n=B).$$

设 $\Delta x_i=x_i-x_{i-1}$，$\Delta y_i=y_i-y_{i-1}$，点 (ξ_i,η_i) 为 $\widehat{M_{i-1}M_i}$ 上任意取定的点.如果当各小弧段长度的最大值 $\lambda\to 0$ 时，$\sum_{i=1}^{n}P(\xi_i,\eta_i)\Delta x_i$ 的极限总存在，则称此极限为函数 $P(x,y)$ 在有向曲线弧 L 上对坐标 x 的曲线积分，记作 $\int_L P(x,y)\mathrm{d}x$. 类似地，如果 $\lim_{\lambda\to 0}\sum_{i=1}^{n}Q(\xi_i,\eta_i)\Delta y_i$ 总存在，则称此极限为函数 $Q(x,y)$ 在有向曲线弧 L 上对坐标 y 的曲线积分，记作 $\int_L Q(x,y)\mathrm{d}y$. 即

$$\int_L P(x,y)\mathrm{d}x=\lim_{\lambda\to 0}\sum_{i=1}^{n}P(\xi_i,\eta_i)\Delta x_i,$$

$$\int_L Q(x,y)\mathrm{d}y=\lim_{\lambda\to 0}\sum_{i=1}^{n}Q(\xi_i,\eta_i)\Delta y_i,$$

其中 $P(x,y)$、$Q(x,y)$ 叫做被积函数，L 叫做积分弧段.

以上两个积分也称为**第二类曲线积分**.

在第二目中我们将看到，当 $P(x,y)$、$Q(x,y)$ 在有向光滑曲线弧 L 上连续时，对坐标的曲线积分 $\int_L P(x,y)\mathrm{d}x$ 及 $\int_L Q(x,y)\mathrm{d}y$ 都存在.以后我们总假定 $P(x,y)$、$Q(x,y)$ 在 L 上连续.

上述定义可以类似地推广到积分弧段为空间有向曲线弧 Γ 的情形：

$$\int_\Gamma P(x,y,z)\mathrm{d}x=\lim_{\lambda\to 0}\sum_{i=1}^{n}P(\xi_i,\eta_i,\zeta_i)\Delta x_i,$$

$$\int_{\Gamma} Q(x,y,z)\mathrm{d}y = \lim_{\lambda \to 0} \sum_{i=1}^{n} Q(\xi_i,\eta_i,\zeta_i)\Delta y_i,$$

$$\int_{\Gamma} R(x,y,z)\mathrm{d}z = \lim_{\lambda \to 0} \sum_{i=1}^{n} R(\xi_i,\eta_i,\zeta_i)\Delta z_i.$$

应用上经常出现的是

$$\int_L P(x,y)\mathrm{d}x + \int_L Q(x,y)\mathrm{d}y$$

这种合并起来的形式，为简便起见，把上式写成

$$\int_L P(x,y)\mathrm{d}x + Q(x,y)\mathrm{d}y,$$

也可写成向量形式

$$\int_L \boldsymbol{F}(x,y)\cdot \mathrm{d}\boldsymbol{r},$$

其中 $\boldsymbol{F}(x,y)=P(x,y)\boldsymbol{i}+Q(x,y)\boldsymbol{j}$ 为向量值函数，$\mathrm{d}\boldsymbol{r}=\mathrm{d}x\boldsymbol{i}+\mathrm{d}y\boldsymbol{j}$.

例如，本目开始时讨论过的功可以表达成

$$W=\int_L P(x,y)\mathrm{d}x+Q(x,y)\mathrm{d}y,$$

或

$$W=\int_L \boldsymbol{F}(x,y)\cdot\mathrm{d}\boldsymbol{r}.$$

类似地，把

$$\int_{\Gamma} P(x,y,z)\mathrm{d}x+\int_{\Gamma} Q(x,y,z)\mathrm{d}y+\int_{\Gamma} R(x,y,z)\mathrm{d}z$$

简写成

$$\int_{\Gamma} P(x,y,z)\mathrm{d}x+Q(x,y,z)\mathrm{d}y+R(x,y,z)\mathrm{d}z,$$

或

$$\int_{\Gamma} \boldsymbol{A}(x,y,z)\cdot\mathrm{d}\boldsymbol{r},$$

其中 $\boldsymbol{A}(x,y,z)=P(x,y,z)\boldsymbol{i}+Q(x,y,z)\boldsymbol{j}+R(x,y,z)\boldsymbol{k}$，$\mathrm{d}\boldsymbol{r}=\mathrm{d}x\boldsymbol{i}+\mathrm{d}y\boldsymbol{j}+\mathrm{d}z\boldsymbol{k}$.

如果 L（或 Γ）是分段光滑的，我们规定函数在有向曲线弧 L（或 Γ）上对坐标的曲线积分等于在光滑的各段上对坐标的曲线积分之和.

根据上述曲线积分的定义，可以导出对坐标的曲线积分的一些性质. 为了表

达简便起见，我们用向量形式表达，并假定其中的向量值函数在曲线 L 上连续.①

性质 1 设 α、β 为常数，则

$$\int_L [\alpha \boldsymbol{F}_1(x,y)+\beta \boldsymbol{F}_2(x,y)]\cdot \mathrm{d}\boldsymbol{r}$$

$$=\alpha\int_L \boldsymbol{F}_1(x,y)\cdot \mathrm{d}\boldsymbol{r}+\beta\int_L \boldsymbol{F}_2(x,y)\cdot \mathrm{d}\boldsymbol{r}.$$

性质 2 若有向曲线弧 L 可分成两段光滑的有向曲线弧 L_1 和 L_2，则

$$\int_L \boldsymbol{F}(x,y)\cdot \mathrm{d}\boldsymbol{r}=\int_{L_1}\boldsymbol{F}(x,y)\cdot \mathrm{d}\boldsymbol{r}+\int_{L_2}\boldsymbol{F}(x,y)\cdot \mathrm{d}\boldsymbol{r}.$$

性质 3 设 L 是有向光滑曲线弧，L^- 是 L 的反向曲线弧，则

$$\int_{L^-}\boldsymbol{F}(x,y)\cdot \mathrm{d}\boldsymbol{r}=-\int_L \boldsymbol{F}(x,y)\cdot \mathrm{d}\boldsymbol{r}.$$

证 把 L 分成 n 小段，相应地 L^- 也分成 n 小段. 对于每一个小弧段来说，当曲线弧的方向改变时，有向弧段在坐标轴上的投影，其绝对值不变但要改变符号，因此性质 3 成立.

性质 3 表示，当积分弧段的方向改变时，对坐标的曲线积分要改变符号. 因此关于**对坐标的曲线积分，我们必须注意积分弧段的方向**.

这一性质是对坐标的曲线积分所特有的，对弧长的曲线积分不具有这一性质. 而对弧长的曲线积分所具有的性质 3，对坐标的曲线积分也不具有类似的性质.

二、对坐标的曲线积分的计算法

定理 **设 $P(x,y)$、$Q(x,y)$ 在有向曲线弧 L 上有定义且连续，L 的参数方程为**

$$\begin{cases} x=\varphi(t), \\ y=\psi(t), \end{cases}$$

当参数 t 单调地由 α 变到 β 时，点 $M(x,y)$ 从 L 的起点 A 沿 L 运动到终点 B，$\varphi(t)$、$\psi(t)$ 在以 α 及 β 为端点的闭区间上具有一阶连续导数，且 $\varphi'^2(t)+\psi'^2(t)\neq 0$，则曲线积分 $\int_L P(x,y)\mathrm{d}x+Q(x,y)\mathrm{d}y$ 存在，且

$$\int_L P(x,y)\mathrm{d}x+Q(x,y)\mathrm{d}y=\int_\alpha^\beta \{P[\varphi(t),\psi(t)]\varphi'(t)$$

---

① 向量值函数 $\boldsymbol{F}(x,y)$ 在曲线 L 上连续是指：对 L 上任意点 $M_0(x_0,y_0)$，当 L 上的动点 $M(x,y)$ 沿 L 趋于 M_0 时，有 $|\boldsymbol{F}(x,y)-\boldsymbol{F}(x_0,y_0)|\to 0$. 若 $\boldsymbol{F}(x,y)=P(x,y)\boldsymbol{i}+Q(x,y)\boldsymbol{j}$，则 $\boldsymbol{F}(x,y)$ 在 L 上连续等价于 $P(x,y)$，$Q(x,y)$ 均在 L 上连续.

$$+Q[\varphi(t),\psi(t)]\psi'(t)\}\mathrm{d}t. \tag{1}$$

证 在 L 上取一列点

$$A=M_0,M_1,M_2,\cdots,M_{n-1},M_n=B,$$

它们对应于一列单调变化的参数值

$$\alpha=t_0,t_1,t_2,\cdots,t_{n-1},t_n=\beta.$$

根据对坐标的曲线积分的定义,有

$$\int_L P(x,y)\mathrm{d}x=\lim_{\lambda\to 0}\sum_{i=1}^{n}P(\xi_i,\eta_i)\Delta x_i.$$

设点 (ξ_i,η_i) 对应于参数值 τ_i,即 $\xi_i=\varphi(\tau_i)$,$\eta_i=\psi(\tau_i)$,这里 τ_i 在 t_{i-1} 与 t_i 之间.由于

$$\Delta x_i=x_i-x_{i-1}=\varphi(t_i)-\varphi(t_{i-1}),$$

应用微分中值定理,有

$$\Delta x_i=\varphi'(\tau_i')\Delta t_i,$$

其中 $\Delta t_i=t_i-t_{i-1}$,τ_i' 在 t_{i-1} 与 t_i 之间.于是

$$\int_L P(x,y)\mathrm{d}x=\lim_{\lambda\to 0}\sum_{i=1}^{n}P[\varphi(\tau_i),\psi(\tau_i)]\varphi'(\tau_i')\Delta t_i.$$

因为函数 $\varphi'(t)$ 在闭区间 $[\alpha,\beta]$(或 $[\beta,\alpha]$)上连续,我们可以把上式中的 τ_i' 换成 τ_i①,从而

$$\int_L P(x,y)\mathrm{d}x=\lim_{\lambda\to 0}\sum_{i=1}^{n}P[\varphi(\tau_i),\psi(\tau_i)]\varphi'(\tau_i)\Delta t_i.$$

上式右端的和的极限就是定积分 $\int_\alpha^\beta P[\varphi(t),\psi(t)]\varphi'(t)\mathrm{d}t$,由于函数 $P[\varphi(t),\psi(t)]\varphi'(t)$ 连续,这个定积分是存在的,因此上式左端的曲线积分 $\int_L P(x,y)\mathrm{d}x$ 也存在,并且有

$$\int_L P(x,y)\mathrm{d}x=\int_\alpha^\beta P[\varphi(t),\psi(t)]\varphi'(t)\mathrm{d}t.$$

同理可证

$$\int_L Q(x,y)\mathrm{d}y=\int_\alpha^\beta Q[\varphi(t),\psi(t)]\psi'(t)\mathrm{d}t.$$

把以上两式相加,得

$$\int_L P(x,y)\mathrm{d}x+Q(x,y)\mathrm{d}y$$

---

① 它的证明用到函数 $\varphi'(t)$ 在闭区间上的一致连续性,这里从略.

$$= \int_{\alpha}^{\beta} \{P[\varphi(t),\psi(t)]\varphi'(t) + Q[\varphi(t),\psi(t)]\psi'(t)\}\mathrm{d}t,$$

这里下限 α 对应于 L 的起点,上限 β 对应于 L 的终点.

公式(1)表明,计算对坐标的曲线积分

$$\int_L P(x,y)\mathrm{d}x + Q(x,y)\mathrm{d}y$$

时,只要把 x、y、$\mathrm{d}x$、$\mathrm{d}y$ 依次换为 $\varphi(t)$、$\psi(t)$、$\varphi'(t)\mathrm{d}t$、$\psi'(t)\mathrm{d}t$,然后从 L 的起点所对应的参数值 α 到 L 的终点所对应的参数值 β 作定积分就行了,这里必须**注意,下限 α 对应于 L 的起点,上限 β 对应于 L 的终点,α 不一定小于 β.**

如果 L 由方程 $y=\psi(x)$ 或 $x=\varphi(y)$ 给出,可以看作参数方程的特殊情形,例如,当 L 由 $y=\psi(x)$ 给出时,公式(1)成为

$$\int_L P(x,y)\mathrm{d}x + Q(x,y)\mathrm{d}y$$
$$= \int_a^b \{P[x,\psi(x)] + Q[x,\psi(x)]\psi'(x)\}\mathrm{d}x,$$

这里下限 a 对应 L 的起点,上限 b 对应 L 的终点.

公式(1)可推广到空间曲线 Γ 由参数方程

$$x=\varphi(t),\ y=\psi(t),\ z=\omega(t)$$

给出的情形,这样便得到

$$\int_\Gamma P(x,y,z)\mathrm{d}x + Q(x,y,z)\mathrm{d}y + R(x,y,z)\mathrm{d}z$$
$$= \int_{\alpha}^{\beta} \{P[\varphi(t),\psi(t),\omega(t)]\varphi'(t) +$$
$$Q[\varphi(t),\psi(t),\omega(t)]\psi'(t) + R[\varphi(t),\psi(t),\omega(t)]\omega'(t)\}\mathrm{d}t,$$

这里下限 α 对应 Γ 的起点,上限 β 对应 Γ 的终点.

例 1 计算 $\int_L xy\mathrm{d}x$,其中 L 为抛物线 $y^2=x$ 上从点 $A(1,-1)$ 到点 $B(1,1)$ 的一段弧(图 10-5).

解 第一种方法:将所给积分化为对 x 的定积分来计算.由于 $y=\pm\sqrt{x}$ 不是单值函数,所以要把 L 分为 AO 和 OB 两部分.在 AO 上,$y=-\sqrt{x}$,x 从 1 变到 0;在 OB 上,$y=\sqrt{x}$,x 从 0 变到 1.因此

$$\int_L xy\mathrm{d}x = \int_{AO} xy\mathrm{d}x + \int_{OB} xy\mathrm{d}x$$
$$= \int_1^0 x(-\sqrt{x})\mathrm{d}x + \int_0^1 x\sqrt{x}\mathrm{d}x$$
$$= 2\int_0^1 x^{\frac{3}{2}}\mathrm{d}x = \frac{4}{5}.$$

第二种方法:将所给积分化为对 y 的定积分来计算,现在 $x=y^2$,y 从 -1 变到 1.因此

$$\int_L xy\,\mathrm{d}x=\int_{-1}^{1} y^2 y(y^2)'\mathrm{d}y=2\int_{-1}^{1} y^4\mathrm{d}y=2\left[\frac{y^5}{5}\right]_{-1}^{1}=\frac{4}{5}.$$

例 2 计算 $\int_L y^2\mathrm{d}x$ 其中 L 为(图 10-6):

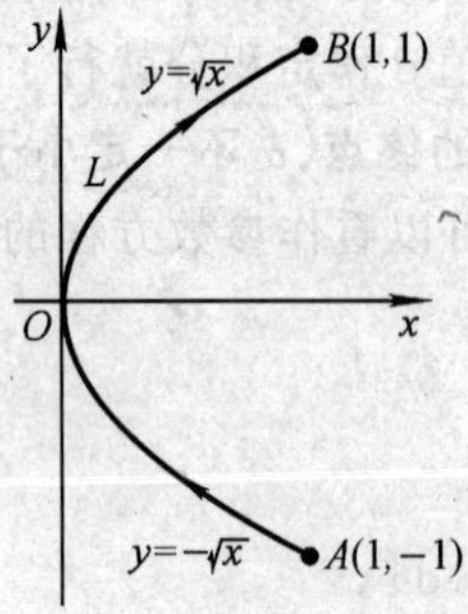

图 10-5

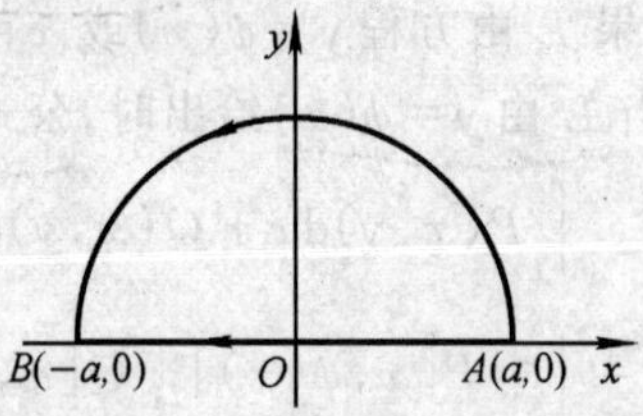

图 10-6

(1) 半径为 a、圆心为原点、按逆时针方向绕行的上半圆周;

(2) 从点 $A(a,0)$沿 x 轴到点$B(-a,0)$的直线段.

解 (1) L 是参数方程

$$x=a\cos\theta,\qquad y=a\sin\theta$$

当参数 θ 从 0 变到 π 的曲线弧.因此

$$\begin{aligned}\int_L y^2\mathrm{d}x&=\int_0^{\pi} a^2\sin^2\theta(-a\sin\theta)\mathrm{d}\theta=a^3\int_0^{\pi}(1-\cos^2\theta)\mathrm{d}(\cos\theta)\\&=a^3\left[\cos\theta-\frac{\cos^3\theta}{3}\right]_0^{\pi}=-\frac{4}{3}a^3.\end{aligned}$$

(2) 现在,L 的方程为 $y=0$,x 从 a 变到 $-a$.所以

$$\int_L y^2\mathrm{d}x=\int_a^{-a}0\mathrm{d}x=0.$$

从例 2 看出,虽然两个曲线积分的被积函数相同,起点和终点也相同,但沿不同路径得出的值并不相等.

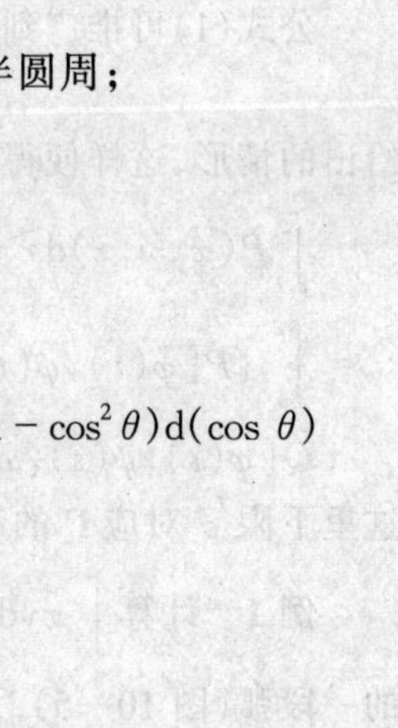

图 10-7

例 3 计算 $\int_L 2xy\mathrm{d}x+x^2\mathrm{d}y$,其中 L 为(图10-7):

(1) 抛物线 $y=x^2$ 上从 $O(0,0)$到 $B(1,1)$的一段弧;

(2) 抛物线 $x=y^2$ 上从 $O(0,0)$到 $B(1,1)$的一段弧;

(3) 有向折线 OAB,这里 O,A,B 依次是点 $(0,0),(1,0),(1,1)$.

解 (1) 化为对 x 的定积分. $L:y=x^2$, x 从 0 变到 1. 所以

$$\int_L 2xy\mathrm{d}x+x^2\mathrm{d}y=\int_0^1(2x\cdot x^2+x^2\cdot 2x)\mathrm{d}x=4\int_0^1 x^3\mathrm{d}x=1.$$

(2) 化为对 y 的定积分. $L:x=y^2$, y 从 0 变到 1. 所以

$$\int_L 2xy\mathrm{d}x+x^2\mathrm{d}y=\int_0^1(2y^2\cdot y\cdot 2y+y^4)\mathrm{d}y=5\int_0^1 y^4\mathrm{d}y=1.$$

(3) $\displaystyle\int_L 2xy\mathrm{d}x+x^2\mathrm{d}y=\int_{OA}2xy\mathrm{d}x+x^2\mathrm{d}y+\int_{AB}2xy\mathrm{d}x+x^2\mathrm{d}y$,

在 OA 上, $y=0$, x 从 0 变到 1,所以

$$\int_{OA}2xy\mathrm{d}x+x^2\mathrm{d}y=\int_0^1(2x\cdot 0+x^2\cdot 0)\mathrm{d}x=0.$$

在 AB 上, $x=1$, y 从 0 变到 1,所以

$$\int_{AB}2xy\mathrm{d}x+x^2\mathrm{d}y=\int_0^1(2y\cdot 0+1)\mathrm{d}y=1.$$

从而

$$\int_L 2xy\mathrm{d}x+x^2\mathrm{d}y=0+1=1.$$

从例 3 可以看出,虽然沿不同路径,曲线积分的值可以相等.

例 4 计算 $\displaystyle\int_\Gamma x^3\mathrm{d}x+3zy^2\mathrm{d}y-x^2y\mathrm{d}z$,其中 Γ 是从点 $A(3,2,1)$ 到点 $B(0,0,0)$ 的直线段 AB.

解 直线段 AB 的方程是

$$\frac{x}{3}=\frac{y}{2}=\frac{z}{1};$$

化为参数方程得

$$x=3t,\ y=2t,\ z=t,\ t\text{ 从 1 变到 0}.$$

所以

$$\begin{aligned}&\int_\Gamma x^3\mathrm{d}x+3zy^2\mathrm{d}y-x^2y\mathrm{d}z\\&=\int_1^0[(3t)^3\cdot 3+3t(2t)^2\cdot 2-(3t)^2\cdot 2t]\mathrm{d}t\\&=87\int_1^0 t^3\mathrm{d}t=-\frac{87}{4}.\end{aligned}$$

例 5 设一个质点在 $M(x,y)$ 处受到力 $\boldsymbol{F}$ 的作用, $\boldsymbol{F}$ 的大小与 M 到原点 O 的距离成正比, $\boldsymbol{F}$ 的方向恒指向原点. 此质点由点 $A(a,0)$ 沿椭圆 $\dfrac{x^2}{a^2}+\dfrac{y^2}{b^2}=1$ 按逆时针方向移动到点 $B(0,b)$,求力 $\boldsymbol{F}$ 所作的功 W.

解 $\overrightarrow{OM}=x\boldsymbol{i}+y\boldsymbol{j},|\overrightarrow{OM}|=\sqrt{x^2+y^2}$.

由假设有　$\boldsymbol{F}=-k(x\boldsymbol{i}+y\boldsymbol{j})$,其中 $k>0$ 是比例常数. 于是

$$W=\int_{\overset{\frown}{AB}}\boldsymbol{F}\cdot\mathrm{d}\boldsymbol{r}=\int_{\overset{\frown}{AB}}-kx\mathrm{d}x-ky\mathrm{d}y=-k\int_{\overset{\frown}{AB}}x\mathrm{d}x+y\mathrm{d}y.$$

利用椭圆的参数方程: $\begin{cases}x=a\cos t,\\ y=b\sin t,\end{cases}$ 起点 A、终点 B 分别对应参数 $0,\dfrac{\pi}{2}$. 于是

$$\begin{aligned}W&=-k\int_0^{\frac{\pi}{2}}(-a^2\cos t\sin t+b^2\sin t\cos t)\mathrm{d}t\\&=k(a^2-b^2)\int_0^{\frac{\pi}{2}}\sin t\cos t\mathrm{d}t=\frac{k}{2}(a^2-b^2).\end{aligned}$$

三、两类曲线积分之间的联系

设有向曲线弧 L 的起点为 A,终点为 B. 曲线弧 L 由参数方程

$$\begin{cases}x=\varphi(t),\\ y=\psi(t)\end{cases}$$

给出,起点 A、终点 B 分别对应参数 α、β. 不妨设 $\alpha<\beta$(若 $\alpha>\beta$,可令 $s=-t$,A、B 对应 $s=-\alpha$、$s=-\beta$,就有 $(-\alpha)<(-\beta)$,把下面的讨论对参数 s 进行即可),并设函数 $\varphi(t)$、$\psi(t)$ 在闭区间 $[\alpha,\beta]$ 上具有一阶连续导数,且 $\varphi'^2(t)+\psi'^2(t)\neq 0$,又函数 $P(x,y)$、$Q(x,y)$ 在 L 上连续. 于是,由对坐标的曲线积分计算公式(1)有

$$\begin{aligned}\int_L P(x,y)\mathrm{d}x+Q(x,y)\mathrm{d}y=\int_\alpha^\beta\{&P[\varphi(t),\psi(t)]\varphi'(t)\\&+Q[\varphi(t),\psi(t)]\psi'(t)\}\mathrm{d}t.\end{aligned}$$

我们知道,向量 $\boldsymbol{\tau}=\varphi'(t)\boldsymbol{i}+\psi'(t)\boldsymbol{j}$ 是曲线弧 L 在点 $M(\varphi(t),\psi(t))$ 处的一个切向量,它的指向与参数 t 增大时点 M 移动的走向一致,当 $\alpha<\beta$ 时,这个走向就是有向曲线弧 L 的走向. 以后,我们称这种指向与有向曲线弧的走向一致的切向量为有向曲线弧的切向量. 于是,有向曲线弧 L 的切向量为 $\boldsymbol{\tau}=\varphi'(t)\boldsymbol{i}+\psi'(t)\boldsymbol{j}$,它的方向余弦为

$$\cos\alpha=\frac{\varphi'(t)}{\sqrt{\varphi'^2(t)+\psi'^2(t)}},\cos\beta=\frac{\psi'(t)}{\sqrt{\varphi'^2(t)+\psi'^2(t)}}.$$

由对弧长的曲线积分的计算公式可得

$$\int_L[P(x,y)\cos\alpha+Q(x,y)\cos\beta]\mathrm{d}s$$

$$= \int_{\alpha}^{\beta} \left\{ P[\varphi(t),\psi(t)] \frac{\varphi'(t)}{\sqrt{\varphi'^2(t)+\psi'^2(t)}} \right.$$

$$\left. + Q[\varphi(t),\psi(t)] \frac{\psi'(t)}{\sqrt{\varphi'^2(t)+\psi'^2(t)}} \right\} \sqrt{\varphi'^2(t)+\psi'^2(t)}\,\mathrm{d}t$$

$$= \int_{\alpha}^{\beta} \{P[\varphi(t),\psi(t)]\varphi'(t) + Q[\varphi(t),\psi(t)]\psi'(t)\}\mathrm{d}t.$$

由此可见,平面曲线 L 上的两类曲线积分之间有如下联系:

$$\int_L P\mathrm{d}x + Q\mathrm{d}y = \int_L (P\cos\alpha + Q\cos\beta)\mathrm{d}s, \tag{2}$$

其中 $\alpha(x,y)$、$\beta(x,y)$ 为有向曲线弧 L 在点 (x,y) 处的切向量的方向角.

类似地可知,空间曲线 Γ 上的两类曲线积分之间有如下联系:

$$\int_\Gamma P\mathrm{d}x + Q\mathrm{d}y + R\mathrm{d}z = \int_\Gamma (P\cos\alpha + Q\cos\beta + R\cos\gamma)\mathrm{d}s, \tag{3}$$

其中 $\alpha(x,y,z)$、$\beta(x,y,z)$、$\gamma(x,y,z)$ 为有向曲线弧 Γ 在点 (x,y,z) 处的切向量的方向角.

两类曲线积分之间的联系也可用向量的形式表达.例如,空间曲线 Γ 上的两类曲线积分之间的联系可写成如下形式:

$$\int_\Gamma \boldsymbol{A}\cdot\mathrm{d}\boldsymbol{r} = \int_\Gamma \boldsymbol{A}\cdot\boldsymbol{\tau}\mathrm{d}s \tag{4}$$

或

$$\int_\Gamma \boldsymbol{A}\cdot\mathrm{d}\boldsymbol{r} = \int_\Gamma A_\tau \mathrm{d}s, \tag{4'}$$

其中 $\boldsymbol{A}=(P,Q,R)$,$\boldsymbol{\tau}=(\cos\alpha,\cos\beta,\cos\gamma)$ 为有向曲线弧 Γ 在点 (x,y,z) 处的单位切向量,$\mathrm{d}\boldsymbol{r}=\boldsymbol{\tau}\mathrm{d}s=(\mathrm{d}x,\mathrm{d}y,\mathrm{d}z)$,称为有向曲线元,$A_\tau$ 为向量 $\boldsymbol{A}$ 在向量 $\boldsymbol{\tau}$ 上的投影.

习 题 10-2

1. 设 L 为 xOy 面内直线 $x=a$ 上的一段,证明:

$$\int_L P(x,y)\mathrm{d}x = 0.$$

2. 设 L 为 xOy 面内 x 轴上从点 $(a,0)$ 到点 $(b,0)$ 的一段直线,证明:

$$\int_L P(x,y)\mathrm{d}x = \int_a^b P(x,0)\mathrm{d}x.$$

3. 计算下列对坐标的曲线积分:

(1) $\int_L (x^2-y^2)\mathrm{d}x$,其中 L 是抛物线 $y=x^2$ 上从点 $(0,0)$ 到点 $(2,4)$ 的一段弧;

(2) $\oint_L xy\mathrm{d}x$，其中 L 为圆周 $(x-a)^2+y^2=a^2(a>0)$ 及 x 轴所围成的在第一象限内的区域的整个边界(按逆时针方向绕行)；

(3) $\int_L y\mathrm{d}x+x\mathrm{d}y$，其中 L 为圆周 $x=R\cos t, y=R\sin t$ 上对应 t 从 0 到 $\frac{\pi}{2}$ 的一段弧；

(4) $\oint_L \frac{(x+y)\mathrm{d}x-(x-y)\mathrm{d}y}{x^2+y^2}$，其中 L 为圆周 $x^2+y^2=a^2$(按逆时针方向绕行)；

(5) $\int_\Gamma x^2\mathrm{d}x+z\mathrm{d}y-y\mathrm{d}z$，其中 Γ 为曲线 $x=k\theta, y=a\cos\theta, z=a\sin\theta$ 上对应 θ 从 0 到 π 的一段弧；

(6) $\int_\Gamma x\mathrm{d}x+y\mathrm{d}y+(x+y-1)\mathrm{d}z$，其中 Γ 是从点(1,1,1)到点(2,3,4)的一段直线；

(7) $\oint_\Gamma \mathrm{d}x-\mathrm{d}y+y\mathrm{d}z$，其中 Γ 为有向闭折线 $ABCA$，这里的 A、B、C 依次为点(1,0,0)、(0,1,0)、(0,0,1)；

(8) $\int_L (x^2-2xy)\mathrm{d}x+(y^2-2xy)\mathrm{d}y$，其中 L 是抛物线 $y=x^2$ 上从点(−1,1)到点(1,1)的一段弧.

4. 计算 $\int_L (x+y)\mathrm{d}x+(y-x)\mathrm{d}y$，其中 L 是：

(1) 抛物线 $y^2=x$ 上从点(1,1)到点(4,2)的一段弧；

(2) 从点(1,1)到点(4,2)的直线段；

(3) 先沿直线从点(1,1)到点(1,2)，然后再沿直线到点(4,2)的折线；

(4) 曲线 $x=2t^2+t+1, y=t^2+1$ 上从点(1,1)到点(4,2)的一段弧.

5. 一力场由沿横轴正方向的常力 $\boldsymbol{F}$ 所构成. 试求当一质量为 m 的质点沿圆周 $x^2+y^2=R^2$ 按逆时针方向移过位于第一象限的那一段弧时场力所作的功.

6. 设 z 轴与重力的方向一致，求质量为 m 的质点从位置 (x_1,y_1,z_1) 沿直线移到 (x_2,y_2,z_2) 时重力所作的功.

7. 把对坐标的曲线积分 $\int_L P(x,y)\mathrm{d}x+Q(x,y)\mathrm{d}y$ 化成对弧长的曲线积分，其中 L 为：

(1) 在 xOy 面内沿直线从点(0,0)到点(1,1)；

(2) 沿抛物线 $y=x^2$ 从点(0,0)到点(1,1)；

(3) 沿上半圆周 $x^2+y^2=2x$ 从点(0,0)到点(1,1).

8. 设 Γ 为曲线 $x=t, y=t^2, z=t^3$ 上相应于 t 从 0 变到 1 的曲线弧. 把对坐标的曲线积分 $\int_\Gamma P\mathrm{d}x+Q\mathrm{d}y+R\mathrm{d}z$ 化成对弧长的曲线积分.

第三节　格林公式及其应用

一、格林公式

在一元函数积分学中，牛顿－莱布尼茨公式

$$\int_a^b F'(x)\mathrm{d}x = F(b) - F(a)$$

表示：$F'(x)$在区间$[a,b]$上的积分可以通过它的原函数$F(x)$在这个区间端点上的值来表达.

下面要介绍的格林(Green)公式告诉我们，在平面闭区域D上的二重积分可以通过沿闭区域D的边界曲线L上的曲线积分来表达.

现在先介绍平面单连通区域的概念. 设D为平面区域，如果D内任一闭曲线所围的部分都属于D，则称D为平面单连通区域，否则称为复连通区域. 通俗地说，平面单连通区域就是不含有“洞”(包括点“洞”)的区域，复连通区域是含有“洞”(包括点“洞”)的区域. 例如，平面上的圆形区域$\{(x,y)\mid x^2+y^2<1\}$、上半平面$\{(x,y)\mid y>0\}$都是单连通区域，圆环形区域$\{(x,y)\mid 1<x^2+y^2<4\}$、$\{(x,y)\mid 0<x^2+y^2<2\}$都是复连通区域.

对平面区域D的边界曲线L，我们规定L的正向如下：当观察者沿L的这个方向行走时，D内在他近处的那一部分总在他的左边. 例如，D是边界曲线L及l所围成的复连通区域(图 10-8)，作为D的正向边界，L的正向是逆时针方向，而l的正向是顺时针方向.

定理 1　设闭区域D由分段光滑的曲线L围成，函数$P(x,y)$及$Q(x,y)$在D上具有一阶连续偏导数，则有

$$\iint_D \left(\frac{\partial Q}{\partial x} - \frac{\partial P}{\partial y}\right)\mathrm{d}x\mathrm{d}y = \oint_L P\mathrm{d}x + Q\mathrm{d}y, \tag{1}$$

其中L是D的取正向的边界曲线.

公式(1)叫做格林公式.

证　先假设穿过区域D内部且平行坐标轴的直线与D的边界曲线L的交点恰好为两点，即区域D既是X-型又是Y-型的情形(图 10-9).

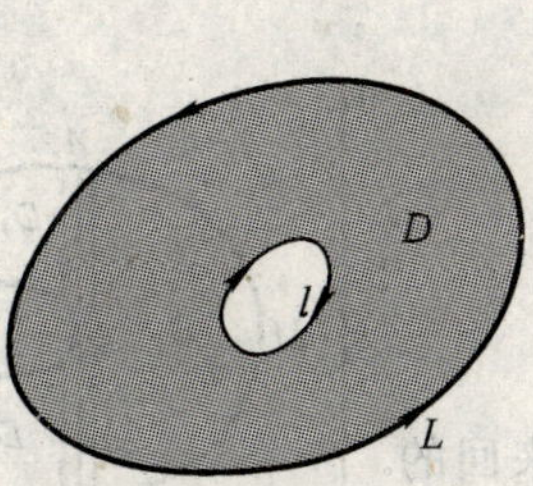

图　10-8

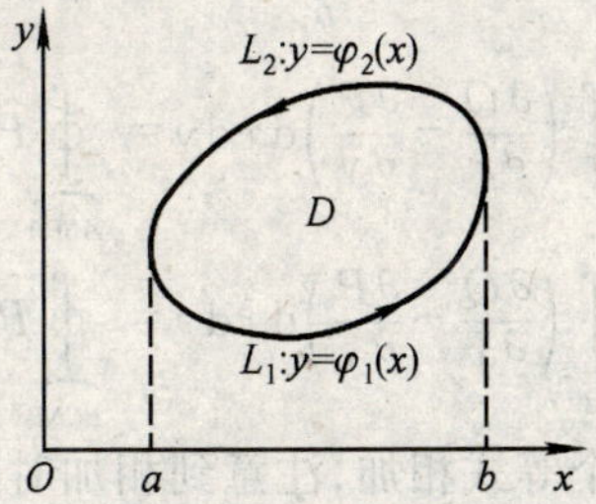

图　10-9

设$D=\{(x,y)\mid \varphi_1(x)\leqslant y\leqslant \varphi_2(x), a\leqslant x\leqslant b\}$. 因为$\dfrac{\partial P}{\partial y}$连续，所以由二重

积分的计算法有

$$\iint\limits_D \frac{\partial P}{\partial y}\mathrm{d}x\mathrm{d}y = \int_a^b \left\{\int_{\varphi_1(x)}^{\varphi_2(x)} \frac{\partial P(x,y)}{\partial y}\mathrm{d}y\right\}\mathrm{d}x$$

$$= \int_a^b \{P[x,\varphi_2(x)] - P[x,\varphi_1(x)]\}\mathrm{d}x.$$

另一方面,由对坐标的曲线积分的性质及计算法有

$$\oint_L P\mathrm{d}x = \int_{L_1} P\mathrm{d}x + \int_{L_2} P\mathrm{d}x$$

$$= \int_a^b P[x,\varphi_1(x)]\,\mathrm{d}x + \int_b^a P[x,\varphi_2(x)]\mathrm{d}x$$

$$= \int_a^b \{P[x,\varphi_1(x)] - P[x,\varphi_2(x)]\}\mathrm{d}x.$$

因此,

$$-\iint\limits_D \frac{\partial P}{\partial y}\mathrm{d}x\mathrm{d}y = \oint_L P\mathrm{d}x. \tag{2}$$

设 $D=\{(x,y)\mid \psi_1(y)\leqslant x\leqslant \psi_2(y), c\leqslant y\leqslant d\}$.类似地可证

$$\iint\limits_D \frac{\partial Q}{\partial x}\mathrm{d}x\mathrm{d}y = \oint_L Q\mathrm{d}y. \tag{3}$$

由于 D 既是 X - 型又是 Y - 型的,(2)、(3)同时成立,合并后即得公式(1).

再考虑一般情形.如果闭区域 D 不满足以上条件,那么可以在 D 内引进一条或几条辅助曲线把 D 分成有限个部分闭区域,使得每个部分闭区域都满足上述条件.例如,就图 10-10 所示的闭区域 D 来说,它的边界曲线 L 为$\overset{\frown}{MNPM}$,引进一条辅助线 ABC,把 D 分成 D_1、D_2、D_3 三部分.应用公式(1)于每个部分,得

$$\iint\limits_{D_1} \left(\frac{\partial Q}{\partial x} - \frac{\partial P}{\partial y}\right)\mathrm{d}x\mathrm{d}y = \oint\limits_{\overset{\frown}{MCBAM}} P\mathrm{d}x + Q\mathrm{d}y,$$

$$\iint\limits_{D_2} \left(\frac{\partial Q}{\partial x} - \frac{\partial P}{\partial y}\right)\mathrm{d}x\mathrm{d}y = \oint\limits_{\overset{\frown}{ABPA}} P\mathrm{d}x + Q\mathrm{d}y,$$

$$\iint\limits_{D_3} \left(\frac{\partial Q}{\partial x} - \frac{\partial P}{\partial y}\right)\mathrm{d}x\mathrm{d}y = \oint\limits_{\overset{\frown}{BCNB}} P\mathrm{d}x + Q\mathrm{d}y.$$

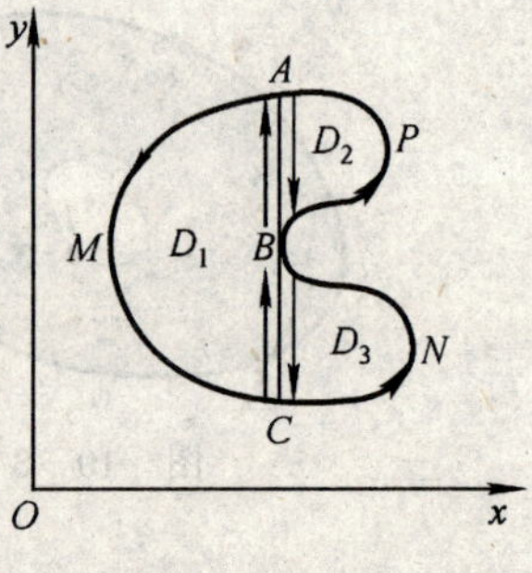

图 10-10

把这三个等式相加,注意到相加时沿辅助曲线来回的曲线积分相互抵消,便得

$$\iint\limits_D \left(\frac{\partial Q}{\partial x} - \frac{\partial P}{\partial y}\right)\mathrm{d}x\mathrm{d}y = \oint_L P\mathrm{d}x + Q\mathrm{d}y.$$

其中 L 的方向对 D 来说为正方向.一般地,公式(1)

对于由分段光滑曲线围成的闭区域都成立.证毕.

注意,对于复连通区域 D,格林公式(1)右端应包括沿区域 D 的全部边界的曲线积分,且边界的方向对区域 D 来说都是正向.

下面说明格林公式的一个简单应用.

在公式(1)中取 $P=-y,Q=x$,即得

$$2\iint_D \mathrm{d}x\mathrm{d}y=\oint_L x\mathrm{d}y-y\mathrm{d}x.$$

上式左端是闭区域 D 的面积 A 的两倍,因此有

$$A=\frac{1}{2}\oint_L x\mathrm{d}y-y\mathrm{d}x. \tag{4}$$

例 1 求椭圆 $x=a\cos\theta,y=b\sin\theta$ 所围成图形的面积 A.

解 根据公式(4)有

$$\begin{aligned}A&=\frac{1}{2}\oint_L x\mathrm{d}y-y\mathrm{d}x=\frac{1}{2}\int_0^{2\pi}(ab\cos^2\theta+ab\sin^2\theta)\mathrm{d}\theta\\&=\frac{1}{2}ab\int_0^{2\pi}\mathrm{d}\theta=\pi ab.\end{aligned}$$

例 2 设 L 是任意一条分段光滑的闭曲线,证明

$$\oint_L 2xy\mathrm{d}x+x^2\mathrm{d}y=0.$$

证 令 $P=2xy,Q=x^2$,

则
$$\frac{\partial Q}{\partial x}-\frac{\partial P}{\partial y}=2x-2x=0.$$

因此,由公式(1)有

$$\oint_L 2xy\mathrm{d}x+x^2\mathrm{d}y=\pm\iint_D 0\mathrm{d}x\mathrm{d}y=0.$$

例 3 计算 $\iint_D \mathrm{e}^{-y^2}\mathrm{d}x\mathrm{d}y$,其中 D 是以 $O(0,0),A(1,1),B(0,1)$ 为顶点的三角形闭区域(图 10-11).

解 令 $P=0,Q=x\mathrm{e}^{-y^2}$,则

$$\frac{\partial Q}{\partial x}-\frac{\partial P}{\partial y}=\mathrm{e}^{-y^2}.$$

因此,由公式(1)有

$$\iint_D \mathrm{e}^{-y^2}\mathrm{d}x\mathrm{d}y=\int_{OA+AB+BO}x\mathrm{e}^{-y^2}\mathrm{d}y=\int_{OA}x\mathrm{e}^{-y^2}\mathrm{d}y=\int_0^1 x\mathrm{e}^{-x^2}\mathrm{d}x=\frac{1}{2}(1-\mathrm{e}^{-1}).$$

例 4 计算 $\oint_L \frac{x\mathrm{d}y - y\mathrm{d}x}{x^2+y^2}$，其中 L 为一条无重点①、分段光滑且不经过原点的连续闭曲线，L 的方向为逆时针方向.

解 令 $P = \frac{-y}{x^2+y^2}$，$Q = \frac{x}{x^2+y^2}$. 则当 $x^2+y^2 \neq 0$ 时，有

$$\frac{\partial Q}{\partial x} = \frac{y^2-x^2}{(x^2+y^2)^2} = \frac{\partial P}{\partial y}.$$

记 L 所围成的闭区域为 D. 当 $(0,0) \notin D$ 时，由公式(1)便得

$$\oint_L \frac{x\mathrm{d}y - y\mathrm{d}x}{x^2+y^2} = 0;$$

当 $(0,0) \in D$ 时，选取适当小的 $r>0$，作位于 D 内的圆周 $l: x^2+y^2=r^2$. 记 L 和 l 所围成的闭区域为 D_1（图 10－12）. 对复连通区域 D_1 应用格林公式，得

$$\oint_L \frac{x\mathrm{d}y - y\mathrm{d}x}{x^2+y^2} - \oint_l \frac{x\mathrm{d}y - y\mathrm{d}x}{x^2+y^2} = 0,$$

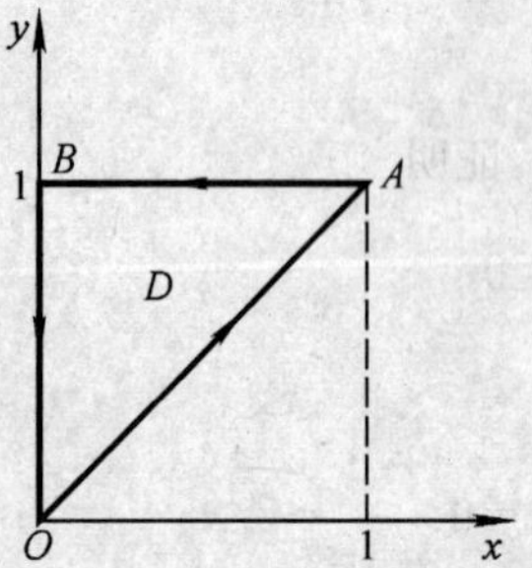

图 10－11

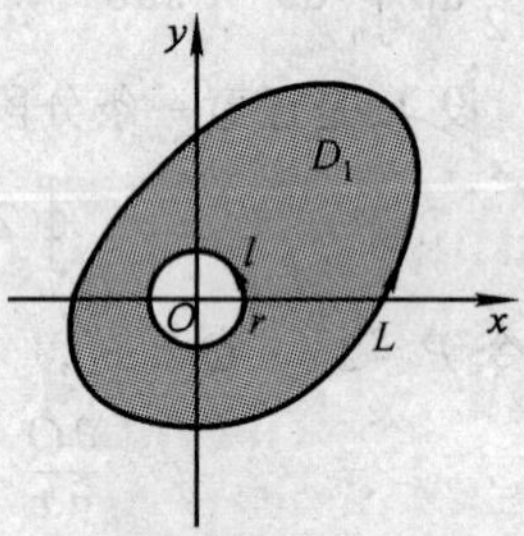

图 10－12

其中 l 的方向取逆时针方向. 于是

$$\oint_L \frac{x\mathrm{d}y - y\mathrm{d}x}{x^2+y^2} = \oint_l \frac{x\mathrm{d}y - y\mathrm{d}x}{x^2+y^2} = \int_0^{2\pi} \frac{r^2\cos^2\theta + r^2\sin^2\theta}{r^2}\mathrm{d}\theta = 2\pi.$$

二、平面上曲线积分与路径无关的条件

在物理、力学中要研究所谓势场，就是要研究场力所作的功与路径无关的情形. 在什么条件下场力所作的功与路径无关？这个问题在数学上就是要研究曲线积分与路径无关的条件. 为了研究这个问题，先要明确什么叫做曲线积分 $\int_L P\mathrm{d}x + Q\mathrm{d}y$ 与路径无关.

① 对于连续曲线 $L: x=\varphi(t), y=\psi(t), \alpha \leqslant t \leqslant \beta$，如果除了 $t=\alpha, t=\beta$ 外，当 $t_1 \neq t_2$ 时，$(\varphi(t_1), \psi(t_1))$ 与 $(\varphi(t_2), \psi(t_2))$ 总是相异的，则称 L 是无重点的曲线.

设 G 是一个区域，$P(x,y)$ 以及 $Q(x,y)$ 在区域 G 内具有一阶连续偏导数. 如果对于 G 内任意指定的两个点 A、B 以及 G 内从点 A 到点 B 的任意两条曲线 L_1，L_2（图 10－13），等式

$$\int_{L_1} P\mathrm{d}x+Q\mathrm{d}y=\int_{L_2} P\mathrm{d}x+Q\mathrm{d}y$$

恒成立，就说曲线积分 $\int_L P\mathrm{d}x+Q\mathrm{d}y$ 在 G 内与路径无关，否则便说与路径有关.

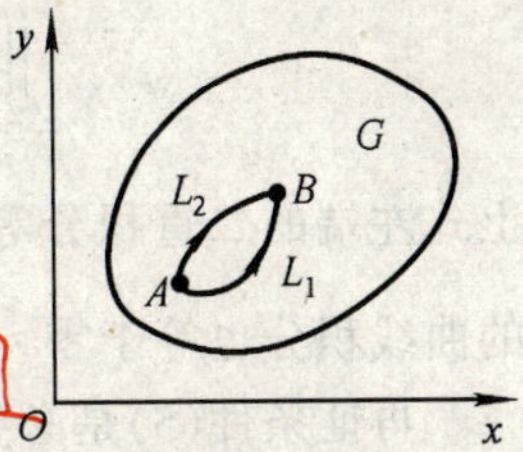

图 10－13

在以上叙述中注意到，如果曲线积分与路径无关，那么

$$\int_{L_1} P\mathrm{d}x+Q\mathrm{d}y=\int_{L_2} P\mathrm{d}x+Q\mathrm{d}y$$

（图 10－13）. 由于

$$\int_{L_2} P\mathrm{d}x+Q\mathrm{d}y=-\int_{L_2^-} P\mathrm{d}x+Q\mathrm{d}y,$$

所以

$$\int_{L_1} P\mathrm{d}x+Q\mathrm{d}y+\int_{L_2^-} P\mathrm{d}x+Q\mathrm{d}y=0,$$

从而

$$\oint_{L_1+L_2^-} P\mathrm{d}x+Q\mathrm{d}y=0,$$

这里 $L_1+L_2^-$ 是一条有向闭曲线. 因此，在区域 G 内由曲线积分与路径无关可推得在 G 内沿闭曲线的曲线积分为零. 反过来，如果在区域 G 内沿任意闭曲线的曲线积分为零，也可推得在 G 内曲线积分与路径无关. 由此得出结论：曲线积分 $\int_L P\mathrm{d}x+Q\mathrm{d}y$ 在 G 内与路径无关相当于沿 G 内任意闭曲线 C 的曲线积分 $\oint_C P\mathrm{d}x+Q\mathrm{d}y$ 等于零.

定理 2　设区域 G 是一个单连通域，函数 $P(x,y)$，$Q(x,y)$ 在 G 内具有一阶连续偏导数，则曲线积分 $\int_L P\mathrm{d}x+Q\mathrm{d}y$ 在 G 内与路径无关（或沿 G 内任意闭曲线的曲线积分为零）的充分必要条件是

$$\frac{\partial P}{\partial y}=\frac{\partial Q}{\partial x} \tag{5}$$

在 G 内恒成立.

证　先证这条件是充分的. 在 G 内任取一条闭曲线 C，要证当条件(5)成立时有 $\oint_C P\mathrm{d}x+Q\mathrm{d}y=0$. 因为 G 是单连通的，所以闭曲线 C 所围成的闭区域 D 全

部在 G 内,于是(5)式在 D 上恒成立.应用格林公式,有

$$\iint_D\left(\frac{\partial Q}{\partial x}-\frac{\partial P}{\partial y}\right)\mathrm{d}x\mathrm{d}y=\oint_C P\mathrm{d}x+Q\mathrm{d}y.$$

上式左端的二重积分等于零$\left(\text{因为被积函数}\frac{\partial Q}{\partial x}-\frac{\partial P}{\partial y}\text{在}D\text{上恒为零}\right)$,从而右端的曲线积分也等于零.

再证条件(5)是必要的.现在要证的是:如果沿 G 内任意闭曲线的曲线积分为零,那么(5)式在 G 内恒成立.用反证法来证.假设上述论断不成立,那么 G 内至少有一点 M_0,使

$$\left(\frac{\partial Q}{\partial x}-\frac{\partial P}{\partial y}\right)_{M_0}\neq 0.$$

不妨假定
$$\left(\frac{\partial Q}{\partial x}-\frac{\partial P}{\partial y}\right)_{M_0}=\eta>0.$$

由于$\frac{\partial P}{\partial y}$、$\frac{\partial Q}{\partial x}$在 G 内连续,可以在 G 内取得一个以 M_0 为圆心、半径足够小的圆形闭区域 K,使得在 K 上恒有

$$\frac{\partial Q}{\partial x}-\frac{\partial P}{\partial y}\geqslant\frac{\eta}{2}.$$

于是由格林公式及二重积分的性质就有

$$\oint_\gamma P\mathrm{d}x+Q\mathrm{d}y=\iint_K\left(\frac{\partial Q}{\partial x}-\frac{\partial P}{\partial y}\right)\mathrm{d}x\mathrm{d}y\geqslant\frac{\eta}{2}\cdot\sigma,$$

这里 γ 是 K 的正向边界曲线,σ 是 K 的面积.因为 $\eta>0,\sigma>0$,从而

$$\oint_\gamma P\mathrm{d}x+Q\mathrm{d}y>0.$$

这结果与沿 G 内任意闭曲线的曲线积分为零的假定相矛盾,可见 G 内使(5)式不成立的点不可能存在,即(5)式在 G 内处处成立.

证毕.

在第二节第二目例 3 中我们看到,起点与终点相同的三个曲线积分 $\int_L 2xy\mathrm{d}x+x^2\mathrm{d}y$ 相等.由定理 2 来看,这不是偶然的,因为这里$\frac{\partial Q}{\partial x}=\frac{\partial P}{\partial y}=2x$ 在整个 xOy 面内恒成立,而整个 xOy 面是单连通域,因此曲线积分 $\int_L 2xy\mathrm{d}x+x^2\mathrm{d}y$ 与路径无关.

在定理 2 中,要求区域 G 是单连通区域,且函数 $P(x,y)$、$Q(x,y)$在 G 内具有一阶连续偏导数.如果这两个条件之一不能满足,那么定理的结论不能保证成立.例如,在例 4 中我们已经看到,当 L 所围成的区域含有原点时,虽然除去

原点外，恒有$\frac{\partial Q}{\partial x}=\frac{\partial P}{\partial y}$，但沿闭曲线的积分$\oint_L P\mathrm{d}x+Q\mathrm{d}y\neq 0$，其原因在于区域内含有破坏函数 P、Q 及$\frac{\partial Q}{\partial x}$、$\frac{\partial P}{\partial y}$连续性条件的点 O，这种点通常称为奇点.

三、二元函数的全微分求积

现在要讨论：函数 $P(x,y)$、$Q(x,y)$满足什么条件时，表达式 $P(x,y)\mathrm{d}x+Q(x,y)\mathrm{d}y$ 才是某个二元函数 $u(x,y)$的全微分；当这样的二元函数存在时把它求出来.

定理 3　设区域 G 是一个单连通域，函数 $P(x,y)$、$Q(x,y)$在 G 内具有一阶连续偏导数，则 $P(x,y)\mathrm{d}x+Q(x,y)\mathrm{d}y$ 在 G 内为某一函数 $u(x,y)$的全微分的充分必要条件是

$$\frac{\partial P}{\partial y}=\frac{\partial Q}{\partial x} \tag{5}$$

在 G 内恒成立.

证　先证必要性.假设存在着某一函数 $u(x,y)$，使得

$$\mathrm{d}u=P(x,y)\mathrm{d}x+Q(x,y)\mathrm{d}y,$$

则必有

$$\frac{\partial u}{\partial x}=P(x,y),\frac{\partial u}{\partial y}=Q(x,y).$$

从而

$$\frac{\partial^2 u}{\partial x\partial y}=\frac{\partial P}{\partial y},\frac{\partial^2 u}{\partial y\partial x}=\frac{\partial Q}{\partial x}.$$

由于 P、Q 具有一阶连续偏导数，所以$\frac{\partial^2 u}{\partial x\partial y}$、$\frac{\partial^2 u}{\partial y\partial x}$连续，因此$\frac{\partial^2 u}{\partial x\partial y}=\frac{\partial^2 u}{\partial y\partial x}$，即$\frac{\partial P}{\partial y}=\frac{\partial Q}{\partial x}$.这就证明了条件(5)是必要的.

再证充分性.设已知条件(5)在 G 内恒成立，则由定理 2 可知，起点为 $M_0(x_0,y_0)$终点为 $M(x,y)$的曲线积分在区域 G 内与路径无关，于是可把这个曲线积分写作

$$\int_{(x_0,y_0)}^{(x,y)}P(x,y)\mathrm{d}x+Q(x,y)\mathrm{d}y.$$

当起点 $M_0(x_0,y_0)$固定时，这个积分的值取决于终点 $M(x,y)$，因此，它是 x、y 的函数，把这函数记作 $u(x,y)$，即

$$u(x,y)=\int_{(x_0,y_0)}^{(x,y)} P(x,y)\mathrm{d}x+Q(x,y)\mathrm{d}y.\text{①}\tag{6}$$

下面来证明这函数 $u(x,y)$ 的全微分就是 $P(x,y)\mathrm{d}x+Q(x,y)\mathrm{d}y$. 因为 $P(x,y)$、$Q(x,y)$ 都是连续的，因此只要证明

$$\frac{\partial u}{\partial x}=P(x,y),\frac{\partial u}{\partial y}=Q(x,y).$$

按偏导数的定义，有

$$\frac{\partial u}{\partial x}=\lim_{\Delta x\to 0}\frac{u(x+\Delta x,y)-u(x,y)}{\Delta x}.$$

由(6)式，得

$$u(x+\Delta x,y)=\int_{(x_0,y_0)}^{(x+\Delta x,y)} P(x,y)\mathrm{d}x+Q(x,y)\mathrm{d}y.$$

由于这里的曲线积分与路径无关，可以取先从 M_0 到 M，然后沿平行于 x 轴的直线段从 M 到 N 作为上式右端曲线积分的路径(图 10－14). 这样就有

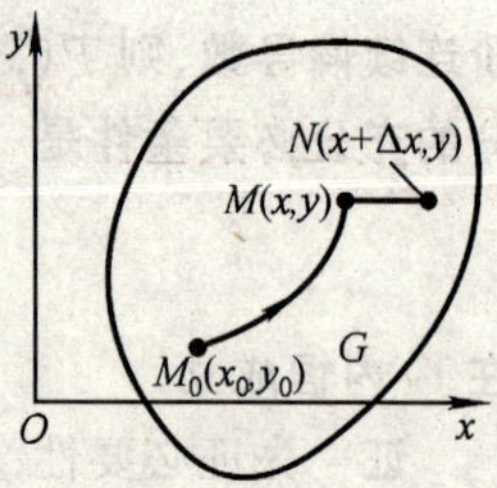

图　10－14

$$u(x+\Delta x,y)=u(x,y)+\int_{(x,y)}^{(x+\Delta x,y)} P(x,y)\mathrm{d}x+Q(x,y)\mathrm{d}y.$$

从而

$$u(x+\Delta x,y)-u(x,y)=\int_{(x,y)}^{(x+\Delta x,y)} P(x,y)\mathrm{d}x+Q(x,y)\mathrm{d}y.$$

因为直线段 MN 的方程为 $y=$常数，按对坐标的曲线积分的计算法，上式成为

$$u(x+\Delta x,y)-u(x,y)=\int_{x}^{x+\Delta x} P(x,y)\mathrm{d}x.$$

应用定积分中值定理，得

$$u(x+\Delta x,y)-u(x,y)=P(x+\theta\Delta x,y)\Delta x\quad(0\leqslant\theta\leqslant 1).$$

上式两边除以 Δx，并令 $\Delta x\to 0$ 取极限. 由于 $P(x,y)$ 的偏导数在 G 内连续，$P(x,y)$ 本身也一定连续，于是得

$$\frac{\partial u}{\partial x}=P(x,y).$$

同理可证

$$\frac{\partial u}{\partial y}=Q(x,y).$$

---

① 为区别函数的自变量与积分变量，可记

$$u(x,y)=\int_{(x_0,y_0)}^{(x,y)} P(s,t)\mathrm{d}s+Q(s,t)\mathrm{d}t.$$

这就证明了条件(5)是充分的. 证毕.

根据上述定理,如果函数 $P(x,y)$、$Q(x,y)$ 在单连通域 G 内具有一阶连续偏导数,且满足条件(5),那么 $P\mathrm{d}x+Q\mathrm{d}y$ 是某个函数的全微分,这函数可用公式(6)来求出. 因为公式(6)中的曲线积分与路径无关,为计算简便起见,可以选择平行于坐标轴的直线段连成的折线 M_0RM 或 M_0SM 作为积分路线(图 10-15),当然要假定这些折线完全位于 G 内.

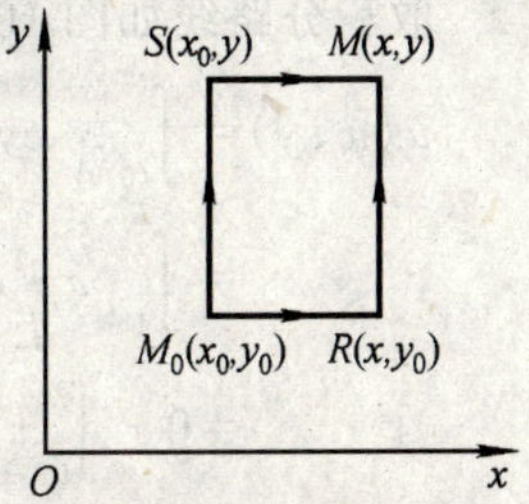

图 10-15

在公式(6)中取 M_0RM 为积分路线,得

$$u(x,y)=\int_{x_0}^{x}P(x,y_0)\mathrm{d}x+\int_{y_0}^{y}Q(x,y)\mathrm{d}y.$$

在公式(6)中取 M_0SM 为积分路线,则函数 u 也可表为

$$u(x,y)=\int_{y_0}^{y}Q(x_0,y)\mathrm{d}y+\int_{x_0}^{x}P(x,y)\mathrm{d}x.$$

例 5 验证: $\dfrac{x\mathrm{d}y-y\mathrm{d}x}{x^2+y^2}$ 在右半平面($x>0$)内是某个函数的全微分,并求出一个这样的函数.

解 在例 4 中已经知道,令

$$P=\frac{-y}{x^2+y^2},Q=\frac{x}{x^2+y^2},$$

就有

$$\frac{\partial P}{\partial y}=\frac{y^2-x^2}{(x^2+y^2)^2}=\frac{\partial Q}{\partial x}$$

在右半平面内恒成立,因此在右半平面内, $\dfrac{x\mathrm{d}y-y\mathrm{d}x}{x^2+y^2}$ 是某个函数的全微分.

取积分路线如图 10-16 所示,利用公式(6)得所求函数为

$$\begin{aligned}u(x,y)&=\int_{(1,0)}^{(x,y)}\frac{x\mathrm{d}y-y\mathrm{d}x}{x^2+y^2}\\&=\int_{AB}\frac{x\mathrm{d}y-y\mathrm{d}x}{x^2+y^2}+\int_{BC}\frac{x\mathrm{d}y-y\mathrm{d}x}{x^2+y^2}\\&=0+\int_0^y\frac{x\mathrm{d}y}{x^2+y^2}=\left[\arctan\frac{y}{x}\right]_0^y=\arctan\frac{y}{x}.\end{aligned}$$

例 6 验证:在整个 xOy 面内, $xy^2\mathrm{d}x+x^2y\mathrm{d}y$ 是某个函数的全微分,并求出一个这样的函数.

解 现在 $P=xy^2$, $Q=x^2y$,且

$$\frac{\partial P}{\partial y}=2xy=\frac{\partial Q}{\partial x}$$

在整个 xOy 面内恒成立,因此在整个 xOy 面内,$xy^2\mathrm{d}x+x^2y\mathrm{d}y$ 是某个函数的全微分.

取积分路线如图 10-17 所示,利用公式(6)得所求函数为

$$
\begin{aligned}
u(x,y) &= \int_{(0,0)}^{(x,y)} xy^2\mathrm{d}x + x^2y\mathrm{d}y \\
&= \int_{OA} xy^2\mathrm{d}x + x^2y\mathrm{d}y + \int_{AB} xy^2\mathrm{d}x + x^2y\mathrm{d}y \\
&= 0 + \int_0^y x^2y\mathrm{d}y = x^2\int_0^y y\mathrm{d}y = \frac{x^2y^2}{2}.
\end{aligned}
$$

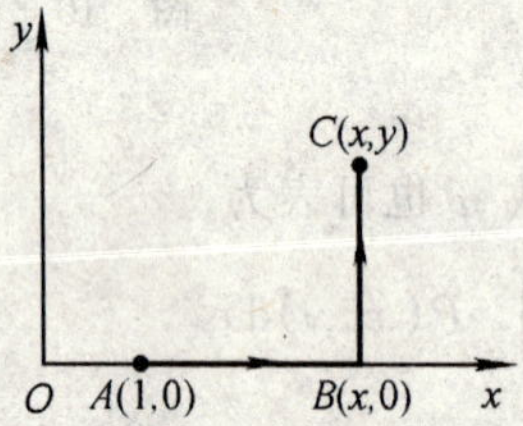

图 10-16

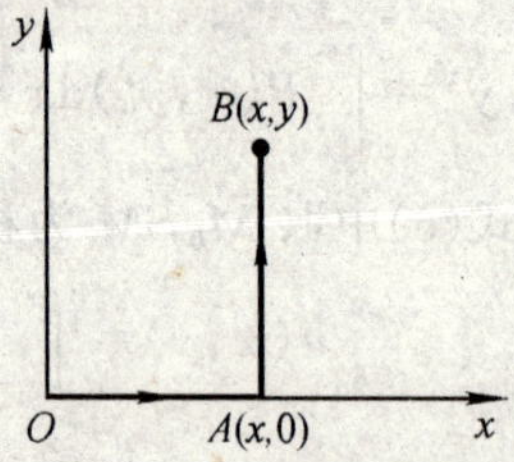

图 10-17

除了利用公式(6)以外,还可用下面的方法来求函数 $u(x,y)$.

因为函数 u 满足

$$\frac{\partial u}{\partial x}=xy^2,$$

故

$$u=\int xy^2\mathrm{d}x=\frac{x^2y^2}{2}+\varphi(y),$$

其中 $\varphi(y)$ 是 y 的待定函数.由此得

$$\frac{\partial u}{\partial y}=x^2y+\varphi'(y).$$

又 u 必须满足

$$\frac{\partial u}{\partial y}=x^2y,$$

故

$$x^2y+\varphi'(y)=x^2y.$$

从而 $\varphi'(y)=0$,$\varphi(y)=C$,所求函数为

$$u=\frac{x^2y^2}{2}+C.$$

习 题 10-3

1. 计算下列曲线积分,并验证格林公式的正确性:

(1) $\oint_L (2xy-x^2)\mathrm{d}x+(x+y^2)\mathrm{d}y$,其中 L 是由抛物线 $y=x^2$ 和 $y^2=x$ 所围成的区域的正向边界曲线;

(2) $\oint_L (x^2-xy^3)\mathrm{d}x+(y^2-2xy)\mathrm{d}y$,其中 L 是四个顶点分别为(0,0)、(2,0)、(2,2)和(0,2)的正方形区域的正向边界.

2. 利用曲线积分,求下列曲线所围成的图形的面积:

(1) 星形线 $x=a\cos^3 t, y=a\sin^3 t$;

(2) 椭圆 $9x^2+16y^2=144$;

(3) 圆 $x^2+y^2=2ax$.

3. 计算曲线积分 $\oint_L \frac{y\mathrm{d}x-x\mathrm{d}y}{2(x^2+y^2)}$,其中 L 为圆周 $(x-1)^2+y^2=2$,L 的方向为逆时针方向.

4. 证明下列曲线积分在整个 xOy 面内与路径无关,并计算积分值:

(1) $\int_{(1,1)}^{(2,3)} (x+y)\mathrm{d}x+(x-y)\mathrm{d}y$;

(2) $\int_{(1,2)}^{(3,4)} (6xy^2-y^3)\mathrm{d}x+(6x^2y-3xy^2)\mathrm{d}y$;

(3) $\int_{(1,0)}^{(2,1)} (2xy-y^4+3)\mathrm{d}x+(x^2-4xy^3)\mathrm{d}y$.

5. 利用格林公式,计算下列曲线积分:

(1) $\oint_L (2x-y+4)\mathrm{d}x+(5y+3x-6)\mathrm{d}y$,其中 L 为三顶点分别为(0,0)、(3,0)和(3,2)的三角形正向边界;

(2) $\oint_L (x^2y\cos x+2xy\sin x-y^2\mathrm{e}^x)\mathrm{d}x+(x^2\sin x-2y\mathrm{e}^x)\mathrm{d}y$,其中 L 为正向星形线 $x^{\frac{2}{3}}+y^{\frac{2}{3}}=a^{\frac{2}{3}}(a>0)$;

(3) $\int_L (2xy^3-y^2\cos x)\mathrm{d}x+(1-2y\sin x+3x^2y^2)\mathrm{d}y$,其中 L 为在抛物线 $2x=\pi y^2$ 上由点(0,0)到 $\left(\frac{\pi}{2},1\right)$ 的一段弧;

(4) $\int_L (x^2-y)\mathrm{d}x-(x+\sin^2 y)\mathrm{d}y$,其中 L 是在圆周 $y=\sqrt{2x-x^2}$ 上由点(0,0)到点(1,1)的一段弧.

6. 验证下列 $P(x,y)\mathrm{d}x+Q(x,y)\mathrm{d}y$ 在整个 xOy 平面内是某一函数 $u(x,y)$ 的全微分,并求这样的一个 $u(x,y)$:

(1) $(x+2y)\mathrm{d}x+(2x+y)\mathrm{d}y$;

(2) $2xy\mathrm{d}x+x^2\mathrm{d}y$;

(3) $4\sin x\sin 3y\cos x\mathrm{d}x-3\cos 3y\cos 2x\mathrm{d}y$;

(4) $(3x^2y+8xy^2)\mathrm{d}x+(x^3+8x^2y+12y\mathrm{e}^y)\mathrm{d}y$;

(5) $(2x\cos y+y^2\cos x)\mathrm{d}x+(2y\sin x-x^2\sin y)\mathrm{d}y$.

7. 设有一变力在坐标轴上的投影为 $X=x+y^2$, $Y=2xy-8$,这变力确定了一个力场.证明质点在此场内移动时,场力所作的功与路径无关.

第四节　对面积的曲面积分

一、对面积的曲面积分的概念与性质

在本章第一节第一目的质量问题中,如果把曲线改为曲面①,并相应地把线密度 $\mu(x,y)$ 改为面密度 $\mu(x,y,z)$,小段曲线的弧长 Δs_i 改为小块曲面的面积 ΔS_i,而第 i 小段曲线上的一点 (ξ_i,η_i) 改为第 i 小块曲面上的一点 (ξ_i,η_i,ζ_i),那么,在面密度 $\mu(x,y,z)$ 为连续的前提下,所求的质量 M 就是下列和的极限:

$$M=\lim_{\lambda\to 0}\sum_{i=1}^{n}\mu(\xi_i,\eta_i,\zeta_i)\Delta S_i,$$

其中 λ 表示 n 小块曲面的直径②的最大值.

这样的极限还会在其他问题中遇到.抽去它们的具体意义,就得出对面积的曲面积分的概念.

定义　设曲面 Σ 是光滑的③,函数 $f(x,y,z)$ 在 Σ 上有界.把 Σ 任意分成 n 小块 ΔS_i(ΔS_i 同时也代表第 i 小块曲面的面积),设 (ξ_i,η_i,ζ_i) 是 ΔS_i 上任意取定的一点,作乘积 $f(\xi_i,\eta_i,\zeta_i)\Delta S_i\ (i=1,2,3,\cdots,n)$,并作和 $\sum\limits_{i=1}^{n}f(\xi_i,\eta_i,\zeta_i)\Delta S_i$,如果当各小块曲面的直径的最大值 $\lambda\to 0$ 时,这和的极限总存在,则称此极限为函数 $f(x,y,z)$ 在曲面 Σ 上对面积的曲面积分或第一类曲面积分,记作 $\iint\limits_{\Sigma}f(x,y,z)\mathrm{d}S$,即

$$\iint\limits_{\Sigma}f(x,y,z)\mathrm{d}S=\lim_{\lambda\to 0}\sum_{i=1}^{n}f(\xi_i,\eta_i,\zeta_i)\Delta S_i,$$

其中 $f(x,y,z)$ 叫做被积函数,Σ 叫做积分曲面.

---

① 以后都假定曲面的边界曲线是分段光滑的闭曲线,且曲面有界.

② 曲面的直径是指曲面上任意两点间距离的最大者.

③ 所谓曲面是光滑的,就是说,曲面上各点处都具有切平面,且当点在曲面上连续移动时,切平面也连续转动.

我们指出，当 $f(x,y,z)$ 在光滑曲面 Σ 上连续时，对面积的曲面积分是存在的. 今后总假定 $f(x,y,z)$ 在 Σ 上连续.

根据上述定义，面密度为连续函数 $\mu(x,y,z)$ 的光滑曲面 Σ 的质量 M，可表示为 $\mu(x,y,z)$ 在 Σ 上对面积的曲面积分：

$$M=\iint_{\Sigma}\mu(x,y,z)\mathrm{d}S.$$

如果 Σ 是分片光滑的①，我们规定函数在 Σ 上对面积的曲面积分等于函数在光滑的各片曲面上对面积的曲面积分之和. 例如，设 Σ 可分成两片光滑曲面 Σ_1 及 Σ_2（记作 $\Sigma=\Sigma_1+\Sigma_2$），就规定

$$\iint_{\Sigma_1+\Sigma_2}f(x,y,z)\mathrm{d}S=\iint_{\Sigma_1}f(x,y,z)\mathrm{d}S+\iint_{\Sigma_2}f(x,y,z)\mathrm{d}S.$$

由对面积的曲面积分的定义可知，它具有与对弧长的曲线积分相类似的性质，这里不再赘述.

二、对面积的曲面积分的计算法

设积分曲面 Σ 由方程 $z=z(x,y)$ 给出，Σ 在 xOy 面上的投影区域为 D_{xy}（图 10－18），函数 $z=z(x,y)$ 在 D_{xy} 上具有连续偏导数，被积函数 $f(x,y,z)$ 在 Σ 上连续.

按对面积的曲面积分的定义，有

$$\iint_{\Sigma}f(x,y,z)\mathrm{d}S=\lim_{\lambda\to 0}\sum_{i=1}^{n}f(\xi_i,\eta_i,\zeta_i)\Delta S_i.\quad(1)$$

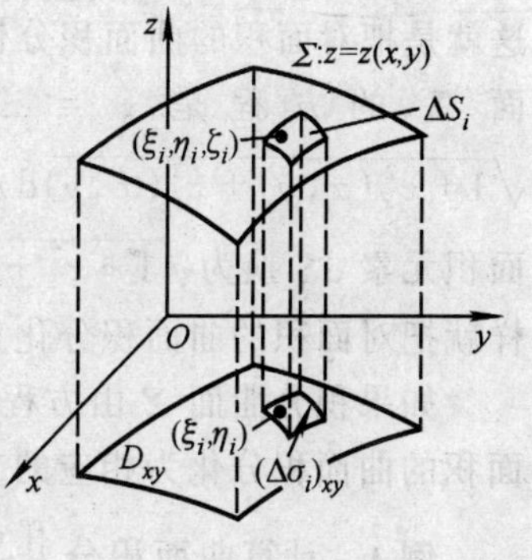

图 10－18

设 Σ 上第 i 小块曲面 ΔS_i（它的面积也记作 ΔS_i）在 xOy 面上的投影区域为 $(\Delta\sigma_i)_{xy}$（它的面积也记作 $(\Delta\sigma_i)_{xy}$），则(1)式中的 ΔS_i 可表示为二重积分：

$$\Delta S_i=\iint_{(\Delta\sigma_i)_{xy}}\sqrt{1+z_x^2(x,y)+z_y^2(x,y)}\,\mathrm{d}x\mathrm{d}y.$$

利用二重积分的中值定理，上式又可写成

$$\Delta S_i=\sqrt{1+z_x^2(\xi_i',\eta_i')+z_y^2(\xi_i',\eta_i')}\,(\Delta\sigma_i)_{xy},$$

其中 (ξ_i',η_i') 是小闭区域 $(\Delta\sigma_i)_{xy}$ 上的一点. 又因 (ξ_i,η_i,ζ_i) 是 Σ 上的一点，故 $\zeta_i=z(\xi_i,\eta_i)$，这里 $(\xi_i,\eta_i,0)$ 也是小闭区域 $(\Delta\sigma_i)_{xy}$ 上的点. 于是

① 分片光滑的曲面是指由有限个光滑曲面所组成的曲面. 以后我们总假定曲面是光滑的或分片光滑的.

$$\sum_{i=1}^{n} f(\xi_i,\eta_i,\zeta_i)\Delta S_i$$

$$=\sum_{i=1}^{n} f[\xi_i,\eta_i,z(\xi_i,\eta_i)]\sqrt{1+z_x^2(\xi'_i,\eta'_i)+z_y^2(\xi'_i,\eta'_i)}(\Delta\sigma_i)_{xy}.$$

由于函数 $f[x,y,z(x,y)]$ 以及函数 $\sqrt{1+z_x^2(x,y)+z_y^2(x,y)}$ 都在闭区域 D_{xy} 上连续，可以证明，当 $\lambda\to 0$ 时，上式右端的极限与

$$\sum_{i=1}^{n} f[\xi_i,\eta_i,z(\xi_i,\eta_i)]\sqrt{1+z_x^2(\xi_i,\eta_i)+z_y^2(\xi_i,\eta_i)}(\Delta\sigma_i)_{xy}$$

的极限相等．这个极限在本目开始所给的条件下是存在的，它等于二重积分

$$\iint_{D_{xy}} f[x,y,z(x,y)]\sqrt{1+z_x^2(x,y)+z_y^2(x,y)}\,\mathrm{d}x\mathrm{d}y,$$

因此左端的极限即曲面积分 $\iint_{\Sigma} f(x,y,z)\mathrm{d}S$ 也存在，且有

$$\iint_{\Sigma} f(x,y,z)\mathrm{d}S$$
$$=\iint_{D_{xy}} f[x,y,z(x,y)]\sqrt{1+z_x^2(x,y)+z_y^2(x,y)}\,\mathrm{d}x\mathrm{d}y. \tag{2}$$

这就是把对面积的曲面积分化为二重积分的公式．这公式是容易记忆的，因为曲面 Σ 的方程是 $z=z(x,y)$，而曲面的面积元素 $\mathrm{d}S$ 就是 $\sqrt{1+z_x^2(x,y)+z_y^2(x,y)}\mathrm{d}x\mathrm{d}y$．在计算时，只要把变量 z 换为 $z(x,y)$，曲面的面积元素 $\mathrm{d}S$ 换为 $\sqrt{1+z_x^2+z_y^2}\mathrm{d}x\mathrm{d}y$，再确定 Σ 在 xOy 面上的投影区域 D_{xy}，这样就把对面积的曲面积分化为二重积分了．

如果积分曲面 Σ 由方程 $x=x(y,z)$ 或 $y=y(z,x)$ 给出，也可类似地把对面积的曲面积分化为相应的二重积分．

例 1 计算曲面积分 $\iint_{\Sigma}\frac{\mathrm{d}S}{z}$，其中 Σ 是球面 $x^2+y^2+z^2=a^2$ 被平面 $z=h$ $(0<h<a)$ 截出的顶部(图 10－19)．

解 Σ 的方程为

$$z=\sqrt{a^2-x^2-y^2}.$$

Σ 在 xOy 面上的投影区域 D_{xy} 为圆形闭区域 $\{(x,y)\mid x^2+y^2\leqslant a^2-h^2\}$．又

$$\sqrt{1+z_x^2+z_y^2}=\frac{a}{\sqrt{a^2-x^2-y^2}}.$$

根据公式(2)，有

$$\iint_{\Sigma}\frac{\mathrm{d}S}{z}=\iint_{D_{xy}}\frac{a\,\mathrm{d}x\mathrm{d}y}{a^2-x^2-y^2}.$$

利用极坐标,得

$$\iint_{\Sigma}\frac{\mathrm{d}S}{z}=\iint_{D_{xy}}\frac{a\rho\mathrm{d}\rho\mathrm{d}\theta}{a^2-\rho^2}=a\int_0^{2\pi}\mathrm{d}\theta\int_0^{\sqrt{a^2-h^2}}\frac{\rho\mathrm{d}\rho}{a^2-\rho^2}$$

$$=2\pi a\left[-\frac{1}{2}\ln(a^2-\rho^2)\right]_0^{\sqrt{a^2-h^2}}=2\pi a\ln\frac{a}{h}.$$

例 2 计算 $\oint\!\!\oint_{\Sigma}xyz\,\mathrm{d}S$[①],其中 Σ 是由平面 $x=0,y=0,z=0$ 及 $x+y+z=1$ 所围成的四面体的整个边界曲面(图 10-20).

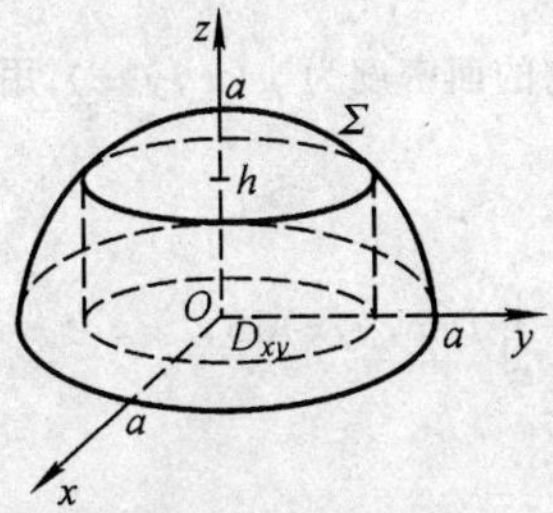

图 10-19

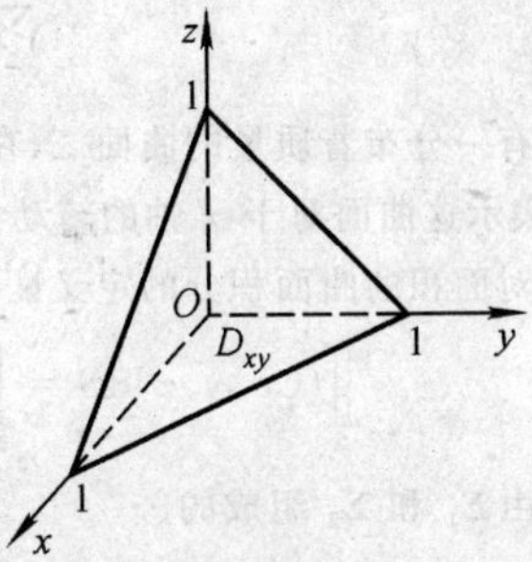

图 10-20

解 整个边界曲面 Σ 在平面 $x=0$、$y=0$、$z=0$ 及 $x+y+z=1$ 上的部分依次记为 $\Sigma_1,\Sigma_2,\Sigma_3$ 及 Σ_4,于是

$$\oint\!\!\oint_{\Sigma}xyz\,\mathrm{d}S=\iint_{\Sigma_1}xyz\,\mathrm{d}S+\iint_{\Sigma_2}xyz\,\mathrm{d}S+\iint_{\Sigma_3}xyz\,\mathrm{d}S+\iint_{\Sigma_4}xyz\,\mathrm{d}S.$$

由于在 $\Sigma_1,\Sigma_2,\Sigma_3$ 上,被积函数 $f(x,y,z)=xyz$ 均为零,所以

$$\iint_{\Sigma_1}xyz\,\mathrm{d}S=\iint_{\Sigma_2}xyz\,\mathrm{d}S=\iint_{\Sigma_3}xyz\,\mathrm{d}S=0.$$

在 Σ_4 上,$z=1-x-y$,所以

$$\sqrt{1+z_x^2+z_y^2}=\sqrt{1+(-1)^2+(-1)^2}=\sqrt{3},$$

从而

$$\oint\!\!\oint_{\Sigma}xyz\,\mathrm{d}S=\iint_{\Sigma_4}xyz\,\mathrm{d}S=\iint_{D_{xy}}\sqrt{3}xy(1-x-y)\mathrm{d}x\mathrm{d}y,$$

其中 D_{xy} 是 Σ_4 在 xOy 面上的投影区域,即由直线 $x=0$、$y=0$ 及 $x+y=1$ 所围

① 记号 $\oint\!\!\oint_{\Sigma}$ 表示在闭曲面 Σ 上积分.

成的闭区域.因此

$$\begin{aligned}\oiint_{\Sigma} xyz\,\mathrm{d}S &= \sqrt{3}\int_0^1 x\,\mathrm{d}x\int_0^{1-x} y(1-x-y)\,\mathrm{d}y\\&=\sqrt{3}\int_0^1 x\left[(1-x)\frac{y^2}{2}-\frac{y^3}{3}\right]_0^{1-x}\mathrm{d}x\\&=\sqrt{3}\int_0^1 x\cdot\frac{(1-x)^3}{6}\mathrm{d}x\\&=\frac{\sqrt{3}}{6}\int_0^1 (x-3x^2+3x^3-x^4)\,\mathrm{d}x=\frac{\sqrt{3}}{120}.\end{aligned}$$

习　题　10－4

1. 设有一分布着质量的曲面 Σ,在点(x,y,z)处它的面密度为 $\mu(x,y,z)$,用对面积的曲面积分表示这曲面对于 x 轴的转动惯量.

2. 按对面积的曲面积分的定义证明公式

$$\iint_{\Sigma} f(x,y,z)\,\mathrm{d}S=\iint_{\Sigma_1} f(x,y,z)\,\mathrm{d}S+\iint_{\Sigma_2} f(x,y,z)\,\mathrm{d}S,$$

其中 Σ 是由 Σ_1 和 Σ_2 组成的.

3. 当 Σ 是 xOy 面内的一个闭区域时,曲面积分 $\iint\limits_{\Sigma} f(x,y,z)\,\mathrm{d}S$ 与二重积分有什么关系?

4. 计算曲面积分 $\iint\limits_{\Sigma} f(x,y,z)\,\mathrm{d}S$,其中 Σ 为抛物面 $z=2-(x^2+y^2)$ 在 xOy 面上方的部分,$f(x,y,z)$分别如下:

(1) $f(x,y,z)=1$;

(2) $f(x,y,z)=x^2+y^2$;

(3) $f(x,y,z)=3z$.

5. 计算 $\iint\limits_{\Sigma}(x^2+y^2)\,\mathrm{d}S$,其中 Σ 是:

(1) 锥面 $z=\sqrt{x^2+y^2}$ 及平面 $z=1$ 所围成的区域的整个边界曲面;

(2) 锥面 $z^2=3(x^2+y^2)$ 被平面 $z=0$ 和 $z=3$ 所截得的部分.

6. 计算下列对面积的曲面积分:

(1) $\iint\limits_{\Sigma}\left(z+2x+\frac{4}{3}y\right)\mathrm{d}S$,其中 Σ 为平面 $\frac{x}{2}+\frac{y}{3}+\frac{z}{4}=1$ 在第一卦限中的部分;

(2) $\iint\limits_{\Sigma}(2xy-2x^2-x+z)\,\mathrm{d}S$,其中 Σ 为平面 $2x+2y+z=6$ 在第一卦限中的部分;

(3) $\iint\limits_{\Sigma}(x+y+z)\,\mathrm{d}S$,其中 Σ 为球面 $x^2+y^2+z^2=a^2$ 上 $z\geqslant h\ (0<h<a)$的部分;

(4) $\iint\limits_{\Sigma}(xy+yz+zx)\,\mathrm{d}S$,其中 Σ 为锥面 $z=\sqrt{x^2+y^2}$ 被柱面 $x^2+y^2=2ax$ 所截得的有限部分.

7. 求抛物面壳 $z=\frac{1}{2}(x^2+y^2)(0\leqslant z\leqslant 1)$ 的质量，此壳的面密度为 $\mu=z$.

8. 求面密度为 μ_0 的均匀半球壳 $x^2+y^2+z^2=a^2(z\geqslant 0)$ 对于 z 轴的转动惯量.

第五节　对坐标的曲面积分

一、对坐标的曲面积分的概念与性质

我们对曲面作一些说明. 这里假定曲面是光滑的.

通常我们遇到的曲面都是双侧的. 例如由方程 $z=z(x,y)$ 表示的曲面，有上侧与下侧之分①；又例如，一张包围某一空间区域的闭曲面，有外侧与内侧之分. 以后我们总假定所考虑的曲面是双侧的.

在讨论对坐标的曲面积分时，需要指定曲面的侧. 我们可以通过曲面上法向量的指向来定出曲面的侧. 例如，对于曲面 $z=z(x,y)$，如果取它的法向量 $\boldsymbol{n}$ 的指向朝上，我们就认为取定曲面的上侧；又如，对于闭曲面如果取它的法向量的指向朝外，我们就认为取定曲面的外侧. 这种取定了法向量亦即选定了侧的曲面，就称为有向曲面.

设 Σ 是有向曲面. 在 Σ 上取一小块曲面 ΔS，把 ΔS 投影到 xOy 面上得一投影区域，这投影区域的面积记为 $(\Delta\sigma)_{xy}$. 假定 ΔS 上各点处的法向量与 z 轴的夹角 γ 的余弦 $\cos\gamma$ 有相同的符号（即 $\cos\gamma$ 都是正的或都是负的）. 我们规定 ΔS 在 xOy 面上的投影 $(\Delta S)_{xy}$ 为

$$(\Delta S)_{xy}=\begin{cases}(\Delta\sigma)_{xy}, & \cos\gamma>0,\\ -(\Delta\sigma)_{xy}, & \cos\gamma<0,\\ 0, & \cos\gamma\equiv 0.\end{cases}$$

其中 $\cos\gamma\equiv 0$ 也就是 $(\Delta\sigma)_{xy}=0$ 的情形. ΔS 在 xOy 面上的投影 $(\Delta S)_{xy}$ 实际就是 ΔS 在 xOy 面上的投影区域的面积附以一定的正负号. 类似地可以定义 ΔS 在 yOz 面及 zOx 面上的投影 $(\Delta S)_{yz}$ 及 $(\Delta S)_{zx}$.

下面讨论一个例子，然后引进对坐标的曲面积分的概念.

流向曲面一侧的流量　设稳定流动②的不可压缩流体（假定密度为 1）的速度场由

$$\boldsymbol{v}(x,y,z)=P(x,y,z)\boldsymbol{i}+Q(x,y,z)\boldsymbol{j}+R(x,y,z)\boldsymbol{k}$$

给出，Σ 是速度场中的一片有向曲面，函数 $P(x,y,z)$、$Q(x,y,z)$、$R(x,y,z)$

---

① 按惯例，这里假定 z 轴铅直向上.

② 所谓稳定流动，就是说，流速与时间 t 无关.

都在 Σ 上连续,求在单位时间内流向 Σ 指定侧的流体的质量,即流量 Φ.

如果流体流过平面上面积为 A 的一个闭区域,且流体在这闭区域上各点处的流速为(常向量)$\boldsymbol{v}$,又设 $\boldsymbol{n}$ 为该平面的单位法向量(图 10-21(a)),那么在单位时间内流过这闭区域的流体组成一个底面积为 A、斜高为$|\boldsymbol{v}|$的斜柱体(图 10-21(b)).

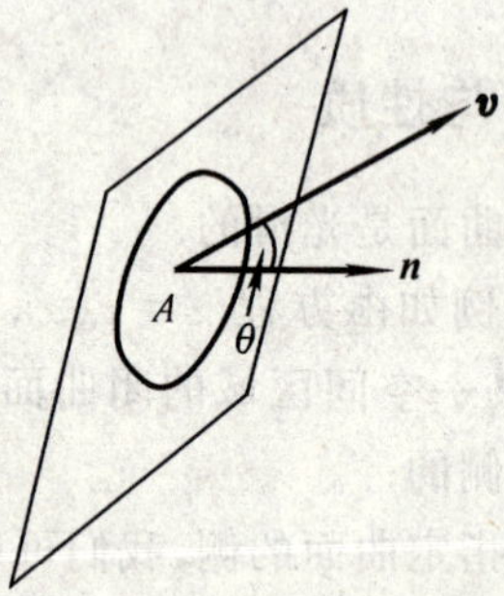

(a)

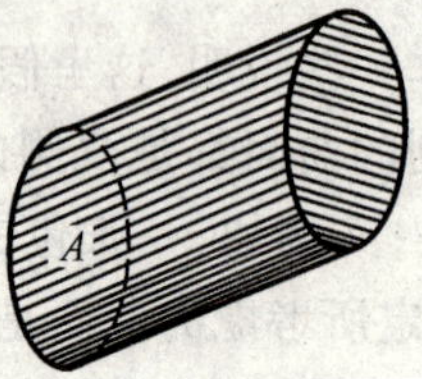

(b)

图 10-21

当$(\widehat{\boldsymbol{v},\boldsymbol{n}})=\theta<\dfrac{\pi}{2}$时,这斜柱体的体积为

$$A|\boldsymbol{v}|\cos\theta=A\boldsymbol{v}\cdot\boldsymbol{n}.$$

这也就是通过闭区域 A 流向 $\boldsymbol{n}$ 所指一侧的流量;

当$(\widehat{\boldsymbol{v},\boldsymbol{n}})=\dfrac{\pi}{2}$时,显然流体通过闭区域 A 流向 $\boldsymbol{n}$ 所指一侧的流量 Φ 为零,而 $A\boldsymbol{v}\cdot\boldsymbol{n}=0$,故 $\Phi=A\boldsymbol{v}\cdot\boldsymbol{n}$;

当$(\widehat{\boldsymbol{v},\boldsymbol{n}})>\dfrac{\pi}{2}$时,$A\boldsymbol{v}\cdot\boldsymbol{n}<0$,这时我们仍把 $A\boldsymbol{v}\cdot\boldsymbol{n}$ 称为流体通过闭区域 A 流向 $\boldsymbol{n}$ 所指一侧的流量,它表示流体通过闭区域 A 实际上流向 $-\boldsymbol{n}$ 所指一侧,且流向 $-\boldsymbol{n}$ 所指一侧的流量为 $-A\boldsymbol{v}\cdot\boldsymbol{n}$. 因此,不论$(\widehat{\boldsymbol{v},\boldsymbol{n}})$为何值,流体通过闭区域 A 流向 $\boldsymbol{n}$ 所指一侧的流量均为 $A\boldsymbol{v}\cdot\boldsymbol{n}$.

由于现在所考虑的不是平面闭区域而是一片曲面,且流速 $\boldsymbol{v}$ 也不是常向量,因此所求流量不能直接用上述方法计算.然而过去在引出各类积分概念的例子中一再使用过的方法,也可用来解决目前的问题.

把曲面 Σ 分成 n 小块 ΔS_i(ΔS_i 同时也代表第 i 小块曲面的面积). 在 Σ 是光滑的和 $\boldsymbol{v}$ 是连续的前提下,只要 ΔS_i 的直径很小,我们就可以用 ΔS_i 上任一点(ξ_i,η_i,ζ_i)处的流速

$\boldsymbol{v}_i=\boldsymbol{v}(\xi_i,\eta_i,\zeta_i)$

$$= P(\xi_i, \eta_i, \zeta_i)\boldsymbol{i} + Q(\xi_i, \eta_i, \zeta_i)\boldsymbol{j} + R(\xi_i, \eta_i, \zeta_i)\boldsymbol{k}$$

代替 ΔS_i 上其他各点处的流速，以该点 (ξ_i, η_i, ζ_i) 处曲面 Σ 的单位法向量

$$\boldsymbol{n}_i = \cos\alpha_i\boldsymbol{i} + \cos\beta_i\boldsymbol{j} + \cos\gamma_i\boldsymbol{k}$$

代替 ΔS_i 上其他各点处的单位法向量(图 10－22). 从而得到通过 ΔS_i 流向指定侧的流量的近似值为

$$\boldsymbol{v}_i \cdot \boldsymbol{n}_i \Delta S_i \quad (i = 1, 2, \cdots, n).$$

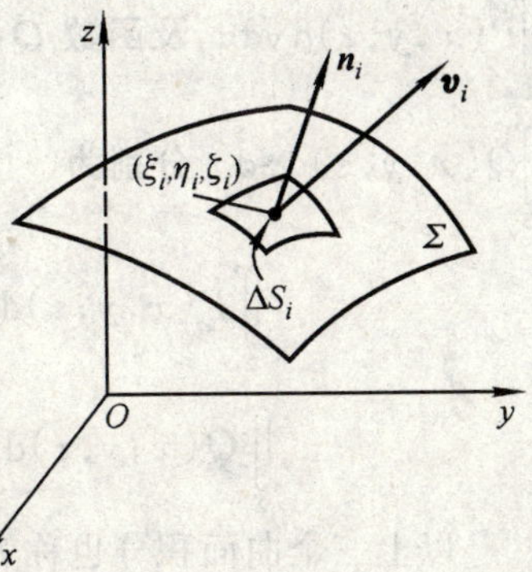

图 10－22

于是，通过 Σ 流向指定侧的流量

$$\begin{aligned}\Phi &\approx \sum_{i=1}^{n} \boldsymbol{v}_i \cdot \boldsymbol{n}_i \Delta S_i \\ &= \sum_{i=1}^{n} [P(\xi_i, \eta_i, \zeta_i)\cos\alpha_i + Q(\xi_i, \eta_i, \zeta_i)\cos\beta_i \\ &\quad + R(\xi_i, \eta_i, \zeta_i)\cos\gamma_i]\Delta S_i\end{aligned}$$

但

$$\cos\alpha_i \cdot \Delta S_i \approx (\Delta S_i)_{yz}$$

$$\cos\beta_i \cdot \Delta S_i \approx (\Delta S_i)_{zx}, \cos\gamma_i \cdot \Delta S_i \approx (\Delta S_i)_{xy},$$

因此上式可以写成

$$\begin{aligned}\Phi \approx \sum_{i=1}^{n} [&P(\xi_i, \eta_i, \zeta_i)(\Delta S_i)_{yz} + Q(\xi_i, \eta_i, \zeta_i)(\Delta S_i)_{zx} \\ &+ R(\xi_i, \eta_i, \zeta_i)(\Delta S_i)_{xy}].\end{aligned}$$

令 $\lambda \to 0$ 取上述和的极限，就得到流量 Φ 的精确值. 这样的极限还会在其他问题中遇到. 抽去它们的具体意义，就得出下列对坐标的曲面积分的概念.

定义 **设 Σ 为光滑的有向曲面，函数 $R(x, y, z)$ 在 Σ 上有界. 把 Σ 任意分成 n 块小曲面 ΔS_i(ΔS_i 同时又表示第 i 块小曲面的面积)，ΔS_i 在 xOy 面上的投影为 $(\Delta S_i)_{xy}$，(ξ_i, η_i, ζ_i) 是 ΔS_i 上任意取定的一点. 如果当各小块曲面的直径的最大值 $\lambda \to 0$ 时，**

$$\lim_{\lambda \to 0} \sum_{i=1}^{n} R(\xi_i, \eta_i, \zeta_i)(\Delta S_i)_{xy}$$

总存在，则称此极限为函数 $R(x, y, z)$ 在有向曲面 Σ 上对坐标 x、y 的曲面积分记作 $\iint\limits_{\Sigma} R(x, y, z)\mathrm{d}x\mathrm{d}y$，即

$$\iint\limits_{\Sigma} R(x, y, z)\mathrm{d}x\mathrm{d}y = \lim_{\lambda \to 0} \sum_{i=1}^{n} R(\xi_i, \eta_i, \zeta_i)(\Delta S_i)_{xy},$$

其中 $R(x, y, z)$ 叫做被积函数，Σ 叫做积分曲面.

类似地可以定义函数 $P(x,y,z)$ 在有向曲面 Σ 上**对坐标 y、z 的曲面积分** $\iint\limits_{\Sigma} P(x,y,z)\mathrm{d}y\mathrm{d}z$，及函数 $Q(x,y,z)$ 在有向曲面 Σ 上**对坐标 z、x 的曲面积分** $\iint\limits_{\Sigma} Q(x,y,z)\mathrm{d}z\mathrm{d}x$ 分别为

$$\iint\limits_{\Sigma} P(x,y,z)\mathrm{d}y\mathrm{d}z=\lim_{\lambda\to 0}\sum_{i=1}^{n}P(\xi_i,\eta_i,\zeta_i)(\Delta S_i)_{yz},$$

$$\iint\limits_{\Sigma} Q(x,y,z)\mathrm{d}z\mathrm{d}x=\lim_{\lambda\to 0}\sum_{i=1}^{n}Q(\xi_i,\eta_i,\zeta_i)(\Delta S_i)_{zx}.$$

以上三个曲面积分也称为**第二类曲面积分**.

我们指出，当 $P(x,y,z)$、$Q(x,y,z)$、$R(x,y,z)$ 在有向光滑曲面 Σ 上连续时，对坐标的曲面积分是存在的，以后总假定 P、Q、R 在 Σ 上连续.

在应用上出现较多的是：

$$\iint\limits_{\Sigma} P(x,y,z)\mathrm{d}y\mathrm{d}z+\iint\limits_{\Sigma} Q(x,y,z)\mathrm{d}z\mathrm{d}x+\iint\limits_{\Sigma} R(x,y,z)\mathrm{d}x\mathrm{d}y$$

这种合并起来的形式，为简便起见，我们把它写成：

$$\iint\limits_{\Sigma} P(x,y,z)\mathrm{d}y\mathrm{d}z+Q(x,y,z)\mathrm{d}z\mathrm{d}x+R(x,y,z)\mathrm{d}x\mathrm{d}y.$$

例如，上述流向 Σ 指定侧的流量 Φ 可表示为

$$\Phi=\iint\limits_{\Sigma} P(x,y,z)\mathrm{d}y\mathrm{d}z+Q(x,y,z)\mathrm{d}z\mathrm{d}x+R(x,y,z)\mathrm{d}x\mathrm{d}y.$$

如果 Σ 是分片光滑的有向曲面，我们规定函数在 Σ 上对坐标的曲面积分等于函数在各片光滑曲面上对坐标的曲面积分之和.

对坐标的曲面积分具有与对坐标的曲线积分相类似的一些性质. 例如：

(1) 如果把 Σ 分成 Σ_1 和 Σ_2，则

$$\begin{aligned}&\iint\limits_{\Sigma} P\mathrm{d}y\mathrm{d}z+Q\mathrm{d}z\mathrm{d}x+R\mathrm{d}x\mathrm{d}y\\&=\iint\limits_{\Sigma_1} P\mathrm{d}y\mathrm{d}z+Q\mathrm{d}z\mathrm{d}x+R\mathrm{d}x\mathrm{d}y+\iint\limits_{\Sigma_2} P\mathrm{d}y\mathrm{d}z+Q\mathrm{d}z\mathrm{d}x+R\mathrm{d}x\mathrm{d}y.\end{aligned}\tag{1}$$

公式(1)可以推广到 Σ 分成 $\Sigma_1,\Sigma_2,\cdots,\Sigma_n$ 几部分的情形.

(2) 设 Σ 是有向曲面，Σ^- 表示与 Σ 取相反侧的有向曲面，则

$$\begin{aligned}&\iint\limits_{\Sigma^-} P(x,y,z)\mathrm{d}y\mathrm{d}z=-\iint\limits_{\Sigma} P(x,y,z)\mathrm{d}y\mathrm{d}z,\\&\iint\limits_{\Sigma^-} Q(x,y,z)\mathrm{d}z\mathrm{d}x=-\iint\limits_{\Sigma} Q(x,y,z)\mathrm{d}z\mathrm{d}x,\end{aligned}\tag{2}$$

$$\iint_{\Sigma^-} R(x,y,z)\mathrm{d}x\mathrm{d}y = -\iint_{\Sigma} R(x,y,z)\mathrm{d}x\mathrm{d}y.$$

(2)式表示,当积分曲面改变为相反侧时,对坐标的曲面积分要改变符号.因此**关于对坐标的曲面积分,我们必须注意积分曲面所取的侧**.

这些性质的证明从略.

二、对坐标的曲面积分的计算法

设积分曲面 Σ 是由方程 $z=z(x,y)$ 所给出的曲面上侧,Σ 在 xOy 面上的投影区域为 D_{xy},函数 $z=z(x,y)$ 在 D_{xy} 上具有一阶连续偏导数,被积函数 $R(x,y,z)$ 在 Σ 上连续.

按对坐标的曲面积分的定义,有

$$\iint_{\Sigma} R(x,y,z)\mathrm{d}x\mathrm{d}y = \lim_{\lambda\to 0}\sum_{i=1}^{n} R(\xi_i,\eta_i,\zeta_i)(\Delta S_i)_{xy}.$$

因为 Σ 取上侧,$\cos\gamma>0$,所以

$$(\Delta S_i)_{xy} = (\Delta\sigma_i)_{xy}.$$

又因(ξ_i,η_i,ζ_i)是 Σ 上的一点,故 $\zeta_i = z(\xi_i,\eta_i)$.从而有

$$\sum_{i=1}^{n} R(\xi_i,\eta_i,\zeta_i)(\Delta S_i)_{xy} = \sum_{i=1}^{n} R[\xi_i,\eta_i,z(\xi_i,\eta_i)](\Delta\sigma_i)_{xy}.$$

令 $\lambda\to 0$ 取上式两端的极限,就得到

$$\iint_{\Sigma} R(x,y,z)\mathrm{d}x\mathrm{d}y = \iint_{D_{xy}} R[x,y,z(x,y)]\mathrm{d}x\mathrm{d}y. \tag{3}$$

这就是把对坐标的曲面积分化为二重积分的公式.公式(3)表明,计算曲面积分 $\iint_{\Sigma} R(x,y,z)\mathrm{d}x\mathrm{d}y$ 时,只要把其中变量 z 换为表示 Σ 的函数 $z(x,y)$,然后在 Σ 的投影区域 D_{xy} 上计算二重积分就成了.

必须注意,公式(3)的曲面积分是取在曲面 Σ 上侧的;如果曲面积分取在 Σ 的下侧,这时 $\cos\gamma<0$,那么

$$(\Delta S_i)_{xy} = -(\Delta\sigma_i)_{xy},$$

从而有

$$\iint_{\Sigma} R(x,y,z)\mathrm{d}x\mathrm{d}y = -\iint_{D_{xy}} R[x,y,z(x,y)]\mathrm{d}x\mathrm{d}y. \tag{3'}$$

类似地,如果 Σ 由 $x=x(y,z)$ 给出,则有

$$\iint_{\Sigma} P(x,y,z)\mathrm{d}y\mathrm{d}z = \pm\iint_{D_{yz}} P[x(y,z),y,z]\mathrm{d}y\mathrm{d}z, \tag{4}$$

等式右端的符号这样决定：如果积分曲面 Σ 是由方程 $x=x(y,z)$ 所给出的曲面前侧，即 $\cos\alpha>0$，应取正号；反之，如果 Σ 取后侧，即 $\cos\alpha<0$，应取负号.

如果 Σ 由 $y=y(z,x)$ 给出，则有

$$\iint_{\Sigma} Q(x,y,z)\mathrm{d}z\mathrm{d}x=\pm\iint_{D_{zx}} Q[x,y(z,x),z]\mathrm{d}z\mathrm{d}x, \tag{5}$$

等式右端的符号这样决定：如果积分曲面 Σ 是由方程 $y=y(z,x)$ 所给出的曲面右侧，即 $\cos\beta>0$，应取正号；反之，如果 Σ 取左侧，即 $\cos\beta<0$，应取负号.

例 1 计算曲面积分

$$\iint_{\Sigma} x^2\mathrm{d}y\mathrm{d}z+y^2\mathrm{d}z\mathrm{d}x+z^2\mathrm{d}x\mathrm{d}y,$$

其中 Σ 是长方体 Ω 的整个表面的外侧，$\Omega=\{(x,y,z)\mid 0\leqslant x\leqslant a,0\leqslant y\leqslant b,0\leqslant z\leqslant c\}$.

解 把有向曲面 Σ 分成以下六部分：

$\Sigma_1: z=c\,(0\leqslant x\leqslant a,0\leqslant y\leqslant b)$ 的上侧；

$\Sigma_2: z=0\,(0\leqslant x\leqslant a,0\leqslant y\leqslant b)$ 的下侧；

$\Sigma_3: x=a\,(0\leqslant y\leqslant b,0\leqslant z\leqslant c)$ 的前侧；

$\Sigma_4: x=0\,(0\leqslant y\leqslant b,0\leqslant z\leqslant c)$ 的后侧；

$\Sigma_5: y=b\,(0\leqslant x\leqslant a,0\leqslant z\leqslant c)$ 的右侧；

$\Sigma_6: y=0\,(0\leqslant x\leqslant a,0\leqslant z\leqslant c)$ 的左侧.

除 Σ_3、Σ_4 外，其余四片曲面在 yOz 面上的投影为零，因此

$$\iint_{\Sigma} x^2\mathrm{d}y\mathrm{d}z=\iint_{\Sigma_3} x^2\mathrm{d}y\mathrm{d}z+\iint_{\Sigma_4} x^2\mathrm{d}y\mathrm{d}z.$$

应用公式(4)就有

$$\iint_{\Sigma} x^2\mathrm{d}y\mathrm{d}z=\iint_{D_{yz}} a^2\mathrm{d}y\mathrm{d}z-\iint_{D_{yz}} 0^2\mathrm{d}y\mathrm{d}z=a^2bc.$$

类似地可得

$$\iint_{\Sigma} y^2\mathrm{d}z\mathrm{d}x=b^2ac,$$

$$\iint_{\Sigma} z^2\mathrm{d}x\mathrm{d}y=c^2ab.$$

于是所求曲面积分为 $(a+b+c)abc$.

例 2 计算曲面积分 $\iint_{\Sigma} xyz\,\mathrm{d}x\mathrm{d}y$，其中 Σ 是球面 $x^2+y^2+z^2=1$ 外侧在 $x\geqslant 0,y\geqslant 0$ 的部分.

解 把 Σ 分为 Σ_1 和 Σ_2 两部分(图 10-23)，Σ_1 的方程为

$$z_1=-\sqrt{1-x^2-y^2},$$

Σ_2 的方程为

$$z_2=\sqrt{1-x^2-y^2}.$$

$$\iint_{\Sigma} xyz\,\mathrm{d}x\mathrm{d}y=\iint_{\Sigma_2} xyz\,\mathrm{d}x\mathrm{d}y+\iint_{\Sigma_1} xyz\,\mathrm{d}x\mathrm{d}y.$$

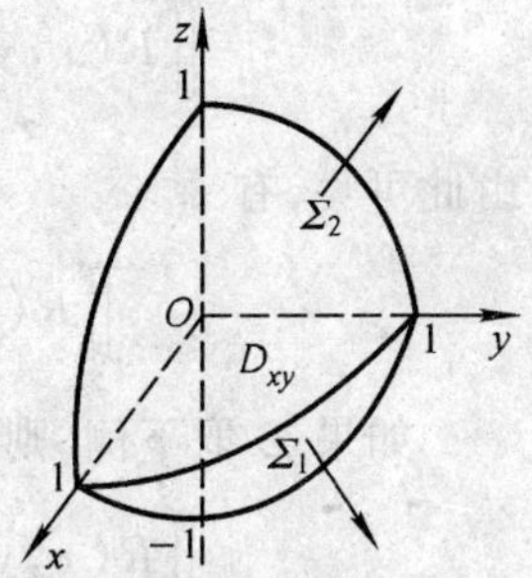

图 10-23

上式右端的第一个积分的积分曲面 Σ_2 取上侧,第二个积分的积分曲面 Σ_1 取下侧,因此分别应用公式(3)及(3′),就有

$$\begin{aligned}\iint_{\Sigma} xyz\,\mathrm{d}x\mathrm{d}y &= \iint_{D_{xy}} xy\sqrt{1-x^2-y^2}\,\mathrm{d}x\mathrm{d}y-\iint_{D_{xy}} xy(-\sqrt{1-x^2-y^2})\,\mathrm{d}x\mathrm{d}y\\ &=2\iint_{D_{xy}} xy\sqrt{1-x^2-y^2}\,\mathrm{d}x\mathrm{d}y.\end{aligned}$$

其中 D_{xy} 是 Σ_1 及 Σ_2 在 xOy 面上的投影区域,就是位于第一象限内的扇形 $x^2+y^2\leqslant1(x\geqslant0,y\geqslant0)$.利用极坐标计算这个二重积分如下:

$$\begin{aligned}2\iint_{D_{xy}} xy\sqrt{1-x^2-y^2}\,\mathrm{d}x\mathrm{d}y &=2\iint_{D_{xy}} \rho^2\sin\theta\cos\theta\sqrt{1-\rho^2}\,\rho\mathrm{d}\rho\mathrm{d}\theta\\ &=\int_0^{\frac{\pi}{2}}\sin 2\theta\mathrm{d}\theta\int_0^1\rho^3\sqrt{1-\rho^2}\,\mathrm{d}\rho=1\cdot\frac{2}{15}=\frac{2}{15},\end{aligned}$$

从而

$$\iint_{\Sigma} xyz\,\mathrm{d}x\mathrm{d}y=\frac{2}{15}.$$

三、两类曲面积分之间的联系

设有向曲面 Σ 由方程 $z=z(x,y)$ 给出,Σ 在 xOy 面上的投影区域为 D_{xy},函数 $z=z(x,y)$ 在 D_{xy} 上具有一阶连续偏导数,$R(x,y,z)$ 在 Σ 上连续.如果 Σ 取上侧,则由对坐标的曲面积分计算公式(3)有

$$\iint_{\Sigma} R(x,y,z)\,\mathrm{d}x\mathrm{d}y=\iint_{D_{xy}} R[x,y,z(x,y)]\,\mathrm{d}x\mathrm{d}y.$$

另一方面,因上述有向曲面 Σ 的法向量的方向余弦为

$$\cos\alpha=\frac{-z_x}{\sqrt{1+z_x^2+z_y^2}},\cos\beta=\frac{-z_y}{\sqrt{1+z_x^2+z_y^2}},$$

$$\cos\gamma=\frac{1}{\sqrt{1+z_x^2+z_y^2}},$$

故由对面积的曲面积分计算公式有

$$\iint_{\Sigma} R(x,y,z)\cos\gamma \mathrm{d}S = \iint_{D_{xy}} R[x,y,z(x,y)]\mathrm{d}x\mathrm{d}y.$$

由此可见，有

$$\iint_{\Sigma} R(x,y,z)\mathrm{d}x\mathrm{d}y = \iint_{\Sigma} R(x,y,z)\cos\gamma \mathrm{d}S. \tag{6}$$

如果 Σ 取下侧，则由(3′)有

$$\iint_{\Sigma} R(x,y,z)\mathrm{d}x\mathrm{d}y = -\iint_{D_{xy}} R[x,y,z(x,y)]\mathrm{d}x\mathrm{d}y.$$

但这时 $\cos\gamma = \dfrac{-1}{\sqrt{1+z_x^2+z_y^2}}$，因此(6)式仍成立.

类似地可推得

$$\iint_{\Sigma} P(x,y,z)\mathrm{d}y\mathrm{d}z = \iint_{\Sigma} P(x,y,z)\cos\alpha \mathrm{d}S, \tag{7}$$

$$\iint_{\Sigma} Q(x,y,z)\mathrm{d}z\mathrm{d}x = \iint_{\Sigma} Q(x,y,z)\cos\beta \mathrm{d}S. \tag{8}$$

合并(6)、(7)、(8)三式，得两类曲面积分之间的如下联系：

$$\iint_{\Sigma} P\mathrm{d}y\mathrm{d}z + Q\mathrm{d}z\mathrm{d}x + R\mathrm{d}x\mathrm{d}y$$

$$= \iint_{\Sigma} (P\cos\alpha + Q\cos\beta + R\cos\gamma)\mathrm{d}S, \tag{9}$$

其中 $\cos\alpha$、$\cos\beta$、$\cos\gamma$ 是有向曲面 Σ 在点 (x,y,z) 处的法向量的方向余弦.

两类曲面积分之间的联系也可写成如下的向量形式：

$$\iint_{\Sigma} \boldsymbol{A}\cdot \mathrm{d}\boldsymbol{S} = \iint_{\Sigma} \boldsymbol{A}\cdot\boldsymbol{n}\mathrm{d}S \tag{10}$$

或

$$\iint_{\Sigma} \boldsymbol{A}\cdot \mathrm{d}\boldsymbol{S} = \iint_{\Sigma} A_n \mathrm{d}S, \tag{10′}$$

其中 $\boldsymbol{A}=(P,Q,R)$，$\boldsymbol{n}=(\cos\alpha,\cos\beta,\cos\gamma)$ 为有向曲面 Σ 在点 (x,y,z) 处的单位法向量，$\mathrm{d}\boldsymbol{S}=\boldsymbol{n}\mathrm{d}S=(\mathrm{d}y\mathrm{d}z,\mathrm{d}z\mathrm{d}x,\mathrm{d}x\mathrm{d}y)$，称为有向曲面元，$A_n$ 为向量 $\boldsymbol{A}$ 在向量 $\boldsymbol{n}$ 上的投影.

例 3 计算曲面积分 $\iint_{\Sigma}(z^2+x)\mathrm{d}y\mathrm{d}z - z\mathrm{d}x\mathrm{d}y$，其中 Σ 是旋转抛物面 $z=\dfrac{1}{2}(x^2+y^2)$ 介于平面 $z=0$ 及 $z=2$ 之间的部分的下侧.

解 由两类曲面积分之间的联系(9)，可得

$$\iint_{\Sigma}(z^2+x)\mathrm{d}y\mathrm{d}z=\iint_{\Sigma}(z^2+x)\cos\alpha\mathrm{d}S=\iint_{\Sigma}(z^2+x)\frac{\cos\alpha}{\cos\gamma}\mathrm{d}x\mathrm{d}y.$$

在曲面 Σ 上，有

$$\cos\alpha=\frac{x}{\sqrt{1+x^2+y^2}},\cos\gamma=\frac{-1}{\sqrt{1+x^2+y^2}}.$$

故

$$\iint_{\Sigma}(z^2+x)\mathrm{d}y\mathrm{d}z-z\mathrm{d}x\mathrm{d}y=\iint_{\Sigma}[(z^2+x)(-x)-z]\mathrm{d}x\mathrm{d}y.$$

再按对坐标的曲面积分的计算法，便得

$$\begin{aligned}&\iint_{\Sigma}(z^2+x)\mathrm{d}y\mathrm{d}z-z\mathrm{d}x\mathrm{d}y\\&=-\iint_{D_{xy}}\left\{\left[\frac{1}{4}(x^2+y^2)^2+x\right]\cdot(-x)-\frac{1}{2}(x^2+y^2)\right\}\mathrm{d}x\mathrm{d}y.\end{aligned}$$

注意到 $\displaystyle\iint_{D_{xy}}\frac{1}{4}x(x^2+y^2)^2\mathrm{d}x\mathrm{d}y=0$，故

$$\begin{aligned}\iint_{\Sigma}(z^2+x)\mathrm{d}y\mathrm{d}z-z\mathrm{d}x\mathrm{d}y&=\iint_{D_{xy}}\left[x^2+\frac{1}{2}(x^2+y^2)\right]\mathrm{d}x\mathrm{d}y\\&=\int_0^{2\pi}\mathrm{d}\theta\int_0^2\left(\rho^2\cos^2\theta+\frac{1}{2}\rho^2\right)\rho\mathrm{d}\rho=8\pi.\end{aligned}$$

习　题　10－5

1．按对坐标的曲面积分的定义证明公式

$$\begin{aligned}&\iint_{\Sigma}[P_1(x,y,z)\pm P_2(x,y,z)]\mathrm{d}y\mathrm{d}z\\&=\iint_{\Sigma}P_1(x,y,z)\mathrm{d}y\mathrm{d}z\pm\iint_{\Sigma}P_2(x,y,z)\mathrm{d}y\mathrm{d}z.\end{aligned}$$

2．当 Σ 为 xOy 面内的一个闭区域时，曲面积分 $\displaystyle\iint_{\Sigma}R(x,y,z)\mathrm{d}x\mathrm{d}y$ 与二重积分有什么关系？

3．计算下列对坐标的曲面积分：

(1) $\displaystyle\iint_{\Sigma}x^2y^2z\mathrm{d}x\mathrm{d}y$，其中 Σ 是球面 $x^2+y^2+z^2=R^2$ 的下半部分的下侧；

(2) $\displaystyle\iint_{\Sigma}z\mathrm{d}x\mathrm{d}y+x\mathrm{d}y\mathrm{d}z+y\mathrm{d}z\mathrm{d}x$，其中 Σ 是柱面 $x^2+y^2=1$ 被平面 $z=0$ 及 $z=3$ 所截得的在第一卦限内的部分的前侧；

(3) $\displaystyle\iint_{\Sigma}[f(x,y,z)+x]\mathrm{d}y\mathrm{d}z+[2f(x,y,z)+y]\mathrm{d}z\mathrm{d}x+[f(x,y,z)+z]\mathrm{d}x\mathrm{d}y$,

其中 $f(x,y,z)$ 为连续函数，Σ 是平面 $x-y+z=1$ 在第四卦限部分的上侧；

(4) $\oiint\limits_{\Sigma} xz\mathrm{d}x\mathrm{d}y+xy\mathrm{d}y\mathrm{d}z+yz\mathrm{d}z\mathrm{d}x$，其中 Σ 是平面 $x=0,y=0,z=0,x+y+z=1$ 所围成的空间区域的整个边界曲面的外侧.

4. 把对坐标的曲面积分

$$\iint\limits_{\Sigma} P(x,y,z)\mathrm{d}y\mathrm{d}z+Q(x,y,z)\mathrm{d}z\mathrm{d}x+R(x,y,z)\mathrm{d}x\mathrm{d}y$$

化成对面积的曲面积分，其中：

(1) Σ 是平面 $3x+2y+2\sqrt{3}z=6$ 在第一卦限的部分的上侧；

(2) Σ 是抛物面 $z=8-(x^2+y^2)$ 在 xOy 面上方的部分的上侧.

第六节　高斯公式　通量与散度

一、高斯公式

格林公式表达了平面闭区域上的二重积分与其边界曲线上的曲线积分之间的关系，而高斯(Gauss)公式表达了空间闭区域上的三重积分与其边界曲面上的曲面积分之间的关系，这个关系可陈述如下：

定理1　设空间闭区域 Ω 是由分片光滑的闭曲面 Σ 所围成，函数 $P(x,y,z)$、$Q(x,y,z)$、$R(x,y,z)$ 在 Ω 上具有一阶连续偏导数，则有

$$\iiint\limits_{\Omega}\left(\frac{\partial P}{\partial x}+\frac{\partial Q}{\partial y}+\frac{\partial R}{\partial z}\right)\mathrm{d}v=\oiint\limits_{\Sigma} P\mathrm{d}y\mathrm{d}z+Q\mathrm{d}z\mathrm{d}x+R\mathrm{d}x\mathrm{d}y, \tag{1}$$

或

$$\iiint\limits_{\Omega}\left(\frac{\partial P}{\partial x}+\frac{\partial Q}{\partial y}+\frac{\partial R}{\partial z}\right)\mathrm{d}v=\oiint\limits_{\Sigma}(P\cos\alpha+Q\cos\beta+R\cos\gamma)\mathrm{d}S, \tag{1'}$$

这里 Σ 是 Ω 的整个边界曲面的外侧，$\cos\alpha$、$\cos\beta$、$\cos\gamma$ **是 Σ 在点** (x,y,z) 处的法向量的方向余弦. 公式(1)或(1′)叫做高斯公式.

证　由第五节公式(9)可知，公式(1)及(1′)的右端是相等的，因此这里只要证明公式(1)就可以了.

设闭区域 Ω 在 xOy 面上的投影区域为 D_{xy}. 假定穿过 Ω 内部且平行于 z 轴的直线与 Ω 的边界曲面 Σ 的交点恰好是两个. 这样，可设 Σ 由 Σ_1，Σ_2 和 Σ_3 三部分组成(图 10－24)，其中 Σ_1 和 Σ_2 分别由方程 $z=z_1(x,y)$ 和 $z=z_2(x,y)$ 给定，这里 $z_1(x,y)\leqslant z_2(x,y)$，$\Sigma_1$ 取下侧，Σ_2 取上侧；Σ_3 是以 D_{xy} 的边界曲线为准线而母线平行于 z 轴的柱面上的一部分，取外侧.

根据三重积分的计算法，有

$$\iiint_{\Omega} \frac{\partial R}{\partial z} \mathrm{d}v = \iint_{D_{xy}} \left\{ \int_{z_1(x,y)}^{z_2(x,y)} \frac{\partial R}{\partial z} \mathrm{d}z \right\} \mathrm{d}x\mathrm{d}y$$

$$= \iint_{D_{xy}} \{ R[x,y,z_2(x,y)] - R[x,y,z_1(x,y)] \} \mathrm{d}x\mathrm{d}y. \qquad (2)$$

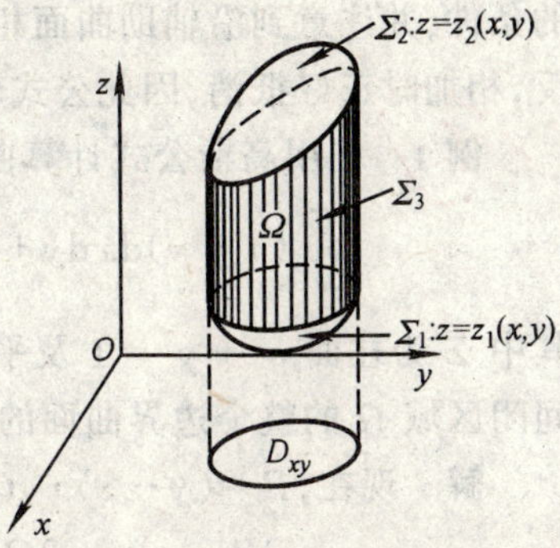

图 10-24

根据曲面积分的计算法,有

$$\iint_{\Sigma_1} R(x,y,z)\mathrm{d}x\mathrm{d}y = -\iint_{D_{xy}} R[x,y,z_1(x,y)]\mathrm{d}x\mathrm{d}y.$$

$$\iint_{\Sigma_2} R(x,y,z)\mathrm{d}x\mathrm{d}y = \iint_{D_{xy}} R[x,y,z_2(x,y)]\mathrm{d}x\mathrm{d}y.$$

因为 Σ_3 上任意一块曲面在 xOy 面上的投影为零,所以直接根据对坐标的曲面积分的定义可知

$$\iint_{\Sigma_3} R(x,y,z)\mathrm{d}x\mathrm{d}y = 0.$$

把以上三式相加,得

$$\iint_{\Sigma} R(x,y,z)\mathrm{d}x\mathrm{d}y = \iint_{D_{xy}} \{ R[x,y,z_2(x,y)] - R[x,y,z_1(x,y)] \} \mathrm{d}x\mathrm{d}y. \qquad (3)$$

比较(2)、(3)两式,得

$$\iiint_{\Omega} \frac{\partial R}{\partial z} \mathrm{d}v = \oiint_{\Sigma} R(x,y,z)\mathrm{d}x\mathrm{d}y.$$

如果穿过 Ω 内部且平行于 x 轴的直线以及平行于 y 轴的直线与 Ω 的边界曲面 Σ 的交点也都恰好是两个,那么类似地可得

$$\iiint_{\Omega} \frac{\partial P}{\partial x} \mathrm{d}v = \oiint_{\Sigma} P(x,y,z)\mathrm{d}y\mathrm{d}z,$$

$$\iiint_{\Omega} \frac{\partial Q}{\partial y} \mathrm{d}v = \oiint_{\Sigma} Q(x,y,z)\mathrm{d}z\mathrm{d}x,$$

把以上三式两端分别相加,即得高斯公式(1).

在上述证明中,我们对闭区域 Ω 作了这样的限制,即穿过 Ω 内部且平行于坐标轴的直线与 Ω 的边界曲面 Σ 的交点恰好是两点.如果 Ω 不满足这样的条件,可以引进几张辅助曲面把 Ω 分为有限个闭区域,使得每个闭区域满足这样的条件,并注意到沿辅助曲面相反两侧的两个曲面积分的绝对值相等而符号相反,相加时正好抵消,因此公式(1)对于这样的闭区域仍然是正确的.

例 1 利用高斯公式计算曲面积分

$$\oint\!\!\!\oint_{\Sigma}(x-y)\mathrm{d}x\mathrm{d}y+(y-z)x\mathrm{d}y\mathrm{d}z,$$

其中 Σ 为柱面 $x^2+y^2=1$ 及平面 $z=0,z=3$ 所围成的空间闭区域 Ω 的整个边界曲面的外侧(图 10-25).

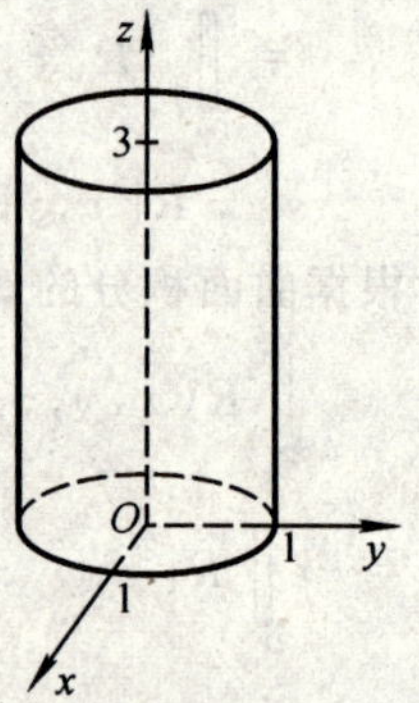

图 10-25

解 现在,$P=(y-z)x,Q=0,R=x-y$,

$$\frac{\partial P}{\partial x}=y-z,\frac{\partial Q}{\partial y}=0,\frac{\partial R}{\partial z}=0,$$

利用高斯公式把所给曲面积分化为三重积分,再利用柱面坐标计算三重积分:

$$\begin{aligned}&\oint\!\!\!\oint_{\Sigma}(x-y)\mathrm{d}x\mathrm{d}y+(y-z)x\mathrm{d}y\mathrm{d}z\\&=\iiint_{\Omega}(y-z)\mathrm{d}x\mathrm{d}y\mathrm{d}z\\&=\iiint_{\Omega}(\rho\sin\theta-z)\rho\mathrm{d}\rho\mathrm{d}\theta\mathrm{d}z\\&=\int_0^{2\pi}\mathrm{d}\theta\int_0^1\rho\mathrm{d}\rho\int_0^3(\rho\sin\theta-z)\mathrm{d}z\\&=-\frac{9\pi}{2}.\end{aligned}$$

例 2 利用高斯公式计算曲面积分

$$\iint_{\Sigma}(x^2\cos\alpha+y^2\cos\beta+z^2\cos\gamma)\mathrm{d}S,$$

其中 Σ 为锥面 $x^2+y^2=z^2$ 介于平面 $z=0$ 及 $z=h(h>0)$之间的部分的下侧,$\cos\alpha$、$\cos\beta$、$\cos\gamma$ 是 Σ 在点(x,y,z)处的法向量的方向余弦.

解 现在,曲面 Σ 不是封闭曲面,不能直接利用高斯公式.若设 Σ_1 为 $z=h$ $(x^2+y^2\leqslant h^2)$的上侧,则 Σ 与 Σ_1 一起构成一个封闭曲面,记它们围成的空间闭区域为 Ω,利用高斯公式,便得

$$\begin{aligned}&\oint\!\!\!\oint_{\Sigma+\Sigma_1}(x^2\cos\alpha+y^2\cos\beta+z^2\cos\gamma)\mathrm{d}S\\&=2\iiint_{\Omega}(x+y+z)\mathrm{d}v\\&=2\iint_{D_{xy}}\mathrm{d}x\mathrm{d}y\int_{\sqrt{x^2+y^2}}^{h}(x+y+z)\mathrm{d}z,\end{aligned}$$

其中 $D_{xy}=\{(x,y)\mid x^2+y^2\leqslant h^2\}$. 注意到

$$\iint_{D_{xy}}\mathrm{d}x\mathrm{d}y\int_{\sqrt{x^2+y^2}}^{h}(x+y)\mathrm{d}z=0,$$

即得

$$\oiint_{\Sigma+\Sigma_1}(x^2\cos\alpha+y^2\cos\beta+z^2\cos\gamma)\mathrm{d}S=\iint_{D_{xy}}(h^2-x^2-y^2)\mathrm{d}x\mathrm{d}y=\frac{1}{2}\pi h^4.$$

而

$$\iint_{\Sigma_1}(x^2\cos\alpha+y^2\cos\beta+z^2\cos\gamma)\mathrm{d}S=\iint_{\Sigma_1}z^2\mathrm{d}S=\iint_{D_{xy}}h^2\mathrm{d}x\mathrm{d}y=\pi h^4.$$

因此

$$\iint_{\Sigma}(x^2\cos\alpha+y^2\cos\beta+z^2\cos\gamma)\mathrm{d}S=\frac{1}{2}\pi h^4-\pi h^4=-\frac{1}{2}\pi h^4.$$

例 3 设函数 $u(x,y,z)$和 $v(x,y,z)$在闭区域 Ω 上具有一阶及二阶连续偏导数,证明

$$\iiint_{\Omega}u\Delta v\mathrm{d}x\mathrm{d}y\mathrm{d}z=\oiint_{\Sigma}u\frac{\partial v}{\partial n}\mathrm{d}S-\iiint_{\Omega}\left(\frac{\partial u}{\partial x}\frac{\partial v}{\partial x}+\frac{\partial u}{\partial y}\frac{\partial v}{\partial y}+\frac{\partial u}{\partial z}\frac{\partial v}{\partial z}\right)\mathrm{d}x\mathrm{d}y\mathrm{d}z,$$

其中 Σ 是闭区域 Ω 的整个边界曲面,$\frac{\partial v}{\partial n}$为函数 $v(x,y,z)$沿 Σ 的外法线方向的方向导数,符号 $\Delta=\frac{\partial^2}{\partial x^2}+\frac{\partial^2}{\partial y^2}+\frac{\partial^2}{\partial z^2}$,称为拉普拉斯(Laplace)算子. 这个公式叫做格林第一公式.

证 因为方向导数

$$\frac{\partial v}{\partial n}=\frac{\partial v}{\partial x}\cos\alpha+\frac{\partial v}{\partial y}\cos\beta+\frac{\partial v}{\partial z}\cos\gamma,$$

其中 $\cos\alpha$、$\cos\beta$、$\cos\gamma$ 是 Σ 在点 (x,y,z)处的外法线向量的方向余弦. 于是曲面积分

$$\begin{aligned}\oiint_{\Sigma}u\frac{\partial v}{\partial n}\mathrm{d}S&=\oiint_{\Sigma}u\left(\frac{\partial v}{\partial x}\cos\alpha+\frac{\partial v}{\partial y}\cos\beta+\frac{\partial v}{\partial z}\cos\gamma\right)\mathrm{d}S\\&=\oiint_{\Sigma}\left[\left(u\frac{\partial v}{\partial x}\right)\cos\alpha+\left(u\frac{\partial v}{\partial y}\right)\cos\beta+\left(u\frac{\partial v}{\partial z}\right)\cos\gamma\right]\mathrm{d}S.\end{aligned}$$

利用高斯公式,即得

$$\begin{aligned}&\oiint_{\Sigma}u\frac{\partial v}{\partial n}\mathrm{d}S\\&=\iiint_{\Omega}\left[\frac{\partial}{\partial x}\left(u\frac{\partial v}{\partial x}\right)+\frac{\partial}{\partial y}\left(u\frac{\partial v}{\partial y}\right)+\frac{\partial}{\partial z}\left(u\frac{\partial v}{\partial z}\right)\right]\mathrm{d}x\mathrm{d}y\mathrm{d}z\\&=\iiint_{\Omega}u\Delta v\mathrm{d}x\mathrm{d}y\mathrm{d}z+\iiint_{\Omega}\left(\frac{\partial u}{\partial x}\frac{\partial v}{\partial x}+\frac{\partial u}{\partial y}\frac{\partial v}{\partial y}+\frac{\partial u}{\partial z}\frac{\partial v}{\partial z}\right)\mathrm{d}x\mathrm{d}y\mathrm{d}z,\end{aligned}$$

将上式右端第二个积分移至左端便得所要证明的等式.

*二、沿任意闭曲面的曲面积分为零的条件

现在提出与第三节第二目所讨论的问题相类似的问题,这就是:在怎样的条件下,曲面积分

$$\iint_{\Sigma} P\mathrm{d}y\mathrm{d}z + Q\mathrm{d}z\mathrm{d}x + R\mathrm{d}x\mathrm{d}y$$

与曲面 Σ 无关而只取决于 Σ 的边界曲线?这问题相当于在怎样的条件下,沿任意闭曲面的曲面积分为零?这问题可用高斯公式来解决.

先介绍空间二维单连通区域及一维单连通区域的概念.对空间区域 G,如果 G 内任一闭曲面所围成的区域全属于 G,则称 G 是空间二维单连通区域;如果 G 内任一闭曲线总可以张一片完全属于 G 的曲面,则称 G 为空间一维单连通区域.例如球面所围成的区域既是空间二维单连通的,又是空间一维单连通的;环面所围成的区域是空间二维单连通的,但不是空间一维单连通的;两个同心球面之间的区域是空间一维单连通的,但不是空间二维单连通的.

对于沿任意闭曲面的曲面积分为零的条件,我们有以下结论:

定理 2　设 G 是空间二维单连通区域,$P(x,y,z)$、$Q(x,y,z)$、$R(x,y,z)$在 G 内具有一阶连续偏导数,则曲面积分

$$\iint_{\Sigma} P\mathrm{d}y\mathrm{d}z + Q\mathrm{d}z\mathrm{d}x + R\mathrm{d}x\mathrm{d}y$$

在 G 内与所取曲面 Σ 无关而只取决于 Σ 的边界曲线(或沿 G 内任一闭曲面的曲面积分为零)的充分必要条件是

$$\frac{\partial P}{\partial x}+\frac{\partial Q}{\partial y}+\frac{\partial R}{\partial z}=0 \tag{4}$$

在 G 内恒成立.

证　若等式(4)在 G 内恒成立,则由高斯公式(1)立即可看出沿 G 内的任意闭曲面的曲面积分为零,因此条件(4)是充分的.反之,设沿 G 内的任一闭曲面的曲面积分为零,若等式(4)在 G 内不恒成立,就是说在 G 内至少有一点 M_0 使得

$$\left(\frac{\partial P}{\partial x}+\frac{\partial Q}{\partial y}+\frac{\partial R}{\partial z}\right)_{M_0}\neq 0,$$

仿照第三节第二目中所用的方法,就可得出 G 内存在着闭曲面使得沿该闭曲面的曲面积分不等于零,这与假设相矛盾.因此条件(4)是必要的.证毕.

三、通量与散度

下面来解释高斯公式

$$\iiint_{\Omega}\left(\frac{\partial P}{\partial x}+\frac{\partial Q}{\partial y}+\frac{\partial R}{\partial z}\right)\mathrm{d}v=\oiint_{\Sigma}P\mathrm{d}y\mathrm{d}z+Q\mathrm{d}z\mathrm{d}x+R\mathrm{d}x\mathrm{d}y \tag{1}$$

的物理意义.

设稳定流动的不可压缩流体(假定密度为 1)的速度场由

$$\boldsymbol{v}(x,y,z)=P(x,y,z)\boldsymbol{i}+Q(x,y,z)\boldsymbol{j}+R(x,y,z)\boldsymbol{k}$$

给出,其中 P、Q、R 假定具有一阶连续偏导数,Σ 是速度场中一片有向曲面,又

$$\boldsymbol{n}=\cos\alpha\boldsymbol{i}+\cos\beta\boldsymbol{j}+\cos\gamma\boldsymbol{k}$$

是 Σ 在点(x,y,z)处的单位法向量,则由第五节第一目知道,单位时间内流体经过 Σ 流向指定侧的流体总质量 Φ 可用曲面积分来表示:

$$\begin{aligned}\Phi&=\iint_{\Sigma}P\mathrm{d}y\mathrm{d}z+Q\mathrm{d}z\mathrm{d}x+R\mathrm{d}x\mathrm{d}y\\&=\iint_{\Sigma}(P\cos\alpha+Q\cos\beta+R\cos\gamma)\mathrm{d}S\\&=\iint_{\Sigma}\boldsymbol{v}\cdot\boldsymbol{n}\mathrm{d}S=\iint_{\Sigma}v_n\mathrm{d}S,\end{aligned}$$

其中 $v_n=\boldsymbol{v}\cdot\boldsymbol{n}=P\cos\alpha+Q\cos\beta+R\cos\gamma$ 表示流体的速度向量 $\boldsymbol{v}$ 在有向曲面 Σ 的法向量上的投影.如果 Σ 是高斯公式(1)中闭区域 Ω 的边界曲面的外侧,那么公式(1)的右端可解释为单位时间内离开闭区域 Ω 的流体的总质量.由于我们假定流体是不可压缩的,且流动是稳定的,因此在流体离开 Ω 的同时,Ω 内部必须有产生流体的"源头"产生出同样多的流体来进行补充.所以高斯公式左端可解释为分布在 Ω 内的源头在单位时间内所产生的流体的总质量.

为简便起见,把高斯公式(1)改写成

$$\iiint_{\Omega}\left(\frac{\partial P}{\partial x}+\frac{\partial Q}{\partial y}+\frac{\partial R}{\partial z}\right)\mathrm{d}v=\oiint_{\Sigma}v_n\mathrm{d}S.$$

以闭区域 Ω 的体积 V 除上式两端,得

$$\frac{1}{V}\iiint_{\Omega}\left(\frac{\partial P}{\partial x}+\frac{\partial Q}{\partial y}+\frac{\partial R}{\partial z}\right)\mathrm{d}v=\frac{1}{V}\oiint_{\Sigma}v_n\mathrm{d}S.$$

上式左端表示 Ω 内的源头在单位时间单位体积内所产生的流体质量的平均值.应用积分中值定理于上式左端,得

$$\left.\left(\frac{\partial P}{\partial x}+\frac{\partial Q}{\partial y}+\frac{\partial R}{\partial z}\right)\right|_{(\xi,\eta,\zeta)}=\frac{1}{V}\oiint_{\Sigma}v_n\mathrm{d}S,$$

这里(ξ,η,ζ)是 Ω 内的某个点.令 Ω 缩向一点 $M(x,y,z)$,取上式的极限,得

$$\frac{\partial P}{\partial x}+\frac{\partial Q}{\partial y}+\frac{\partial R}{\partial z}=\lim_{\Omega\to M}\frac{1}{V}\oiint_{\Sigma}v_n\mathrm{d}S.$$

上式左端称为 $\boldsymbol{v}$ 在点 M 的散度,记作 $\mathrm{div}\,\boldsymbol{v}$,即

$$\text{div } \boldsymbol{v} = \frac{\partial P}{\partial x} + \frac{\partial Q}{\partial y} + \frac{\partial R}{\partial z}.$$

$\text{div } \boldsymbol{v}$ 在这里可看作稳定流动的不可压缩流体在点 M 的源头强度——在单位时间单位体积内所产生的流体质量．如果 $\text{div } \boldsymbol{v}$ 为负，表示点 M 处流体在消失．

一般地，设某向量场由

$$\boldsymbol{A}(x,y,z) = P(x,y,z)\boldsymbol{i} + Q(x,y,z)\boldsymbol{j} + R(x,y,z)\boldsymbol{k}$$

给出，其中 P、Q、R 具有一阶连续偏导数，Σ 是场内的一片有向曲面，$\boldsymbol{n}$ 是 Σ 在点 (x,y,z) 处的单位法向量，则 $\iint\limits_{\Sigma} \boldsymbol{A} \cdot \boldsymbol{n} \mathrm{d}S$ 叫做向量场 $\boldsymbol{A}$ 通过曲面 Σ 向着指定侧的通量（或流量），而 $\dfrac{\partial P}{\partial x} + \dfrac{\partial Q}{\partial y} + \dfrac{\partial R}{\partial z}$ 叫做向量场 $\boldsymbol{A}$ 的散度，记作 $\text{div } \boldsymbol{A}$，即

$$\text{div } \boldsymbol{A} = \frac{\partial P}{\partial x} + \frac{\partial Q}{\partial y} + \frac{\partial R}{\partial z}.$$

高斯公式现在可写成

$$\iiint\limits_{\Omega} \text{div } \boldsymbol{A} \mathrm{d}v = \oint\!\!\!\!\oint\limits_{\Sigma} A_n \mathrm{d}S,$$

其中 Σ 是空间闭区域 Ω 的边界曲面，而

$$A_n = \boldsymbol{A} \cdot \boldsymbol{n} = P\cos\alpha + Q\cos\beta + R\cos\gamma$$

是向量 $\boldsymbol{A}$ 在曲面 Σ 的外侧法向量上的投影．

习 题 10-6

1．利用高斯公式计算曲面积分：

(1) $\oint\!\!\!\!\oint\limits_{\Sigma} x^2 \mathrm{d}y\mathrm{d}z + y^2 \mathrm{d}z\mathrm{d}x + z^2 \mathrm{d}x\mathrm{d}y$，其中 Σ 为平面 $x=0$，$y=0$，$z=0$，$x=a$，$y=a$，$z=a$ 所围成的立体的表面的外侧；

(2) $\oint\!\!\!\!\oint\limits_{\Sigma} x^3 \mathrm{d}y\mathrm{d}z + y^3 \mathrm{d}z\mathrm{d}x + z^3 \mathrm{d}x\mathrm{d}y$，其中 Σ 为球面 $x^2+y^2+z^2=a^2$ 的外侧；

(3) $\oint\!\!\!\!\oint\limits_{\Sigma} xz^2 \mathrm{d}y\mathrm{d}z + (x^2y - z^3)\mathrm{d}z\mathrm{d}x + (2xy + y^2z)\mathrm{d}x\mathrm{d}y$，其中 Σ 为上半球体 $x^2+y^2 \leqslant a^2$，$0 \leqslant z \leqslant \sqrt{a^2-x^2-y^2}$ 的表面外侧；

(4) $\oint\!\!\!\!\oint\limits_{\Sigma} x\mathrm{d}y\mathrm{d}z + y\mathrm{d}z\mathrm{d}x + z\mathrm{d}x\mathrm{d}y$，其中 Σ 是界于 $z=0$ 和 $z=3$ 之间的圆柱体 $x^2+y^2 \leqslant 9$ 的整个表面的外侧；

(5) $\oint\!\!\!\!\oint\limits_{\Sigma} 4xz\mathrm{d}y\mathrm{d}z - y^2 \mathrm{d}z\mathrm{d}x + yz\mathrm{d}x\mathrm{d}y$，其中 Σ 是平面 $x=0$，$y=0$，$z=0$，$x=1$，$y=1$，$z=1$ 所围成的立方体的全表面的外侧．

2．求下列向量 $\boldsymbol{A}$ 穿过曲面 Σ 流向指定侧的通量：

(1) $\boldsymbol{A} = yz\boldsymbol{i} + xz\boldsymbol{j} + xy\boldsymbol{k}$，$\Sigma$ 为圆柱 $x^2+y^2 \leqslant a^2 (0 \leqslant z \leqslant h)$ 的全表面，流向外侧；

(2) $\boldsymbol{A}=(2x-z)\boldsymbol{i}+x^2y\boldsymbol{j}-xz^2\boldsymbol{k}$，$\Sigma$ 为立方体 $0\leqslant x\leqslant a,0\leqslant y\leqslant a,0\leqslant z\leqslant a$ 的全表面，流向外侧；

(3) $\boldsymbol{A}=(2x+3z)\boldsymbol{i}-(xz+y)\boldsymbol{j}+(y^2+2z)\boldsymbol{k}$，$\Sigma$ 是以点 $(3,-1,2)$ 为球心，半径 $R=3$ 的球面，流向外侧.

3. 求下列向量场 $\boldsymbol{A}$ 的散度：

(1) $\boldsymbol{A}=(x^2+yz)\boldsymbol{i}+(y^2+xz)\boldsymbol{j}+(z^2+xy)\boldsymbol{k}$；

(2) $\boldsymbol{A}=\mathrm{e}^{xy}\boldsymbol{i}+\cos(xy)\boldsymbol{j}+\cos(xz^2)\boldsymbol{k}$；

(3) $\boldsymbol{A}=y^2\boldsymbol{i}+xy\boldsymbol{j}+xz\boldsymbol{k}$.

4. 设 $u(x,y,z)$、$v(x,y,z)$ 是两个定义在闭区域 Ω 上的具有二阶连续偏导数的函数，$\dfrac{\partial u}{\partial n}$、$\dfrac{\partial v}{\partial n}$ 依次表示 $u(x,y,z)$、$v(x,y,z)$ 沿 Σ 的外法线方向的方向导数. 证明

$$\iiint\limits_{\Omega}(u\Delta v-v\Delta u)\mathrm{d}x\mathrm{d}y\mathrm{d}z=\oiint\limits_{\Sigma}\left(u\frac{\partial v}{\partial n}-v\frac{\partial u}{\partial n}\right)\mathrm{d}S,$$

其中 Σ 是空间闭区域 Ω 的整个边界曲面. 这个公式叫做格林第二公式.

5. 利用高斯公式推证阿基米德原理：浸没在液体中的物体所受液体的压力的合力(即浮力)的方向铅直向上、其大小等于这物体所排开的液体的重力.

第七节　斯托克斯公式　环流量与旋度

一、斯托克斯公式

斯托克斯(Stokes)公式是格林公式的推广. 格林公式表达了平面闭区域上的二重积分与其边界曲线上的曲线积分间的关系，而斯托克斯公式则把曲面 Σ 上的曲面积分与沿着 Σ 的边界曲线的曲线积分联系起来. 这个联系可陈述如下：

定理 1　设 Γ 为分段光滑的空间有向闭曲线，Σ 是以 Γ 为边界的分片光滑的有向曲面，Γ 的正向与 Σ 的侧符合右手规则[①]，函数 $P(x,y,z)$、$Q(x,y,z)$、$R(x,y,z)$ 在曲面 Σ(连同边界 Γ)上具有一阶连续偏导数，则有

$$\iint\limits_{\Sigma}\left(\frac{\partial R}{\partial y}-\frac{\partial Q}{\partial z}\right)\mathrm{d}y\mathrm{d}z+\left(\frac{\partial P}{\partial z}-\frac{\partial R}{\partial x}\right)\mathrm{d}z\mathrm{d}x+\left(\frac{\partial Q}{\partial x}-\frac{\partial P}{\partial y}\right)\mathrm{d}x\mathrm{d}y$$

$$=\oint_{\Gamma}P\mathrm{d}x+Q\mathrm{d}y+R\mathrm{d}z.\tag{1}$$

公式(1)叫做斯托克斯公式.

证　先假定 Σ 与平行于 z 轴的直线相交不多于一点，并设 Σ 为曲面 $z=$

① 就是说，当右手除拇指外的四指依 Γ 的绕行方向时，拇指所指的方向与 Σ 上法向量的指向相同. 这时称 Γ 是有向曲面 Σ 的正向边界曲线.

$f(x,y)$的上侧，Σ 的正向边界曲线 Γ 在 xOy 面上的投影为平面有向曲线 C，C 所围成的闭区域为 D_{xy}（图10－26）.

我们设法把曲面积分

$$\iint_{\Sigma} \frac{\partial P}{\partial z}\mathrm{d}z\mathrm{d}x-\frac{\partial P}{\partial y}\mathrm{d}x\mathrm{d}y$$

化为闭区域 D_{xy} 上的二重积分，然后通过格林公式使它与曲线积分相联系.

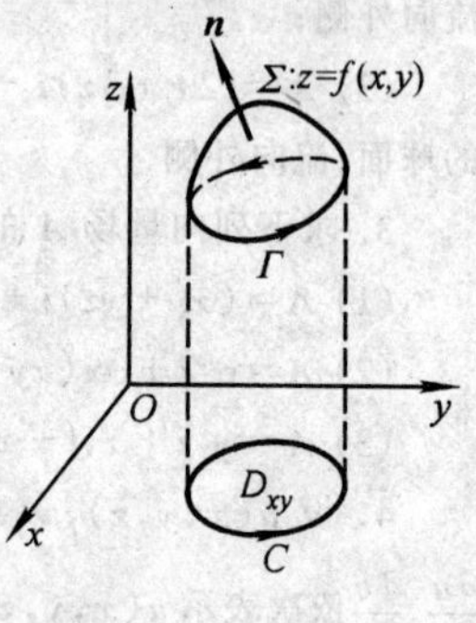

图 10－26

根据对面积的和对坐标的曲面积分间的关系，有

$$\iint_{\Sigma} \frac{\partial P}{\partial z}\mathrm{d}z\mathrm{d}x-\frac{\partial P}{\partial y}\mathrm{d}x\mathrm{d}y=\iint_{\Sigma}\left(\frac{\partial P}{\partial z}\cos\beta-\frac{\partial P}{\partial y}\cos\gamma\right)\mathrm{d}S. \tag{2}$$

由第八章第六节知道，有向曲面 Σ 的法向量的方向余弦为

$$\cos\alpha=\frac{-f_x}{\sqrt{1+f_x^2+f_y^2}},\cos\beta=\frac{-f_y}{\sqrt{1+f_x^2+f_y^2}},$$

$$\cos\gamma=\frac{1}{\sqrt{1+f_x^2+f_y^2}},$$

因此 $\cos\beta=-f_y\cos\gamma$，把它代入(2)式得

$$\iint_{\Sigma} \frac{\partial P}{\partial z}\mathrm{d}z\mathrm{d}x-\frac{\partial P}{\partial y}\mathrm{d}x\mathrm{d}y=-\iint_{\Sigma}\left(\frac{\partial P}{\partial y}+\frac{\partial P}{\partial z}f_y\right)\cos\gamma\mathrm{d}S,$$

即

$$\iint_{\Sigma} \frac{\partial P}{\partial z}\mathrm{d}z\mathrm{d}x-\frac{\partial P}{\partial y}\mathrm{d}x\mathrm{d}y=-\iint_{\Sigma}\left(\frac{\partial P}{\partial y}+\frac{\partial P}{\partial z}f_y\right)\mathrm{d}x\mathrm{d}y. \tag{3}$$

上式右端的曲面积分化为二重积分时，应把 $P(x,y,z)$ 中的 z 用 $f(x,y)$ 来代替.因为由复合函数的微分法，有

$$\frac{\partial}{\partial y}P[x,y,f(x,y)]=\frac{\partial P}{\partial y}+\frac{\partial P}{\partial z}\cdot f_y.$$

所以，(3)式可写成

$$\iint_{\Sigma} \frac{\partial P}{\partial z}\mathrm{d}z\mathrm{d}x-\frac{\partial P}{\partial y}\mathrm{d}x\mathrm{d}y=-\iint_{D_{xy}}\frac{\partial}{\partial y}P[x,y,f(x,y)]\mathrm{d}x\mathrm{d}y.$$

根据格林公式，上式右端的二重积分可化为沿闭区域 D_{xy} 的边界 C 的曲线积分：

$$-\iint_{D_{xy}}\frac{\partial}{\partial y}P[x,y,f(x,y)]\mathrm{d}x\mathrm{d}y=\oint_C P[x,y,f(x,y)]\,\mathrm{d}x,$$

于是
$$\iint_{\Sigma} \frac{\partial P}{\partial z}\mathrm{d}z\mathrm{d}x-\frac{\partial P}{\partial y}\mathrm{d}x\mathrm{d}y=\oint_C P[x,y,f(x,y)]\,\mathrm{d}x.$$

因为函数 $P[x,y,f(x,y)]$ 在曲线 C 上点 (x,y) 处的值与函数 $P(x,y,z)$ 在曲

线 Γ 上对应点(x,y,z)处的值是一样的，并且两曲线上的对应小弧段在 x 轴上的投影也一样，根据曲线积分的定义，上式右端的曲线积分等于曲线 Γ 上的曲线积分 $\int_{\Gamma} P(x,y,z)\mathrm{d}x$. 因此，我们证得

$$\iint_{\Sigma} \frac{\partial P}{\partial z}\mathrm{d}z\mathrm{d}x - \frac{\partial P}{\partial y}\mathrm{d}x\mathrm{d}y = \oint_{\Gamma} P(x,y,z)\mathrm{d}x. \tag{4}$$

如果 Σ 取下侧，Γ 也相应地改成相反的方向，那么(4)式两端同时改变符号，因此(4)式仍成立.

其次，如果曲面与平行于 z 轴的直线的交点多于一个，则可作辅助曲线把曲面分成几部分，然后应用公式(4)并相加. 因为沿辅助曲线而方向相反的两个曲线积分相加时正好抵消，所以对于这一类曲面公式(4)也成立.

同样可证

$$\iint_{\Sigma} \frac{\partial Q}{\partial x}\mathrm{d}x\mathrm{d}y - \frac{\partial Q}{\partial z}\mathrm{d}y\mathrm{d}z = \oint_{\Gamma} Q\mathrm{d}y,$$

$$\iint_{\Sigma} \frac{\partial R}{\partial y}\mathrm{d}y\mathrm{d}z - \frac{\partial R}{\partial x}\mathrm{d}z\mathrm{d}x = \oint_{\Gamma} R\mathrm{d}z.$$

把它们与公式(4)相加即得公式(1). 证毕.

为了便于记忆，利用行列式记号把斯托克斯公式(1)写成

$$\iint_{\Sigma} \begin{vmatrix} \mathrm{d}y\mathrm{d}z & \mathrm{d}z\mathrm{d}x & \mathrm{d}x\mathrm{d}y \\ \dfrac{\partial}{\partial x} & \dfrac{\partial}{\partial y} & \dfrac{\partial}{\partial z} \\ P & Q & R \end{vmatrix} = \oint_{\Gamma} P\mathrm{d}x + Q\mathrm{d}y + R\mathrm{d}z,$$

把其中的行列式按第一行展开，并把 $\frac{\partial}{\partial y}$ 与 R 的“积”理解为 $\frac{\partial R}{\partial y}$，$\frac{\partial}{\partial z}$ 与 Q 的“积”理解为 $\frac{\partial Q}{\partial z}$ 等等，于是这个行列式就“等于”

$$\left(\frac{\partial R}{\partial y} - \frac{\partial Q}{\partial z}\right)\mathrm{d}y\mathrm{d}z + \left(\frac{\partial P}{\partial z} - \frac{\partial R}{\partial x}\right)\mathrm{d}z\mathrm{d}x + \left(\frac{\partial Q}{\partial x} - \frac{\partial P}{\partial y}\right)\mathrm{d}x\mathrm{d}y.$$

这恰好是公式(1)左端的被积表达式.

利用两类曲面积分间的联系，可得斯托克斯公式的另一形式：

$$\iint_{\Sigma} \begin{vmatrix} \cos\alpha & \cos\beta & \cos\gamma \\ \dfrac{\partial}{\partial x} & \dfrac{\partial}{\partial y} & \dfrac{\partial}{\partial z} \\ P & Q & R \end{vmatrix} \mathrm{d}S = \oint_{\Gamma} P\mathrm{d}x + Q\mathrm{d}y + R\mathrm{d}z,$$

其中 $\boldsymbol{n} = (\cos\alpha, \cos\beta, \cos\gamma)$为有向曲面 Σ 在点(x,y,z)处的单位法向量.

如果 Σ 是 xOy 面上的一块平面闭区域，斯托克斯公式就变成格林公式. 因此，格林公式是斯托克斯公式的一个特殊情形.

例 1　利用斯托克斯公式计算曲线积分 $\oint_\Gamma z\mathrm{d}x + x\mathrm{d}y + y\mathrm{d}z$，其中 Γ 为平面 $x+y+z=1$ 被三个坐标面所截成的三角形的整个边界，它的正向与这个三角形上侧的法向量之间符合右手规则(图 10-27)。

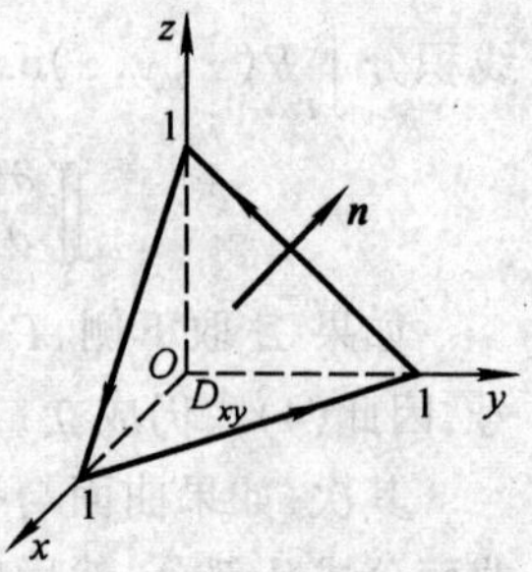

图　10-27

解　按斯托克斯公式，有

$$\oint_\Gamma z\mathrm{d}x + x\mathrm{d}y + y\mathrm{d}z = \iint_\Sigma \mathrm{d}y\mathrm{d}z + \mathrm{d}z\mathrm{d}x + \mathrm{d}x\mathrm{d}y.$$

由于 Σ 的法向量的三个方向余弦都为正，又由于对称性，上式右端等于

$$3\iint_{D_{xy}} \mathrm{d}\sigma,$$

其中 D_{xy} 为 xOy 面上由直线 $x+y=1$ 及两条坐标轴围成的三角形闭区域，因此

$$\oint_\Gamma z\mathrm{d}x + x\mathrm{d}y + y\mathrm{d}z = \frac{3}{2}.$$

例 2　利用斯托克斯公式计算曲线积分

$$I = \oint_\Gamma (y^2 - z^2)\mathrm{d}x + (z^2 - x^2)\mathrm{d}y + (x^2 - y^2)\mathrm{d}z,$$

其中 Γ 是用平面 $x+y+z=\frac{3}{2}$ 截立方体 $\{(x,y,z)\mid 0\leqslant x\leqslant 1, 0\leqslant y\leqslant 1, 0\leqslant z\leqslant 1\}$ 的表面所得的截痕，若从 Ox 轴的正向看去，取逆时针方向(图 10-28(a))。

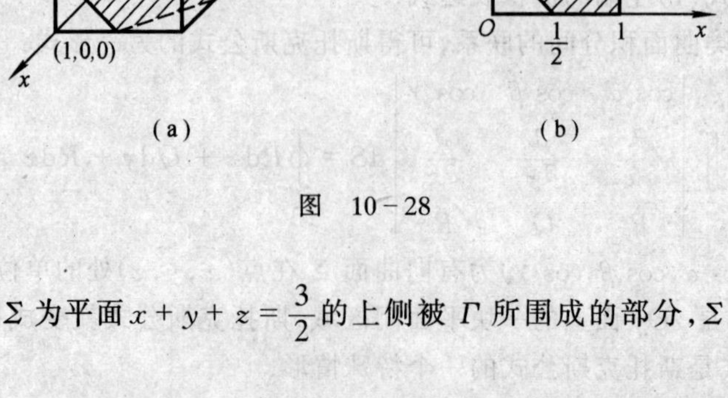

图　10-28

解　取 Σ 为平面 $x+y+z=\frac{3}{2}$ 的上侧被 Γ 所围成的部分，Σ 的单位法向

量 $\boldsymbol{n}=\frac{1}{\sqrt{3}}(1,1,1)$,即 $\cos\alpha=\cos\beta=\cos\gamma=\frac{1}{\sqrt{3}}$.按斯托克斯公式,有

$$I=\iint_{\Sigma}\begin{vmatrix}\frac{1}{\sqrt{3}} & \frac{1}{\sqrt{3}} & \frac{1}{\sqrt{3}}\\ \frac{\partial}{\partial x} & \frac{\partial}{\partial y} & \frac{\partial}{\partial z}\\ y^2-z^2 & z^2-x^2 & x^2-y^2\end{vmatrix}\mathrm{d}S$$

$$=-\frac{4}{\sqrt{3}}\iint_{\Sigma}(x+y+z)\mathrm{d}S.$$

因为在 Σ 上 $x+y+z=\frac{3}{2}$,故

$$I=-\frac{4}{\sqrt{3}}\cdot\frac{3}{2}\iint_{\Sigma}\mathrm{d}S=-2\sqrt{3}\iint_{D_{xy}}\sqrt{3}\mathrm{d}x\mathrm{d}y$$

$$=-6\sigma_{xy},$$

其中 D_{xy} 为 Σ 在 xOy 平面上的投影区域(图 10-28(b)),σ_{xy} 为 D_{xy} 的面积,因

$$\sigma_{xy}=1-2\times\frac{1}{8}=\frac{3}{4}$$

故
$$I=-\frac{9}{2}.$$

*二、空间曲线积分与路径无关的条件

在第三节中,利用格林公式推得了平面曲线积分与路径无关的条件.完全类似地,利用斯托克斯公式,可推得空间曲线积分与路径无关的条件.

首先我们指出,空间曲线积分与路径无关相当于沿任意闭曲线的曲线积分为零.关于空间曲线积分在什么条件下与路径无关的问题,有以下结论:

定理 2　设空间区域 G 是一维单连通域,函数 $P(x,y,z)$、$Q(x,y,z)$、$R(x,y,z)$在 G 内具有一阶连续偏导数,则空间曲线积分 $\int_{\Gamma}P\mathrm{d}x+Q\mathrm{d}y+R\mathrm{d}z$ 在 G 内与路径无关(或沿 G 内任意闭曲线的曲线积分为零)的充分必要条件是

$$\frac{\partial P}{\partial y}=\frac{\partial Q}{\partial x},\frac{\partial Q}{\partial z}=\frac{\partial R}{\partial y},\frac{\partial R}{\partial x}=\frac{\partial P}{\partial z}\tag{5}$$

在 G 内恒成立.

证　如果等式(5)在 G 内恒成立,则由斯托克斯公式(1)立即可看出,沿闭曲线的曲线积分为零,因此条件是充分的.反之,设沿 G 内任意闭曲线的曲线积分为零,若 G 内有一点 M_0 使(5)式中的三个等式不完全成立,例如$\frac{\partial P}{\partial y}\neq\frac{\partial Q}{\partial x}$.不妨假定

$$\left(\frac{\partial Q}{\partial x}-\frac{\partial P}{\partial y}\right)_{M_0}=\eta>0.$$

过点 $M_0(x_0,y_0,z_0)$作平面 $z=z_0$,并在这个平面上取一个以 M_0 为圆心、半径足够小的圆形闭区域 K,使得在 K 上恒有

$$\frac{\partial Q}{\partial x}-\frac{\partial P}{\partial y}\geqslant\frac{\eta}{2}.$$

设 γ 是 K 的正向边界曲线.因为 γ 在平面 $z=z_0$ 上,所以按定义有

$$\oint_\gamma P\mathrm{d}x+Q\mathrm{d}y+R\mathrm{d}z=\oint_\gamma P\mathrm{d}x+Q\mathrm{d}y.$$

又由(1)式有

$$\oint_\gamma P\mathrm{d}x+Q\mathrm{d}y+R\mathrm{d}z=\iint_K\left(\frac{\partial Q}{\partial x}-\frac{\partial P}{\partial y}\right)\mathrm{d}x\mathrm{d}y\geqslant\frac{\eta}{2}\cdot\sigma,$$

其中 σ 是 K 的面积,因为 $\eta>0,\sigma>0$,从而

$$\oint_\gamma P\mathrm{d}x+Q\mathrm{d}y+R\mathrm{d}z>0.$$

这结果与所设不合,从而(5)式在 G 内恒成立.证毕.

应用定理 2 并仿照第三节定理 3 的证法,便可以得到

定理 3　设区域 G 是空间一维单连通区域,函数 $P(x,y,z)$、$Q(x,y,z)$、$R(x,y,z)$在 G 内具有一阶连续偏导数,则表达式 $P\mathrm{d}x+Q\mathrm{d}y+R\mathrm{d}z$ 在 G 内成为某一函数 $u(x,y,z)$的全微分的充分必要条件是等式(5)在 G 内恒成立;当条件(5)满足时,这函数(不计一常数之差)可用下式求出:

$$u(x,y,z)=\int_{(x_0,y_0,z_0)}^{(x,y,z)}P\mathrm{d}x+Q\mathrm{d}y+R\mathrm{d}z \tag{6}$$

或用定积分表示为(按图 10－29 取积分路径)

$$u(x,y,z)=\int_{x_0}^{x}P(x,y_0,z_0)\mathrm{d}x+\int_{y_0}^{y}Q(x,y,z_0)\mathrm{d}y$$

$$+\int_{z_0}^{z}R(x,y,z)\mathrm{d}z. \tag{6'}$$

其中 $M_0(x_0,y_0,z_0)$为 G 内某一定点,点 $M(x,y,z)\in G$.

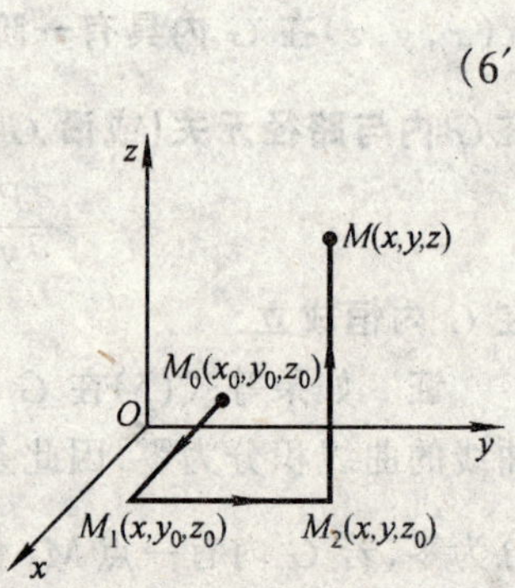

图　10－29

三、环流量与旋度

设斯托克斯公式中的有向曲面 Σ 在点(x,y,z)处的单位法向量为

$$\boldsymbol{n}=\cos\alpha\,\boldsymbol{i}+\cos\beta\,\boldsymbol{j}+\cos\gamma\,\boldsymbol{k},$$

而 Σ 的正向边界曲线 Γ 在点(x,y,z)处的单位

切向量为

$$\boldsymbol{\tau}=\cos\lambda\,\boldsymbol{i}+\cos\mu\,\boldsymbol{j}+\cos\nu\,\boldsymbol{k},$$

则斯托克斯公式可用对面积的曲面积分及对弧长的曲线积分表示为

$$\iint_{\Sigma}\left[\left(\frac{\partial R}{\partial y}-\frac{\partial Q}{\partial z}\right)\cos\alpha+\left(\frac{\partial P}{\partial z}-\frac{\partial R}{\partial x}\right)\cos\beta+\left(\frac{\partial Q}{\partial x}-\frac{\partial P}{\partial y}\right)\cos\gamma\right]\mathrm{d}S$$

$$=\oint_{\Gamma}(P\cos\lambda+Q\cos\mu+R\cos\nu)\mathrm{d}s. \tag{7}$$

设有向量场

$$\boldsymbol{A}(x,y,z)=P(x,y,z)\boldsymbol{i}+Q(x,y,z)\boldsymbol{j}+R(x,y,z)\boldsymbol{k},$$

在坐标轴上的投影分别为

$$\frac{\partial R}{\partial y}-\frac{\partial Q}{\partial z},\ \frac{\partial P}{\partial z}-\frac{\partial R}{\partial x},\ \frac{\partial Q}{\partial x}-\frac{\partial P}{\partial y}$$

的向量叫做向量场 $\boldsymbol{A}$ 的旋度，记作 $\mathbf{rot}\,\boldsymbol{A}$，即

$$\mathbf{rot}\,\boldsymbol{A}=\left(\frac{\partial R}{\partial y}-\frac{\partial Q}{\partial z}\right)\boldsymbol{i}+\left(\frac{\partial P}{\partial z}-\frac{\partial R}{\partial x}\right)\boldsymbol{j}+\left(\frac{\partial Q}{\partial x}-\frac{\partial P}{\partial y}\right)\boldsymbol{k}. \tag{8}$$

现在，斯托克斯公式可写成向量的形式

$$\iint_{\Sigma}\mathbf{rot}\,\boldsymbol{A}\cdot\boldsymbol{n}\,\mathrm{d}S=\oint_{\Gamma}\boldsymbol{A}\cdot\boldsymbol{\tau}\,\mathrm{d}s,$$

或

$$\iint_{\Sigma}(\mathbf{rot}\,\boldsymbol{A})_n\,\mathrm{d}S=\oint_{\Gamma}A_{\tau}\,\mathrm{d}s, \tag{9}$$

其中

$$(\mathbf{rot}\,\boldsymbol{A})_n=\mathbf{rot}\,\boldsymbol{A}\cdot\boldsymbol{n}$$

$$=\left(\frac{\partial R}{\partial y}-\frac{\partial Q}{\partial z}\right)\cos\alpha+\left(\frac{\partial P}{\partial z}-\frac{\partial R}{\partial x}\right)\cos\beta+\left(\frac{\partial Q}{\partial x}-\frac{\partial P}{\partial y}\right)\cos\gamma$$

为 $\mathbf{rot}\,\boldsymbol{A}$ 在 Σ 的法向量上的投影，而

$$A_{\tau}=\boldsymbol{A}\cdot\boldsymbol{\tau}=P\cos\lambda+Q\cos\mu+R\cos\nu$$

为向量 $\boldsymbol{A}$ 在 Γ 的切向量上的投影.

沿有向闭曲线 Γ 的曲线积分

$$\oint_{\Gamma}P\mathrm{d}x+Q\mathrm{d}y+R\mathrm{d}z=\oint_{\Gamma}A_{\tau}\,\mathrm{d}s$$

叫做向量场 $\boldsymbol{A}$ 沿有向闭曲线 Γ 的环流量. 斯托克斯公式(9)现在可叙述为：**向量场 $\boldsymbol{A}$ 沿有向闭曲线 Γ 的环流量等于向量场 $\boldsymbol{A}$ 的旋度场通过 Γ 所张的曲面 Σ 的通量**，这里 Γ 的正向与 Σ 的侧应符合右手规则.

为了便于记忆，**rot A** 的表达式(8)可利用行列式记号形式地表示为

$$\mathbf{rot\ A}=\begin{vmatrix} \boldsymbol{i} & \boldsymbol{j} & \boldsymbol{k} \\ \dfrac{\partial}{\partial x} & \dfrac{\partial}{\partial y} & \dfrac{\partial}{\partial z} \\ P & Q & R \end{vmatrix}.$$

最后，我们从力学角度来对 **rot A** 的含义作些解释.

设有刚体绕定轴 l 转动，角速度为 $\boldsymbol{\omega}$，M 为刚体内任意一点. 在定轴 l 上任取一点 O 为坐标原点，作空间直角坐标系，使 z 轴与定轴 l 重合，则 $\boldsymbol{\omega}=\omega\boldsymbol{k}$，而点 M 可用向量 $\boldsymbol{r}=\overrightarrow{OM}=(x,y,z)$ 来确定. 由力学知道，点 M 的线速度 $\boldsymbol{v}$ 可表示为

$$\boldsymbol{v}=\boldsymbol{\omega}\times\boldsymbol{r}.$$

由此有

$$\boldsymbol{v}=\begin{vmatrix} \boldsymbol{i} & \boldsymbol{j} & \boldsymbol{k} \\ 0 & 0 & \omega \\ x & y & z \end{vmatrix}=(-\omega y,\omega x,0),$$

而

$$\mathbf{rot}\ \boldsymbol{v}=\begin{vmatrix} \boldsymbol{i} & \boldsymbol{j} & \boldsymbol{k} \\ \dfrac{\partial}{\partial x} & \dfrac{\partial}{\partial y} & \dfrac{\partial}{\partial z} \\ -\omega y & \omega x & 0 \end{vmatrix}=(0,0,2\omega)=2\boldsymbol{\omega}.$$

从速度场 $\boldsymbol{v}$ 的旋度与旋转角速度的这个关系，可见“旋度”这一名词的由来.

*四、向量微分算子

向量微分算子 ∇ 的定义为

$$\nabla=\frac{\partial}{\partial x}\boldsymbol{i}+\frac{\partial}{\partial y}\boldsymbol{j}+\frac{\partial}{\partial z}\boldsymbol{k},$$

它又称为 ∇ (Nabla)算子或哈密顿(Hamilton)算子. 运用向量微分算子，我们有

(1) 设 $u=u(x,y,z)$，则

$$\nabla u=\frac{\partial u}{\partial x}\boldsymbol{i}+\frac{\partial u}{\partial y}\boldsymbol{j}+\frac{\partial u}{\partial z}\boldsymbol{k}=\mathbf{grad}\ u;$$

$$\begin{aligned}\nabla^2 u&=\nabla\cdot\nabla u=\nabla\cdot\mathbf{grad}\ u\\&=\frac{\partial^2 u}{\partial x^2}+\frac{\partial^2 u}{\partial y^2}+\frac{\partial^2 u}{\partial z^2}=\Delta u.\end{aligned}$$

(2) 设 $\boldsymbol{A}=P(x,y,z)\boldsymbol{i}+Q(x,y,z)\boldsymbol{j}+R(x,y,z)\boldsymbol{k}$，则

$$\nabla\cdot\boldsymbol{A}=\left(\frac{\partial}{\partial x}\boldsymbol{i}+\frac{\partial}{\partial y}\boldsymbol{j}+\frac{\partial}{\partial z}\boldsymbol{k}\right)\cdot(P\boldsymbol{i}+Q\boldsymbol{j}+R\boldsymbol{k})$$

$$=\frac{\partial P}{\partial x}+\frac{\partial Q}{\partial y}+\frac{\partial R}{\partial z}=\operatorname{div}\,\boldsymbol{A};$$

$$\nabla\times\boldsymbol{A}=\begin{vmatrix}\boldsymbol{i} & \boldsymbol{j} & \boldsymbol{k}\\ \frac{\partial}{\partial x} & \frac{\partial}{\partial y} & \frac{\partial}{\partial z}\\ P & Q & R\end{vmatrix}=\textbf{rot}\,\boldsymbol{A}.$$

现在,高斯公式和斯托克斯公式可分别写成

$$\iiint_{\Omega}\nabla\cdot\boldsymbol{A}\,\mathrm{d}v=\oiint_{\Sigma}A_n\,\mathrm{d}S,$$

$$\iint_{\Sigma}(\nabla\times\boldsymbol{A})_n\,\mathrm{d}S=\oint_{\Gamma}A_\tau\,\mathrm{d}s.$$

习　题　10－7

1．利用斯托克斯公式,计算下列曲线积分:

(1) $\oint_{\Gamma}y\mathrm{d}x+z\mathrm{d}y+x\mathrm{d}z$,其中 Γ 为圆周 $x^2+y^2+z^2=a^2, x+y+z=0$,若从 x 轴的正向看去,这圆周是取逆时针方向;

(2) $\oint_{\Gamma}(y-z)\mathrm{d}x+(z-x)\mathrm{d}y+(x-y)\mathrm{d}z$,其中 Γ 为椭圆 $x^2+y^2=a^2, \frac{x}{a}+\frac{z}{b}=1(a>0,b>0)$,若从 x 轴正向看去,这椭圆是取逆时针方向;

(3) $\oint_{\Gamma}3y\mathrm{d}x-xz\mathrm{d}y+yz^2\mathrm{d}z$,其中 Γ 是圆周 $x^2+y^2=2z, z=2$,若从 z 轴正向看去,这圆周是取逆时针方向;

(4) $\oint_{\Gamma}2y\mathrm{d}x+3x\mathrm{d}y-z^2\mathrm{d}z$,其中 Γ 是圆周 $x^2+y^2+z^2=9, z=0$,若从 z 轴正向看去,这圆周是取逆时针方向.

2．求下列向量场 A 的旋度:

(1) $\boldsymbol{A}=(2z-3y)\boldsymbol{i}+(3x-z)\boldsymbol{j}+(y-2x)\boldsymbol{k}$;

(2) $\boldsymbol{A}=(z+\sin y)\boldsymbol{i}-(z-x\cos y)\boldsymbol{j}$;

(3) $\boldsymbol{A}=\boldsymbol{i}x^2\sin y+\boldsymbol{j}y^2\sin(xz)+\boldsymbol{k}xy\sin(\cos z)$.

3．利用斯托克斯公式把曲面积分 $\iint_{\Sigma}\textbf{rot}\,\boldsymbol{A}\cdot\boldsymbol{n}\mathrm{d}S$ 化为曲线积分,并计算积分值,其中 $\boldsymbol{A}$、Σ 及 $\boldsymbol{n}$ 分别如下:

(1) $\boldsymbol{A}=y^2\boldsymbol{i}+xy\boldsymbol{j}+xz\boldsymbol{k}$,$\Sigma$ 为上半球面 $z=\sqrt{1-x^2-y^2}$ 的上侧,$\boldsymbol{n}$ 是 Σ 的单位法向量;

(2) $\boldsymbol{A}=(y-z)\boldsymbol{i}+yz\boldsymbol{j}-xz\boldsymbol{k}$,$\Sigma$ 为立方体 $\{(x,y,z)\mid 0\leqslant x\leqslant 2, 0\leqslant y\leqslant 2, 0\leqslant z\leqslant 2\}$ 的表面外侧去掉 xOy 面上的那个底面,$\boldsymbol{n}$ 是 Σ 的单位法向量.

4．求下列向量场 $\boldsymbol{A}$ 沿闭曲线 Γ(从 z 轴正向看 Γ 依逆时针方向)的环流量:

(1) $\boldsymbol{A}=-y\,\boldsymbol{i}+x\,\boldsymbol{j}+c\,\boldsymbol{k}$($c$ 为常量),Γ 为圆周 $x^2+y^2=1, z=0$;

(2) $\boldsymbol{A}=(x-z)\boldsymbol{i}+(x^3+yz)\boldsymbol{j}-3xy^2\boldsymbol{k}$,其中 Γ 为圆周 $z=2-\sqrt{x^2+y^2}, z=0$.

5. 证明 $\mathbf{rot}(\boldsymbol{a}+\boldsymbol{b})=\mathbf{rot}\ \boldsymbol{a}+\mathbf{rot}\ \boldsymbol{b}$.

6. 设 $u=u(x,y,z)$ 具有二阶连续偏导数,求 $\mathbf{rot}(\mathbf{grad}\ u)$.

*7. 证明:

(1) $\nabla(uv)=u\nabla v+v\nabla u$;

(2) $\Delta(uv)=u\Delta v+v\Delta u+2\nabla u\cdot\nabla v$;

(3) $\nabla\cdot(\boldsymbol{A}\times\boldsymbol{B})=\boldsymbol{B}\cdot(\nabla\times\boldsymbol{A})-\boldsymbol{A}\cdot(\nabla\times\boldsymbol{B})$;

(4) $\nabla\times(\nabla\times\boldsymbol{A})=\nabla(\nabla\cdot\boldsymbol{A})-\nabla^2\boldsymbol{A}$.

总 习 题 十

1. 填空

(1) 第二类曲线积分 $\int_\Gamma P\mathrm{d}x+Q\mathrm{d}y+R\mathrm{d}z$ 化成第一类曲线积分是__________,其中 α、β、γ 为有向曲线弧 Γ 在点 (x,y,z) 处的________的方向角;

(2) 第二类曲面积分 $\iint_\Sigma P\mathrm{d}y\mathrm{d}z+Q\mathrm{d}z\mathrm{d}x+R\mathrm{d}x\mathrm{d}y$ 化成第一类曲面积分是__________,其中 α、β、γ 为有向曲面 Σ 在点 (x,y,z) 处的________的方向角.

2. 选择下述题中给出的四个结论中一个正确的结论:

设曲面 Σ 是上半球面:$x^2+y^2+z^2=R^2(z\geqslant 0)$,曲面 Σ_1 是曲面 Σ 在第一卦限中的部分,则有________.

(A) $\iint_\Sigma x\mathrm{d}S=4\iint_{\Sigma_1}x\mathrm{d}S$.　　(B) $\iint_\Sigma y\mathrm{d}S=4\iint_{\Sigma_1}x\mathrm{d}S$.

(C) $\iint_\Sigma z\mathrm{d}S=4\iint_{\Sigma_1}x\mathrm{d}S$.　　(D) $\iint_\Sigma xyz\mathrm{d}S=4\iint_{\Sigma_1}xyz\mathrm{d}S$.

3. 计算下列曲线积分:

(1) $\oint_L\sqrt{x^2+y^2}\,\mathrm{d}s$,其中 L 为圆周 $x^2+y^2=ax$;

(2) $\int_\Gamma z\mathrm{d}s$,其中 Γ 为曲线 $x=t\cos t$, $y=t\sin t$, $z=t(0\leqslant t\leqslant t_0)$;

(3) $\int_L(2a-y)\mathrm{d}x+x\mathrm{d}y$,其中 L 为摆线 $x=a(t-\sin t)$, $y=a(1-\cos t)$ 上对应 t 从 0 到 2π 的一段弧;

(4) $\int_\Gamma(y^2-z^2)\mathrm{d}x+2yz\mathrm{d}y-x^2\mathrm{d}z$,其中 Γ 是曲线 $x=t$, $y=t^2$, $z=t^3$ 上由 $t_1=0$ 到 $t_2=1$ 的一段弧;

(5) $\int_L(\mathrm{e}^x\sin y-2y)\mathrm{d}x+(\mathrm{e}^x\cos y-2)\mathrm{d}y$,其中 L 为上半圆周 $(x-a)^2+y^2=a^2$, $y\geqslant 0$,沿逆时针方向.

(6) $\oint_\Gamma xyz\mathrm{d}z$,其中 Γ 是用平面 $y=z$ 截球面 $x^2+y^2+z^2=1$ 所得的截痕,从 z 轴的正向看去,沿逆时针方向.

4. 计算下列曲面积分：

(1) $\iint\limits_{\Sigma}\dfrac{\mathrm{d}S}{x^2+y^2+z^2}$，其中 Σ 是界于平面 $z=0$ 及 $z=H$ 之间的圆柱面 $x^2+y^2=R^2$；

(2) $\iint\limits_{\Sigma}(y^2-z)\mathrm{d}y\mathrm{d}z+(z^2-x)\mathrm{d}z\mathrm{d}x+(x^2-y)\mathrm{d}x\mathrm{d}y$，其中 Σ 为锥面 $z=\sqrt{x^2+y^2}$ $(0\leqslant z\leqslant h)$ 的外侧；

(3) $\iint\limits_{\Sigma}x\mathrm{d}y\mathrm{d}z+y\mathrm{d}z\mathrm{d}x+z\mathrm{d}x\mathrm{d}y$，其中 Σ 为半球面 $z=\sqrt{R^2-x^2-y^2}$ 的上侧；

(4) $\iint\limits_{\Sigma}\dfrac{x\mathrm{d}y\mathrm{d}z+y\mathrm{d}z\mathrm{d}x+z\mathrm{d}x\mathrm{d}y}{\sqrt{(x^2+y^2+z^2)^3}}$，其中 Σ 为曲面 $1-\dfrac{z}{5}=\dfrac{(x-2)^2}{16}+\dfrac{(y-1)^2}{9}$ $(z\geqslant 0)$ 的上侧；

(5) $\iint\limits_{\Sigma}xyz\mathrm{d}x\mathrm{d}y$，其中 Σ 为球面 $x^2+y^2+z^2=1$ $(x\geqslant 0, y\geqslant 0)$ 的外侧.

5. 证明：$\dfrac{x\mathrm{d}x+y\mathrm{d}y}{x^2+y^2}$ 在整个 xOy 平面除去 y 的负半轴及原点的区域 G 内是某个二元函数的全微分，并求出一个这样的二元函数.

6. 设在半平面 $x>0$ 内有力 $\boldsymbol{F}=-\dfrac{k}{\rho^3}(x\boldsymbol{i}+y\boldsymbol{j})$ 构成力场，其中 k 为常数，$\rho=\sqrt{x^2+y^2}$. 证明在此力场中场力所作的功与所取的路径无关.

7. 求均匀曲面 $z=\sqrt{a^2-x^2-y^2}$ 的质心的坐标.

8. 设 $u(x,y)$、$v(x,y)$ 在闭区域 D 上都具有二阶连续偏导数，分段光滑的曲线 L 为 D 的正向边界曲线. 证明：

(1) $\iint\limits_{D}v\Delta u\mathrm{d}x\mathrm{d}y=-\iint\limits_{D}(\mathbf{grad}\ u\cdot\mathbf{grad}\ v)\mathrm{d}x\mathrm{d}y+\oint_L v\dfrac{\partial u}{\partial n}\mathrm{d}s$；

(2) $\iint\limits_{D}(u\Delta v-v\Delta u)\mathrm{d}x\mathrm{d}y=\oint_L\left(u\dfrac{\partial v}{\partial n}-v\dfrac{\partial u}{\partial n}\right)\mathrm{d}s$，

其中 $\dfrac{\partial u}{\partial n}$、$\dfrac{\partial v}{\partial n}$ 分别是 u、v 沿 L 的外法线向量 $\boldsymbol{n}$ 的方向导数，符号 $\Delta=\dfrac{\partial^2}{\partial x^2}+\dfrac{\partial^2}{\partial y^2}$ 称二维拉普拉斯算子.

9. 求向量 $\boldsymbol{A}=x\boldsymbol{i}+y\boldsymbol{j}+z\boldsymbol{k}$ 通过闭区域 $\Omega=\{(x,y,z)\mid 0\leqslant x\leqslant 1, 0\leqslant y\leqslant 1, 0\leqslant z\leqslant 1\}$ 的边界曲面流向外侧的通量.

10. 求力 $\boldsymbol{F}=y\boldsymbol{i}+z\boldsymbol{j}+x\boldsymbol{k}$ 沿有向闭曲线 Γ 所作的功，其中 Γ 为平面 $x+y+z=1$ 被三个坐标面所截成的三角形的整个边界，从 z 轴正向看去，沿顺时针方向.

第十一章　无穷级数

无穷级数是高等数学的一个重要组成部分，它是表示函数、研究函数的性质以及进行数值计算的一种工具．本章先讨论常数项级数，介绍无穷级数的一些基本内容，然后讨论函数项级数，着重讨论如何将函数展开成幂级数与三角级数的问题．

第一节　常数项级数的概念和性质

一、常数项级数的概念

人们认识事物在数量方面的特性，往往有一个由近似到精确的过程．在这种认识过程中，会遇到由有限个数量相加到无穷多个数量相加的问题．

例如计算半径为 R 的圆面积 A，具体做法如下．作圆的内接正六边形，算出这六边形的面积 a_1，它是圆面积 A 的一个粗糙的近似值．为了比较准确地计算出 A 的值，我们以这个正六边形的每一边为底分别作一个顶点在圆周上的等腰三角形（图 11－1），算出这六个等腰三角形的面积之和 a_2．那么 a_1+a_2（即内接正十二边形的面积）就是 A 的一个较好的近似值．同样地，在这正十二边形的每一边上分别作一个顶点在圆周上的等腰三角形，算出这十二个等腰三角形的面积之和 a_3．那么 $a_1+a_2+a_3$（即内接正二十四边形的面积）是 A 的一个更好的近似值．如此继续下去，内接正 3×2^n 边形的面积就逐步逼近圆面积：

$$A\approx a_1,A\approx a_1+a_2,A\approx a_1+a_2+a_3,\cdots,$$

$$A\approx a_1+a_2+\cdots+a_n.$$

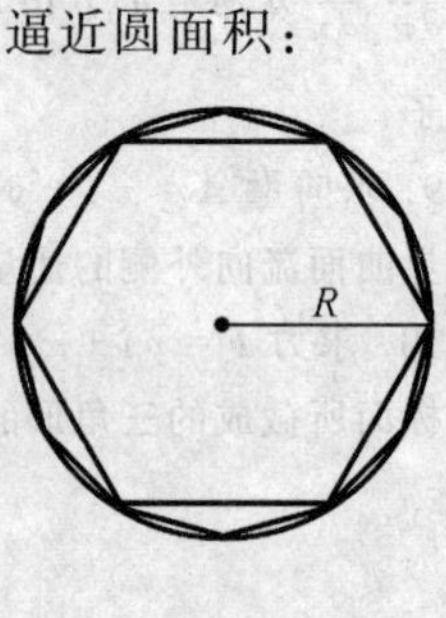

图　11－1

如果内接正多边形的边数无限增多，即 n 无限增大，则和 $a_1+a_2+\cdots+a_n$ 的极限就是所要求的圆面积 A．这时和式中的项数无限增多，于是出现了无穷多个数量依次相加的数学式子．

一般地，如果给定一个数列

$$u_1,u_2,u_3,\cdots,u_n,\cdots,$$

则由这数列构成的表达式

$$u_1+u_2+u_3+\cdots+u_n+\cdots \tag{1}$$

叫做(常数项)无穷级数,简称(常数项)级数,记为 $\sum_{n=1}^{\infty} u_n$,即

$$\sum_{n=1}^{\infty} u_n = u_1 + u_2 + u_3 + \cdots + u_n + \cdots,$$

其中第 n 项 u_n 叫做级数的一般项.

上述级数的定义只是一个形式上的定义,怎样理解无穷级数中无穷多个数量相加呢?联系上面关于计算圆的面积的例子,我们可以从有限项的和出发,观察它们的变化趋势,由此来理解无穷多个数量相加的含义.

作(常数项)级数(1)的前 n 项的和

$$s_n = u_1 + u_2 + \cdots + u_n = \sum_{i=1}^{n} u_i, \tag{2}$$

s_n 称为级数(1)的部分和.当 n 依次取 1,2,3,…时,它们构成一个新的数列:

$$s_1 = u_1, s_2 = u_1 + u_2, s_3 = u_1 + u_2 + u_3, \cdots,$$

$$s_n = u_1 + u_2 + \cdots + u_n, \cdots.$$

根据这个数列有没有极限,我们引进无穷级数(1)的收敛与发散的概念.

定义　如果级数 $\sum_{n=1}^{\infty} u_n$ 的部分和数列 $\{s_n\}$ 有极限 s,即

$$\lim_{n\to\infty} s_n = s,$$

则称无穷级数 $\sum_{n=1}^{\infty} u_n$ 收敛,这时极限 s 叫做这级数的和,并写成

$$s = u_1 + u_2 + \cdots + u_n + \cdots;$$

如果 $\{s_n\}$ 没有极限,则称无穷级数 $\sum_{n=1}^{\infty} u_n$ 发散.

显然,当级数收敛时,其部分和 s_n 是级数的和 s 的近似值,它们之间的差值

$$r_n = s - s_n = u_{n+1} + u_{n+2} + \cdots$$

叫做级数的余项.用近似值 s_n 代替和 s 所产生的误差是这个余项的绝对值,即误差是 $|r_n|$.

从上述定义可知,级数与数列极限有着紧密的联系.给定级数 $\sum_{n=1}^{\infty} u_n$,就有部分和数列 $\left\{s_n = \sum_{i=1}^{n} u_i\right\}$;反之,给定数列 $\{s_n\}$,就有以 $\{s_n\}$ 为部分和数列的级数

$$s_1 + (s_2 - s_1) + \cdots + (s_n - s_{n-1}) + \cdots$$

$$= s_1 + \sum_{n=2}^{\infty} (s_n - s_{n-1}) = \sum_{n=1}^{\infty} u_n,$$

其中 $u_1=s_1, u_n=s_n-s_{n-1}(n\geqslant 2)$. 按定义，级数 $\sum_{n=1}^{\infty} u_n$ 与数列 $\{s_n\}$ 同时收敛或同时发散，且在收敛时，有

$$\sum_{n=1}^{\infty} u_n=\lim_{n\to\infty} s_n, \text{即} \sum_{n=1}^{\infty} u_n=\lim_{n\to\infty}\sum_{i=1}^{n} u_i .$$

例 1 无穷级数

$$\sum_{n=0}^{\infty} aq^n=a+aq+aq^2+\cdots+aq^n+\cdots \tag{3}$$

叫做等比级数(又称为几何级数)，其中 $a\neq 0$，q 叫做级数的公比. 试讨论级数(3)的收敛性.

解 如果 $q\neq 1$，则部分和

$$s_n=a+aq+\cdots+aq^{n-1}=\frac{a-aq^n}{1-q}=\frac{a}{1-q}-\frac{aq^n}{1-q}.$$

当 $|q|<1$ 时，由于 $\lim_{n\to\infty} q^n=0$，从而 $\lim_{n\to\infty} s_n=\frac{a}{1-q}$，因此这时级数(3)收敛，其和为 $\frac{a}{1-q}$. 当 $|q|>1$ 时，由于 $\lim_{n\to\infty} q^n=\infty$，从而 $\lim_{n\to\infty} s_n=\infty$，这时级数(3)发散.

如果 $|q|=1$，则当 $q=1$ 时，$s_n=na\to\infty$，因此级数(3)发散；当 $q=-1$ 时，级数(3)成为

$$a-a+a-a+\cdots,$$

显然 s_n 随着 n 为奇数或为偶数而等于 a 或等于零，从而 s_n 的极限不存在，这时级数(3)也发散.

综合上述结果，我们得到：如果等比级数(3)的公比的绝对值 $|q|<1$，则级数收敛；如果 $|q|\geqslant 1$，则级数发散.

例 2 证明级数

$$1+2+3+\cdots+n+\cdots$$

是发散的.

证 这级数的部分和为

$$s_n=1+2+3+\cdots+n=\frac{n(n+1)}{2}.$$

显然，$\lim_{n\to\infty} s_n=\infty$，因此所给级数是发散的.

例 3 判定无穷级数

$$\frac{1}{1\cdot 2}+\frac{1}{2\cdot 3}+\cdots+\frac{1}{n(n+1)}+\cdots$$

的收敛性.

解 由于

$$u_n = \frac{1}{n(n+1)} = \frac{1}{n} - \frac{1}{n+1},$$

因此

$$\begin{aligned} s_n &= \frac{1}{1\cdot 2} + \frac{1}{2\cdot 3} + \cdots + \frac{1}{n(n+1)} \\ &= \left(1 - \frac{1}{2}\right) + \left(\frac{1}{2} - \frac{1}{3}\right) + \cdots + \left(\frac{1}{n} - \frac{1}{n+1}\right) \\ &= 1 - \frac{1}{n+1}. \end{aligned}$$

从而

$$\lim_{n\to\infty} s_n = \lim_{n\to\infty}\left(1 - \frac{1}{n+1}\right) = 1,$$

所以这级数收敛,它的和是 1.

二、收敛级数的基本性质

根据无穷级数收敛、发散以及和的概念,可以得出收敛级数的几个基本性质.

性质 1　如果级数 $\sum\limits_{n=1}^{\infty} u_n$ 收敛于和 s,则级数 $\sum\limits_{n=1}^{\infty} ku_n$ 也收敛,且其和为 ks.

证　设级数 $\sum\limits_{n=1}^{\infty} u_n$ 与级数 $\sum\limits_{n=1}^{\infty} ku_n$ 的部分和分别为 s_n 与 σ_n,则

$$\sigma_n = ku_1 + ku_2 + \cdots + ku_n = ks_n,$$

于是

$$\lim_{n\to\infty} \sigma_n = \lim_{n\to\infty} ks_n = k \lim_{n\to\infty} s_n = ks.$$

这就表明级数 $\sum\limits_{n=1}^{\infty} ku_n$ 收敛,且和为 ks.

由关系式 $\sigma_n = ks_n$ 知道,如果 $\{s_n\}$ 没有极限且 $k \neq 0$,那么 $\{\sigma_n\}$ 也不可能有极限.因此我们得到如下结论:**级数的每一项同乘一个不为零的常数后,它的收敛性不会改变**.

性质 2　如果级数 $\sum\limits_{n=1}^{\infty} u_n$、$\sum\limits_{n=1}^{\infty} v_n$ 分别收敛于和 s、σ,则级数 $\sum\limits_{n=1}^{\infty}(u_n \pm v_n)$ 也收敛,且其和为 $s \pm \sigma$.

证　设级数 $\sum\limits_{n=1}^{\infty} u_n$、$\sum\limits_{n=1}^{\infty} v_n$ 的部分和分别为 s_n、σ_n,则级数 $\sum\limits_{n=1}^{\infty}(u_n \pm v_n)$ 的部分和

$$\begin{aligned} \tau_n &= (u_1 \pm v_1) + (u_2 \pm v_2) + \cdots + (u_n \pm v_n) \\ &= (u_1 + u_2 + \cdots + u_n) \pm (v_1 + v_2 + \cdots + v_n) = s_n \pm \sigma_n, \end{aligned}$$

于是 $$\lim_{n\to\infty}\tau_n=\lim_{n\to\infty}(s_n\pm\sigma_n)=s\pm\sigma.$$

这就表明级数 $\sum_{n=1}^{\infty}(u_n\pm v_n)$ 收敛，且其和为 $s\pm\sigma$.

性质 2 也说成：**两个收敛级数可以逐项相加与逐项相减.**

性质 3 在级数中去掉、加上或改变有限项，不会改变级数的收敛性.

证 我们只需证明"在级数的前面部分去掉或加上有限项，不会改变级数的收敛性"，因为其他情形(即在级数中任意去掉、加上或改变有限项的情形)都可以看成在级数的前面部分先去掉有限项，然后再加上有限项的结果.

设将级数

$$u_1+u_2+\cdots+u_k+u_{k+1}+\cdots+u_{k+n}+\cdots$$

的前 k 项去掉，则得级数

$$u_{k+1}+u_{k+2}+\cdots+u_{k+n}+\cdots.$$

于是新得的级数的部分和为

$$\sigma_n=u_{k+1}+u_{k+2}+\cdots+u_{k+n}=s_{k+n}-s_k,$$

其中 s_{k+n} 是原来级数的前 $k+n$ 项的和. 因为 s_k 是常数，所以当 $n\to\infty$ 时，σ_n 与 s_{k+n} 或者同时具有极限，或者同时没有极限.

类似地，可以证明在级数的前面加上有限项，不会改变级数的收敛性.

性质 4 如果级数 $\sum_{n=1}^{\infty}u_n$ 收敛，则对这级数的项任意加括号后所成的级数

$$(u_1+\cdots+u_{n_1})+(u_{n_1+1}+\cdots+u_{n_2})+\cdots+(u_{n_{k-1}+1}+\cdots+u_{n_k})+\cdots \quad (4)$$

仍收敛，且其和不变.

证 设级数 $\sum_{n=1}^{\infty}u_n$(相应于前 n 项)的部分和为 s_n，加括号后所成的级数(4)(相应于前 k 项)的部分和为 A_k，则

$$A_1=u_1+\cdots+u_{n_1}=s_{n_1},$$

$$A_2=(u_1+\cdots+u_{n_1})+(u_{n_1+1}+\cdots+u_{n_2})=s_{n_2},$$

$$\cdots\cdots\cdots\cdots$$

$$A_k=(u_1+\cdots+u_{n_1})+(u_{n_1+1}+\cdots+u_{n_2})+\cdots+(u_{n_{k-1}+1}+\cdots+u_{n_k})=s_{n_k},$$

$$\cdots\cdots\cdots\cdots$$

可见，数列 $\{A_k\}$ 是数列 $\{s_n\}$ 的一个子数列. 由数列 $\{s_n\}$ 的收敛性以及收敛数列与其子数列的关系可知，数列 $\{A_k\}$ 必定收敛，且有

$$\lim_{k\to\infty}A_k=\lim_{n\to\infty}s_n,$$

即加括号后所成的级数收敛，且其和不变.

注意 如果加括号后所成的级数收敛，则不能断定去括号后原来的级数也收敛. 例如，级数

$$(1-1)+(1-1)+\cdots$$

收敛于零，但级数

$$1-1+1-1+\cdots$$

却是发散的.

根据性质 4 可得如下**推论：如果加括号后所成的级数发散，则原来级数也发散**. 事实上，倘若原来级数收敛，则根据性质 4 知道，加括号后的级数就应该收敛了.

性质 5(级数收敛的必要条件)　如果级数 $\sum_{n=1}^{\infty} u_n$ 收敛，则它的一般项 u_n 趋于零，即

$$\lim_{n\to\infty} u_n = 0.$$

证 设级数 $\sum_{n=1}^{\infty} u_n$ 的部分和为 s_n，且 $s_n \to s\ (n\to\infty)$，则

$$\lim_{n\to\infty} u_n = \lim_{n\to\infty}(s_n - s_{n-1}) = \lim_{n\to\infty} s_n - \lim_{n\to\infty} s_{n-1} = s - s = 0.$$

由性质 5 可知，如果级数的一般项不趋于零，则该级数必定发散. 例如，级数

$$\frac{1}{2}-\frac{2}{3}+\frac{3}{4}-\cdots+(-1)^{n-1}\frac{n}{n+1}+\cdots,$$

它的一般项 $u_n=(-1)^{n-1}\frac{n}{n+1}$ 当 $n\to\infty$ 时不趋于零，因此该级数是发散的.

注意 级数的一般项趋于零并不是级数收敛的充分条件. 有些级数虽然一般项趋于零，但仍然是发散的. 例如，调和级数

$$1+\frac{1}{2}+\frac{1}{3}+\cdots+\frac{1}{n}+\cdots, \tag{5}$$

虽然它的一般项 $u_n=\frac{1}{n}\to 0\quad(n\to\infty)$，但是它是发散的. 现在我们用反证法证明如下：

假若级数(5)收敛，设它的部分和为 s_n，且 $s_n\to s\ (n\to\infty)$. 显然，对级数(5)的部分和 s_{2n}，也有 $s_{2n}\to s\ (n\to\infty)$. 于是

$$s_{2n}-s_n\to s-s=0\quad(n\to\infty).$$

但另一方面

$$s_{2n}-s_n=\frac{1}{n+1}+\frac{1}{n+2}+\cdots+\frac{1}{2n}>\underbrace{\frac{1}{2n}+\frac{1}{2n}+\cdots+\frac{1}{2n}}_{n\text{项}}=\frac{1}{2},$$

故

$$s_{2n}-s_n \not\to 0 \quad (n\to\infty),$$

与假设级数(5)收敛矛盾.这矛盾说明级数(5)必定发散.

*三、柯西审敛原理

怎样判定一个级数的收敛性呢?我们有下述柯西审敛原理.

定理(柯西审敛原理)　级数 $\sum\limits_{n=1}^{\infty} u_n$ 收敛的充分必要条件为:对于任意给定的正数 ε,总存在自然数 N,使得当 $n>N$ 时,对于任意的自然数 p,都有

$$|u_{n+1}+u_{n+2}+\cdots+u_{n+p}|<\varepsilon$$

成立.

证　设级数 $\sum\limits_{n=1}^{\infty} u_n$ 的部分和为 s_n,因为

$$|u_{n+1}+u_{n+2}+\cdots+u_{n+p}|=|s_{n+p}-s_n|,$$

所以由数列的柯西审敛原理(第一章第六节),即得本定理结论.

例 4　利用柯西审敛原理判定级数 $\sum\limits_{n=1}^{\infty}\dfrac{1}{n^2}$ 的收敛性.

解　因为对任何自然数 p,

$$\begin{aligned}&|u_{n+1}+u_{n+2}+\cdots+u_{n+p}|\\&=\frac{1}{(n+1)^2}+\frac{1}{(n+2)^2}+\cdots+\frac{1}{(n+p)^2}\\&<\frac{1}{n(n+1)}+\frac{1}{(n+1)(n+2)}+\cdots+\frac{1}{(n+p-1)(n+p)}\\&=\left(\frac{1}{n}-\frac{1}{n+1}\right)+\left(\frac{1}{n+1}-\frac{1}{n+2}\right)+\cdots+\left(\frac{1}{n+p-1}-\frac{1}{n+p}\right)\\&=\frac{1}{n}-\frac{1}{n+p}<\frac{1}{n},\end{aligned}$$

所以对于任意给定的正数 ε,取自然数 $N\geqslant\dfrac{1}{\varepsilon}$,则当 $n>N$ 时,对任何自然数 p,都有

$$|u_{n+1}+u_{n+2}+\cdots+u_{n+p}|<\varepsilon$$

成立.按柯西审敛原理,级数 $\sum\limits_{n=1}^{\infty}\dfrac{1}{n^2}$ 收敛.

习　题　11-1

1. 写出下列级数的前五项:

(1) $\sum_{n=1}^{\infty}\frac{1+n}{1+n^2}$;　　(2) $\sum_{n=1}^{\infty}\frac{1\cdot3\cdot\cdots\cdot(2n-1)}{2\cdot4\cdot\cdots\cdot2n}$;

(3) $\sum_{n=1}^{\infty}\frac{(-1)^{n-1}}{5^n}$;　　(4) $\sum_{n=1}^{\infty}\frac{n!}{n^n}$.

2. 写出下列级数的一般项：

(1) $1+\frac{1}{3}+\frac{1}{5}+\frac{1}{7}+\cdots$;

(2) $\frac{2}{1}-\frac{3}{2}+\frac{4}{3}-\frac{5}{4}+\frac{6}{5}-\cdots$;

(3) $\frac{\sqrt{x}}{2}+\frac{x}{2\cdot4}+\frac{x\sqrt{x}}{2\cdot4\cdot6}+\frac{x^2}{2\cdot4\cdot6\cdot8}+\cdots$;

(4) $\frac{a^2}{3}-\frac{a^3}{5}+\frac{a^4}{7}-\frac{a^5}{9}+\cdots$.

3. 根据级数收敛与发散的定义判定下列级数的收敛性：

(1) $\sum_{n=1}^{\infty}(\sqrt{n+1}-\sqrt{n})$;

(2) $\frac{1}{1\cdot3}+\frac{1}{3\cdot5}+\frac{1}{5\cdot7}+\cdots+\frac{1}{(2n-1)(2n+1)}+\cdots$;

(3) $\sin\frac{\pi}{6}+\sin\frac{2\pi}{6}+\cdots+\sin\frac{n\pi}{6}+\cdots$.

4. 判定下列级数的收敛性：

(1) $-\frac{8}{9}+\frac{8^2}{9^2}-\frac{8^3}{9^3}+\cdots+(-1)^n\frac{8^n}{9^n}+\cdots$;

(2) $\frac{1}{3}+\frac{1}{6}+\frac{1}{9}+\cdots+\frac{1}{3n}+\cdots$;

(3) $\frac{1}{3}+\frac{1}{\sqrt{3}}+\frac{1}{\sqrt[3]{3}}+\cdots+\frac{1}{\sqrt[n]{3}}+\cdots$;

(4) $\frac{3}{2}+\frac{3^2}{2^2}+\frac{3^3}{2^3}+\cdots+\frac{3^n}{2^n}+\cdots$;

(5) $\left(\frac{1}{2}+\frac{1}{3}\right)+\left(\frac{1}{2^2}+\frac{1}{3^2}\right)+\left(\frac{1}{2^3}+\frac{1}{3^3}\right)+\cdots+\left(\frac{1}{2^n}+\frac{1}{3^n}\right)+\cdots$.

*5. 利用柯西审敛原理判定下列级数的收敛性：

(1) $\sum_{n=1}^{\infty}\frac{(-1)^{n+1}}{n}$;

(2) $1+\frac{1}{2}-\frac{1}{3}+\frac{1}{4}+\frac{1}{5}-\frac{1}{6}+\cdots$;

(3) $\sum_{n=1}^{\infty}\frac{\sin nx}{2^n}$;

(4) $\sum_{n=0}^{\infty}\left(\frac{1}{3n+1}+\frac{1}{3n+2}-\frac{1}{3n+3}\right)$.

第二节　常数项级数的审敛法

一、正项级数及其审敛法

一般的常数项级数,它的各项可以是正数、负数、或者零.现在我们先讨论各项都是正数或零的级数,这种级数称为正项级数.这种级数特别重要,以后将看到许多级数的收敛性问题可归结为正项级数的收敛性问题.

设级数

$$u_1+u_2+\cdots+u_n+\cdots \tag{1}$$

是一个正项级数($u_n\geqslant 0$),它的部分和为 s_n.显然,数列 $\{s_n\}$ 是一个单调增加数列:

$$s_1\leqslant s_2\leqslant\cdots\leqslant s_n\leqslant\cdots.$$

如果数列 $\{s_n\}$ 有界,即 s_n 总不大于某一常数 M,根据单调有界的数列必有极限的准则,级数(1)必收敛于和 s,且 $s_n\leqslant s\leqslant M$.反之,如果正项级数(1)收敛于和 s,即 $\lim\limits_{n\to\infty}s_n=s$,根据有极限的数列是有界数列的性质可知,数列 $\{s_n\}$ 有界.因此,我们得到如下重要的结论.

定理 1　正项级数 $\sum\limits_{n=1}^{\infty}u_n$ 收敛的充分必要条件是:它的部分和数列 $\{s_n\}$ 有界.

由定理 1 可知,如果正项级数 $\sum\limits_{n=1}^{\infty}u_n$ 发散,则它的部分和数列 $s_n\to+\infty$ $(n\to\infty)$,即 $\sum\limits_{n=1}^{\infty}u_n=+\infty$.

根据定理 1,可得关于正项级数的一个基本的审敛法.

定理 2(比较审敛法)　设 $\sum\limits_{n=1}^{\infty}u_n$ 和 $\sum\limits_{n=1}^{\infty}v_n$ 都是正项级数,且 $u_n\leqslant v_n$ $(n=1,2,\cdots)$.若级数 $\sum\limits_{n=1}^{\infty}v_n$ 收敛,则级数 $\sum\limits_{n=1}^{\infty}u_n$ 收敛;反之,若级数 $\sum\limits_{n=1}^{\infty}u_n$ 发散,则级数 $\sum\limits_{n=1}^{\infty}v_n$ 发散.

证　设级数 $\sum\limits_{n=1}^{\infty}v_n$ 收敛于和 σ,则级数 $\sum\limits_{n=1}^{\infty}u_n$ 的部分和

$$s_n=u_1+u_2+\cdots+u_n\leqslant v_1+v_2+\cdots+v_n\leqslant\sigma\ (n=1,2,\cdots),$$

即部分和数列 $\{s_n\}$ 有界,由定理 1 知级数 $\sum\limits_{n=1}^{\infty}u_n$ 收敛.

反之，设级数 $\sum\limits_{n=1}^{\infty} u_n$ 发散，则级数 $\sum\limits_{n=1}^{\infty} v_n$ 必发散. 因为若级数 $\sum\limits_{n=1}^{\infty} v_n$ 收敛，由上面已证明的结论，将有级数 $\sum\limits_{n=1}^{\infty} u_n$ 也收敛，与假设矛盾.

注意到级数的每一项同乘不为零的常数 k，以及去掉级数前面部分的有限项不会影响级数的收敛性，我们可得如下推论：

推论 **设** $\sum\limits_{n=1}^{\infty} u_n$ **和** $\sum\limits_{n=1}^{\infty} v_n$ **都是正项级数，如果级数** $\sum\limits_{n=1}^{\infty} v_n$ **收敛，且存在自然数** N**，使当** $n \geqslant N$ **时有** $u_n \leqslant kv_n\ (k>0)$ **成立，则级数** $\sum\limits_{n=1}^{\infty} u_n$ **收敛；如果级数** $\sum\limits_{n=1}^{\infty} v_n$ **发散，且当** $n \geqslant N$ **时有** $u_n \geqslant kv_n\ (k>0)$ **成立，则级数** $\sum\limits_{n=1}^{\infty} u_n$ **发散.**

例 1 讨论 p - 级数

$$1+\frac{1}{2^p}+\frac{1}{3^p}+\frac{1}{4^p}+\cdots+\frac{1}{n^p}+\cdots \tag{2}$$

的收敛性，其中常数 $p>0$.

解 设 $p \leqslant 1$. 这时级数的各项不小于调和级数的对应项：$\frac{1}{n^p} \geqslant \frac{1}{n}$，但调和级数发散，因此根据比较审敛法可知，当 $p \leqslant 1$ 时级数(2)发散.

设 $p>1$. 因为当 $k-1 \leqslant x \leqslant k$ 时，有 $\frac{1}{k^p} \leqslant \frac{1}{x^p}$，所以

$$\frac{1}{k^p}=\int_{k-1}^{k} \frac{1}{k^p} \mathrm{d}x \leqslant \int_{k-1}^{k} \frac{1}{x^p} \mathrm{d}x, (k=2,3,\cdots)$$

从而级数(2)的部分和

$$\begin{aligned} s_n &= 1+\sum_{k=2}^{n} \frac{1}{k^p} \leqslant 1+\sum_{k=2}^{n} \int_{k-1}^{k} \frac{1}{x^p} \mathrm{d}x=1+\int_{1}^{n} \frac{1}{x^p} \mathrm{d}x \\ &= 1+\frac{1}{p-1}\left(1-\frac{1}{n^{p-1}}\right)<1+\frac{1}{p-1}, \qquad (n=2,3,\cdots) \end{aligned}$$

这表明数列 $\{s_n\}$ 有界，因此级数(2)收敛.

综合上述结果，我们得到：p - 级数(2)当 $p>1$ 时收敛，当 $p \leqslant 1$ 时发散.

例 2 证明级数 $\sum\limits_{n=1}^{\infty} \frac{1}{\sqrt{n(n+1)}}$ 是发散的.

证 因为 $n(n+1)<(n+1)^2$，所以 $\frac{1}{\sqrt{n(n+1)}}>\frac{1}{n+1}$. 而级数

$$\sum_{n=1}^{\infty} \frac{1}{n+1}=\frac{1}{2}+\frac{1}{3}+\cdots+\frac{1}{n+1}+\cdots$$

是发散的. 根据比较审敛法可知所给级数也是发散的.

为应用上的方便,下面我们给出比较审敛法的极限形式.

定理 3(比较审敛法的极限形式) 设 $\sum_{n=1}^{\infty} u_n$ 和 $\sum_{n=1}^{\infty} v_n$ 都是正项级数,

(1) 如果 $\lim_{n\to\infty}\frac{u_n}{v_n}=l\,(0\leqslant l<+\infty)$,且级数 $\sum_{n=1}^{\infty} v_n$ 收敛,则级数 $\sum_{n=1}^{\infty} u_n$ 收敛;

(2) 如果 $\lim_{n\to\infty}\frac{u_n}{v_n}=l>0$ 或 $\lim_{n\to\infty}\frac{u_n}{v_n}=+\infty$,且级数 $\sum_{n=1}^{\infty} v_n$ 发散,则级数 $\sum_{n=1}^{\infty} u_n$ 发散.

证 (1) 由极限定义可知,对 $\varepsilon=1$,存在自然数 N,当 $n>N$ 时,有

$$\frac{u_n}{v_n}<l+1,\quad 即\ u_n<(l+1)v_n.$$

而级数 $\sum_{n=1}^{\infty} v_n$ 收敛,根据比较审敛法的推论,知级数 $\sum_{n=1}^{\infty} u_n$ 收敛.

(2) 按已知条件知极限 $\lim_{n\to\infty}\frac{v_n}{u_n}$ 存在,如果级数 $\sum_{n=1}^{\infty} u_n$ 收敛,则由结论(1)必有级数 $\sum_{n=1}^{\infty} v_n$ 收敛,但已知级数 $\sum_{n=1}^{\infty} v_n$ 发散,因此级数 $\sum_{n=1}^{\infty} u_n$ 不可能收敛,即级数 $\sum_{n=1}^{\infty} u_n$ 发散.

极限形式的比较审敛法,在两个正项级数的一般项均趋向于零的情况下,其实是比较它们的一般项作为无穷小量的阶.定理表明,当 $n\to\infty$ 时,如果 u_n 是与 v_n 同阶或是比 v_n 高阶的无穷小,而级数 $\sum_{n=1}^{\infty} v_n$ 收敛,则级数 $\sum_{n=1}^{\infty} u_n$ 收敛;如果 u_n 是与 v_n 同阶或是比 v_n 低阶的无穷小,而级数 $\sum_{n=1}^{\infty} v_n$ 发散,则级数 $\sum_{n=1}^{\infty} u_n$ 发散.

例 3 判定级数 $\sum_{n=1}^{\infty}\sin\frac{1}{n}$ 的收敛性.

解 因为

$$\lim_{n\to\infty}\frac{\sin\frac{1}{n}}{\frac{1}{n}}=1>0,$$

而级数 $\sum_{n=1}^{\infty}\frac{1}{n}$ 发散,根据定理 3 知此级数发散.

用比较审敛法审敛时,需要适当地选取一个已知其收敛性的级数 $\sum_{n=1}^{\infty} v_n$ 作

为比较的基准.最常选用作基准级数的是等比级数和 p - 级数.

将所给正项级数与等比级数比较,我们能得到在实用上很方便的比值审敛法和根值审敛法.

定理 4(比值审敛法,达朗贝尔(D'Alembert)判别法)设 $\sum_{n=1}^{\infty} u_n$ 为正项级数,如果

$$\lim_{n\to\infty}\frac{u_{n+1}}{u_n}=\rho,$$

则当 $\rho<1$ 时级数收敛;$\rho>1\left(\text{或}\lim_{n\to\infty}\frac{u_{n+1}}{u_n}=\infty\right)$时级数发散;$\rho=1$ 时级数可能收敛也可能发散.

证 (i) 当 $\rho<1$.取一个适当小的正数 ε,使得 $\rho+\varepsilon=r<1$,根据极限定义,存在自然数 m,当 $n\geqslant m$ 时有不等式

$$\frac{u_{n+1}}{u_n}<\rho+\varepsilon=r.$$

因此

$$u_{m+1}<ru_m,u_{m+2}<ru_{m+1}<r^2u_m,\cdots,u_{m+k}<r^ku_m,\cdots.$$

而级数 $\sum_{k=1}^{\infty} r^k u_m$ 收敛(公比 $r<1$),根据定理 2 的推论,知级数 $\sum_{n=1}^{\infty} u_n$ 收敛.

(ii) 当 $\rho>1$.取一个适当小的正数 ε,使得 $\rho-\varepsilon>1$.根据极限定义,当 $n\geqslant m$ 时有不等式

$$\frac{u_{n+1}}{u_n}>\rho-\varepsilon>1,$$

也就是

$$u_{n+1}>u_n.$$

所以当 $n\geqslant m$ 时,级数的一般项 u_n 是逐渐增大的,从而 $\lim_{n\to\infty}u_n\neq 0$.根据级数收敛的必要条件可知级数 $\sum_{n=1}^{\infty} u_n$ 发散.

类似地,可以证明当 $\lim_{n\to\infty}\frac{u_{n+1}}{u_n}=\infty$ 时,级数 $\sum_{n=1}^{\infty} u_n$ 发散.

(iii) 当 $\rho=1$ 时级数可能收敛也可能发散.例如 p - 级数(2),不论 p 为何值都有

$$\lim_{n\to\infty}\frac{u_{n+1}}{u_n}=\lim_{n\to\infty}\frac{\frac{1}{(n+1)^p}}{\frac{1}{n^p}}=1.$$

但我们知道,当 $p>1$ 时级数收敛,当 $p\leqslant 1$ 时级数发散,因此只根据 $\rho=1$ 不能

判定级数的收敛性.

例 4 证明级数

$$1+\frac{1}{1}+\frac{1}{1\cdot 2}+\frac{1}{1\cdot 2\cdot 3}+\cdots+\frac{1}{(n-1)!}+\cdots$$

是收敛的,并估计以级数的部分和 s_n 近似代替和 s 所产生的误差.

解 因为

$$\lim_{n\to\infty}\frac{u_{n+1}}{u_n}=\lim_{n\to\infty}\frac{(n-1)!}{n!}=\lim_{n\to\infty}\frac{1}{n}=0<1,$$

根据比值审敛法可知所给级数收敛.

以这级数的部分和 s_n 近似代替和 s 所产生的误差为

$$\begin{aligned}|r_n|&=\frac{1}{n!}+\frac{1}{(n+1)!}+\frac{1}{(n+2)!}+\cdots\\&=\frac{1}{n!}\left(1+\frac{1}{n+1}+\frac{1}{(n+1)(n+2)}+\cdots\right)\\&<\frac{1}{n!}\left(1+\frac{1}{n}+\frac{1}{n^2}+\cdots\right)\\&=\frac{1}{n!}\frac{1}{1-\frac{1}{n}}=\frac{1}{(n-1)(n-1)!}.\end{aligned}$$

例 5 判定级数

$$\frac{1}{10}+\frac{1\cdot 2}{10^2}+\frac{1\cdot 2\cdot 3}{10^3}+\cdots+\frac{n!}{10^n}+\cdots$$

的收敛性.

解 因为

$$\frac{u_{n+1}}{u_n}=\frac{(n+1)!}{10^{n+1}}\cdot\frac{10^n}{n!}=\frac{n+1}{10},$$

$$\lim_{n\to\infty}\frac{u_{n+1}}{u_n}=\lim_{n\to\infty}\frac{n+1}{10}=\infty.$$

根据比值审敛法可知所给级数发散.

定理 5(根值审敛法,柯西判别法) 设 $\sum_{n=1}^{\infty}u_n$ **为正项级数,如果**

$$\lim_{n\to\infty}\sqrt[n]{u_n}=\rho,$$

则当 $\rho<1$ 时级数收敛,$\rho>1$(或 $\lim_{n\to\infty}\sqrt[n]{u_n}=+\infty$)时级数发散,$\rho=1$ 时级数可能收敛也可能发散.

定理 5 的证明与定理 4 相仿,这里从略.

例 6 判定级数 $\sum_{n=1}^{\infty}\frac{2+(-1)^n}{2^n}$ 的收敛性.

解 因为

$$\lim_{n\to\infty}\sqrt[n]{u_n}=\lim_{n\to\infty}\frac{1}{2}\sqrt[n]{2+(-1)^n}=\frac{1}{2},$$

所以,根据根值审敛法知所给级数收敛.

将所给正项级数与 p - 级数作比较,可得在实用上较方便的极限审敛法.

定理 6(极限审敛法) 设 $\sum_{n=1}^{\infty}u_n$ 为正项级数,

(1) **如果** $\lim_{n\to\infty}nu_n=l>0$(**或** $\lim_{n\to\infty}nu_n=+\infty$),**则级数** $\sum_{n=1}^{\infty}u_n$ **发散**;

(2) **如果** $p>1$,**而** $\lim_{n\to\infty}n^pu_n=l(0\leqslant l<+\infty)$,**则级数** $\sum_{n=1}^{\infty}u_n$ **收敛**.

证 (1) 在极限形式的比较审敛法中,取 $v_n=\frac{1}{n}$,由调和级数 $\sum_{n=1}^{\infty}\frac{1}{n}$ 发散,知结论成立.

(2) 在极限形式的比较审敛法中,取 $v_n=\frac{1}{n^p}$,当 $p>1$ 时,p - 级数 $\sum_{n=1}^{\infty}\frac{1}{n^p}$ 收敛,故结论成立.

例 7 判定级数 $\sum_{n=1}^{\infty}\ln\left(1+\frac{1}{n^2}\right)$ 的收敛性.

解 因 $\ln\left(1+\frac{1}{n^2}\right)\sim\frac{1}{n^2}(n\to\infty)$,故

$$\lim_{n\to\infty}n^2u_n=\lim_{n\to\infty}n^2\ln\left(1+\frac{1}{n^2}\right)=\lim_{n\to\infty}n^2\cdot\frac{1}{n^2}=1,$$

根据极限审敛法,知所给级数收敛.

例 8 判定级数 $\sum_{n=1}^{\infty}\sqrt{n+1}\left(1-\cos\frac{\pi}{n}\right)$ 的收敛性.

解 因为

$$\begin{aligned}\lim_{n\to\infty}n^{\frac{3}{2}}u_n&=\lim_{n\to\infty}n^{\frac{3}{2}}\sqrt{n+1}\left(1-\cos\frac{\pi}{n}\right)\\&=\lim_{n\to\infty}n^2\sqrt{\frac{n+1}{n}}\cdot\frac{1}{2}\left(\frac{\pi}{n}\right)^2=\frac{1}{2}\pi^2,\end{aligned}$$

根据极限审敛法,知所给级数收敛.

二、交错级数及其审敛法

所谓交错级数是这样的级数,它的各项是正负交错的,从而可以写成下面的形式:

$$u_1-u_2+u_3-u_4+\cdots,\tag{3}$$

或 $$-u_1+u_2-u_3+u_4-\cdots, \tag{4}$$

其中 $u_1,u_2,\cdots$都是正数.我们按级数(3)的形式来证明关于交错级数的一个审敛法.

定理 7(莱布尼茨定理) **如果交错级数** $\sum_{n=1}^{\infty}(-1)^{n-1}u_n$ **满足条件:**

(1) $u_n \geqslant u_{n+1}(n=1,2,3,\cdots)$;

(2) $\lim_{n\to\infty} u_n=0$,

则级数收敛,且其和 $s\leqslant u_1$**,其余项** r_n **的绝对值** $|r_n|\leqslant u_{n+1}$.

证 先证明前 $2n$ 项的和 s_{2n} 的极限存在.为此把 s_{2n} 写成两种形式:

$$s_{2n}=(u_1-u_2)+(u_3-u_4)+\cdots+(u_{2n-1}-u_{2n})$$

及

$$s_{2n}=u_1-(u_2-u_3)-(u_4-u_5)-\cdots-(u_{2n-2}-u_{2n-1})-u_{2n}.$$

根据条件(1)知道所有括弧中的差都是非负的.由第一种形式可见数列$\{s_{2n}\}$是单调增加的,由第二种形式可见 $s_{2n}<u_1$.于是,根据单调有界数列必有极限的准则知道,当 n 无限增大时,s_{2n}趋于一个极限s,并且 s 不大于u_1:

$$\lim_{n\to\infty} s_{2n}=s\leqslant u_1.$$

再证明前 $2n+1$ 项的和 s_{2n+1}的极限也是 s.事实上,我们有

$$s_{2n+1}=s_{2n}+u_{2n+1}.$$

由条件(2)知$\lim_{n\to\infty} u_{2n+1}=0$,因此

$$\lim_{n\to\infty} s_{2n+1}=\lim_{n\to\infty}(s_{2n}+u_{2n+1})=s.$$

由于级数的前偶数项的和与奇数项的和趋于同一极限 s,故级数 $\sum_{n=1}^{\infty}(-1)^{n-1}u_n$ 的部分和 s_n 当 $n\to\infty$ 时具有极限 s.这就证明了级数 $\sum_{n=1}^{\infty}(-1)^{n-1}u_n$ 收敛于和s,且 $s\leqslant u_1$.

最后,不难看出余项 r_n 可以写成

$$r_n=\pm(u_{n+1}-u_{n+2}+\cdots),$$

其绝对值 $$|r_n|=u_{n+1}-u_{n+2}+\cdots,$$

上式右端也是一个交错级数,它也满足收敛的两个条件,所以其和小于级数的第一项,也就是说

$$|r_n|\leqslant u_{n+1}.$$

证明完毕.

例如,交错级数

$$1-\frac{1}{2}+\frac{1}{3}-\frac{1}{4}+\cdots+(-1)^{n-1}\frac{1}{n}+\cdots$$

满足条件

(1) $u_n=\frac{1}{n}>\frac{1}{n+1}=u_{n+1}\quad(n=1,2,\cdots)$

及

(2) $\lim\limits_{n\to\infty}u_n=\lim\limits_{n\to\infty}\frac{1}{n}=0$,

所以它是收敛的,且其和 $s<1$. 如果取前 n 项的和

$$s_n=1-\frac{1}{2}+\frac{1}{3}-\cdots+(-1)^{n-1}\frac{1}{n}$$

作为 s 的近似值,所产生的误差 $|r_n|\leqslant\frac{1}{n+1}\quad(=u_{n+1})$.

三、绝对收敛与条件收敛

现在我们讨论一般的级数

$$u_1+u_2+\cdots+u_n+\cdots,$$

它的各项为任意实数. 如果级数 $\sum\limits_{n=1}^{\infty}u_n$ 各项的绝对值所构成的正项级数 $\sum\limits_{n=1}^{\infty}|u_n|$ 收敛,则称级数 $\sum\limits_{n=1}^{\infty}u_n$ 绝对收敛;如果级数 $\sum\limits_{n=1}^{\infty}u_n$ 收敛,而级数 $\sum\limits_{n=1}^{\infty}|u_n|$ 发散,则称级数 $\sum\limits_{n=1}^{\infty}u_n$ 条件收敛. 容易知道,级数 $\sum\limits_{n=1}^{\infty}(-1)^{n-1}\frac{1}{n^2}$ 是绝对收敛级数,而级数 $\sum\limits_{n=1}^{\infty}(-1)^{n-1}\frac{1}{n}$ 是条件收敛级数.

级数绝对收敛与级数收敛有以下重要关系:

定理 8　如果级数 $\sum\limits_{n=1}^{\infty}u_n$ 绝对收敛,则级数 $\sum\limits_{n=1}^{\infty}u_n$ 必定收敛.

证　令

$$v_n=\frac{1}{2}(u_n+|u_n|)\quad(n=1,2,\cdots).$$

显然 $v_n\geqslant0$ 且 $v_n\leqslant|u_n|\quad(n=1,2,\cdots)$. 因级数 $\sum\limits_{n=1}^{\infty}|u_n|$ 收敛,故由比较审敛法知道,级数 $\sum\limits_{n=1}^{\infty}v_n$ 收敛,从而级数 $\sum\limits_{n=1}^{\infty}2v_n$ 也收敛. 而 $u_n=2v_n-|u_n|$,由收敛级数的基本性质可知

$$\sum_{n=1}^{\infty}u_n=\sum_{n=1}^{\infty}2v_n-\sum_{n=1}^{\infty}|u_n|,$$

所以级数 $\sum_{n=1}^{\infty} u_n$ 收敛.定理证毕.

上述证明中引入的级数 $\sum_{n=1}^{\infty} v_n$,其一般项

$$v_n = \frac{1}{2}(u_n + |u_n|) = \begin{cases} u_n, & u_n > 0, \\ 0, & u_n \leqslant 0, \end{cases}$$

可见级数 $\sum_{n=1}^{\infty} v_n$ 是把级数 $\sum_{n=1}^{\infty} u_n$ 中的负项换成 0 而得的,它也就是级数 $\sum_{n=1}^{\infty} u_n$ 中的全体正项所构成的级数.类似可知,令

$$w_n = \frac{1}{2}(|u_n| - u_n),$$

则 $\sum_{n=1}^{\infty} w_n$ 为级数 $\sum_{n=1}^{\infty} u_n$ 中全体负项的绝对值所构成的级数.如果级数 $\sum_{n=1}^{\infty} u_n$ 绝对收敛,则级数 $\sum_{n=1}^{\infty} v_n$ 与 $\sum_{n=1}^{\infty} w_n$ 都收敛;如果级数条件收敛$\left(\text{即} \sum_{n=1}^{\infty} u_n \text{收敛,而} \sum_{n=1}^{\infty} |u_n| \text{发散}\right)$,则级数 $\sum_{n=1}^{\infty} v_n$ 与 $\sum_{n=1}^{\infty} w_n$ 都发散.

定理 8 说明,对于一般的级数 $\sum_{n=1}^{\infty} u_n$,如果我们用正项级数的审敛法判定级数 $\sum_{n=1}^{\infty} |u_n|$ 收敛,则此级数收敛.这就使得一大类级数的收敛性判定问题,转化成为正项级数的收敛性判定问题.

一般说来,如果级数 $\sum_{n=1}^{\infty} |u_n|$ 发散,我们不能断定级数 $\sum_{n=1}^{\infty} u_n$ 也发散.但是,如果我们用比值审敛法或根值审敛法根据 $\lim\limits_{n\to\infty}\left|\frac{u_{n+1}}{u_n}\right| = \rho > 1$ 或 $\lim\limits_{n\to\infty}\sqrt[n]{|u_n|} = \rho > 1$ 判定级数 $\sum_{n=1}^{\infty} |u_n|$ 发散,则我们可以断定级数 $\sum_{n=1}^{\infty} u_n$ 必定发散.这是因为从 $\rho > 1$ 可推知 $|u_n| \not\to 0 (n\to\infty)$,从而 $u_n \not\to 0 (n\to\infty)$,因此级数 $\sum_{n=1}^{\infty} u_n$ 是发散的.

例 9 判定级数 $\sum_{n=1}^{\infty} \frac{\sin n\alpha}{n^2}$ 的收敛性.

解 因为 $\left|\frac{\sin n\alpha}{n^2}\right| \leqslant \frac{1}{n^2}$,而级数 $\sum_{n=1}^{\infty} \frac{1}{n^2}$ 收敛,所以级数 $\sum_{n=1}^{\infty} \left|\frac{\sin n\alpha}{n^2}\right|$ 也收

敛.由定理 8 知,级数 $\sum_{n=1}^{\infty}\frac{\sin n\alpha}{n^2}$ 收敛.

例 10 判定级数 $\sum_{n=1}^{\infty}(-1)^n\frac{1}{2^n}\left(1+\frac{1}{n}\right)^{n^2}$ 的收敛性.

解 由 $|u_n|=\frac{1}{2^n}\left(1+\frac{1}{n}\right)^{n^2}$,有

$$\sqrt[n]{|u_n|}=\frac{1}{2}\left(1+\frac{1}{n}\right)^n\to\frac{1}{2}\mathrm{e}(n\to\infty),$$

而 $\frac{1}{2}\mathrm{e}>1$,可知 $|u_n|\not\to 0(n\to\infty)$,因此所给级数发散.

绝对收敛级数有很多性质是条件收敛级数所没有的,下面给出关于绝对收敛级数的两个性质.

***定理 9 绝对收敛级数经改变项的位置后构成的级数也收敛,且与原级数有相同的和(即绝对收敛级数具有可交换性).**

证 (1) 先证定理对于收敛的正项级数是正确的.

设级数

$$u_1+u_2+\cdots+u_n+\cdots$$

为收敛的正项级数,其部分和为 s_n,和为 s.并设级数

$$u_1^*+u_2^*+\cdots+u_n^*+\cdots$$

为改变项的位置后构成的级数,其部分和为 s_n^*.

对于任何 n,当它固定后,取 m 足够大,使 $u_1^*,u_2^*,\cdots,u_n^*$ 各项都出现在 $s_m=u_1+u_2+\cdots+u_m$ 中,于是得

$$s_n^*\leqslant s_m\leqslant s,$$

所以,单调增加的数列 $\{s_n^*\}$ 不超过定数 s,根据单调有界数列必有极限的准则(第一章第六节),可知 $\lim\limits_{n\to\infty}s_n^*$ 存在,即级数 $\sum_{n=1}^{\infty}u_n^*$ 收敛,且

$$\lim_{n\to\infty}s_n^*=s^*\leqslant s.$$

另一方面,如果把原来级数 $\sum_{n=1}^{\infty}u_n$ 看成是级数 $\sum_{n=1}^{\infty}u_n^*$ 改变项的位置以后所成的级数,则应用刚才证得的结论,又有

$$s\leqslant s^*.$$

要使得上面两个不等式同时成立,必定有

$$s^*=s.$$

(2) 再证定理对一般的绝对收敛级数是正确的.

设级数 $\sum\limits_{n=1}^{\infty}|u_n|$ 收敛. 在定理 8 的证明中已得

$$u_n = 2v_n - |u_n|,$$

而 $\sum\limits_{n=1}^{\infty} v_n$ 是收敛的正项级数. 故有

$$\sum_{n=1}^{\infty} u_n = \sum_{n=1}^{\infty}(2v_n - |u_n|) = \sum_{n=1}^{\infty} 2v_n - \sum_{n=1}^{\infty}|u_n|.$$

若级数 $\sum\limits_{n=1}^{\infty} u_n$ 改变项的位置后的级数为 $\sum\limits_{n=1}^{\infty} u_n^*$，则相应地 $\sum\limits_{n=1}^{\infty} v_n$ 改变为 $\sum\limits_{n=1}^{\infty} v_n^*$，$\sum\limits_{n=1}^{\infty}|u_n|$ 改变为 $\sum\limits_{n=1}^{\infty}|u_n^*|$，由(1)证得的结论可知

$$\sum_{n=1}^{\infty} v_n = \sum_{n=1}^{\infty} v_n^*,\ \sum_{n=1}^{\infty}|u_n| = \sum_{n=1}^{\infty}|u_n^*|.$$

所以

$$\sum_{n=1}^{\infty} u_n^* = \sum_{n=1}^{\infty} 2v_n^* - \sum_{n=1}^{\infty}|u_n^*| = \sum_{n=1}^{\infty} 2v_n - \sum_{n=1}^{\infty}|u_n| = \sum_{n=1}^{\infty} u_n.$$

证毕.

在给出绝对收敛级数的另一个性质以前，我们先来讨论级数的乘法运算.

设级数 $\sum\limits_{n=1}^{\infty} u_n$ 和 $\sum\limits_{n=1}^{\infty} v_n$ 都收敛，仿照有限项之和相乘的规则，作出这两个级数的项所有可能的乘积 $u_i v_k\ (i,k=1,2,3,\cdots)$，这些乘积也就是：

$$u_1v_1,\ u_1v_2,\ u_1v_3,\ \cdots,\ u_1v_i,\ \cdots,$$
$$u_2v_1,\ u_2v_2,\ u_2v_3,\ \cdots,\ u_2v_i,\ \cdots,$$
$$u_3v_1,\ u_3v_2,\ u_3v_3,\ \cdots,\ u_3v_i,\ \cdots,$$
$$\cdots\cdots\cdots\cdots$$
$$u_kv_1,\ u_kv_2,\ u_kv_3,\ \cdots,\ u_kv_i,\ \cdots,$$
$$\cdots\cdots\cdots\cdots$$

这些乘积可以用很多的方式将它们排列成一个数列. 例如可以按"对角线法"或按"正方形法"将它们排列成下面形状的数列(图 11-2)：

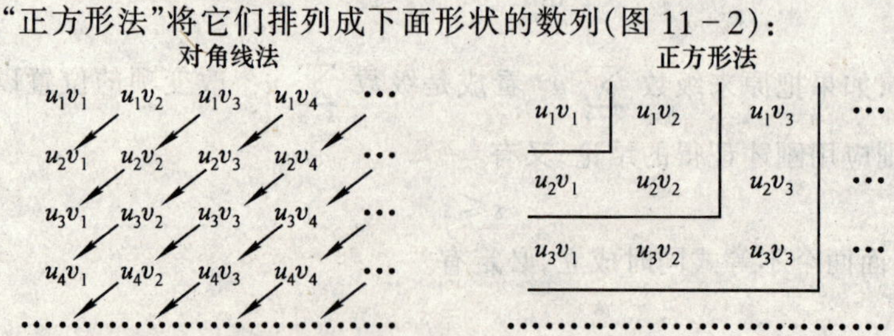

图 11-2

（对角线法）$u_1v_1;u_1v_2,u_2v_1;u_1v_3,u_2v_2,u_3v_1;\cdots$.

（正方形法）$u_1v_1;u_1v_2,u_2v_2,u_2v_1;u_1v_3,u_2v_3,u_3v_3,u_3v_2,u_3v_1;\cdots$.

把上面排列好的数列用加号相连，就组成无穷级数.我们称按"对角线法"排列所组成的级数

$$u_1v_1+(u_1v_2+u_2v_1)+\cdots+(u_1v_n+u_2v_{n-1}+\cdots+u_nv_1)+\cdots$$

为两级数 $\sum_{n=1}^{\infty}u_n$ 和 $\sum_{n=1}^{\infty}v_n$ 的柯西乘积.

***定理10（绝对收敛级数的乘法）　设级数 $\sum_{n=1}^{\infty}u_n$ 和 $\sum_{n=1}^{\infty}v_n$ 都绝对收敛，其和分别为 s 和 σ，则它们的柯西乘积**

$$u_1v_1+(u_1v_2+u_2v_1)+\cdots+(u_1v_n+u_2v_{n-1}+\cdots+u_nv_1)+\cdots \tag{5}$$

也是绝对收敛的，且其和为 $s\cdot\sigma$.

证　考虑把级数(5)的括号去掉后所成的级数

$$u_1v_1+u_1v_2+u_2v_1+\cdots+u_1v_n+\cdots. \tag{6}$$

如果级数(6)绝对收敛且其和为 w，则由收敛级数的基本性质4及比较审敛法可知，级数(5)也绝对收敛且其和为 w.因此只要证明级数(6)绝对收敛且其和 $w=s\cdot\sigma$ 就行了.

(1) 先证级数(6)绝对收敛.

设 w_m 为级数(6)的前 m 项分别取绝对值后所作成的和，又设

$$\sum_{n=1}^{\infty}|u_n|=A,\ \sum_{n=1}^{\infty}|v_n|=B,$$

则显然有

$$w_m\leqslant\sum_{n=1}^{\infty}|u_n|\cdot\sum_{n=1}^{\infty}|v_n|\leqslant A\cdot B.$$

由此可见单调增加数列$\{w_m\}$不超过定数 AB，所以级数(6)绝对收敛.

(2) 再证级数(6)的和 $w=s\cdot\sigma$.

把级数(6)的各项位置重新排列并加上括号使它成为按"正方形法"排列所组成的级数

$$\begin{aligned}&u_1v_1+(u_1v_2+u_2v_2+u_2v_1)+\cdots\\&\quad+(u_1v_n+u_2v_n+\cdots+u_nv_n+u_nv_{n-1}+\cdots+u_nv_1)+\cdots.\end{aligned} \tag{7}$$

根据定理9及收敛级数的基本性质4可知，对于绝对收敛级数(6)这样做法是不会改变其和的.容易看出，级数(7)的前 n 项的和恰好为

$$(u_1+u_2+\cdots+u_n)\cdot(v_1+v_2+\cdots+v_n)=s_n\cdot\sigma_n,$$

因此

$$w=\lim_{n\to\infty}(s_n\cdot\sigma_n)=s\cdot\sigma.$$

习　题　11－2

1. 用比较审敛法或极限形式的比较审敛法判定下列级数的收敛性：

(1) $1+\frac{1}{3}+\frac{1}{5}+\cdots+\frac{1}{(2n-1)}+\cdots$；

(2) $1+\frac{1+2}{1+2^2}+\frac{1+3}{1+3^2}+\cdots+\frac{1+n}{1+n^2}+\cdots$；

(3) $\frac{1}{2\cdot5}+\frac{1}{3\cdot6}+\cdots+\frac{1}{(n+1)(n+4)}+\cdots$；

(4) $\sin\frac{\pi}{2}+\sin\frac{\pi}{2^2}+\sin\frac{\pi}{2^3}+\cdots+\sin\frac{\pi}{2^n}+\cdots$；

(5) $\sum\limits_{n=1}^{\infty}\frac{1}{1+a^n}\quad(a>0)$.

2. 用比值审敛法判定下列级数的收敛性：

(1) $\frac{3}{1\cdot2}+\frac{3^2}{2\cdot2^2}+\frac{3^3}{3\cdot2^3}+\cdots+\frac{3^n}{n\cdot2^n}+\cdots$；　　(2) $\sum\limits_{n=1}^{\infty}\frac{n^2}{3^n}$

(3) $\sum\limits_{n=1}^{\infty}\frac{2^n\cdot n!}{n^n}$；　　(4) $\sum\limits_{n=1}^{\infty}n\tan\frac{\pi}{2^{n+1}}$.

3. 用根值审敛法判定下列级数的收敛性：

(1) $\sum\limits_{n=1}^{\infty}\left(\frac{n}{2n+1}\right)^n$；　(2) $\sum\limits_{n=1}^{\infty}\frac{1}{[\ln(n+1)]^n}$；　(3) $\sum\limits_{n=1}^{\infty}\left(\frac{n}{3n-1}\right)^{2n-1}$；

(4) $\sum\limits_{n=1}^{\infty}\left(\frac{b}{a_n}\right)^n$，其中 $a_n\to a(n\to\infty)$，a_n,b,a 均为正数.

4. 判定下列级数的收敛性：

(1) $\frac{3}{4}+2\left(\frac{3}{4}\right)^2+3\left(\frac{3}{4}\right)^3+\cdots+n\left(\frac{3}{4}\right)^n+\cdots$；

(2) $\frac{1^4}{1!}+\frac{2^4}{2!}+\frac{3^4}{3!}+\cdots+\frac{n^4}{n!}+\cdots$；

(3) $\sum\limits_{n=1}^{\infty}\frac{n+1}{n(n+2)}$；

(4) $\sum\limits_{n=1}^{\infty}2^n\sin\frac{\pi}{3^n}$；

(5) $\sqrt{2}+\sqrt{\frac{3}{2}}+\cdots+\sqrt{\frac{n+1}{n}}+\cdots$；

(6) $\frac{1}{a+b}+\frac{1}{2a+b}+\cdots+\frac{1}{na+b}+\cdots(a>0,b>0)$.

5. 判定下列级数是否收敛？如果是收敛的，是绝对收敛还是条件收敛？

(1) $1-\frac{1}{\sqrt{2}}+\frac{1}{\sqrt{3}}-\frac{1}{\sqrt{4}}+\cdots$；

(2) $\sum\limits_{n=1}^{\infty}(-1)^{n-1}\frac{n}{3^{n-1}}$；

(3) $\frac{1}{3}\cdot\frac{1}{2}-\frac{1}{3}\cdot\frac{1}{2^2}+\frac{1}{3}\cdot\frac{1}{2^3}-\frac{1}{3}\cdot\frac{1}{2^4}+\cdots$;

(4) $\frac{1}{\ln 2}-\frac{1}{\ln 3}+\frac{1}{\ln 4}-\frac{1}{\ln 5}+\cdots$;

(5) $\sum_{n=1}^{\infty}(-1)^{n+1}\frac{2^{n^2}}{n!}$.

第三节　幂　级　数

一、函数项级数的概念

如果给定一个定义在区间 I 上的函数列

$$u_1(x), u_2(x), u_3(x), \cdots, u_n(x), \cdots,$$

则由这函数列构成的表达式

$$u_1(x)+u_2(x)+u_3(x)+\cdots+u_n(x)+\cdots \tag{1}$$

称为定义在区间 I 上的(函数项)无穷级数,简称(函数项)级数.

对于每一个确定的值 $x_0 \in I$,函数项级数(1)成为常数项级数

$$u_1(x_0)+u_2(x_0)+u_3(x_0)+\cdots+u_n(x_0)+\cdots. \tag{2}$$

这个级数(2)可能收敛也可能发散.如果(2)收敛,我们称点 x_0 是函数项级数(1)的收敛点;如果(2)发散,我们称点 x_0 是函数项级数(1)的发散点.函数项级数(1)的所有收敛点的全体称为它的收敛域,所有发散点的全体称为它的发散域.

对应于收敛域内的任意一个数 x,函数项级数成为一收敛的常数项级数,因而有一确定的和 s.这样,在收敛域上,函数项级数的和是 x 的函数 $s(x)$,通常称 $s(x)$ 为函数项级数的和函数,这函数的定义域就是级数的收敛域,并写成

$$s(x)=u_1(x)+u_2(x)+u_3(x)+\cdots+u_n(x)+\cdots.$$

把函数项级数(1)的前 n 项的部分和记作 $s_n(x)$,则在收敛域上有

$$\lim_{n\to\infty} s_n(x)=s(x).$$

我们仍把 $r_n(x)=s(x)-s_n(x)$ 叫做函数项级数的余项(当然,只有 x 在收敛域上 $r_n(x)$ 才有意义),于是有

$$\lim_{n\to\infty} r_n(x)=0.$$

二、幂级数及其收敛性

函数项级数中简单而常见的一类级数就是各项都是幂函数的函数项级数即

所谓幂级数,它的形式是①

$$\sum_{n=0}^{\infty} a_n x^n = a_0 + a_1 x + a_2 x^2 + \cdots + a_n x^n + \cdots, \tag{3}$$

其中常数 $a_0, a_1, a_2, \cdots, a_n, \cdots$ 叫做幂级数的系数. 例如

$$1 + x + x^2 + \cdots + x^n + \cdots,$$

$$1 + x + \frac{1}{2!}x^2 + \cdots + \frac{1}{n!}x^n + \cdots$$

都是幂级数.

现在我们来讨论:对于一个给定的幂级数,它的收敛域与发散域是怎样的?即 x 取数轴上哪些点时幂级数收敛,取哪些点时幂级数发散?这就是幂级数的收敛性问题.

先看一个例子. 考察幂级数

$$1 + x + x^2 + \cdots + x^n + \cdots$$

的收敛性. 由第一节例 1 知道,当 $|x| < 1$ 时,这级数收敛于和 $\frac{1}{1-x}$;当 $|x| \geqslant 1$ 时,这级数发散. 因此,这幂级数的收敛域是开区间 $(-1, 1)$,发散域是 $(-\infty, -1]$ 及 $[1, +\infty)$. 如果 x 在区间 $(-1, 1)$ 内取值,则

$$\frac{1}{1-x} = 1 + x + x^2 + \cdots + x^n + \cdots.$$

在这个例子中我们看到,这个幂级数的收敛域是一个区间. 事实上,这个结论对于一般的幂级数也是成立的. 我们有如下定理.

定理 1(阿贝尔(Abel)定理)　如果级数 $\sum_{n=0}^{\infty} a_n x^n$ 当 $x = x_0 (x_0 \neq 0)$ 时收敛,则适合不等式 $|x| < |x_0|$ 的一切 x 使这幂级数绝对收敛. 反之,如果级数 $\sum_{n=0}^{\infty} a_n x^n$ 当 $x = x_0$ 时发散,则适合不等式 $|x| > |x_0|$ 的一切 x 使这幂级数发散.

证　先设 x_0 是幂级数(3)的收敛点,即级数

$$a_0 + a_1 x_0 + a_2 x_0^2 + \cdots + a_n x_0^n + \cdots$$

收敛. 根据级数收敛的必要条件,这时有

$$\lim_{n \to \infty} a_n x_0^n = 0,$$

于是存在一个常数 M,使得

---

① 幂级数的一般形式是 $a_0 + a_1(x - x_0) + a_2(x - x_0)^2 + \cdots + a_n(x - x_0)^n + \cdots$. 只要作代换 $t = x - x_0$,就可以把它化成(3)的形式. 所以取(3)式来讨论,并不影响一般性.

$$|a_n x_0^n| \leqslant M \quad (n=0,1,2,\cdots).$$

这样级数(3)的一般项的绝对值

$$|a_n x^n| = \left| a_n x_0^n \cdot \frac{x^n}{x_0^n} \right| = |a_n x_0^n| \cdot \left| \frac{x}{x_0} \right|^n \leqslant M \left| \frac{x}{x_0} \right|^n.$$

因为当 $|x|<|x_0|$ 时，等比级数 $\sum\limits_{n=0}^{\infty} M\left|\frac{x}{x_0}\right|^n$ 收敛 $\left(\text{公比}\left|\frac{x}{x_0}\right|<1\right)$，所以级数 $\sum\limits_{n=0}^{\infty}|a_n x^n|$ 收敛，也就是级数 $\sum\limits_{n=0}^{\infty} a_n x^n$ 绝对收敛.

定理的第二部分可用反证法证明. 倘若幂级数当 $x=x_0$ 时发散而有一点 x_1 适合 $|x_1|>|x_0|$ 使级数收敛，则根据本定理的第一部分，级数当 $x=x_0$ 时应收敛，这与所设矛盾. 定理得证.

定理 1 告诉我们，如果幂级数在 $x=x_0$ 处收敛，则对于开区间 $(-|x_0|, |x_0|)$ 内的任何 x，幂级数都收敛；如果幂级数在 $x=x_0$ 处发散，则对于闭区间 $[-|x_0|, |x_0|]$ 外的任何 x，幂级数都发散.

设已给幂级数在数轴上既有收敛点(不仅是原点)也有发散点. 现在从原点沿数轴向右方走，最初只遇到收敛点，然后就只遇到发散点. 这两部分的界点可能是收敛点也可能是发散点. 从原点沿数轴向左方走情形也是如此. 两个界点 P 与 P' 在原点的两侧，且由定理 1 可以证明它们到原点的距离是一样的(图 11-3).

从上面的几何说明，我们就得到重要的推论：

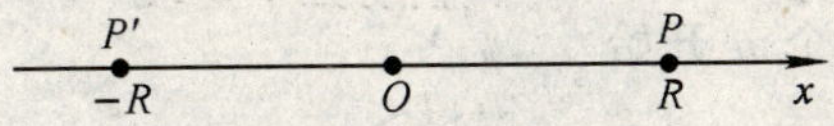

图 11-3

推论 如果幂级数 $\sum\limits_{n=0}^{\infty} a_n x^n$ 不是仅在 $x=0$ 一点收敛，也不是在整个数轴上都收敛，则必有一个确定的正数 R 存在，使得

当 $|x|<R$ 时，幂级数绝对收敛；

当 $|x|>R$ 时，幂级数发散；

当 $x=R$ 与 $x=-R$ 时，幂级数可能收敛也可能发散.

正数 R 通常叫做幂级数(3)的收敛半径. 开区间 $(-R,R)$ 叫做幂级数(3)的收敛区间. 再由幂级数在 $x=\pm R$ 处的收敛性就可以决定它的收敛域是 $(-R,R)$、$[-R,R)$、$(-R,R]$ 或 $[-R,R]$ 这四个区间之一.

如果幂级数(3)只在 $x=0$ 处收敛，这时收敛域只有一点 $x=0$，但为了方便起见，我们规定这时收敛半径 $R=0$；如果幂级数(3)对一切 x 都收敛，则规定收

敛半径 $R=+\infty$,这时收敛域是 $(-\infty,+\infty)$.这两种情形确实都是存在的,见下面的例 2 及例 3.

关于幂级数的收敛半径求法,有下面的定理.

定理 2 如果

$$\lim_{n\to\infty}\left|\frac{a_{n+1}}{a_n}\right|=\rho,$$

其中 a_n、a_{n+1} **是幂级数** $\sum_{n=0}^{\infty}a_nx^n$ **的相邻两项的系数,则这幂级数的收敛半径**

$$R=\begin{cases}\dfrac{1}{\rho}, & \rho\neq 0,\\ +\infty, & \rho=0,\\ 0, & \rho=+\infty.\end{cases}$$

证 考察幂级数(3)的各项取绝对值所成的级数

$$|a_0|+|a_1x|+|a_2x^2|+\cdots+|a_nx^n|+\cdots. \tag{4}$$

这级数相邻两项之比为

$$\frac{|a_{n+1}x^{n+1}|}{|a_nx^n|}=\left|\frac{a_{n+1}}{a_n}\right||x|.$$

(1) 如果 $\lim\limits_{n\to\infty}\left|\dfrac{a_{n+1}}{a_n}\right|=\rho\ (\rho\neq 0)$ 存在,根据比值审敛法,则当 $\rho|x|<1$ 即 $|x|<\dfrac{1}{\rho}$ 时,级数(4)收敛,从而级数(3)绝对收敛;当 $\rho|x|>1$ 即 $|x|>\dfrac{1}{\rho}$ 时,级数(4)发散并且从某一个 n 开始

$$|a_{n+1}x^{n+1}|>|a_nx^n|,$$

因此一般项 $|a_nx^n|$ 不能趋于零,所以 a_nx^n 也不能趋于零,从而级数(3)发散.于是收敛半径 $R=\dfrac{1}{\rho}$.

(2) 如果 $\rho=0$,则对任何 $x\neq 0$,有 $\dfrac{|a_{n+1}x^{n+1}|}{|a_nx^n|}\to 0\ (n\to\infty)$,所以级数(4)收敛,从而级数(3)绝对收敛.于是 $R=+\infty$.

(3) 如果 $\rho=+\infty$,则对于除 $x=0$ 外的其他一切 x 值,级数(3)必发散,否则由定理 1 知道将有点 $x\neq 0$ 使级数(4)收敛.于是 $R=0$.

例 1 求幂级数

$$x-\frac{x^2}{2}+\frac{x^3}{3}-\cdots+(-1)^{n-1}\frac{x^n}{n}+\cdots$$

的收敛半径与收敛域.

解 因为

$$\rho=\lim_{n\to\infty}\left|\frac{a_{n+1}}{a_n}\right|=\lim_{n\to\infty}\frac{\frac{1}{n+1}}{\frac{1}{n}}=1,$$

所以收敛半径

$$R=\frac{1}{\rho}=1.$$

对于端点 $x=1$,级数成为交错级数

$$1-\frac{1}{2}+\frac{1}{3}-\cdots+(-1)^{n-1}\frac{1}{n}+\cdots,$$

级数收敛;

对于端点 $x=-1$,级数成为

$$-1-\frac{1}{2}-\frac{1}{3}-\cdots-\frac{1}{n}-\cdots,$$

级数发散.因此,收敛域是$(-1,1]$.

例 2 求幂级数

$$1+x+\frac{1}{2!}x^2+\cdots+\frac{1}{n!}x^n+\cdots$$

的收敛域.

解 因为

$$\rho=\lim_{n\to\infty}\left|\frac{a_{n+1}}{a_n}\right|=\lim_{n\to\infty}\frac{\frac{1}{(n+1)!}}{\frac{1}{n!}}=\lim_{n\to\infty}\frac{1}{n+1}=0,$$

所以收敛半径 $R=+\infty$,从而收敛域是$(-\infty,+\infty)$.

例 3 求幂级数 $\sum_{n=0}^{\infty}n!\ x^n$ 的收敛半径(规定 $0!=1$).

解 因为

$$\rho=\lim_{n\to\infty}\left|\frac{a_{n+1}}{a_n}\right|=\lim_{n\to\infty}\frac{(n+1)!}{n!}=+\infty,$$

所以收敛半径 $R=0$,即级数仅在 $x=0$ 处收敛.

例 4 求幂级数 $\sum_{n=0}^{\infty}\frac{(2n)!}{(n!)^2}x^{2n}$ 的收敛半径.

解 级数缺少奇次幂的项,定理 2 不能直接应用.我们根据比值审敛法来求收敛半径:

$$\lim_{n\to\infty}\left|\frac{\frac{[2(n+1)]!}{[(n+1)!]^2}x^{2(n+1)}}{\frac{(2n)!}{(n!)^2}x^{2n}}\right|=4|x|^2.$$

当$4|x|^2<1$即$|x|<\frac{1}{2}$时级数收敛；当$4|x|^2>1$即$|x|>\frac{1}{2}$时级数发散. 所以收敛半径$R=\frac{1}{2}$.

例 5 求幂级数$\sum_{n=1}^{\infty}\frac{(x-1)^n}{2^n\cdot n}$的收敛域.

解 令$t=x-1$,上述级数变为

$$\sum_{n=1}^{\infty}\frac{t^n}{2^n\cdot n}.$$

因为

$$\rho=\lim_{n\to\infty}\left|\frac{a_{n+1}}{a_n}\right|=\lim_{n\to\infty}\frac{2^n\cdot n}{2^{n+1}(n+1)}=\frac{1}{2},$$

所以收敛半径$R=2$. 收敛区间为$|t|<2$,即$-1<x<3$.

当$x=3$时,级数成为$\sum_{n=1}^{\infty}\frac{1}{n}$,这级数发散；当$x=-1$时,级数成为$\sum_{n=1}^{\infty}\frac{(-1)^n}{n}$,这级数收敛. 因此原级数的收敛域为$[-1,3)$.

三、幂级数的运算

设幂级数

$$a_0+a_1x+a_2x^2+\cdots+a_nx^n+\cdots$$

及

$$b_0+b_1x+b_2x^2+\cdots+b_nx^n+\cdots$$

分别在区间$(-R,R)$及$(-R',R')$内收敛,对于这两个幂级数,可以进行下列四则运算：

加法：

$$(a_0+a_1x+a_2x^2+\cdots+a_nx^n+\cdots)+(b_0+b_1x+b_2x^2+\cdots+b_nx^n+\cdots)$$
$$=(a_0+b_0)+(a_1+b_1)x+(a_2+b_2)x^2+\cdots+(a_n+b_n)x^n+\cdots.$$

减法：

$$(a_0+a_1x+a_2x^2+\cdots+a_nx^n+\cdots)-(b_0+b_1x+b_2x^2+\cdots+b_nx^n+\cdots)$$
$$=(a_0-b_0)+(a_1-b_1)x+(a_2-b_2)x^2+\cdots+(a_n-b_n)x^n+\cdots.$$

根据收敛级数的基本性质 2,上面两式在$(-R,R)$与$(-R',R')$中较小的区间内成立.

乘法：

$$(a_0+a_1x+a_2x^2+\cdots+a_nx^n+\cdots)\cdot(b_0+b_1x+b_2x^2+\cdots+b_nx^n+\cdots)$$
$$=a_0b_0+(a_0b_1+a_1b_0)x+(a_0b_2+a_1b_1+a_2b_0)x^2+\cdots+(a_0b_n+a_1b_{n-1}+\cdots$$
$$+a_nb_0)x^n+\cdots.$$

这是两个幂级数的柯西乘积. 可以证明上式在$(-R,R)$与$(-R',R')$中较小的区间内成立.

除法:

$$
\begin{aligned}
&\frac{a_0+a_1x+a_2x^2+\cdots+a_nx^n+\cdots}{b_0+b_1x+b_2x^2+\cdots+b_nx^n+\cdots}\\
&=c_0+c_1x+c_2x^2+\cdots+c_nx^n+\cdots,
\end{aligned}
$$

这里假设 $b_0\neq 0$. 为了决定系数 $c_0,c_1,c_2,\cdots,c_n,\cdots$,可以将级数 $\sum\limits_{n=0}^{\infty}b_nx^n$ 与 $\sum\limits_{n=0}^{\infty}c_nx^n$ 相乘,并令乘积中各项的系数分别等于级数 $\sum\limits_{n=0}^{\infty}a_nx^n$ 中同次幂的系数,即得:

$$
\begin{aligned}
&a_0=b_0c_0,\\
&a_1=b_1c_0+b_0c_1,\\
&a_2=b_2c_0+b_1c_1+b_0c_2,\\
&\cdots\cdots\cdots\cdots
\end{aligned}
$$

由这些方程就可以顺序地求出 $c_0,c_1,c_2,\cdots,c_n,\cdots$.

相除后所得的幂级数 $\sum\limits_{n=0}^{\infty}c_nx^n$ 的收敛区间可能比原来两级数的收敛区间小得多[①].

关于幂级数的和函数有下列重要性质[②]:

性质 1　幂级数 $\sum\limits_{n=0}^{\infty}a_nx^n$ 的和函数 $s(x)$ 在其收敛域 I 上连续.

性质 2　幂级数 $\sum\limits_{n=0}^{\infty}a_nx^n$ 的和函数 $s(x)$ 在其收敛域 I 上可积,并有逐项积分公式

$$
\int_0^x s(x)\mathrm{d}x=\int_0^x\Big[\sum_{n=0}^{\infty}a_nx^n\Big]\mathrm{d}x=\sum_{n=0}^{\infty}\int_0^x a_nx^n\mathrm{d}x
$$

---

① 例如

$$
\frac{1}{1-x}=1+x+x^2+\cdots+x^n+\cdots.
$$

级数 $\sum\limits_{n=0}^{\infty}a_nx^n=1+0x+\cdots+0x^n+\cdots$ 与 $\sum\limits_{n=0}^{\infty}b_nx^n=1-x+0x^2+\cdots+0x^n+\cdots$ 在整个数轴上收敛,但级数 $\sum\limits_{n=0}^{\infty}c_nx^n=\sum\limits_{n=0}^{\infty}x^n$ 仅在区间$(-1,1)$内收敛.

② 证明见本章第六节二.

$$= \sum_{n=0}^{\infty} \frac{a_n}{n+1} x^{n+1}, \quad (x \in I) \tag{5}$$

逐项积分后所得到的幂级数和原级数有相同的收敛半径.

性质 3　幂级数 $\sum_{n=0}^{\infty} a_n x^n$ 的和函数 $s(x)$ 在其收敛区间 $(-R, R)$ 内可导,且有逐项求导公式

$$s'(x) = \left(\sum_{n=0}^{\infty} a_n x^n\right)' = \sum_{n=0}^{\infty} (a_n x^n)' = \sum_{n=1}^{\infty} n a_n x^{n-1} (|x| < R), \tag{6}$$

逐项求导后所得到的幂级数和原级数有相同的收敛半径.

反复应用上述结论可得:幂级数 $\sum_{n=0}^{\infty} a_n x^n$ 的和函数 $s(x)$ 在其收敛区间 $(-R, R)$ 内具有任意阶导数.

例 6　求幂级数 $\sum_{n=0}^{\infty} \frac{x^n}{n+1}$ 的和函数.

解　先求收敛域.由

$$\lim_{n \to \infty} \left| \frac{a_{n+1}}{a_n} \right| = \lim_{n \to \infty} \frac{n+1}{n+2} = 1,$$

得收敛半径 $R = 1$.

在端点 $x = -1$ 处,幂级数成为 $\sum_{n=0}^{\infty} \frac{(-1)^n}{n+1}$,是收敛的交错级数;在端点 $x = 1$ 处,幂级数成为 $\sum_{n=0}^{\infty} \frac{1}{n+1}$,是发散的.因此收敛域为 $I = [-1, 1)$.

设和函数为 $s(x)$,即

$$s(x) = \sum_{n=0}^{\infty} \frac{x^n}{n+1}, \quad x \in [-1, 1).$$

于是

$$x s(x) = \sum_{n=0}^{\infty} \frac{x^{n+1}}{n+1}.$$

利用性质 3,逐项求导,并由

$$\frac{1}{1-x} = 1 + x + x^2 + \cdots + x^n + \cdots, \quad (-1 < x < 1)$$

得

$$[x s(x)]' = \sum_{n=0}^{\infty} \left(\frac{x^{n+1}}{n+1}\right)' = \sum_{n=0}^{\infty} x^n = \frac{1}{1-x} \quad (|x| < 1).$$

对上式从 0 到 x 积分,得

$$x s(x) = \int_0^x \frac{1}{1-x} dx = -\ln(1-x) \quad (-1 \leqslant x \leqslant 1).$$

于是,当 $x \neq 0$ 时,有 $s(x) = -\frac{1}{x}\ln(1-x)$.

而 $s(0)$ 可由 $s(0)=a_0=1$ 得出,也可由和函数的连续性得到

$$s(0)=\lim_{x\to 0}s(x)=\lim_{x\to 0}\left[-\frac{1}{x}\ln(1-x)\right]=1.$$

故

$$s(x)=\begin{cases}-\dfrac{1}{x}\ln(1-x), & x\in[-1,0)\cup(0,1),\\ 1, & x=0.\end{cases}$$

习 题 11-3

1. 求下列幂级数的收敛域:

(1) $x+2x^2+3x^3+\cdots+nx^n+\cdots$;

(2) $1-x+\dfrac{x^2}{2^2}+\cdots+(-1)^n\dfrac{x^n}{n^2}+\cdots$;

(3) $\dfrac{x}{2}+\dfrac{x^2}{2\cdot 4}+\dfrac{x^3}{2\cdot 4\cdot 6}+\cdots+\dfrac{x^n}{2\cdot 4\cdot\cdots\cdot(2n)}+\cdots$;

(4) $\dfrac{x}{1\cdot 3}+\dfrac{x^2}{2\cdot 3^2}+\dfrac{x^3}{3\cdot 3^3}+\cdots+\dfrac{x^n}{n\cdot 3^n}+\cdots$;

(5) $\dfrac{2}{2}x+\dfrac{2^2}{5}x^2+\dfrac{2^3}{10}x^3+\cdots+\dfrac{2^n}{n^2+1}x^n+\cdots$;

(6) $\sum\limits_{n=1}^{\infty}(-1)^n\dfrac{x^{2n+1}}{2n+1}$;

(7) $\sum\limits_{n=1}^{\infty}\dfrac{2n-1}{2^n}x^{2n-2}$;

(8) $\sum\limits_{n=1}^{\infty}\dfrac{(x-5)^n}{\sqrt{n}}$.

2. 利用逐项求导或逐项积分,求下列级数的和函数.

(1) $\sum\limits_{n=1}^{\infty}nx^{n-1}$;

(2) $\sum\limits_{n=1}^{\infty}\dfrac{x^{4n+1}}{4n+1}$;

(3) $x+\dfrac{x^3}{3}+\dfrac{x^5}{5}+\cdots+\dfrac{x^{2n-1}}{2n-1}+\cdots$.

第四节 函数展开成幂级数

一、泰勒级数

前面讨论了幂级数的收敛域及其和函数的性质.但在许多应用中,我们遇到的却是相反的问题:给定函数 $f(x)$,要考虑它是否能在某个区间内“展开成幂级数”,就是说,是否能找到这样一个幂级数,它在某区间内收敛,且其和恰好就

是给定的函数 $f(x)$.如果能找到这样的幂级数,我们就说,函数 $f(x)$在该区间内能展开成幂级数,而这个幂级数在该区间内就表达了函数 $f(x)$.

在第三章第三节中我们已经看到,若函数 $f(x)$在点 x_0 的某一邻域内具有直到$(n+1)$阶的导数,则在该邻域内 $f(x)$的 n 阶泰勒公式

$$f(x)=f(x_0)+f'(x_0)(x-x_0)+\frac{f''(x_0)}{2!}(x-x_0)^2+\cdots+\frac{f^{(n)}(x_0)}{n!}(x-x_0)^n+R_n(x) \quad (1)$$

成立,其中 $R_n(x)$为拉格朗日型余项:

$$R_n(x)=\frac{f^{(n+1)}(\xi)}{(n+1)!}(x-x_0)^{n+1},$$

ξ 是 x 与 x_0 之间的某个值.这时,在该邻域内 $f(x)$可以用 n 次多项式

$$p_n(x)=f(x_0)+f'(x_0)(x-x_0)+\frac{f''(x_0)}{2!}(x-x_0)^2+\cdots+\frac{f^{(n)}(x_0)}{n!}(x-x_0)^n \quad (2)$$

来近似表达,并且误差等于余项的绝对值$|R_n(x)|$.显然,如果$|R_n(x)|$随着 n 的增大而减小,那么我们就可以用增加多项式(2)的项数的办法来提高精确度.

如果 $f(x)$在点 x_0 的某邻域内具有各阶导数 $f'(x),f''(x),\cdots,f^{(n)}(x),\cdots$,这时我们可以设想多项式(2)的项数趋向无穷而成为幂级数

$$f(x_0)+f'(x_0)(x-x_0)+\frac{f''(x_0)}{2!}(x-x_0)^2+\cdots+\frac{f^{(n)}(x_0)}{n!}(x-x_0)^n+\cdots \quad (3)$$

幂级数(3)称为函数 $f(x)$的泰勒级数.显然,当 $x=x_0$ 时,$f(x)$的泰勒级数收敛于 $f(x_0)$,但除了 $x=x_0$ 外,它是否一定收敛?如果它收敛,它是否一定收敛于 $f(x)$?关于这些问题,有下述定理.

定理 **设函数 $f(x)$在点 x_0 的某一邻域 $U(x_0)$内具有各阶导数,则 $f(x)$在该邻域内能展开成泰勒级数的充分必要条件是 $f(x)$的泰勒公式中的余项 $R_n(x)$当 $n\to\infty$时的极限为零,即**

$$\lim_{n\to\infty}R_n(x)=0 \quad (x\in U(x_0)).$$

证 先证必要性.设 $f(x)$在 $U(x_0)$内能展开为泰勒级数,即

$$f(x)=f(x_0)+f'(x_0)(x-x_0)+\frac{f''(x_0)}{2!}(x-x_0)^2+\cdots+\frac{f^{(n)}(x_0)}{n!}(x-x_0)^n+\cdots \quad (4)$$

对一切 $x\in U(x_0)$成立.我们把 $f(x)$的 n 阶泰勒公式(1)写成

$$f(x)=s_{n+1}(x)+R_n(x), \quad (1')$$

其中 $s_{n+1}(x)$ 是 $f(x)$ 的泰勒级数(3)的前 $(n+1)$ 项之和,因为由(4)式有

$$\lim_{n\to\infty} s_{n+1}(x)=f(x),$$

所以

$$\lim_{n\to\infty} R_n(x)=\lim_{n\to\infty}[f(x)-s_{n+1}(x)]=f(x)-f(x)=0.$$

这就证明了条件是必要的.

再证充分性,设 $\lim\limits_{n\to\infty} R_n(x)=0$ 对一切 $x\in U(x_0)$ 成立.由 $f(x)$ 的 n 阶泰勒公式(1′)有

$$s_{n+1}(x)=f(x)-R_n(x),$$

令 $n\to\infty$ 取上式的极限,得

$$\lim_{n\to\infty} s_{n+1}(x)=\lim_{n\to\infty}[f(x)-R_n(x)]=f(x),$$

即 $f(x)$ 的泰勒级数(3)在 $U(x_0)$ 内收敛,并且收敛于 $f(x)$.因此条件是充分的.定理证毕.

在(3)式中取 $x_0=0$,得

$$f(0)+f'(0)x+\frac{f''(0)}{2!}x^2+\cdots+\frac{f^{(n)}(0)}{n!}x^n+\cdots, \tag{5}$$

级数(5)称为函数 $f(x)$ 的麦克劳林级数.

函数 $f(x)$ 的麦克劳林级数是 x 的幂级数,现在我们证明,如果 $f(x)$ 能展开成 x 的幂级数,那么这种展开式是唯一的,它一定与 $f(x)$ 的麦克劳林级数(5)一致.

事实上,如果 $f(x)$ 在点 $x_0=0$ 的某邻域 $(-R,R)$ 内能展开成 x 的幂级数,即

$$f(x)=a_0+a_1x+a_2x^2+\cdots+a_nx^n\cdots \tag{6}$$

对一切 $x\in(-R,R)$ 成立,那么根据幂级数在收敛区间内可以逐项求导,有

$$f'(x)=a_1+2a_2x+3a_3x^2+\cdots+na_nx^{n-1}+\cdots,$$

$$f''(x)=2!\ a_2+3\cdot 2a_3x+\cdots+n(n-1)a_nx^{n-2}+\cdots,$$

$$f'''(x)=3!\ a_3+\cdots+n(n-1)(n-2)a_nx^{n-3}+\cdots,$$

…………

$$f^{(n)}(x)=n!\ a_n+(n+1)n(n-1)\cdots 2a_{n+1}x+\cdots,$$

…………

把 $x=0$ 代入以上各式,得

$$a_0=f(0),a_1=f'(0),a_2=\frac{f''(0)}{2!},\cdots,a_n=\frac{f^{(n)}(0)}{n!},\cdots.$$

这就是所要证明的.

由函数 $f(x)$ 的展开式的唯一性可知,如果 $f(x)$ 能展开成 x 的幂级数,那

么这个幂级数就是 $f(x)$ 的麦克劳林级数.但是,反过来如果 $f(x)$ 的麦克劳林级数在点 $x_0=0$ 的某邻域内收敛,它却不一定收敛于 $f(x)$.因此,如果 $f(x)$ 在 $x_0=0$ 处具有各阶导数,则 $f(x)$ 的麦克劳林级数(5)虽能作出来,但这个级数是否能在某个区间内收敛,以及是否收敛于 $f(x)$ 却需要进一步考察.下面将具体讨论把函数 $f(x)$ 展开为 x 的幂级数的方法.

二、函数展开成幂级数

要把函数 $f(x)$ 展开成 x 的幂级数,可以按照下列步骤进行:

第一步　求出 $f(x)$ 的各阶导数 $f'(x),f''(x),\cdots,f^{(n)}(x),\cdots$,如果在 $x=0$ 处某阶导数不存在,就停止进行,例如在 $x=0$ 处,$f(x)=x^{7/3}$ 的三阶导数不存在,它就不能展开为 x 的幂级数.

第二步　求函数及其各阶导数在 $x=0$ 处的值:

$$f(0),f'(0),f''(0),\cdots,f^{(n)}(0),\cdots.$$

第三步　写出幂级数

$$f(0)+f'(0)x+\frac{f''(0)}{2!}x^2+\cdots+\frac{f^{(n)}(0)}{n!}x^n+\cdots,$$

并求出收敛半径 R.

第四步　考察当 x 在区间 $(-R,R)$ 内时余项 $R_n(x)$ 的极限

$$\lim_{n\to\infty}R_n(x)=\lim_{n\to\infty}\frac{f^{(n+1)}(\xi)}{(n+1)!}x^{n+1}\quad(\xi \text{ 在 } 0 \text{ 与 } x \text{ 之间})$$

是否为零.如果为零,则函数 $f(x)$ 在区间 $(-R,R)$ 内的幂级数展开式为

$$f(x)=f(0)+f'(0)x+\frac{f''(0)}{2!}x^2+\cdots+\frac{f^{(n)}(0)}{n!}x^n+\cdots$$

$$(-R<x<R).$$

例 1　将函数 $f(x)=e^x$ 展开成 x 的幂级数.

解　所给函数的各阶导数为 $f^{(n)}(x)=e^x\ (n=1,2,\cdots)$,因此 $f^{(n)}(0)=1$ $(n=0,1,2,\cdots)$,这里 $f^{(0)}(0)=f(0)$.于是得级数

$$1+x+\frac{x^2}{2!}+\cdots+\frac{x^n}{n!}+\cdots,$$

它的收敛半径 $R=+\infty$.

对于任何有限的数 x、ξ(ξ 在 0 与 x 之间),余项的绝对值为

$$|R_n(x)|=\left|\frac{e^{\xi}}{(n+1)!}x^{n+1}\right|<e^{|x|}\cdot\frac{|x|^{n+1}}{(n+1)!}.$$

因 $e^{|x|}$ 有限,而 $\frac{|x|^{n+1}}{(n+1)!}$ 是收敛级数 $\sum_{n=0}^{\infty}\frac{|x|^{n+1}}{(n+1)!}$ 的一般项,所以当 $n\to\infty$ 时,$e^{|x|}\cdot\frac{|x|^{n+1}}{(n+1)!}\to 0$,即当 $n\to\infty$ 时,有 $|R_n(x)|\to 0$.于是得展开式

$$e^x = 1 + x + \frac{x^2}{2!} + \cdots + \frac{x^n}{n!} + \cdots \quad (-\infty < x < +\infty). \tag{7}$$

如果在 $x=0$ 处附近，用级数的部分和(即多项式)来近似代替 e^x，那么随着项数的增加，它们就越来越接近于 e^x，如图 11-4 所示.

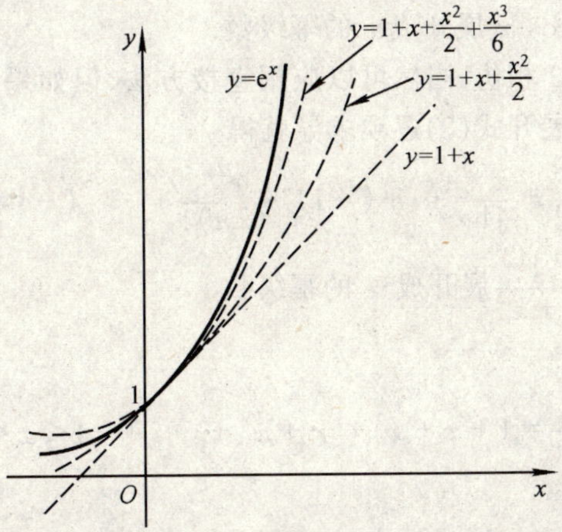

图 11-4

例 2 将函数 $f(x)=\sin x$ 展开成 x 的幂级数.

解 所给函数的各阶导数为

$$f^{(n)}(x)=\sin\left(x+n\cdot\frac{\pi}{2}\right) \quad (n=1,2,\cdots),$$

$f^{(n)}(0)$顺序循环地取 $0,1,0,-1,\cdots(n=0,1,2,3,\cdots)$，于是得级数

$$x-\frac{x^3}{3!}+\frac{x^5}{5!}-\cdots+(-1)^{n-1}\frac{x^{2n-1}}{(2n-1)!}+\cdots,$$

它的收敛半径 $R=+\infty$.

对于任何有限的数 x、ξ(ξ 在 0 与 x 之间)，余项的绝对值当 $n\to\infty$时的极限为零：

$$|R_n(x)|=\left|\frac{\sin\left[\xi+\frac{(n+1)\pi}{2}\right]}{(n+1)!}x^{n+1}\right|\leqslant\frac{|x|^{n+1}}{(n+1)!}\to 0 \quad (n\to\infty).$$

因此得展开式

$$\sin x = x-\frac{x^3}{3!}+\frac{x^5}{5!}-\cdots+(-1)^{n-1}\frac{x^{2n-1}}{(2n-1)!}+\cdots \quad (-\infty < x < +\infty). \tag{8}$$

以上将函数展开成幂级数的例子，是直接按公式 $a_n=\frac{f^{(n)}(0)}{n!}$计算幂级数的系数，最后考察余项 $R_n(x)$是否趋于零. 这种直接展开的方法计算量较大，而

且研究余项即使在初等函数中也不是一件容易的事.下面,我们用间接展开的方法,即利用一些已知的函数展开式、幂级数的运算(如四则运算,逐项求导,逐项积分)以及变量代换等,将所给函数展开成幂级数.这样做不但计算简单,而且可以避免研究余项.

例 3 将函数 $\cos x$ 展开成 x 的幂级数.

解 本题与例 2 相仿,当然可以应用直接方法,但如果应用间接方法,则比较简便.事实上,对展开式(8)逐项求导就得

$$\cos x=1-\frac{x^2}{2!}+\frac{x^4}{4!}-\cdots+(-1)^n\frac{x^{2n}}{(2n)!}+\cdots \quad (-\infty<x<+\infty). \tag{9}$$

例 4 将函数 $\dfrac{1}{1+x^2}$ 展开成 x 的幂级数.

解 因为

$$\frac{1}{1-x}=1+x+x^2+\cdots+x^n+\cdots \quad (-1<x<1),$$

把 x 换成 $-x^2$,得

$$\frac{1}{1+x^2}=1-x^2+x^4-\cdots+(-1)^n x^{2n}+\cdots \quad (-1<x<1).$$

必须指出,假定函数 $f(x)$ 在开区间 $(-R,R)$ 内的展开式

$$f(x)=\sum_{n=0}^{\infty}a_n x^n \quad (-R<x<R)$$

已经得到,如果上式的幂级数在该区间的端点 $x=R$(或 $x=-R$)仍收敛,而函数 $f(x)$ 在 $x=R$(或 $x=-R$)处有定义且连续,那么根据幂级数的和函数的连续性,该展开式对 $x=R$(或 $x=-R$)也成立.

例 5 将函数 $f(x)=\ln(1+x)$ 展开成 x 的幂级数.

解 因为

$$f'(x)=\frac{1}{1+x},$$

而 $\dfrac{1}{1+x}$ 是收敛的等比级数 $\sum\limits_{n=0}^{\infty}(-1)^n x^n$ 的和函数:

$$\frac{1}{1+x}=1-x+x^2-x^3+\cdots+(-1)^n x^n+\cdots \quad (-1<x<1),$$

所以将上式从 0 到 x 逐项积分,得

$$\ln(1+x)=x-\frac{x^2}{2}+\frac{x^3}{3}-\frac{x^4}{4}+\cdots+(-1)^n\frac{x^{n+1}}{n+1}+\cdots \quad (-1<x\leqslant 1). \tag{10}$$

上述展开式对 $x=1$ 也成立,这是因为上式右端的幂级数当 $x=1$ 时收敛,而 $\ln(1+x)$ 在 $x=1$ 处有定义且连续.

例 6 将函数 $f(x)=(1+x)^m$ 展开成 x 的幂级数，其中 m 为任意常数.

解 $f(x)$的各阶导数为

$$f'(x)=m(1+x)^{m-1},$$

$$f''(x)=m(m-1)(1+x)^{m-2},$$

…………

$$f^{(n)}(x)=m(m-1)(m-2)\cdots(m-n+1)(1+x)^{m-n},$$

…………

所以 $f(0)=1,f'(0)=m,f''(0)=m(m-1),\cdots,$

$f^{(n)}(0)=m(m-1)\cdots(m-n+1),$

……,

于是得级数

$$1+mx+\frac{m(m-1)}{2!}x^2+\cdots+\frac{m(m-1)\cdots(m-n+1)}{n!}x^n+\cdots.$$

这级数相邻两项的系数之比的绝对值

$$\left|\frac{a_{n+1}}{a_n}\right|=\left|\frac{m-n}{n+1}\right|\to 1\quad(n\to\infty),$$

因此，对于任何常数 m 这级数在开区间$(-1,1)$内收敛.

为了避免直接研究余项，设这级数在开区间$(-1,1)$内收敛到函数 $F(x)$:

$$F(x)=1+mx+\frac{m(m-1)}{2!}x^2+\cdots$$

$$+\frac{m(m-1)\cdots(m-n+1)}{n!}x^n+\cdots\quad(-1<x<1),$$

我们来证明 $F(x)=(1+x)^m\quad(-1<x<1)$.

逐项求导，得

$$F'(x)=m\left[1+\frac{m-1}{1}x+\cdots+\frac{(m-1)\cdots(m-n+1)}{(n-1)!}x^{n-1}+\cdots\right],$$

两边各乘以$(1+x)$，并把含有 $x^n(n=1,2,\cdots)$的两项合并起来.根据恒等式

$$\frac{(m-1)\cdots(m-n+1)}{(n-1)!}+\frac{(m-1)\cdots(m-n)}{n!}$$

$$=\frac{m(m-1)\cdots(m-n+1)}{n!}\quad(n=1,2,\cdots),$$

我们有

$$(1+x)F'(x)$$

$$=m\left[1+mx+\frac{m(m-1)}{2!}x^2+\cdots+\frac{m(m-1)\cdots(m-n+1)}{n!}x^n+\cdots\right]$$

$$=mF(x)\qquad(-1<x<1).$$

现在令
$$\varphi(x)=\frac{F(x)}{(1+x)^m},$$
于是 $\varphi(0)=F(0)=1$，且
$$\varphi'(x)=\frac{(1+x)^m F'(x)-m(1+x)^{m-1}F(x)}{(1+x)^{2m}}$$
$$=\frac{(1+x)^{m-1}[(1+x)F'(x)-mF(x)]}{(1+x)^{2m}}=0,$$
所以 $\varphi(x)=c$(常数)．但是 $\varphi(0)=1$，从而 $\varphi(x)=1$，即
$$F(x)=(1+x)^m.$$
因此在区间$(-1,1)$内，我们有展开式
$$(1+x)^m=1+mx+\frac{m(m-1)}{2!}x^2+\cdots+\frac{m(m-1)\cdots(m-n+1)}{n!}x^n+\cdots$$
$$(-1<x<1).\quad(11)$$
在区间的端点，展开式是否成立要看 m 的数值而定．

公式(11)叫做二项展开式．特殊地，当 m 为正整数时，级数为 x 的 m 次多项式，这就是代数学中的二项式定理．

对应于 $m=\frac{1}{2}$、$-\frac{1}{2}$的二项展开式分别为
$$\sqrt{1+x}=1+\frac{1}{2}x-\frac{1}{2\cdot4}x^2+\frac{1\cdot3}{2\cdot4\cdot6}x^3-\frac{1\cdot3\cdot5}{2\cdot4\cdot6\cdot8}x^4+\cdots\qquad(-1\leqslant x\leqslant1),$$
$$\frac{1}{\sqrt{1+x}}=1-\frac{1}{2}x+\frac{1\cdot3}{2\cdot4}x^2-\frac{1\cdot3\cdot5}{2\cdot4\cdot6}x^3+\frac{1\cdot3\cdot5\cdot7}{2\cdot4\cdot6\cdot8}x^4-\cdots\qquad(-1<x\leqslant1).$$

关于$\frac{1}{1-x}$、e^x、$\sin x$、$\cos x$、$\ln(1+x)$和$(1+x)^m$ 的幂级数展开式，以后可以直接引用．

最后再举两个用间接法将函数展开成$(x-x_0)$的幂级数的例子．

例 7 将函数 $\sin x$ 展开成$\left(x-\frac{\pi}{4}\right)$的幂级数．

解 因为
$$\sin x=\sin\left[\frac{\pi}{4}+\left(x-\frac{\pi}{4}\right)\right]$$
$$=\sin\frac{\pi}{4}\cos\left(x-\frac{\pi}{4}\right)+\cos\frac{\pi}{4}\sin\left(x-\frac{\pi}{4}\right)$$
$$=\frac{1}{\sqrt{2}}\left[\cos\left(x-\frac{\pi}{4}\right)+\sin\left(x-\frac{\pi}{4}\right)\right],$$
并且有(见例 2，例 3)
$$\cos\left(x-\frac{\pi}{4}\right)=1-\frac{\left(x-\frac{\pi}{4}\right)^2}{2!}+\frac{\left(x-\frac{\pi}{4}\right)^4}{4!}-\cdots\qquad(-\infty<x<+\infty),$$

$$\sin\left(x-\frac{\pi}{4}\right)=\left(x-\frac{\pi}{4}\right)-\frac{\left(x-\frac{\pi}{4}\right)^3}{3!}+\frac{\left(x-\frac{\pi}{4}\right)^5}{5!}-\cdots \quad (-\infty<x<+\infty),$$

所以

$$\sin x=\frac{1}{\sqrt{2}}\left[1+\left(x-\frac{\pi}{4}\right)-\frac{\left(x-\frac{\pi}{4}\right)^2}{2!}-\frac{\left(x-\frac{\pi}{4}\right)^3}{3!}+\cdots\right] \quad (-\infty<x<+\infty).$$

例 8 将函数 $f(x)=\dfrac{1}{x^2+4x+3}$ 展开成 $(x-1)$ 的幂级数.

解 因为

$$f(x)=\frac{1}{x^2+4x+3}=\frac{1}{(x+1)(x+3)}=\frac{1}{2(1+x)}-\frac{1}{2(3+x)}$$
$$=\frac{1}{4\left(1+\frac{x-1}{2}\right)}-\frac{1}{8\left(1+\frac{x-1}{4}\right)},$$

而

$$\frac{1}{4\left(1+\frac{x-1}{2}\right)}=\frac{1}{4}\sum_{n=0}^{\infty}\frac{(-1)^n}{2^n}(x-1)^n \quad (-1<x<3),$$

$$\frac{1}{8\left(1+\frac{x-1}{4}\right)}=\frac{1}{8}\sum_{n=0}^{\infty}\frac{(-1)^n}{4^n}(x-1)^n \quad (-3<x<5),$$

所以

$$f(x)=\frac{1}{x^2+4x+3}=\sum_{n=0}^{\infty}(-1)^n\left(\frac{1}{2^{n+2}}-\frac{1}{2^{2n+3}}\right)(x-1)^n \quad (-1<x<3).$$

习 题 11-4

1. 求函数 $f(x)=\cos x$ 的泰勒级数,并验证它在整个数轴上收敛于这函数.

2. 将下列函数展开成 x 的幂级数,并求展开式成立的区间:

(1) $\operatorname{sh} x=\dfrac{e^x-e^{-x}}{2}$; (2) $\ln(a+x)\quad(a>0)$;

(3) a^x; (4) $\sin^2 x$;

(5) $(1+x)\ln(1+x)$; (6) $\dfrac{x}{\sqrt{1+x^2}}$.

3. 将下列函数展开成 $(x-1)$ 的幂级数,并求展开式成立的区间:

(1) $\sqrt{x^3}$; (2) $\lg x$.

4. 将函数 $f(x)=\cos x$ 展开成 $\left(x+\dfrac{\pi}{3}\right)$ 的幂级数.

5. 将函数 $f(x)=\dfrac{1}{x}$ 展开成 $(x-3)$ 的幂级数.

6. 将函数 $f(x)=\dfrac{1}{x^2+3x+2}$ 展开成 $(x+4)$ 的幂级数.

第五节　函数的幂级数展开式的应用

一、近似计算

有了函数的幂级数展开式,就可用它来进行近似计算,即在展开式有效的区间上,函数值可以近似地利用这个级数按精确度要求计算出来.

例 1　计算 $\sqrt[5]{240}$ 的近似值,要求误差不超过 0.000 1.

解　因为

$$\sqrt[5]{240}=\sqrt[5]{243-3}=3\left(1-\frac{1}{3^4}\right)^{1/5},$$

所以在二项展开式(第四节(11)式)中取 $m=\dfrac{1}{5}, x=-\dfrac{1}{3^4}$,即得

$$\sqrt[5]{240}=3\left(1-\frac{1}{5}\cdot\frac{1}{3^4}-\frac{1\cdot 4}{5^2\cdot 2!}\cdot\frac{1}{3^8}-\frac{1\cdot 4\cdot 9}{5^3\cdot 3!}\ \frac{1}{3^{12}}-\cdots\right).$$

这个级数收敛很快.取前两项的和作为 $\sqrt[5]{240}$ 的近似值,其误差(也叫做截断误差)为

$$\begin{aligned}|r_2|&=3\left(\frac{1\cdot 4}{5^2\cdot 2!}\cdot\frac{1}{3^8}+\frac{1\cdot 4\cdot 9}{5^3\cdot 3!}\cdot\frac{1}{3^{12}}+\frac{1\cdot 4\cdot 9\cdot 14}{5^4\cdot 4!}\cdot\frac{1}{3^{16}}+\cdots\right)\\&<3\cdot\frac{1\cdot 4}{5^2\cdot 2!}\cdot\frac{1}{3^8}\left[1+\frac{1}{81}+\left(\frac{1}{81}\right)^2+\cdots\right]\\&=\frac{6}{25}\cdot\frac{1}{3^8}\cdot\frac{1}{1-\frac{1}{81}}=\frac{1}{25\cdot 27\cdot 40}<\frac{1}{20\ 000}.\end{aligned}$$

于是取近似式为

$$\sqrt[5]{240}\approx 3\left(1-\frac{1}{5}\cdot\frac{1}{3^4}\right).$$

为了使“四舍五入”引起的误差(叫做舍入误差)与截断误差之和不超过 10^{-4},计算时应取五位小数,然后再四舍五入.因此最后得

$$\sqrt[5]{240}\approx 2.992\ 6.$$

例 2　计算 ln 2 的近似值,要求误差不超过 0.000 1.

解　在上节例 5 中,令 $x=1$ 可得

$$\ln 2=1-\frac{1}{2}+\frac{1}{3}-\cdots+(-1)^{n-1}\frac{1}{n}+\cdots.$$

如果取这级数前 n 项的和作为 ln 2 的近似值,其误差为

$$|r_n| \leqslant \frac{1}{n+1}$$

(见第二节第二目). 为了保证误差不超过 10^{-4}，就需要取级数的前 10 000 项进行计算. 这样做计算量太大了，我们必须用收敛较快的级数来代替它.

把展开式

$$\ln(1+x) = x - \frac{x^2}{2} + \frac{x^3}{3} - \frac{x^4}{4} + \cdots \quad (-1 < x \leqslant 1)$$

中 x 换成 $-x$，得

$$\ln(1-x) = -x - \frac{x^2}{2} - \frac{x^3}{3} - \frac{x^4}{4} - \cdots \quad (-1 \leqslant x < 1),$$

两式相减，得到不含有偶次幂的展开式:

$$\ln\frac{1+x}{1-x} = \ln(1+x) - \ln(1-x) = 2\left(x + \frac{1}{3}x^3 + \frac{1}{5}x^5 + \cdots\right) \quad (-1 < x < 1).$$

令 $\frac{1+x}{1-x} = 2$，解出 $x = \frac{1}{3}$. 以 $x = \frac{1}{3}$ 代入最后一个展开式，得

$$\ln 2 = 2\left(\frac{1}{3} + \frac{1}{3}\cdot\frac{1}{3^3} + \frac{1}{5}\cdot\frac{1}{3^5} + \frac{1}{7}\cdot\frac{1}{3^7} + \cdots\right).$$

如果取前四项作为 ln 2 的近似值，则误差为

$$|r_4| = 2\left(\frac{1}{9}\cdot\frac{1}{3^9} + \frac{1}{11}\cdot\frac{1}{3^{11}} + \frac{1}{13}\cdot\frac{1}{3^{13}} + \cdots\right) < \frac{2}{3^{11}}\left[1 + \frac{1}{9} + \left(\frac{1}{9}\right)^2 + \cdots\right]$$

$$= \frac{2}{3^{11}}\cdot\frac{1}{1-\frac{1}{9}} = \frac{1}{4\cdot 3^9} < \frac{1}{70\ 000}.$$

于是取 $$\ln 2 \approx 2\left(\frac{1}{3} + \frac{1}{3}\cdot\frac{1}{3^3} + \frac{1}{5}\cdot\frac{1}{3^5} + \frac{1}{7}\cdot\frac{1}{3^7}\right).$$

同样地，考虑到舍入误差，计算时应取五位小数:

$$\frac{1}{3} \approx 0.333\ 33,\ \frac{1}{3}\cdot\frac{1}{3^3} \approx 0.012\ 35,$$

$$\frac{1}{5}\cdot\frac{1}{3^5} \approx 0.000\ 82,\ \frac{1}{7}\cdot\frac{1}{3^7} \approx 0.000\ 07.$$

因此得 $$\ln 2 \approx 0.693\ 1.$$

例 3 利用 $\sin x \approx x - \frac{x^3}{3!}$ 求 $\sin 9^\circ$ 的近似值，并估计误差.

解 首先把角度化成弧度，

$$9^\circ = \frac{\pi}{180} \times 9(\text{弧度}) = \frac{\pi}{20}(\text{弧度}),$$

从而 $$\sin\frac{\pi}{20} \approx \frac{\pi}{20} - \frac{1}{3!}\left(\frac{\pi}{20}\right)^3.$$

其次估计这个近似值的精确度. 在 $\sin x$ 的幂级数展开式(第四节(8)式)中令 $x=\frac{\pi}{20}$,得

$$\sin\frac{\pi}{20}=\frac{\pi}{20}-\frac{1}{3!}\left(\frac{\pi}{20}\right)^3+\frac{1}{5!}\left(\frac{\pi}{20}\right)^5-\frac{1}{7!}\left(\frac{\pi}{20}\right)^7+\cdots.$$

等式右端是一个收敛的交错级数,且各项的绝对值单调减少. 取它的前两项之和作为 $\sin\frac{\pi}{20}$ 的近似值,其误差为

$$|r_2|\leqslant\frac{1}{5!}\left(\frac{\pi}{20}\right)^5<\frac{1}{120}\cdot(0.2)^5<\frac{1}{300\ 000}.$$

因此取
$$\frac{\pi}{20}\approx 0.157\ 080,\ \left(\frac{\pi}{20}\right)^3\approx 0.003\ 876.$$

于是得
$$\sin 9°\approx 0.156\ 43.$$

这时误差不超过 10^{-5}.

利用幂级数不仅可计算一些函数值的近似值,而且可计算一些定积分的近似值. 具体地说,如果被积函数在积分区间上能展开成幂级数,则把这个幂级数逐项积分,用积分后的级数就可算出定积分的近似值.

例 4 计算定积分

$$\frac{2}{\sqrt{\pi}}\int_0^{\frac{1}{2}}\mathrm{e}^{-x^2}\mathrm{d}x$$

的近似值,要求误差不超过 0.000 1 $\left(取\frac{1}{\sqrt{\pi}}\approx 0.564\ 19\right)$.

解 将 e^x 的幂级数展开式(第四节(7)式)中的 x 换成 $-x^2$,就得到被积函数的幂级数展开式

$$\begin{aligned}\mathrm{e}^{-x^2}&=1+\frac{(-x^2)}{1!}+\frac{(-x^2)^2}{2!}+\frac{(-x^2)^3}{3!}+\cdots\\&=\sum_{n=0}^{\infty}(-1)^n\frac{x^{2n}}{n!}\quad(-\infty<x<+\infty).\end{aligned}$$

于是,根据幂级数在收敛区间内逐项可积,得

$$\begin{aligned}\frac{2}{\sqrt{\pi}}\int_0^{\frac{1}{2}}\mathrm{e}^{-x^2}\,\mathrm{d}x&=\frac{2}{\sqrt{\pi}}\int_0^{\frac{1}{2}}\left[\sum_{n=0}^{\infty}\frac{(-1)^n}{n!}x^{2n}\right]\mathrm{d}x\\&=\frac{2}{\sqrt{\pi}}\sum_{n=0}^{\infty}\frac{(-1)^n}{n!}\int_0^{\frac{1}{2}}x^{2n}\mathrm{d}x\\&=\frac{1}{\sqrt{\pi}}\left(1-\frac{1}{2^2\cdot 3}+\frac{1}{2^4\cdot 5\cdot 2!}-\frac{1}{2^6\cdot 7\cdot 3!}+\cdots\right).\end{aligned}$$

取前四项的和作为近似值,其误差为

$$|r_4| \leqslant \frac{1}{\sqrt{\pi}} \frac{1}{2^8 \cdot 9 \cdot 4!} < \frac{1}{90\ 000},$$

所以

$$\frac{2}{\sqrt{\pi}}\int_0^{\frac{1}{2}} e^{-x^2}\ dx \approx \frac{1}{\sqrt{\pi}}\left(1 - \frac{1}{2^2 \cdot 3} + \frac{1}{2^4 \cdot 5 \cdot 2!} - \frac{1}{2^6 \cdot 7 \cdot 3!}\right),$$

算得

$$\frac{2}{\sqrt{\pi}}\int_0^{\frac{1}{2}} e^{-x^2}\ dx \approx 0.520\ 5.$$

例 5 计算积分

$$\int_0^1 \frac{\sin x}{x} dx$$

的近似值,要求误差不超过 0.000 1.

解 由于$\lim\limits_{x \to 0}\dfrac{\sin x}{x}=1$,因此所给积分不是反常积分.如果定义被积函数在 $x=0$ 处的值为 1,则它在积分区间[0,1]上连续.

展开被积函数,有

$$\frac{\sin x}{x} = 1 - \frac{x^2}{3!} + \frac{x^4}{5!} - \frac{x^6}{7!} + \cdots \quad (-\infty < x < +\infty).$$

在区间[0,1]上逐项积分,得

$$\int_0^1 \frac{\sin x}{x} dx = 1 - \frac{1}{3 \cdot 3!} + \frac{1}{5 \cdot 5!} - \frac{1}{7 \cdot 7!} + \cdots.$$

因为第四项的绝对值

$$\frac{1}{7 \cdot 7!} < \frac{1}{30\ 000},$$

所以取前三项的和作为积分的近似值:

$$\int_0^1 \frac{\sin x}{x} dx \approx 1 - \frac{1}{3 \cdot 3!} + \frac{1}{5 \cdot 5!},$$

算得

$$\int_0^1 \frac{\sin x}{x} dx \approx 0.946\ 1.$$

二、欧拉公式

设有复数项级数为

$$(u_1 + iv_1) + (u_2 + iv_2) + \cdots + (u_n + iv_n) + \cdots, \tag{1}$$

其中 $u_n, v_n (n=1,2,3,\cdots)$为实常数或实函数.如果实部所成的级数

$$u_1 + u_2 + \cdots + u_n + \cdots \tag{2}$$

收敛于和 u,并且虚部所成的级数

$$v_1 + v_2 + \cdots + v_n + \cdots \tag{3}$$

收敛于和 v,就说级数(1)收敛且其和为 $u+\mathrm{i}v$.

如果级数(1)各项的模所构成的级数

$$\sqrt{u_1^2+v_1^2}+\sqrt{u_2^2+v_2^2}+\cdots+\sqrt{u_n^2+v_n^2}+\cdots \tag{4}$$

收敛,则称级数(1)绝对收敛.如果级数(1)绝对收敛,由于

$$|u_n|\leqslant\sqrt{u_n^2+v_n^2},|v_n|\leqslant\sqrt{u_n^2+v_n^2}\quad(n=1,2,3,\cdots),$$

那么级数(2),(3)绝对收敛,从而级数(1)收敛.

考察复数项级数

$$1+z+\frac{1}{2!}z^2+\cdots+\frac{1}{n!}z^n+\cdots\quad(z=x+\mathrm{i}y). \tag{5}$$

可以证明级数(5)在整个复平面上是绝对收敛的.在 x 轴上($z=x$)它表示指数函数 e^x,在整个复平面上我们用它来定义复变量指数函数,记作 e^z.于是 e^z 定义为

$$\mathrm{e}^z=1+z+\frac{1}{2!}z^2+\cdots+\frac{1}{n!}z^n+\cdots\quad(|z|<\infty). \tag{6}$$

当 $x=0$ 时,z 为纯虚数 $\mathrm{i}y$,(6)式成为

$$\begin{aligned}
\mathrm{e}^{\mathrm{i}y}&=1+\mathrm{i}y+\frac{1}{2!}(\mathrm{i}y)^2+\frac{1}{3!}(\mathrm{i}y)^3+\cdots+\frac{1}{n!}(\mathrm{i}y)^n+\cdots\\
&=1+\mathrm{i}y-\frac{1}{2!}y^2-\mathrm{i}\frac{1}{3!}y^3+\frac{1}{4!}y^4+\mathrm{i}\frac{1}{5!}y^5-\cdots\\
&=\left(1-\frac{1}{2!}y^2+\frac{1}{4!}y^4-\cdots\right)+\mathrm{i}\left(y-\frac{1}{3!}y^3+\frac{1}{5!}y^5-\cdots\right)\\
&=\cos y+\mathrm{i}\sin y.
\end{aligned}$$

把 y 换写为 x,上式变为

$$\mathrm{e}^{\mathrm{i}x}=\cos x+\mathrm{i}\sin x, \tag{7}$$

这就是欧拉(Euler)公式.

应用公式(7),复数 z 可以表示为指数形式:

$$z=\rho(\cos\theta+\mathrm{i}\sin\theta)=\rho\mathrm{e}^{\mathrm{i}\theta}, \tag{8}$$

其中 $\rho=|z|$ 是 z 的模,$\theta=\arg z$ 是 z 的辐角(图 11-5).

在(7)式中把 x 换为 $-x$,又有

$$\mathrm{e}^{-\mathrm{i}x}=\cos x-\mathrm{i}\sin x.$$

与(7)相加、相减,得

$$\begin{cases}\cos x=\dfrac{\mathrm{e}^{\mathrm{i}x}+\mathrm{e}^{-\mathrm{i}x}}{2},\\[2ex] \sin x=\dfrac{\mathrm{e}^{\mathrm{i}x}-\mathrm{e}^{-\mathrm{i}x}}{2\mathrm{i}}.\end{cases} \tag{9}$$

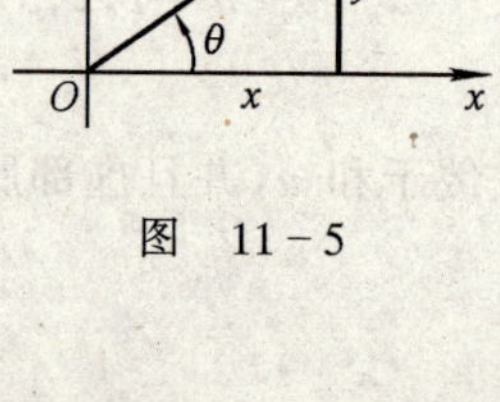

图 11-5

这两个式子也叫做欧拉公式.(7)式或(9)式揭示了三

角函数与复变量指数函数之间的一种联系.

最后,根据定义式(6),并利用幂级数的乘法,我们不难验证

$$e^{z_1+z_2}=e^{z_1}\cdot e^{z_2}.$$

特殊地,取 z_1 为实数 x,z_2 为纯虚数 iy,则有

$$e^{x+iy}=e^x\cdot e^{iy}=e^x(\cos y+i\sin y).$$

这就是说,复变量指数函数 e^z 在 $z=x+iy$ 处的值是模为 e^x、辐角为 y 的复数.

习　题　11-5

1. 利用函数的幂级数展开式求下列各数的近似值:

(1) $\ln 3$(误差不超过 0.000 1);

(2) $\sqrt{e}$(误差不超过 0.001);

(3) $\sqrt[9]{522}$(误差不超过 0.000 01);

(4) $\cos 2°$(误差不超过 0.000 1).

2. 利用被积函数的幂级数展开式求下列定积分的近似值:

(1) $\int_0^{0.5}\frac{1}{1+x^4}dx$(误差不超过 0.000 1);

(2) $\int_0^{0.5}\frac{\arctan x}{x}dx$(误差不超过 0.001).

3. 将函数 $e^x\cos x$ 展开成 x 的幂级数.

*第六节　函数项级数的一致收敛性及一致收敛级数的基本性质

一、函数项级数的一致收敛性

我们知道,有限个连续函数的和仍然是连续函数,有限个函数的和的导数及积分也分别等于它们的导数及积分的和.但是对于无穷多个函数的和是否也具有这些性质呢?换句话说,无穷多个连续函数的和 $s(x)$是否仍然是连续函数?无穷多个函数的导数及积分的和是否仍然分别等于它们的和函数的导数及积分呢?我们曾经指出,对于幂级数来说,回答是肯定的.但是,对于一般的函数项级数是否都是如此呢?下面来看一个例子.

例 1　函数项级数

$$x+(x^2-x)+(x^3-x^2)+\cdots+(x^n-x^{n-1})+\cdots$$

的每一项都在[0,1]上连续,其前 n 项之和为 $s_n(x)=x^n$,因此和函数为

$$s(x)=\lim_{n\to\infty}s_n(x)=\begin{cases}0, & 0\leqslant x<1,\\ 1, & x=1.\end{cases}$$

这和函数 $s(x)$ 在 $x=1$ 处间断. 由此可见,函数项级数的每一项在$[a,b]$上连续,并且级数在$[a,b]$上收敛,其和函数不一定在$[a,b]$上连续. 也可以举出这样的例子,函数项级数的每一项的导数及积分所成的级数的和并不等于它们的和函数的导数及积分. 这就提出了这样一个问题:对什么级数,能够从级数每一项的连续性得出它的和函数的连续性,从级数的每一项的导数及积分所成的级数之和得出原来级数的和函数的导数及积分呢? 要回答这个问题,就需要引入下面的函数项级数的一致收敛性概念.

设函数项级数

$$u_1(x)+u_2(x)+\cdots+u_n(x)+\cdots$$

在区间 I 上收敛于和 $s(x)$. 也就是对于区间 I 上的每一个值 x_0,数项级数 $\sum_{n=1}^{\infty} u_n(x_0)$收敛于 $s(x_0)$,即级数的部分和所成的数列

$$s_n(x_0)=\sum_{i=1}^{n} u_i(x_0) \to s(x_0) \quad (n\to\infty).$$

按数列极限的定义,对于任意给定的正数 ε,以及区间 I 上的每一个值 x_0,都存在着一个自然数 N,使得当 $n>N$ 时,有不等式

$$|s(x_0)-s_n(x_0)|<\varepsilon,$$

即

$$|r_n(x_0)|=\left|\sum_{i=n+1}^{\infty} u_i(x_0)\right|<\varepsilon.$$

这个数 N 一般说来不仅依赖于 ε,而且也依赖于 x_0,我们记它为 $N(x_0,\varepsilon)$. 如果对于某一函数项级数能够找到这样一个自然数 N,它只依赖于 ε 而不依赖于 x_0,也就是对区间 I 上的每一个值 x_0 都能适用的 $N(\varepsilon)$,对这类级数我们给一个特殊的名称以区别于一般的收敛级数,这就是下面的一致收敛的定义.

定义　设有函数项级数 $\sum_{n=1}^{\infty} u_n(x)$. **如果对于任意给定的正数** ε,**都存在着一个只依赖于** ε **的自然数** N,**使得当** $n>N$ **时,对区间** I **上的一切** x,**都有不等式**

$$|r_n(x)|=|s(x)-s_n(x)|<\varepsilon$$

成立,则称函数项级数 $\sum_{n=1}^{\infty} u_n(x)$**在区间** I **上一致收敛于和** $s(x)$,**也称函数序列** $\{s_n(x)\}$ **在区间** I **上一致收敛于** $s(x)$.

以上函数项级数一致收敛的定义在几何上可解释为:只要 n 充分大($n>N$),在区间 I 上所有曲线 $y=s_n(x)$将位于曲线

$$y=s(x)+\varepsilon$$

与

$$y=s(x)-\varepsilon$$

之间(图 11－6).

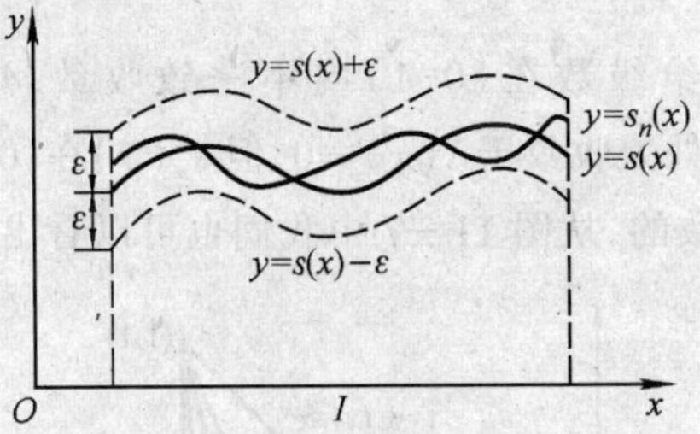

图　11－6

例 2　研究级数

$$\frac{1}{x+1}+\left(\frac{1}{x+2}-\frac{1}{x+1}\right)+\cdots+\left(\frac{1}{x+n}-\frac{1}{x+n-1}\right)+\cdots$$

在区间$[0,+\infty)$上的一致收敛性.

解　级数的前 n 项和$s_n(x)=\dfrac{1}{x+n}$,因此级数的和

$$s(x)=\lim_{n\to\infty}s_n(x)=\lim_{n\to\infty}\frac{1}{x+n}=0\quad(0\leqslant x<+\infty).$$

于是,余项的绝对值

$$|r_n(x)|=|s(x)-s_n(x)|=\frac{1}{x+n}\leqslant\frac{1}{n}\quad(0\leqslant x<+\infty).$$

对于任给 $\varepsilon>0$,取自然数 $N\geqslant\dfrac{1}{\varepsilon}$,则当 $n>N$ 时,对于区间$[0,+\infty)$上的一切 x,有

$$|r_n(x)|<\varepsilon.$$

根据定义,所给级数在区间$[0,+\infty)$上一致收敛于 $s(x)\equiv 0$.

例 3　研究例 1 中的级数

$$x+(x^2-x)+\cdots+(x^n-x^{n-1})+\cdots$$

在区间$(0,1)$内的一致收敛性.

解　这级数在区间$(0,1)$内处处收敛于和 $s(x)\equiv 0$,但并不一致收敛.事实上,这个级数的部分和 $s_n(x)=x^n$,对于任意一个自然数 n,取 $x_n=\dfrac{1}{\sqrt[n]{2}}$,于是

$$s_n(x_n)=x_n^n=\frac{1}{2},$$

但 $s(x_n)=0$,从而

$$|r_n(x_n)|=|s(x_n)-s_n(x_n)|=\frac{1}{2}.$$

所以,只要取 $\varepsilon<\frac{1}{2}$,不论 n 多么大,在(0,1)内总存在这样的点 x_n,使得 $|r_n(x_n)|>\varepsilon$,因此所给级数在(0,1)内不一致收敛.这表明虽然函数序列 $s_n(x)=x^n$ 在(0,1)内处处收敛于 $s(x)\equiv 0$,但 $s_n(x)$ 在(0,1)内各点处收敛于零的"快慢"程度是不一致的,从图 11-7 中我们也可以看出这一情形.

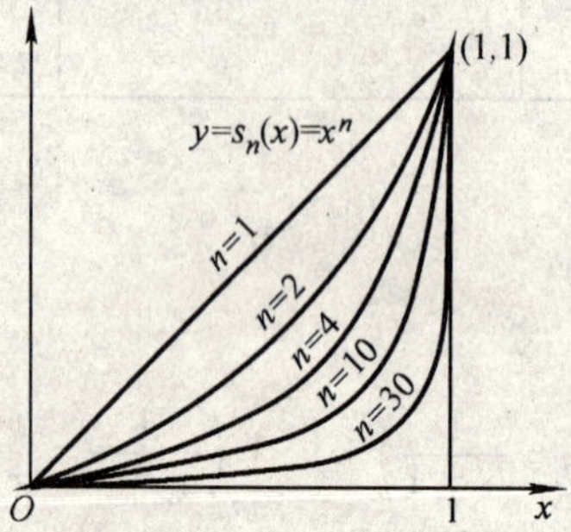

图 11-7

可是对于任意正数 $r<1$,这级数在 $[0,r]$ 上一致收敛.这是因为当 $x=0$ 时,显然

$$|r_n(x)|=x^n<\varepsilon;$$

当 $0<x\leqslant r$ 时,要使 $x^n<\varepsilon$(不妨设 $\varepsilon<1$),只要 $n\ln x<\ln\varepsilon$ 或 $n>\frac{\ln\varepsilon}{\ln x}$,而 $\frac{\ln\varepsilon}{\ln x}$ 在 $(0,r]$ 上的最大值为 $\frac{\ln\varepsilon}{\ln r}$,故取自然数 $N\geqslant\frac{\ln\varepsilon}{\ln r}$,则当 $n>N$ 时,对 $[0,r]$ 上的一切 x 都有 $x^n<\varepsilon$.

上述例子也说明了一致收敛性与所讨论的区间有关.以上二例都是直接根据定义来判定级数的一致收敛性的,现在讲一个在实用上较方便的判别法.

定理(魏尔斯特拉斯(Weierstrass)判别法)　如果函数项级数 $\sum\limits_{n=1}^{\infty}u_n(x)$ 在区间 I 上满足条件:

(1) $|u_n(x)|\leqslant a_n\quad(n=1,2,3,\cdots)$;

(2) **正项级数 $\sum\limits_{n=1}^{\infty}a_n$ 收敛,**

则函数项级数 $\sum\limits_{n=1}^{\infty}u_n(x)$ 在区间 I 上一致收敛.

证　由条件(2),对任意给定的 $\varepsilon>0$,根据柯西审敛原理(第一节第三目)存在自然数 N,使得当 $n>N$ 时,对任意的自然数 p,都有

$$a_{n+1}+a_{n+2}+\cdots+a_{n+p}<\frac{\varepsilon}{2}.$$

由条件(1),对任何 $x\in I$,都有

$$\begin{aligned}&|u_{n+1}(x)+u_{n+2}(x)+\cdots+u_{n+p}(x)|\\ \leqslant&|u_{n+1}(x)|+|u_{n+2}(x)|+\cdots+|u_{n+p}(x)|\\ \leqslant&a_{n+1}+a_{n+2}+\cdots+a_{n+p}<\frac{\varepsilon}{2},\end{aligned}$$

令 $p\to\infty$,则由上式得

$$|r_n(x)|\leqslant\frac{\varepsilon}{2}<\varepsilon.$$

因此函数项级数 $\sum\limits_{n=1}^{\infty}u_n(x)$在区间 I 上一致收敛.

例 4 证明级数

$$\frac{\sin x}{1^2}+\frac{\sin 2^2x}{2^2}+\cdots+\frac{\sin n^2x}{n^2}+\cdots$$

在$(-\infty,+\infty)$内一致收敛.

证 因为在$(-\infty,+\infty)$内

$$\left|\frac{\sin n^2x}{n^2}\right|\leqslant\frac{1}{n^2}\quad(n=1,2,3,\cdots),$$

而 $\sum\limits_{n=1}^{\infty}\frac{1}{n^2}$收敛,故由魏尔斯特拉斯判别法,所给级数在$(-\infty,+\infty)$内一致收敛.

二、一致收敛级数的基本性质

一致收敛级数有如下基本性质.

定理 1 如果级数 $\sum\limits_{n=1}^{\infty}u_n(x)$的各项 $u_n(x)$在区间$[a,b]$上都连续,且 $\sum\limits_{n=1}^{\infty}u_n(x)$在区间$[a,b]$上一致收敛于 $s(x)$,则 $s(x)$在$[a,b]$上也连续.

证 设 x_0,x 为$[a,b]$上任意两点.由等式

$$s(x)=s_n(x)+r_n(x),\ s(x_0)=s_n(x_0)+r_n(x_0)$$

得

$$\begin{aligned}|s(x)-s(x_0)|&=|s_n(x)-s_n(x_0)+r_n(x)-r_n(x_0)|\\&\leqslant|s_n(x)-s_n(x_0)|+|r_n(x)|+|r_n(x_0)|.\end{aligned}\tag{1}$$

因为级数 $\sum\limits_{n=1}^{\infty}u_n(x)$一致收敛于 $s(x)$,所以对任意给定的正数 ε,必有自然数

$N=N(\varepsilon)$，使得当 $n>N$ 时，对 $[a,b]$ 上的一切 x，都有

$$|r_n(x)|<\frac{\varepsilon}{3}. \tag{2}$$

当然，也有 $|r_n(x_0)|<\frac{\varepsilon}{3}$. 选定满足大于 N 的 n 之后，$s_n(x)$ 是有限项连续函数之和，故 $s_n(x)$ 在点 x_0 连续，从而必有一个 $\delta>0$ 存在，当 $|x-x_0|<\delta$ 时，总有

$$|s_n(x)-s_n(x_0)|<\frac{\varepsilon}{3}. \tag{3}$$

由(1)、(2)、(3)式可见，对任给 $\varepsilon>0$，必有 $\delta>0$，当 $|x-x_0|<\delta$ 时，有

$$|s(x)-s(x_0)|<\varepsilon.$$

所以 $s(x)$ 在点 x_0 处连续，而 x_0 在 $[a,b]$ 上是任意的，因此 $s(x)$ 在 $[a,b]$ 上连续.

定理 2　如果级数 $\sum\limits_{n=1}^{\infty}u_n(x)$ 的各项 $u_n(x)$ 在区间 $[a,b]$ 上连续，且 $\sum\limits_{n=1}^{\infty}u_n(x)$ 在 $[a,b]$ 上一致收敛于 $s(x)$，则级数 $\sum\limits_{n=1}^{\infty}u_n(x)$ 在 $[a,b]$ 上可以逐项积分，即

$$\int_{x_0}^{x}s(x)\mathrm{d}x=\int_{x_0}^{x}u_1(x)\mathrm{d}x+\int_{x_0}^{x}u_2(x)\mathrm{d}x+\cdots+\int_{x_0}^{x}u_n(x)\mathrm{d}x+\cdots, \tag{4}$$

其中 $a\leqslant x_0<x\leqslant b$，并且上式右端的级数在 $[a,b]$ 上也一致收敛.

证　因为级数 $\sum\limits_{n=1}^{\infty}u_n(x)$ 在 $[a,b]$ 上一致收敛，由定理 1，$s(x)$，$r_n(x)$ 都在 $[a,b]$ 上连续，所以积分 $\int_{x_0}^{x}s(x)\mathrm{d}x$，$\int_{x_0}^{x}r_n(x)\mathrm{d}x$ 存在，从而有

$$\left|\int_{x_0}^{x}s(x)\mathrm{d}x-\int_{x_0}^{x}s_n(x)\mathrm{d}x\right|=\left|\int_{x_0}^{x}r_n(x)\mathrm{d}x\right|\leqslant\int_{x_0}^{x}|r_n(x)|\mathrm{d}x.$$

又由级数的一致收敛性，对任给正数 ε，必有 $N=N(\varepsilon)$，使得当 $n>N$ 时，对 $[a,b]$ 上的一切 x，都有

$$|r_n(x)|<\frac{\varepsilon}{b-a}.$$

于是，当 $n>N$ 时有

$$\left|\int_{x_0}^{x}s(x)\mathrm{d}x-\int_{x_0}^{x}s_n(x)\mathrm{d}x\right|\leqslant\int_{x_0}^{x}|r_n(x)|\mathrm{d}x<\frac{\varepsilon}{b-a}\cdot(x-x_0)\leqslant\varepsilon.$$

根据极限的定义，有

$$\int_{x_0}^{x}s(x)\mathrm{d}x=\lim_{n\to\infty}\int_{x_0}^{x}s_n(x)\mathrm{d}x=\lim_{n\to\infty}\sum_{i=1}^{n}\int_{x_0}^{x}u_i(x)\mathrm{d}x,$$

即 $$\int_{x_0}^{x} s(x)\mathrm{d}x = \sum_{i=1}^{\infty}\int_{x_0}^{x} u_i(x)\mathrm{d}x.$$

由于 N 只依赖于 ε 而与 x_0, x 无关,所以级数 $\sum\limits_{i=1}^{\infty}\int_{x_0}^{x} u_i(x)\mathrm{d}x$ 在$[a,b]$上一致收敛.

定理 3　如果级数 $\sum\limits_{n=1}^{\infty} u_n(x)$ 在区间$[a,b]$上收敛于和 $s(x)$,它的各项 $u_n(x)$ 都具有连续导数 $u_n'(x)$,并且级数 $\sum\limits_{n=1}^{\infty} u_n'(x)$ 在$[a,b]$上一致收敛,则级数 $\sum\limits_{n=1}^{\infty} u_n(x)$ 在$[a,b]$上也一致收敛,且可逐项求导,即

$$s'(x) = u_1'(x) + u_2'(x) + \cdots + u_n'(x) + \cdots. \tag{5}$$

证　先证等式(5).由于 $\sum\limits_{n=1}^{\infty} u_n'(x)$ 在$[a,b]$上一致收敛,设其和为 $\varphi(x)$,即 $\sum\limits_{n=1}^{\infty} u_n'(x) = \varphi(x)$,欲证(5)只需证 $\varphi(x) = s'(x)$ 就可以了.

根据定理 1 知,$\varphi(x)$ 在$[a,b]$上连续,根据定理 2,级数 $\sum\limits_{n=1}^{\infty} u_n'(x)$ 可逐项积分,故有

$$\int_{x_0}^{x} \varphi(x)\mathrm{d}x = \sum_{n=1}^{\infty}\int_{x_0}^{x} u_n'(x)\mathrm{d}x = \sum_{n=1}^{\infty}[u_n(x) - u_n(x_0)],$$

而 $$\sum_{n=1}^{\infty} u_n(x) = s(x), \quad \sum_{n=1}^{\infty} u_n(x_0) = s(x_0),$$

故 $$\sum_{n=1}^{\infty}[u_n(x) - u_n(x_0)] = s(x) - s(x_0),$$

从而有 $$\int_{x_0}^{x} \varphi(x)\mathrm{d}x = s(x) - s(x_0),$$

其中 $a \leqslant x_0 < x \leqslant b$.上式两端求导,即得关系式

$$\varphi(x) = s'(x).$$

再证级数 $\sum\limits_{n=1}^{\infty} u_n(x)$ 在$[a,b]$上也一致收敛.

根据定理 2,级数 $\sum\limits_{n=1}^{\infty}\int_{x_0}^{x} u_n'(x)\mathrm{d}x$ 在$[a,b]$上一致收敛,而

$$\sum_{n=1}^{\infty}\int_{x_0}^{x} u_n'(x)\mathrm{d}x = \sum_{n=1}^{\infty} u_n(x) - \sum_{n=1}^{\infty} u_n(x_0),$$

所以 $$\sum_{n=1}^{\infty} u_n(x) = \sum_{n=1}^{\infty} \int_{x_0}^{x} u_n'(x)\mathrm{d}x + \sum_{n=1}^{\infty} u_n(x_0),$$

由此即得所要证的结论.

必须注意,级数一致收敛并不能保证可以逐项求导.例如,在例 4 中我们已证明了级数

$$\frac{\sin x}{1^2} + \frac{\sin 2^2 x}{2^2} + \cdots + \frac{\sin n^2 x}{n^2} + \cdots$$

在任何区间$[a,b]$上都是一致收敛的,但逐项求导后的级数

$$\cos x + \cos 2^2 x + \cdots + \cos n^2 x + \cdots,$$

其一般项不趋于零,所以对任意值 x 都是发散的,因此原级数不可以逐项求导.

下面我们来讨论幂级数的一致收敛性.

定理 4　如果幂级数 $\sum\limits_{n=0}^{\infty} a_n x^n$ 的收敛半径为 $R>0$,则此级数在$(-R,R)$内的任一闭区间$[a,b]$上一致收敛.

证　记 $r=\max\{|a|,|b|\}$,则对$[a,b]$上的一切 x,都有

$$|a_n x^n| \leqslant |a_n r^n| \quad (n=0,1,2,\cdots),$$

而 $0<r<R$,根据第三节定理 1 级数 $\sum\limits_{n=0}^{\infty} a_n r^n$ 绝对收敛,由魏尔斯特拉斯判别法即得所要证的结论.

进一步还可证明,如果幂级数 $\sum\limits_{n=0}^{\infty} a_n x^n$ 在收敛区间的端点收敛,则一致收敛的区间可扩大到包含端点.

下面我们来证明在第三节中指出的关于幂级数在其收敛区间内的和函数的连续性、逐项可导、逐项可积的结论.

关于和函数的连续性及逐项可积的结论,由定理 4 和定理 1、2 立即可得.关于逐项可导的结论,我们重新叙述成如下定理并给出证明.

定理 5　如果幂级数 $\sum\limits_{n=0}^{\infty} a_n x^n$ 的收敛半径为 $R>0$,则其和函数 $s(x)$ 在$(-R,R)$内可导,且有逐项求导公式

$$s'(x) = \Big(\sum_{n=0}^{\infty} a_n x^n\Big)' = \sum_{n=1}^{\infty} n a_n x^{n-1},$$

逐项求导后所得到的幂级数与原级数有相同的收敛半径.

证　先证级数 $\sum\limits_{n=1}^{\infty} n a_n x^{n-1}$ 在$(-R,R)$内收敛.

在$(-R,R)$内任意取定 x,再选定 x_1,使得 $|x|<x_1<R$.记 $q=\dfrac{|x|}{x_1}<1$,

则

$$|na_nx^{n-1}|=n\left|\frac{x}{x_1}\right|^{n-1}\cdot\frac{1}{x_1}|a_nx_1^n|=nq^{n-1}\cdot\frac{1}{x_1}|a_nx_1^n|,$$

由比值审敛法可知级数 $\sum_{n=1}^{\infty}nq^{n-1}$ 收敛,于是

$$nq^{n-1}\to 0\quad(n\to\infty),$$

故数列 $\{nq^{n-1}\}$ 有界,必有 $M>0$,使得

$$nq^{n-1}\cdot\frac{1}{x_1}\leqslant M\quad(n=1,2,\cdots).$$

又 $0<x_1<R$,级数 $\sum_{n=1}^{\infty}|a_nx_1^n|$ 收敛,由比较审敛法的推论即得级数 $\sum_{n=1}^{\infty}na_nx^{n-1}$ 收敛.

由定理 4,级数 $\sum_{n=1}^{\infty}na_nx^{n-1}$ 在 $(-R,R)$ 内的任一闭区间 $[a,b]$ 上一致收敛,故幂级数 $\sum_{n=1}^{\infty}a_nx^n$ 在 $[a,b]$ 上适合定理 3 条件,从而可逐项求导. 再由 $[a,b]$ 在 $(-R,R)$ 内的任意性,即得幂级数 $\sum_{n=1}^{\infty}a_nx^n$ 在 $(-R,R)$ 内可逐项求导.

设幂级数 $\sum_{n=1}^{\infty}na_nx^{n-1}$ 的收敛半径为 R'. 上面已证得 $R\leqslant R'$. 将此幂级数在 $[0,x]$ $(|x|<R')$ 上逐项积分即得 $\sum_{n=1}^{\infty}a_nx^n$,因逐项积分所得级数的收敛半径不会缩小,所以 $R'\leqslant R$,于是 $R'=R$. 定理 5 证毕.

*习　题　11－6

1. 已知函数序列 $s_n(x)=\sin\frac{x}{n}$ $(n=1,2,3,\cdots)$ 在 $(-\infty,+\infty)$ 上收敛于 0,

(1) 问 $N(\varepsilon,x)$ 取多大,能使当 $n>N$ 时,$s_n(x)$ 与其极限之差的绝对值小于正数 ε;

(2) 证明 $s_n(x)$ 在任一有限区间 $[a,b]$ 上一致收敛.

2. 已知级数 $x^2+\frac{x^2}{1+x^2}+\frac{x^2}{(1+x^2)^2}+\cdots$ 在 $(-\infty,+\infty)$ 上收敛.

(1) 求出该级数的和;

(2) 问 $N(\varepsilon,x)$ 取多大,能使当 $n>N$ 时,级数的余项 r_n 的绝对值小于正数 ε;

(3) 分别讨论级数在区间 $[0,1]$,$\left[\frac{1}{2},1\right]$ 上的一致收敛性.

3. 按定义讨论下列级数在所给区间上的一致收敛性:

(1) $\sum_{n=1}^{\infty}(-1)^{n-1}\frac{x^2}{(1+x^2)^n}$, $-\infty<x<+\infty$;

(2) $\sum_{n=0}^{\infty}(1-x)x^n$, $0<x<1$.

4. 利用魏尔斯特拉斯判别法证明下列级数在所给区间上的一致收敛性：

(1) $\sum_{n=1}^{\infty}\frac{\cos nx}{2^n}$, $-\infty<x<+\infty$;

(2) $\sum_{n=1}^{\infty}\frac{\sin nx}{\sqrt[3]{n^4+x^4}}$, $-\infty<x<+\infty$;

(3) $\sum_{n=1}^{\infty}x^2\mathrm{e}^{-nx}$, $0\leqslant x<+\infty$;

(4) $\sum_{n=1}^{\infty}\frac{\mathrm{e}^{-nx}}{n!}$, $|x|<10$;

(5) $\sum_{n=1}^{\infty}\frac{(-1)^n(1-\mathrm{e}^{-nx})}{n^2+x^2}$, $0\leqslant x<+\infty$.

第七节　傅里叶级数

从本节开始，我们讨论由三角函数组成的函数项级数，即所谓三角级数，着重研究如何把函数展开成三角级数.

一、三角级数　三角函数系的正交性

在第一章中，我们介绍过周期函数的概念，周期函数反映了客观世界中的周期运动.

正弦函数是一种常见而简单的周期函数.例如描述简谐振动的函数

$$y=A\sin(\omega t+\varphi)$$

就是一个以$\frac{2\pi}{\omega}$为周期的正弦函数.其中 y 表示动点的位置，t 表示时间，A 为振幅，ω 为角频率，φ 为初相.

在实际问题中，除了正弦函数外，还会遇到非正弦的周期函数，它们反映了较复杂的周期运动.如电子技术中常用的周期为 T 的矩形波(图 11－8)，就是一个非正弦周期函数的例子.

如何深入研究非正弦周期函数呢？联系到前面介绍过的用函数的幂级数展开式表示与讨论函数，我们也想将周期函数展开成由简单的周期函数例如三角函数组成的级数.具体地说，将周期为 $T\left(=\frac{2\pi}{\omega}\right)$的周期函数用一系列以 T 为周期的正弦函数 $A_n\sin(n\omega t+\varphi_n)$组成的级数来表示，记为

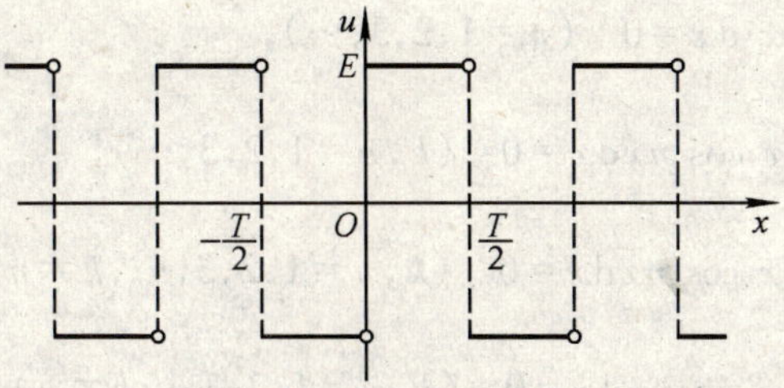

图 11-8

$$f(t)=A_0+\sum_{n=1}^{\infty}A_n\sin(n\omega t+\varphi_n),\tag{1}$$

其中 $A_0, A_n, \varphi_n (n=1,2,3,\cdots)$都是常数.

将周期函数按上述方式展开,它的物理意义是很明确的,这就是把一个比较复杂的周期运动看成是许多不同频率的简谐振动的叠加.在电工学上,这种展开称为谐波分析.其中常数项 A_0 称为 $f(t)$的直流分量;$A_1\sin(\omega t+\varphi_1)$称为一次谐波(又叫做基波);而 $A_2\sin(2\omega t+\varphi_2)$,$A_3\sin(3\omega t+\varphi_3)$,…依次称为二次谐波,三次谐波,等等.

为了以后讨论方便起见,我们将正弦函数 $A_n\sin(n\omega t+\varphi_n)$按三角公式变形,得

$$A_n\sin(n\omega t+\varphi_n)=A_n\sin\varphi_n\cos n\omega t+A_n\cos\varphi_n\sin n\omega t,$$

并且令$\frac{a_0}{2}=A_0$,$a_n=A_n\sin\varphi_n$,$b_n=A_n\cos\varphi_n$,$\omega t=x$,则(1)式右端的级数就可以改写为

$$\frac{a_0}{2}+\sum_{n=1}^{\infty}(a_n\cos nx+b_n\sin nx).\tag{2}$$

一般地,形如(2)式的级数叫做三角级数,其中 $a_0, a_n, b_n (n=1,2,3,\cdots)$都是常数.

如同讨论幂级数时一样,我们必须讨论三角级数(2)的收敛问题,以及给定周期为 2π 的周期函数如何把它展开成三角级数(2).为此,我们首先介绍三角函数系的正交性.

所谓三角函数系

$$1,\cos x,\sin x,\cos 2x,\sin 2x,\cdots,\cos nx,\sin nx,\cdots\tag{3}$$

在区间$[-\pi,\pi]$上正交,就是指在三角函数系(3)中任何不同的两个函数的乘积在区间$[-\pi,\pi]$上的积分等于零,即

$$\int_{-\pi}^{\pi}\cos nx\,\mathrm{d}x=0\quad(n=1,2,3,\cdots),$$

$$\int_{-\pi}^{\pi} \sin nx \, dx = 0 \quad (n = 1,2,3,\cdots),$$

$$\int_{-\pi}^{\pi} \sin kx \cos nx dx = 0 \quad (k, n = 1,2,3,\cdots),$$

$$\int_{-\pi}^{\pi} \cos kx \cos nx dx = 0 \quad (k, n = 1,2,3,\cdots, k \neq n),$$

$$\int_{-\pi}^{\pi} \sin kx \sin nx dx = 0 \quad (k, n = 1,2,3,\cdots k \neq n).$$

以上等式,都可以通过计算定积分来验证,现将第四式验证如下.

利用三角学中积化和差的公式

$$\cos kx \cos nx = \frac{1}{2}[\cos(k+n)x + \cos(k-n)x],$$

当 $k \neq n$ 时,有

$$\begin{aligned}\int_{-\pi}^{\pi} \cos kx \cos nx dx &= \frac{1}{2}\int_{-\pi}^{\pi} [\cos(k+n)x + \cos(k-n)x] dx \\ &= \frac{1}{2}\left[\frac{\sin(k+n)x}{k+n} + \frac{\sin(k-n)x}{k-n}\right]_{-\pi}^{\pi} \\ &= 0 \quad (k, n = 1,2,3,\cdots, k \neq n).\end{aligned}$$

其余等式请读者自行验证.

在三角函数系(3)中,两个相同函数的乘积在区间$[-\pi,\pi]$上的积分不等于零,即

$$\int_{-\pi}^{\pi} 1^2 dx = 2\pi,$$

$$\int_{-\pi}^{\pi} \sin^2 nx dx = \pi, \quad \int_{-\pi}^{\pi} \cos^2 nx dx = \pi \quad (n = 1,2,3\cdots).$$

二、函数展开成傅里叶级数

设 $f(x)$是周期为 2π 的周期函数,且能展开成三角级数:

$$f(x) = \frac{a_0}{2} + \sum_{k=1}^{\infty} (a_k \cos kx + b_k \sin kx). \tag{4}$$

我们自然要问:系数 $a_0, a_1, b_1, \cdots$与函数 $f(x)$之间存在着怎样的关系?换句话说,如何利用 $f(x)$把 $a_0, a_1, b_1, \cdots$表达出来?为此,我们进一步假设级数(4)可以逐项积分.

先求 a_0.对(4)式从 $-\pi$ 到 π 逐项积分:

$$\int_{-\pi}^{\pi} f(x) dx = \int_{-\pi}^{\pi} \frac{a_0}{2} dx + \sum_{k=1}^{\infty}\left[a_k \int_{-\pi}^{\pi} \cos kx dx + b_k \int_{-\pi}^{\pi} \sin kx dx\right].$$

根据三角函数系(3)的正交性,等式右端除第一项外,其余各项均为零,所以

$$\int_{-\pi}^{\pi} f(x)\mathrm{d}x = \frac{a_0}{2}\cdot 2\pi,$$

于是得

$$a_0 = \frac{1}{\pi}\int_{-\pi}^{\pi} f(x)\mathrm{d}x.$$

其次求 a_n.用 $\cos nx$ 乘(4)式两端,再从 $-\pi$ 到 π 逐项积分,我们得到

$$\int_{-\pi}^{\pi} f(x)\cos nx\mathrm{d}x$$

$$= \frac{a_0}{2}\int_{-\pi}^{\pi}\cos nx\mathrm{d}x + \sum_{k=1}^{\infty}\left[a_k\int_{-\pi}^{\pi}\cos kx\cos nx\mathrm{d}x + b_k\int_{-\pi}^{\pi}\sin kx\cos nx\mathrm{d}x\right].$$

根据三角函数系(3)的正交性,等式右端除 $k=n$ 的一项处,其余各项均为零,所以

$$\int_{-\pi}^{\pi} f(x)\cos nx\mathrm{d}x = a_n\int_{-\pi}^{\pi}\cos^2 nx\mathrm{d}x = a_n\pi,$$

于是得

$$a_n = \frac{1}{\pi}\int_{-\pi}^{\pi} f(x)\cos nx\mathrm{d}x \quad (n=1,2,3,\cdots).$$

类似地,用 $\sin nx$ 乘(4)式的两端,再从 $-\pi$ 到 π 逐项积分,可得

$$b_n = \frac{1}{\pi}\int_{-\pi}^{\pi} f(x)\sin nx\mathrm{d}x \quad (n=1,2,3,\cdots).$$

由于当 $n=0$ 时,a_n 的表达式正好给出 a_0,因此,已得结果可以合并写成

$$\left.\begin{aligned} a_n &= \frac{1}{\pi}\int_{-\pi}^{\pi} f(x)\cos nx\mathrm{d}x \quad (n=0,1,2,3,\cdots),\\ b_n &= \frac{1}{\pi}\int_{-\pi}^{\pi} f(x)\sin nx\mathrm{d}x \quad (n=1,2,3,\cdots). \end{aligned}\right\} \tag{5}$$

如果公式(5)中的积分都存在,这时它们定出的系数 $a_0, a_1, b_1, \cdots$ 叫做函数 $f(x)$ 的傅里叶(Fourier)系数,将这些系数代入(4)式右端,所得的三角级数

$$\frac{a_0}{2} + \sum_{n=1}^{\infty}(a_n\cos nx + b_n\sin nx) \tag{6}$$

叫做函数 $f(x)$ 的傅里叶级数.

一个定义在 $(-\infty, +\infty)$ 上周期为 2π 的函数 $f(x)$,如果它在一个周期上可积,则一定可以作出 $f(x)$ 的傅里叶级数.然而,函数 $f(x)$ 的傅里叶级数是否一定收敛?如果它收敛,它是否一定收敛于函数 $f(x)$?一般说来,这两个问题的答案都不是肯定的.那么,$f(x)$ 在怎样的条件下,它的傅里叶级数不仅收敛,而且收敛于 $f(x)$?也就是说,$f(x)$ 满足什么条件可以展开成傅里叶级数?这是我们面临的一个基本问题.

下面我们叙述一个收敛定理(不加证明),它给出关于上述问题的一个重要

结论.

定理(收敛定理,狄利克雷(Dirichlet)充分条件) 设 $f(x)$是周期为 2π 的周期函数,如果它满足:

(1) 在一个周期内连续或只有有限个第一类间断点,

(2) 在一个周期内至多只有有限个极值点,

则 $f(x)$的傅里叶级数收敛,并且

当 x 是$f(x)$的连续点时,级数收敛于 $f(x)$;

当 x 是$f(x)$的间断点时,级数收敛于

$$\frac{1}{2}[f(x^-)+f(x^+)].$$

收敛定理告诉我们:只要函数在$[-\pi,\pi]$上至多有有限个第一类间断点,并且不作无限次振动,函数的傅里叶级数在连续点处就收敛于该点的函数值,在间断点处收敛于该点左极限与右极限的算术平均值.可见,函数展开成傅里叶级数的条件比展开成幂级数的条件低得多.记

$$C=\left\{x \mid f(x)=\frac{1}{2}[f(x^-)+f(x^+)]\right\},$$

在 C 上就成立$f(x)$的傅里叶级数展开式

$$f(x)=\frac{a_0}{2}+\sum_{n=1}^{\infty}(a_n\cos nx+b_n\sin nx),\ x\in C. \tag{7}$$

例 1 设 $f(x)$是周期为 2π 的周期函数,它在$[-\pi,\pi)$上的表达式为

$$f(x)=\begin{cases}-1, & -\pi\leqslant x<0,\\ 1, & 0\leqslant x<\pi.\end{cases}$$

将 $f(x)$展开成傅里叶级数.

解 所给函数满足收敛定理的条件,它在点 $x=k\pi(k=0,\pm1,\pm2,\cdots)$处不连续,在其他点处连续,从而由收敛定理知道$f(x)$的傅里叶级数收敛,并且当 $x=k\pi$ 时级数收敛于

$$\frac{-1+1}{2}=\frac{1+(-1)}{2}=0,$$

当 $x\neq k\pi$ 时级数收敛于 $f(x)$.和函数的图形如图 11-9 所示.

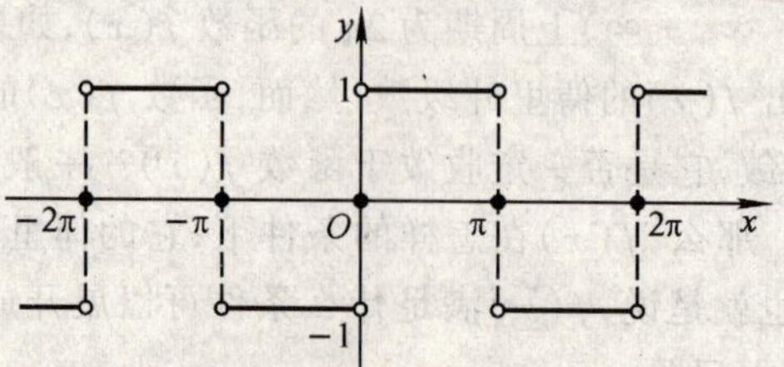

图 11-9

计算傅里叶系数如下：

$$
\begin{aligned}
a_n &= \frac{1}{\pi}\int_{-\pi}^{\pi} f(x)\cos nx\,\mathrm{d}x \\
&= \frac{1}{\pi}\int_{-\pi}^{0}(-1)\cos nx\,\mathrm{d}x + \frac{1}{\pi}\int_{0}^{\pi} 1\cdot\cos nx\,\mathrm{d}x \\
&= 0 \quad (n=0,1,2,\cdots);
\end{aligned}
$$

$$
\begin{aligned}
b_n &= \frac{1}{\pi}\int_{-\pi}^{\pi} f(x)\sin nx\,\mathrm{d}x \\
&= \frac{1}{\pi}\int_{-\pi}^{0}(-1)\sin nx\,\mathrm{d}x + \frac{1}{\pi}\int_{0}^{\pi} 1\cdot\sin nx\,\mathrm{d}x \\
&= \frac{1}{\pi}\left[\frac{\cos nx}{n}\right]_{-\pi}^{0} + \frac{1}{\pi}\left[-\frac{\cos nx}{n}\right]_{0}^{\pi} \\
&= \frac{1}{n\pi}[1-\cos n\pi-\cos n\pi+1] \\
&= \frac{2}{n\pi}[1-(-1)^n] \\
&= \begin{cases} \dfrac{4}{n\pi}, & n=1,3,5,\cdots, \\ 0, & n=2,4,6,\cdots. \end{cases}
\end{aligned}
$$

将求得的系数代入(7)式，就得到 $f(x)$ 的傅里叶级数展开式为

$$
f(x)=\frac{4}{\pi}\left[\sin x+\frac{1}{3}\sin 3x+\cdots+\frac{1}{2k-1}\sin(2k-1)x+\cdots\right]
$$

$$
(-\infty<x<+\infty;\ x\neq 0,\pm\pi,\pm 2\pi,\cdots).
$$

如果把例 1 中的函数理解为矩形波的波形函数（周期 $T=2\pi$，幅值 $E=1$，自变量 x 表示时间），那么上面所得到的展开式表明：矩形波是由一系列不同频率的正弦波叠加而成的，这些正弦波的频率依次为基波频率的奇数倍.

例 2 设 $f(x)$ 是周期为 2π 的周期函数，它在 $[-\pi,\pi)$ 上的表达式为

$$
f(x)=\begin{cases} x, & -\pi\leqslant x<0, \\ 0, & 0\leqslant x<\pi. \end{cases}
$$

将 $f(x)$ 展开成傅里叶级数.

解 所给函数满足收敛定理的条件，它在点 $x=(2k+1)\pi$ $(k=0,\pm1,\pm2,\cdots)$ 处不连续. 因此，$f(x)$ 的傅里叶级数在 $x=(2k+1)\pi$ 处收敛于

$$
\frac{f(\pi^-)+f(-\pi^+)}{2}=\frac{0-\pi}{2}=-\frac{\pi}{2}.
$$

在连续点 x $(x\neq(2k+1)\pi)$ 处收敛于 $f(x)$. 和函数的图形如图 11－10 所示.

计算傅里叶系数如下：

$$
a_n=\frac{1}{\pi}\int_{-\pi}^{\pi} f(x)\cos nx\,\mathrm{d}x=\frac{1}{\pi}\int_{-\pi}^{0} x\cos nx\,\mathrm{d}x
$$

$$
\begin{aligned}
&= \frac{1}{\pi}\left[\frac{x\sin nx}{n}+\frac{\cos nx}{n^2}\right]_{-\pi}^{0}\\
&= \frac{1}{n^2\pi}(1-\cos n\pi)\\
&= \begin{cases}\dfrac{2}{n^2\pi}, & n=1,3,5,\cdots,\\ 0, & n=2,4,6,\cdots;\end{cases}
\end{aligned}
$$

$$
a_0=\frac{1}{\pi}\int_{-\pi}^{\pi} f(x)\mathrm{d}x=\frac{1}{\pi}\int_{-\pi}^{0} x\mathrm{d}x=\frac{1}{\pi}\left[\frac{x^2}{2}\right]_{-\pi}^{0}=-\frac{\pi}{2};
$$

$$
\begin{aligned}
b_n &= \frac{1}{\pi}\int_{-\pi}^{\pi} f(x)\sin nx\mathrm{d}x=\frac{1}{\pi}\int_{-\pi}^{0} x\sin nx\mathrm{d}x\\
&= \frac{1}{\pi}\left[-\frac{x\cos nx}{n}+\frac{\sin nx}{n^2}\right]_{-\pi}^{0}\\
&= -\frac{\cos n\pi}{n}=\frac{(-1)^{n+1}}{n}.
\end{aligned}
$$

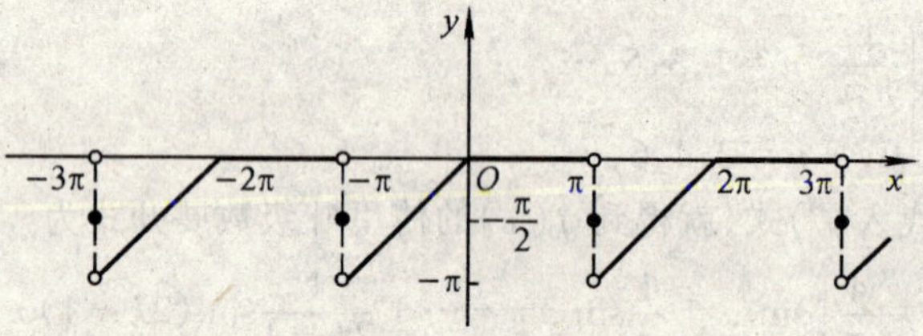

图 11-10

将求得的系数代入(7)式,得到 $f(x)$ 的傅里叶级数展开式为

$$
\begin{aligned}
f(x) = &-\frac{\pi}{4}+\left(\frac{2}{\pi}\cos x+\sin x\right)\\
&-\frac{1}{2}\sin 2x+\left(\frac{2}{3^2\pi}\cos 3x+\frac{1}{3}\sin 3x\right)\\
&-\frac{1}{4}\sin 4x+\left(\frac{2}{5^2\pi}\cos 5x+\frac{1}{5}\sin 5x\right)-\cdots\\
&(-\infty<x<+\infty;\ x\neq\pm\pi,\pm 3\pi,\cdots).
\end{aligned}
$$

应该注意,如果函数 $f(x)$ 只在 $[-\pi,\pi]$ 上有定义,并且满足收敛定理的条件,那么 $f(x)$ 也可以展开成傅里叶级数.事实上,我们可在 $[-\pi,\pi)$ 或 $(-\pi,\pi]$ 外补充函数 $f(x)$ 的定义,使它拓广成周期为 2π 的周期函数 $F(x)$.按这种方式拓广函数的定义域的过程称为周期延拓.再将 $F(x)$ 展开成傅里叶级数.最后限制 x 在 $(-\pi,\pi)$ 内,此时 $F(x)\equiv f(x)$,这样便得到 $f(x)$ 的傅里叶级数展开式.根据收敛定理,这级数在区间端点 $x=\pm\pi$ 处收敛于 $[f(\pi^-)+f(-\pi^+)]/2$.

例 3 将函数

$$f(x)=\begin{cases}-x, & -\pi\leqslant x<0,\\ x, & 0\leqslant x\leqslant\pi\end{cases}$$

展开成傅里叶级数.

解 所给函数在区间[$-\pi,\pi$]上满足收敛定理的条件,并且拓广为周期函数时,它在每一点 x 处都连续(图 11-11),因此拓广的周期函数的傅里叶级数在[$-\pi,\pi$]上收敛于 $f(x)$.

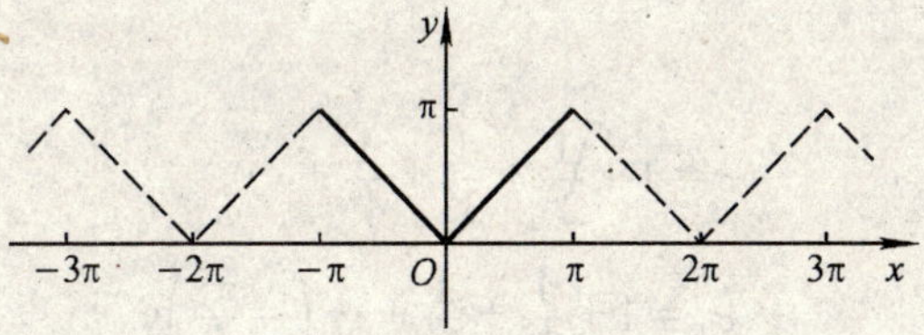

图 11-11

计算傅里叶系数如下:

$$\begin{aligned}a_n&=\frac{1}{\pi}\int_{-\pi}^{\pi}f(x)\cos nx\mathrm{d}x\\&=\frac{1}{\pi}\int_{-\pi}^{0}(-x)\cos nx\mathrm{d}x+\frac{1}{\pi}\int_{0}^{\pi}x\cos nx\mathrm{d}x\\&=-\frac{1}{\pi}\left[\frac{x\sin nx}{n}+\frac{\cos nx}{n^2}\right]_{-\pi}^{0}+\frac{1}{\pi}\left[\frac{x\sin nx}{n}+\frac{\cos nx}{n^2}\right]_{0}^{\pi}\\&=\frac{2}{n^2\pi}(\cos n\pi-1)\\&=\begin{cases}-\dfrac{4}{n^2\pi}, & n=1,3,5,\cdots,\\ 0, & n=2,4,6,\cdots;\end{cases}\end{aligned}$$

$$\begin{aligned}a_0&=\frac{1}{\pi}\int_{-\pi}^{\pi}f(x)\mathrm{d}x=\frac{1}{\pi}\int_{-\pi}^{0}(-x)\mathrm{d}x+\frac{1}{\pi}\int_{0}^{\pi}x\mathrm{d}x\\&=\frac{1}{\pi}\left[-\frac{x^2}{2}\right]_{-\pi}^{0}+\frac{1}{\pi}\left[\frac{x^2}{2}\right]_{0}^{\pi}=\pi;\end{aligned}$$

$$\begin{aligned}b_n&=\frac{1}{\pi}\int_{-\pi}^{\pi}f(x)\sin nx\mathrm{d}x\\&=\frac{1}{\pi}\int_{-\pi}^{0}(-x)\sin nx\mathrm{d}x+\frac{1}{\pi}\int_{0}^{\pi}x\sin nx\mathrm{d}x\\&=-\frac{1}{\pi}\left[-\frac{x\cos nx}{n}+\frac{\sin nx}{n^2}\right]_{-\pi}^{0}+\frac{1}{\pi}\left[-\frac{x\cos nx}{n}+\frac{\sin nx}{n^2}\right]_{0}^{\pi}\\&=0\quad(n=1,2,3,\cdots).\end{aligned}$$

将求得的系数代入(6)式,得到 $f(x)$ 的傅里叶级数展开式为

$$f(x)=\frac{\pi}{2}-\frac{4}{\pi}\left(\cos x+\frac{1}{3^2}\cos 3x+\frac{1}{5^2}\cos 5x+\cdots\right)$$

$$(-\pi\leqslant x\leqslant\pi).$$

利用这个展开式,我们可以求出几个特殊级数的和.当 $x=0$ 时,$f(0)=0$,于是由这个展开式得出

$$\frac{\pi^2}{8}=1+\frac{1}{3^2}+\frac{1}{5^2}+\cdots.$$

设

$$\sigma=1+\frac{1}{2^2}+\frac{1}{3^2}+\frac{1}{4^2}+\cdots,$$

$$\sigma_1=1+\frac{1}{3^2}+\frac{1}{5^2}+\cdots\left(=\frac{\pi^2}{8}\right),$$

$$\sigma_2=\frac{1}{2^2}+\frac{1}{4^2}+\frac{1}{6^2}+\cdots,$$

$$\sigma_3=1-\frac{1}{2^2}+\frac{1}{3^2}-\frac{1}{4^2}+\cdots.$$

因为

$$\sigma_2=\frac{\sigma}{4}=\frac{\sigma_1+\sigma_2}{4},$$

所以

$$\sigma_2=\frac{\sigma_1}{3}=\frac{\pi^2}{24},$$

$$\sigma=\sigma_1+\sigma_2=\frac{\pi^2}{8}+\frac{\pi^2}{24}=\frac{\pi^2}{6},$$

又

$$\sigma_3=2\sigma_1-\sigma=\frac{\pi^2}{4}-\frac{\pi^2}{6}=\frac{\pi^2}{12}.$$

三、正弦级数和余弦级数

一般说来,一个函数的傅里叶级数既含有正弦项,又含有余弦项(见例 2).但是,也有一些函数的傅里叶级数只含有正弦项(见例 1)或者只含有常数项和余弦项(见例 3).这是什么原因呢?实际上,这些情况是与所给函数 $f(x)$ 的奇偶性有密切关系的.对于周期为 2π 的函数 $f(x)$,它的傅里叶系数计算公式为

$$a_n=\frac{1}{\pi}\int_{-\pi}^{\pi}f(x)\cos nx\mathrm{d}x\quad(n=0,1,2,\cdots),$$

$$b_n=\frac{1}{\pi}\int_{-\pi}^{\pi}f(x)\sin nx\mathrm{d}x\quad(n=1,2,3,\cdots).$$

由于奇函数在对称区间上的积分为零,偶函数在对称区间上的积分等于半区间

上积分的两倍,因此,

当 $f(x)$为奇函数时,$f(x)\cos nx$ 是奇函数,$f(x)\sin nx$ 是偶函数,故

$$\left.\begin{aligned} a_n &= 0 \quad (n=0,1,2,\cdots), \\ b_n &= \frac{2}{\pi}\int_0^{\pi} f(x)\sin nx\,\mathrm{d}x \quad (n=1,2,3,\cdots). \end{aligned}\right\} \tag{8}$$

即知奇函数的傅里叶级数是只含有正弦项的正弦级数

$$\sum_{n=1}^{\infty} b_n \sin nx. \tag{9}$$

当 $f(x)$为偶函数时,$f(x)\cos nx$ 是偶函数,$f(x)\sin nx$ 是奇函数,故

$$\left.\begin{aligned} a_n &= \frac{2}{\pi}\int_0^{\pi} f(x)\cos nx\,\mathrm{d}x \quad (n=0,1,2,\cdots), \\ b_n &= 0 \quad (n=1,2,3,\cdots). \end{aligned}\right\} \tag{10}$$

即知偶函数的傅里叶级数是只含常数项和余弦项的余弦级数

$$\frac{a_0}{2} + \sum_{n=1}^{\infty} a_n \cos nx. \tag{11}$$

例 4 设 $f(x)$是周期为 2π 的周期函数,它在$[-\pi,\pi)$上的表达式为 $f(x)=x$. 将 $f(x)$展开成傅里叶级数.

解 首先,所给函数满足收敛定理的条件,它在点

$$x=(2k+1)\pi \quad (k=0,\pm 1,\pm 2,\cdots)$$

处不连续,因此 $f(x)$的傅里叶级数在点 $x=(2k+1)\pi$ 处收敛于

$$\frac{f(\pi^-)+f(-\pi^+)}{2}=\frac{\pi+(-\pi)}{2}=0,$$

在连续点 $x(x\neq(2k+1)\pi)$处收敛于 $f(x)$. 和函数的图形如图 11-12 所示.

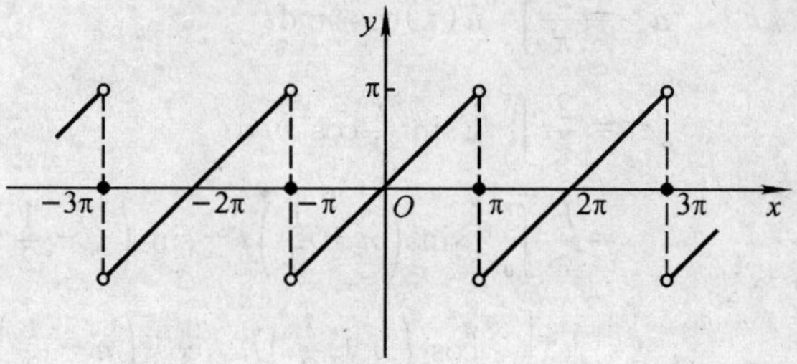

图 11-12

其次,若不计 $x=(2k+1)\pi(k=0,\pm 1,\pm 2,\cdots)$,则 $f(x)$是周期为 2π 的奇函数. 显然,此时(8)式仍成立. 按公式(8)有 $a_n=0(n=0,1,2,\cdots)$,而

$$b_n=\frac{2}{\pi}\int_0^{\pi} f(x)\sin nx\,\mathrm{d}x=\frac{2}{\pi}\int_0^{\pi} x\sin nx\,\mathrm{d}x$$

$$=\frac{2}{\pi}\left[-\frac{x\cos nx}{n}+\frac{\sin nx}{n^2}\right]_0^{\pi}$$

$$=-\frac{2}{n}\cos n\pi=\frac{2}{n}(-1)^{n+1}\quad(n=1,2,3,\cdots).$$

将求得的 b_n 代入正弦级数(9),得 $f(x)$ 的傅里叶级数展开式为

$$f(x)=2\left(\sin x-\frac{1}{2}\sin 2x+\frac{1}{3}\sin 3x-\cdots+\frac{(-1)^{n+1}}{n}\sin nx+\cdots\right)$$

$$(-\infty<x<+\infty;\ x\neq\pm\pi,\pm3\pi,\cdots).$$

例 5 将周期函数

$$u(t)=E\left|\sin\frac{t}{2}\right|$$

展开成傅里叶级数,其中 E 是正的常数.

解 所给函数满足收敛定理的条件,它在整个数轴上连续(图 11-13),因此 $u(t)$ 的傅里叶级数处处收敛于 $u(t)$.

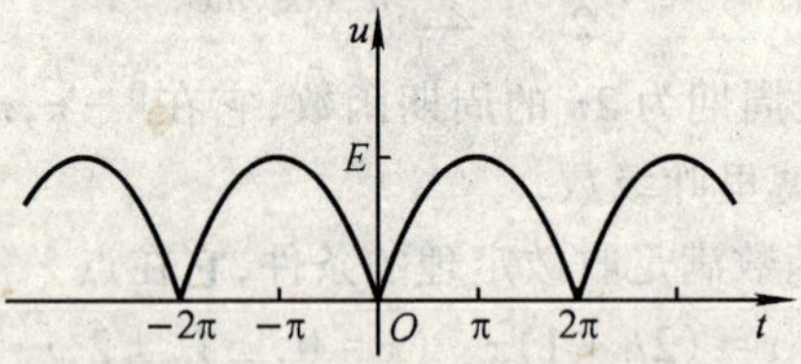

图 11-13

因为 $u(t)$ 是周期为 2π 的偶函数,所以按公式(10)有 $b_n=0$,而

$$a_n=\frac{2}{\pi}\int_0^{\pi}u(t)\cos nt\,dt$$

$$=\frac{2}{\pi}\int_0^{\pi}E\sin\frac{t}{2}\cos nt\,dt$$

$$=\frac{E}{\pi}\int_0^{\pi}\left[\sin\left(n+\frac{1}{2}\right)t-\sin\left(n-\frac{1}{2}\right)t\right]dt$$

$$=\frac{E}{\pi}\left[-\frac{\cos\left(n+\frac{1}{2}\right)t}{n+\frac{1}{2}}+\frac{\cos\left(n-\frac{1}{2}\right)t}{n-\frac{1}{2}}\right]_0^{\pi}$$

$$=\frac{E}{\pi}\left(\frac{1}{n+\frac{1}{2}}-\frac{1}{n-\frac{1}{2}}\right)$$

$$=-\frac{4E}{(4n^2-1)\pi}\quad(n=0,1,2,\cdots).$$

将求得的 a_n 代入余弦级数(11),得 $u(t)$的傅里叶级数展开式为

$$u(t)=\frac{4E}{\pi}\left(\frac{1}{2}-\sum_{n=1}^{\infty}\frac{1}{4n^2-1}\cos nt\right)\quad(-\infty<t<+\infty).$$

在实际应用(如研究某种波动问题,热的传导、扩散问题)中,有时还需要把定义在区间$[0,\pi]$上的函数 $f(x)$展开成正弦级数或余弦级数.

根据前面讨论的结果,这类展开问题可以按如下的方法解决:设函数 $f(x)$定义在区间$[0,\pi]$上并且满足收敛定理的条件,我们在开区间$(-\pi,0)$内补充函数 $f(x)$的定义,得到定义在$(-\pi,\pi]$上的函数 $F(x)$,使它在$(-\pi,\pi)$上成为奇函数①(偶函数).按这种方式拓广函数定义域的过程称为奇延拓(偶延拓).然后将奇延拓(偶延拓)后的函数展开成傅里叶级数,这个级数必定是正弦级数(余弦级数).再限制 x 在$(0,\pi]$上,此时 $F(x)\equiv f(x)$,这样便得到$f(x)$的正弦级数(余弦级数)展开式.

例 6 将函数 $f(x)=x+1(0\leqslant x\leqslant\pi)$分别展开成正弦级数和余弦级数.

解 先求正弦级数.为此对函数 $f(x)$进行奇延拓(图 11-14).按公式(8)有

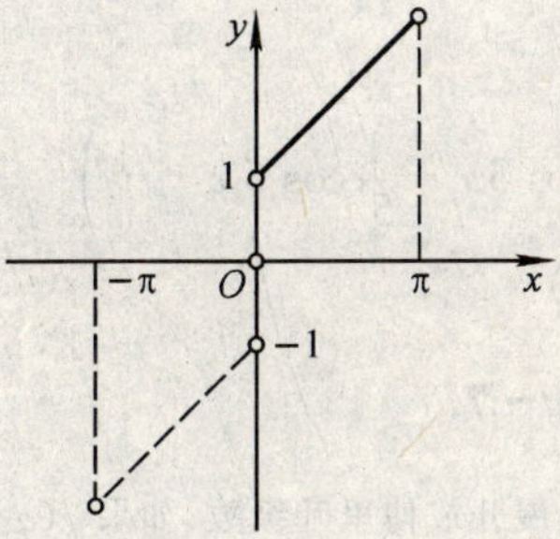

图 11-14

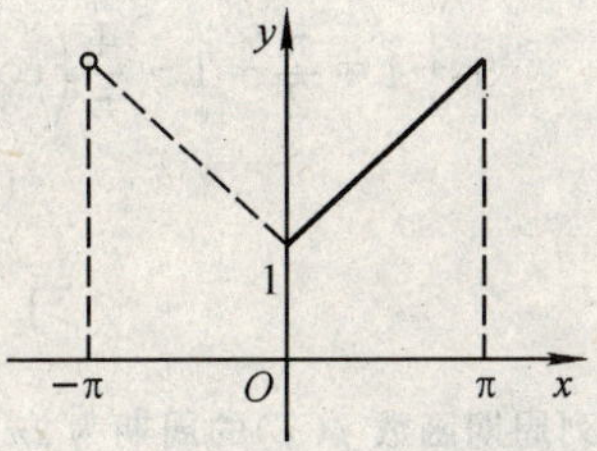

图 11-15

$$\begin{aligned}b_n&=\frac{2}{\pi}\int_0^{\pi}f(x)\sin nx\mathrm{d}x=\frac{2}{\pi}\int_0^{\pi}(x+1)\sin nx\mathrm{d}x\\&=\frac{2}{\pi}\left[-\frac{(x+1)\cos nx}{n}+\frac{\sin nx}{n^2}\right]_0^{\pi}\\&=\frac{2}{n\pi}(1-(\pi+1)\cos n\pi)\\&=\begin{cases}\dfrac{2}{\pi}\cdot\dfrac{\pi+2}{n},\ n=1,3,5,\cdots,\\-\dfrac{2}{n},\ n=2,4,6,\cdots.\end{cases}\end{aligned}$$

① 补充 $f(x)$的定义使它在$(-\pi,\pi)$上成为奇函数时,若 $f(0)\neq0$,规定 $F(0)=0$.

将求得的 b_n 代入正弦级数(9),得

$$x+1=\frac{2}{\pi}\left[(\pi+2)\sin x-\frac{\pi}{2}\sin 2x+\frac{1}{3}(\pi+2)\sin 3x-\frac{\pi}{4}\sin 4x+\cdots\right]$$

$$(0<x<\pi).$$

在端点 $x=0$ 及 $x=\pi$ 处,级数的和显然为零,它不代表原来函数 $f(x)$ 的值.

再求余弦级数.为此对 $f(x)$ 进行偶延拓(图 11-15).按公式(10)有

$$\begin{aligned}a_n&=\frac{2}{\pi}\int_0^{\pi}(x+1)\cos nx\,\mathrm{d}x\\&=\frac{2}{\pi}\left[\frac{(x+1)\sin nx}{n}+\frac{\cos nx}{n^2}\right]_0^{\pi}\\&=\frac{2}{n^2\pi}(\cos n\pi-1)\\&=\begin{cases}0, & n=2,4,6,\cdots,\\-\dfrac{4}{n^2\pi}, & n=1,3,5,\cdots.\end{cases}\end{aligned}$$

$$a_0=\frac{2}{\pi}\int_0^{\pi}(x+1)\mathrm{d}x=\frac{2}{\pi}\left[\frac{x^2}{2}+x\right]_0^{\pi}=\pi+2;$$

将求得的 a_n 代入余弦级数(11),得

$$x+1=\frac{\pi}{2}+1-\frac{4}{\pi}\left(\cos x+\frac{1}{3^2}\cos 3x+\frac{1}{5^2}\cos 5x+\cdots\right)$$

$$(0\leqslant x\leqslant\pi).$$

习　题　11-7

1. 下列周期函数 $f(x)$ 的周期为 2π,试将 $f(x)$ 展开成傅里叶级数,如果 $f(x)$ 在 $[-\pi,\pi)$ 上的表达式为:

(1) $f(x)=3x^2+1\quad(-\pi\leqslant x<\pi)$;

(2) $f(x)=\mathrm{e}^{2x}\quad(-\pi\leqslant x<\pi)$;

(3) $f(x)=\begin{cases}bx, & -\pi\leqslant x<0,\\ax, & 0\leqslant x<\pi\end{cases}$ (a,b 为常数,且 $a>b>0$).

2. 将下列函数 $f(x)$ 展开成傅里叶级数:

(1) $f(x)=2\sin\dfrac{x}{3}\quad(-\pi\leqslant x\leqslant\pi)$;

(2) $f(x)=\begin{cases}\mathrm{e}^x, & -\pi\leqslant x<0,\\1, & 0\leqslant x\leqslant\pi.\end{cases}$

3. 设周期函数 $f(x)$ 的周期为 2π,证明 $f(x)$ 的傅里叶系数为

$$a_n=\frac{1}{\pi}\int_0^{2\pi}f(x)\cos nx\,\mathrm{d}x\quad(n=0,1,2,\cdots),$$

$$b_n=\frac{1}{\pi}\int_0^{2\pi}f(x)\sin nx\,\mathrm{d}x\quad(n=1,2,\cdots).$$

4. 将函数 $f(x)=\cos\dfrac{x}{2}(-\pi\leqslant x\leqslant\pi)$展开成傅里叶级数.

5. 设 $f(x)$是周期为 2π 的周期函数,它在$[-\pi,\pi)$上的表达式为

$$f(x)=\begin{cases}-\dfrac{\pi}{2}, & -\pi\leqslant x<-\dfrac{\pi}{2},\\ x, & -\dfrac{\pi}{2}\leqslant x<\dfrac{\pi}{2},\\ \dfrac{\pi}{2}, & \dfrac{\pi}{2}\leqslant x<\pi,\end{cases}$$

将 $f(x)$展开成傅里叶级数.

6. 将函数 $f(x)=\dfrac{\pi-x}{2}(0\leqslant x\leqslant\pi)$展开成正弦级数.

7. 将函数 $f(x)=2x^2(0\leqslant x\leqslant\pi)$分别展开成正弦级数和余弦级数.

8. 设周期函数 $f(x)$的周期为 2π. 证明:

(1) 如果 $f(x-\pi)=-f(x)$,则 $f(x)$的傅里叶系数 $a_0=0, a_{2k}=0, b_{2k}=0(k=1,2,\cdots)$;

(2) 如果 $f(x-\pi)=f(x)$,则 $f(x)$的傅里叶系数 $a_{2k+1}=0, b_{2k+1}=0(k=0,1,2,\cdots)$;

第八节　一般周期函数的傅里叶级数

一、周期为 $2l$ 的周期函数的傅里叶级数

到现在为止,我们所讨论的周期函数都是以 2π 为周期的. 但是实际问题中所遇到的周期函数,它的周期不一定是 2π. 例如第七节中我们所指出的矩形波,它的周期是 $T=\dfrac{2\pi}{\omega}$. 因此,下面我们讨论周期为 $2l$ 的周期函数的傅里叶级数. 根据前面讨论的结果,经过自变量的变量代换,可得下面的定理.

定理　设周期为 $2l$ 的周期函数 $f(x)$满足收敛定理的条件,则它的傅里叶级数展开式为

$$f(x)=\frac{a_0}{2}+\sum_{n=1}^{\infty}\left(a_n\cos\frac{n\pi x}{l}+b_n\sin\frac{n\pi x}{l}\right),(x\in C)\tag{1}$$

其中

$$\left.\begin{aligned}a_n&=\frac{1}{l}\int_{-l}^{l}f(x)\cos\frac{n\pi x}{l}\mathrm{d}x\quad(n=0,1,2,\cdots),\\ b_n&=\frac{1}{l}\int_{-l}^{l}f(x)\sin\frac{n\pi x}{l}\mathrm{d}x\quad(n=1,2,3,\cdots).\end{aligned}\right\}\tag{2}$$

$$C=\left\{x\,\middle|\,f(x)=\frac{1}{2}[f(x^-)+f(x^+)]\right\}$$

当 $f(x)$为奇函数时,

$$f(x)=\sum_{n=1}^{\infty} b_n \sin \frac{n\pi x}{l} \quad (x\in C), \tag{3}$$

其中

$$b_n=\frac{2}{l}\int_0^l f(x)\sin\frac{n\pi x}{l}\mathrm{d}x \quad (n=1,2,3,\cdots). \tag{4}$$

当 $f(x)$ 为偶函数时，

$$f(x)=\frac{a_0}{2}+\sum_{n=1}^{\infty} a_n\cos\frac{n\pi x}{l}(x\in C), \tag{5}$$

其中

$$a_n=\frac{2}{l}\int_0^l f(x)\cos\frac{n\pi x}{l}\mathrm{d}x \quad (n=0,1,2,\cdots). \tag{6}$$

证 作变量代换 $z=\frac{\pi x}{l}$，于是区间 $-l\leqslant x\leqslant l$ 就变换成 $-\pi\leqslant z\leqslant\pi$. 设函数 $f(x)=f\left(\frac{lz}{\pi}\right)=F(z)$，从而 $F(z)$ 是周期为 2π 的周期函数，并且它满足收敛定理的条件，将 $F(z)$ 展开成傅里叶级数：

$$F(z)=\frac{a_0}{2}+\sum_{n=1}^{\infty}(a_n\cos nz+b_n\sin nz),$$

其中 $a_n=\frac{1}{\pi}\int_{-\pi}^{\pi}F(z)\cos nz\mathrm{d}z$，$b_n=\frac{1}{\pi}\int_{-\pi}^{\pi}F(z)\sin nz\mathrm{d}z$.

在以上式子中令 $z=\frac{\pi x}{l}$，并注意到 $F(z)=f(x)$，于是有

$$f(x)=\frac{a_0}{2}+\sum_{n=1}^{\infty}\left(a_n\cos\frac{n\pi x}{l}+b_n\sin\frac{n\pi x}{l}\right),$$

而且

$$a_n=\frac{1}{l}\int_{-l}^{l}f(x)\cos\frac{n\pi x}{l}\mathrm{d}x,\quad b_n=\frac{1}{l}\int_{-l}^{l}f(x)\sin\frac{n\pi x}{l}\mathrm{d}x.$$

类似地，可以证明定理的其余部分.

例 1 设 $f(x)$ 是周期为 4 的周期函数，它在 $[-2,2)$ 上的表达式为

$$f(x)=\begin{cases}0, & -2\leqslant x<0,\\ k, & 0\leqslant x<2\end{cases}\quad(\text{常数 } k\neq 0).$$

将 $f(x)$ 展开成傅里叶级数.

解 这时 $l=2$，按公式(2)有

$$a_n=\frac{1}{2}\int_0^2 k\cos\frac{n\pi x}{2}\mathrm{d}x=\left[\frac{k}{n\pi}\sin\frac{n\pi x}{2}\right]_0^2=0 \quad (n\neq 0);$$

$$a_0=\frac{1}{2}\int_{-2}^{0}0\mathrm{d}x+\frac{1}{2}\int_0^2 k\mathrm{d}x=k;$$

$$b_n=\frac{1}{2}\int_0^2 k\sin\frac{n\pi x}{2}\mathrm{d}x=\left[-\frac{k}{n\pi}\cos\frac{n\pi x}{2}\right]_0^2$$

$$=\frac{k}{n\pi}(1-\cos n\pi)=\begin{cases}\frac{2k}{n\pi}, n=1,3,5,\cdots,\\0, n=2,4,6,\cdots.\end{cases}$$

将求得的系数 a_n, b_n 代入(1)式,得

$$f(x)=\frac{k}{2}+\frac{2k}{\pi}\left(\sin\frac{\pi x}{2}+\frac{1}{3}\sin\frac{3\pi x}{2}+\frac{1}{5}\sin\frac{5\pi x}{2}+\cdots\right).$$

$$(-\infty<x<+\infty; x\neq 0,\pm 2,\pm 4,\cdots)$$

$f(x)$的傅里叶级数的和函数的图形如图 11－16 所示.

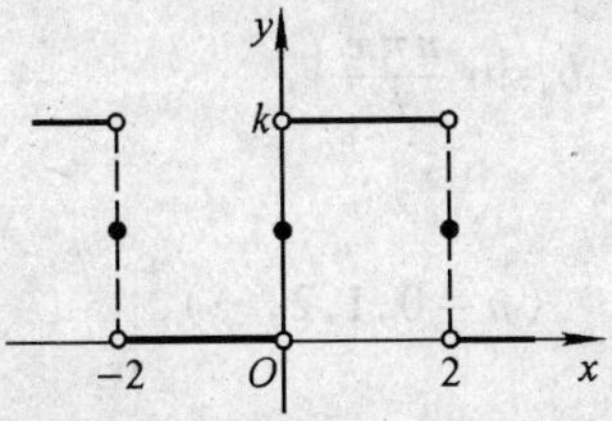

图　11－16

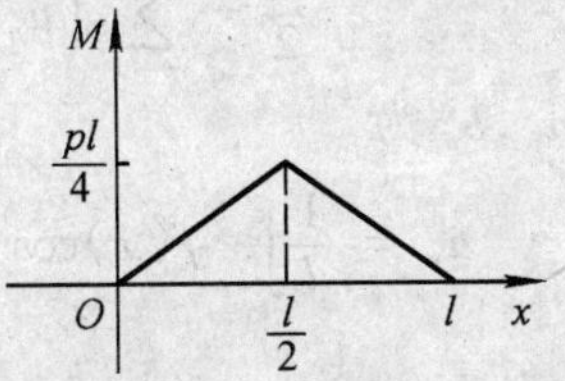

图　11－17

例 2　将如图 11－17 所示的函数

$$M(x)=\begin{cases}\frac{px}{2}, & 0\leqslant x<\frac{l}{2},\\ \frac{p(l-x)}{2}, & \frac{l}{2}\leqslant x\leqslant l\end{cases}$$

展开成正弦级数.

解　$M(x)$是定义在$[0,l]$上的函数,要将它展开成正弦级数,必须对$M(x)$进行奇延拓.按公式(4)计算延拓后的函数的傅里叶系数:

$$b_n=\frac{2}{l}\int_0^l M(x)\sin\frac{n\pi x}{l}\mathrm{d}x$$

$$=\frac{2}{l}\left[\int_0^{\frac{l}{2}}\frac{px}{2}\sin\frac{n\pi x}{l}\mathrm{d}x+\int_{\frac{l}{2}}^{l}\frac{p(l-x)}{2}\sin\frac{n\pi x}{l}\mathrm{d}x\right].$$

对上式右端的第二项,令 $t=l-x$,则

$$b_n=\frac{2}{l}\left[\int_0^{\frac{l}{2}}\frac{px}{2}\sin\frac{n\pi x}{l}\mathrm{d}x+\int_{\frac{l}{2}}^{0}\frac{pt}{2}\sin\frac{n\pi(l-t)}{l}(-\mathrm{d}t)\right]$$

$$=\frac{2}{l}\left[\int_0^{\frac{l}{2}}\frac{px}{2}\sin\frac{n\pi x}{l}\mathrm{d}x+(-1)^{n+1}\int_0^{\frac{l}{2}}\frac{pt}{2}\sin\frac{n\pi t}{l}\mathrm{d}t\right].$$

当 $n=2,4,6,\cdots$时,$b_n=0$;当 $n=1,3,5,\cdots$时,

$$b_n=\frac{4p}{2l}\int_0^{\frac{l}{2}} x\sin\frac{n\pi x}{l}\mathrm{d}x=\frac{2pl}{n^2\pi^2}\sin\frac{n\pi}{2}.$$

将求得的 b_n 代入(3)式，得

$$M(x)=\frac{2pl}{\pi^2}\left(\sin\frac{\pi x}{l}-\frac{1}{3^2}\sin\frac{3\pi x}{l}+\frac{1}{5^2}\sin\frac{5\pi x}{l}-\cdots\right)$$

$$(0\leqslant x\leqslant l).$$

*二、傅里叶级数的复数形式

傅里叶级数还可以用复数形式表示. 在电子技术中，经常应用这种形式.

设周期为 $2l$ 的周期函数 $f(x)$ 的傅里叶级数为

$$\frac{a_0}{2}+\sum_{n=1}^{\infty}\left(a_n\cos\frac{n\pi x}{l}+b_n\sin\frac{n\pi x}{l}\right), \tag{7}$$

其中系数 a_n, b_n 为

$$\left.\begin{aligned} a_n&=\frac{1}{l}\int_{-l}^{l}f(x)\cos\frac{n\pi x}{l}\mathrm{d}x \qquad (n=0,1,2,\cdots),\\ b_n&=\frac{1}{l}\int_{-l}^{l}f(x)\sin\frac{n\pi x}{l}\mathrm{d}x \qquad (n=1,2,3,\cdots).\end{aligned}\right\} \tag{8}$$

利用欧拉公式

$$\cos t=\frac{\mathrm{e}^{\mathrm{i}t}+\mathrm{e}^{-\mathrm{i}t}}{2},\ \sin t=\frac{\mathrm{e}^{\mathrm{i}t}-\mathrm{e}^{-\mathrm{i}t}}{2\mathrm{i}},$$

于是(7)式化为

$$\begin{aligned}&\frac{a_0}{2}+\sum_{n=1}^{\infty}\left[\frac{a_n}{2}\left(\mathrm{e}^{\mathrm{i}\frac{n\pi x}{l}}+\mathrm{e}^{-\mathrm{i}\frac{n\pi x}{l}}\right)-\frac{\mathrm{i}b_n}{2}\left(\mathrm{e}^{\mathrm{i}\frac{n\pi x}{l}}-\mathrm{e}^{-\mathrm{i}\frac{n\pi x}{l}}\right)\right]\\ &=\frac{a_0}{2}+\sum_{n=1}^{\infty}\left[\frac{a_n-\mathrm{i}b_n}{2}\mathrm{e}^{\mathrm{i}\frac{n\pi x}{l}}+\frac{a_n+\mathrm{i}b_n}{2}\mathrm{e}^{-\mathrm{i}\frac{n\pi x}{l}}\right].\end{aligned} \tag{9}$$

记

$$\frac{a_0}{2}=c_0,\quad \frac{a_n-\mathrm{i}b_n}{2}=c_n,\quad \frac{a_n+\mathrm{i}b_n}{2}=c_{-n}$$

$$(n=1,2,3,\cdots), \tag{10}$$

则(9)式就表示为

$$\begin{aligned}&c_0+\sum_{n=1}^{\infty}\left(c_n\mathrm{e}^{\mathrm{i}\frac{n\pi x}{l}}+c_{-n}\mathrm{e}^{-\mathrm{i}\frac{n\pi c}{l}}\right)\\ &=\left(c_n\mathrm{e}^{\mathrm{i}\frac{n\pi x}{l}}\right)_{n=0}+\sum_{n=1}^{\infty}\left(c_n\mathrm{e}^{\mathrm{i}\frac{n\pi x}{l}}+c_{-n}\mathrm{e}^{-\mathrm{i}\frac{n\pi x}{l}}\right).\end{aligned}$$

即得傅里叶级数的复数形式为

$$\sum_{n=-\infty}^{\infty}c_n\mathrm{e}^{\mathrm{i}\frac{n\pi x}{l}}. \tag{11}$$

为得出系数 c_n 的表达式，把(8)式代入(10)式，得

$$c_0=\frac{a_0}{2}=\frac{1}{2l}\int_{-l}^{l}f(x)\mathrm{d}x;$$

$$\begin{aligned}c_n&=\frac{a_n-\mathrm{i}b_n}{2}\\&=\frac{1}{2}\left[\frac{1}{l}\int_{-l}^{l}f(x)\cos\frac{n\pi x}{l}\mathrm{d}x-\frac{\mathrm{i}}{l}\int_{-l}^{l}f(x)\sin\frac{n\pi x}{l}\mathrm{d}x\right]\\&=\frac{1}{2l}\int_{-l}^{l}f(x)\left(\cos\frac{n\pi x}{l}-\mathrm{i}\sin\frac{n\pi x}{l}\right)\mathrm{d}x\\&=\frac{1}{2l}\int_{-l}^{l}f(x)\mathrm{e}^{-\mathrm{i}\frac{n\pi x}{l}}\mathrm{d}x\quad(n=1,2,3,\cdots);\end{aligned}$$

$$\begin{aligned}c_{-n}&=\frac{a_n+\mathrm{i}b_n}{2}\\&=\frac{1}{2l}\int_{-l}^{l}f(x)\mathrm{e}^{\mathrm{i}\frac{n\pi x}{l}}\mathrm{d}x\quad(n=1,2,3,\cdots).\end{aligned}$$

将已得的结果合并写为

$$c_n=\frac{1}{2l}\int_{-l}^{l}f(x)\mathrm{e}^{-\mathrm{i}\frac{n\pi x}{l}}\mathrm{d}x\quad(n=0,\pm1,\pm2,\cdots).\tag{12}$$

这就是傅里叶系数的复数形式.

傅里叶级数的两种形式，本质上是一样的，但复数形式比较简洁，且只用一个算式计算系数.

例 3　把宽为 τ、高为 h，周期为 T 的矩形波(图 11-18)展开成复数形式的傅里叶级数.

解　在一个周期 $\left[-\frac{T}{2},\frac{T}{2}\right)$ 内矩形波的函数表达式为

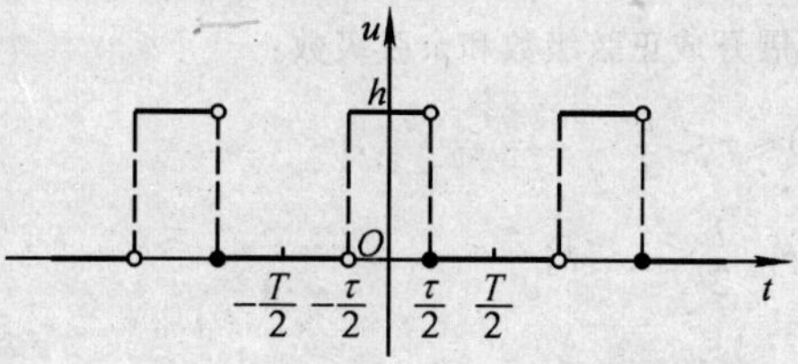

图　11-18

$$u(t)=\begin{cases}0, & -\frac{T}{2}\leqslant t<-\frac{\tau}{2},\\ h, & -\frac{\tau}{2}\leqslant t<\frac{\tau}{2},\\ 0, & \frac{\tau}{2}\leqslant t<\frac{T}{2}.\end{cases}$$

按公式(12)有①

$$c_n=\frac{1}{T}\int_{-T/2}^{T/2}u(t)e^{-i\frac{2n\pi t}{T}}dt=\frac{1}{T}\int_{-\tau/2}^{\tau/2}he^{-i\frac{2n\pi t}{T}}dt$$

$$=\frac{h}{T}\left[\frac{-T}{2n\pi i}e^{-i\frac{2n\pi t}{T}}\right]_{-\tau/2}^{\tau/2}$$

$$=\frac{h}{n\pi}\sin\frac{n\pi\tau}{T}\quad(n=\pm1,\pm2,\cdots),$$

$$c_0=\frac{1}{T}\int_{-T/2}^{T/2}u(t)dt=\frac{1}{T}\int_{-\tau/2}^{\tau/2}hdt=\frac{h\tau}{T}$$

将求得的 c_n 代入级数(11),得

$$u(t)=\frac{h\tau}{T}+\frac{h}{\pi}\sum_{\substack{n=-\infty\\ n\neq0}}^{\infty}\frac{1}{n}\sin\frac{n\pi\tau}{T}e^{i\frac{2n\pi t}{T}}$$

$$\left(-\infty<t<+\infty;t\neq\pm\frac{\tau}{2},\pm\frac{\tau}{2},\pm T,\cdots\right).$$

习　题　11-8

1. 将下列各周期函数展开成傅里叶级数(下面给出函数在一个周期内的表达式):

(1) $f(x)=1-x^2\left(-\frac{1}{2}\leqslant x<\frac{1}{2}\right)$;

(2) $f(x)=\begin{cases}x, & -1\leqslant x<0,\\ 1, & 0\leqslant x<\frac{1}{2},\\ -1 & \frac{1}{2}\leqslant x<1;\end{cases}$

(3) $f(x)=\begin{cases}2x+1, & -3\leqslant x<0,\\ 1, & 0\leqslant x<3,\end{cases}$

2. 将下列函数分别展开成正弦级数和余弦级数:

(1) $f(x)=\begin{cases}x, & 0\leqslant x<\frac{l}{2}\\ l-x, & \frac{l}{2}\leqslant x\leqslant l;\end{cases}$

---

① 根据欧拉公式 $e^{-i\alpha x}=\cos\alpha x-i\sin\alpha x$,当 $\alpha\neq0$ 时,有

$$\int e^{-i\alpha x}dx=\int(\cos\alpha x-i\sin\alpha x)dx$$

$$=\int\cos\alpha xdx-i\int\sin\alpha xdx$$

$$=\frac{\sin\alpha x}{\alpha}+i\frac{\cos\alpha x}{\alpha}+C$$

$$=-\frac{1}{i\alpha}(\cos\alpha x-i\sin\alpha x)+C=\frac{1}{-i\alpha}e^{-i\alpha x}+C.$$

(2) $f(x)=x^2 \quad (0\leqslant x\leqslant 2)$.

*3. 设 $f(x)$是周期为 2 的周期函数,它在$[-1,1)$上的表达式为 $f(x)=\mathrm{e}^{-x}$. 试将$f(x)$展开成复数形式的傅里叶级数.

*4. 设 $u(t)$是周期为 T 的周期函数. 已知它的傅里叶级数的复数形式为(参阅本节例题)

$$u(t)=\frac{h\tau}{T}+\frac{h}{\pi}\sum_{\substack{n=-\infty\\ n\neq 0}}^{\infty}\frac{1}{n}\sin\frac{n\pi\tau}{T}\mathrm{e}^{\mathrm{i}\frac{2n\pi t}{T}} \qquad (-\infty<t<+\infty),$$

试写出 $u(t)$的傅里叶级数的实数形式(即三角形式).

总习题十一

1. 填空

(1) 对级数 $\sum\limits_{n=1}^{\infty}u_n$, $\lim\limits_{n\to\infty}u_n=0$ 是它收敛的______条件,不是它收敛的______条件;

(2) 部分和数列$\{s_n\}$有界是正项级数 $\sum\limits_{n=1}^{\infty}u_n$ 收敛的______条件;

(3) 若级数 $\sum\limits_{n=1}^{\infty}u_n$ 绝对收敛,则级数 $\sum\limits_{n=1}^{\infty}u_n$ 必定______;若级数 $\sum\limits_{n=1}^{\infty}u_n$ 条件收敛,则级数 $\sum\limits_{n=1}^{\infty}|u_n|$必定______.

2. 判定下列级数的收敛性:

(1) $\sum\limits_{n=1}^{\infty}\dfrac{1}{n\sqrt[n]{n}}$; (2) $\sum\limits_{n=1}^{\infty}\dfrac{(n!)^2}{2n^2}$; (3) $\sum\limits_{n=1}^{\infty}\dfrac{n\cos^2\frac{n\pi}{3}}{2^n}$;

(4) $\sum\limits_{n=2}^{\infty}\dfrac{1}{\ln^{10}n}$; (5) $\sum\limits_{n=1}^{\infty}\dfrac{a^n}{n^s} \quad (a>0,s>0)$.

3. 设正项级数 $\sum\limits_{n=1}^{\infty}u_n$ 和 $\sum\limits_{n=1}^{\infty}v_n$ 都收敛,证明级数 $\sum\limits_{n=1}^{\infty}(u_n+v_n)^2$ 也收敛.

4. 设级数 $\sum\limits_{n=1}^{\infty}u_n$ 收敛,且 $\lim\limits_{n\to\infty}\dfrac{v_n}{u_n}=1$. 问级数 $\sum\limits_{n=1}^{\infty}v_n$ 是否也收敛?试说明理由.

5. 讨论下列级数的绝对收敛性与条件收敛性:

(1) $\sum\limits_{n=1}^{\infty}(-1)^n\dfrac{1}{n^p}$; (2) $\sum\limits_{n=1}^{\infty}(-1)^{n+1}\dfrac{\sin\frac{\pi}{n+1}}{\pi^{n+1}}$;

(3) $\sum\limits_{n=1}^{\infty}(-1)^n\ln\dfrac{n+1}{n}$; (4) $\sum\limits_{n=1}^{\infty}(-1)^n\dfrac{(n+1)!}{n^{n+1}}$.

6. 求下列极限:

(1) $\lim\limits_{n\to\infty}\dfrac{1}{n}\sum\limits_{k=1}^{n}\dfrac{1}{3^k}\left(1+\dfrac{1}{k}\right)^{k^2}$; (2) $\lim\limits_{n\to\infty}\left[2^{\frac{1}{3}}\cdot 4^{\frac{1}{9}}\cdot 8^{\frac{1}{27}}\cdot\cdots\cdot(2^n)^{\frac{1}{3^n}}\right]$.

7. 求下列幂级数的收敛域:

(1) $\sum\limits_{n=1}^{\infty}\dfrac{3^n+5^n}{n}x^n$; (2) $\sum\limits_{n=1}^{\infty}\left(1+\dfrac{1}{n}\right)^{n^2}x^n$;

(3) $\sum\limits_{n=1}^{\infty} n(x+1)^n$;　　　　(4) $\sum\limits_{n=1}^{\infty} \frac{n}{2^n}x^{2n}$.

8. 求下列幂级数的和函数：

(1) $\sum\limits_{n=1}^{\infty} \frac{2n-1}{2^n}x^{2(n-1)}$;　　　　(2) $\sum\limits_{n=1}^{\infty} \frac{(-1)^{n-1}}{2n-1}x^{2n-1}$;

(3) $\sum\limits_{n=1}^{\infty} n(x-1)^n$;　　　　(4) $\sum\limits_{n=1}^{\infty} \frac{x^n}{n(n+1)}$.

9. 求下列数项级数的和：

(1) $\sum\limits_{n=1}^{\infty} \frac{n^2}{n!}$;　　　　(2) $\sum\limits_{n=0}^{\infty} (-1)^n \frac{n+1}{(2n+1)!}$.

10. 将下列函数展开成 x 的幂级数：

(1) $\ln(x+\sqrt{x^2+1})$;　　　　(2) $\frac{1}{(2-x)^2}$.

11. 设 $f(x)$是周期为 2π 的函数,它在$[-\pi,\pi)$上的表达式为

$$f(x)=\begin{cases}0, & x\in[-\pi,0)\\ e^x, & x\in[0,\pi).\end{cases}$$

将 $f(x)$展开成傅里叶级数.

12. 将函数

$$f(x)=\begin{cases}1, & 0\leqslant x\leqslant h,\\ 0, & h<x\leqslant\pi\end{cases}$$

分别展开成正弦级数和余弦级数.

第十二章 微分方程

函数是客观事物的内部联系在数量方面的反映，利用函数关系又可以对客观事物的规律性进行研究.因此如何寻求函数关系，在实践中具有重要意义.在许多问题中，往往不能直接找出所需要的函数关系，但是根据问题所提供的情况，有时可以列出含有要找的函数及其导数的关系式.这样的关系式就是所谓微分方程.微分方程建立以后，对它进行研究，找出未知函数来，这就是解微分方程.本章主要介绍微分方程的一些基本概念和几种常用的微分方程的解法.

第一节 微分方程的基本概念

下面我们通过几何、力学及物理学中的几个具体例题来说明微分方程的基本概念.

例 1 一曲线通过点(1,2)，且在该曲线上任一点 $M(x,y)$ 处的切线的斜率为 $2x$，求这曲线的方程.

解 设所求曲线的方程为 $y=y(x)$.根据导数的几何意义，可知未知函数 $y=y(x)$ 应满足关系式

$$\frac{\mathrm{d}y}{\mathrm{d}x}=2x. \tag{1}$$

此外，未知函数 $y=y(x)$ 还应满足下列条件：

$$x=1 \text{ 时}, y=2. \tag{2}$$

把(1)式两端积分，得

$$y=\int 2x\mathrm{d}x \quad \text{即} \quad y=x^2+C, \tag{3}$$

其中 C 是任意常数.

把条件"$x=1$ 时，$y=2$"代入(3)式，得

$$2=1^2+C,$$

由此定出 $C=1$.把 $C=1$ 代入(3)式，即得所求曲线方程：

$$y=x^2+1. \tag{4}$$

例 2 列车在平直线路上以 20 m/s(相当于 72 km/h)的速度行驶；当制动时列车获得加速度 $-0.4\ \mathrm{m/s^2}$.问开始制动后多少时间列车才能停住，以及列车在这段时间里行驶了多少路程？

解 设列车在开始制动后 t 秒时行驶了 s 米.根据题意,反映制动阶段列车运动规律的函数 $s=s(t)$ 应满足关系式

$$\frac{d^2 s}{dt^2}=-0.4. \tag{5}$$

此外,未知函数 $s=s(t)$ 还应满足下列条件:

$$t=0 \text{ 时}, s=0, v=\frac{ds}{dt}=20. \tag{6}$$

把(5)式两端积分一次,得

$$v=\frac{ds}{dt}=-0.4t+C_1; \tag{7}$$

再积分一次,得

$$s=-0.2t^2+C_1 t+C_2, \tag{8}$$

这里 C_1,C_2 都是任意常数.

把条件"$t=0$ 时,$v=20$"代入(7)式,得

$$20=C_1;$$

把条件"$t=0$ 时,$s=0$"代入(8)式,得

$$0=C_2.$$

把 C_1,C_2 的值代入(7)及(8)式,得

$$v=-0.4t+20, \tag{9}$$

$$s=-0.2t^2+20t. \tag{10}$$

在(9)式中令 $v=0$,得到列车从开始制动到完全停住所需的时间

$$t=\frac{20}{0.4}=50(\mathrm{s}).$$

再把 $t=50$ 代入(10)式,得到列车在制动阶段行驶的路程

$$s=-0.2\times 50^2+20\times 50=500(\mathrm{m}).$$

上述两个例子中的关系式(1)和(5)都含有未知函数的导数,它们都是微分方程.一般地,凡表示未知函数、未知函数的导数与自变量之间的关系的方程,叫做微分方程.未知函数是一元函数的,叫做常微分方程;未知函数是多元函数的,叫做偏微分方程.微分方程有时也简称方程.本章只讨论常微分方程.

微分方程中所出现的未知函数的最高阶导数的阶数,叫做微分方程的阶.例如,方程(1)是一阶微分方程;方程(5)是二阶微分方程.又如,方程

$$x^3 y'''+x^2 y''-4xy'=3x^2$$

是三阶微分方程;方程

$$y^{(4)}-4y'''+10y''-12y'+5y=\sin 2x$$

是四阶微分方程.

一般地，n 阶微分方程的形式是

$$F(x,y,y',\cdots,y^{(n)})=0, \tag{11}$$

其中 F 是 $n+2$ 个变量的函数. 这里必须指出，在方程(11)中，$y^{(n)}$ 是必须出现的，而 $x,y,y',\cdots,y^{(n-1)}$ 等变量则可以不出现. 例如 n 阶微分方程

$$y^{(n)}+1=0$$

中，除 $y^{(n)}$ 外，其他变量都没有出现.

如果能从方程(11)中解出最高阶导数，得微分方程

$$y^{(n)}=f(x,y,y',\cdots,y^{(n-1)}). \tag{12}$$

以后我们讨论的微分方程都是已解出最高阶导数的方程或能解出最高阶导数的方程，且(12)式右端的函数 f 在所讨论的范围内连续.

由前面的例子我们看到，在研究某些实际问题时，首先要建立微分方程，然后找出满足微分方程的函数(解微分方程)，就是说，找出这样的函数，把这函数代入微分方程能使该方程成为恒等式. 这个函数就叫做该**微分方程的解**. 确切地说，设函数 $y=\varphi(x)$ 在区间 I 上有 n 阶连续导数，如果在区间 I 上，

$$F[x,\varphi(x),\varphi'(x),\cdots,\varphi^{(n)}(x)]\equiv 0,$$

那么函数 $y=\varphi(x)$ 就叫做微分方程(11)在区间 I 上的解.

例如，函数(3)和(4)都是微分方程(1)的解；函数(8)和(10)都是微分方程(5)的解.

如果微分方程的解中含有任意常数，且任意常数的个数与微分方程的阶数相同①，这样的解叫做**微分方程的通解**. 例如，函数(3)是方程(1)的解，它含有一个任意常数，而方程(1)是一阶的，所以函数(3)是方程(1)的通解. 又如，函数(8)是方程(5)的解，它含有两个任意常数，而方程(5)是二阶的，所以函数(8)是方程(5)的通解.

由于通解中含有任意常数，所以它还不能完全确定地反映某一客观事物的规律性. 要完全确定地反映客观事物的规律性，必须确定这些常数的值. 为此，要根据问题的实际情况，提出确定这些常数的条件. 例如，例 1 中的条件(2)，例 2 中的条件(6)，便是这样的条件.

设微分方程中的未知函数为 $y=y(x)$，如果微分方程是一阶的，通常用来确定任意常数的条件是：

$$x=x_0 \text{ 时}, y=y_0,$$

或写成

$$y|_{x=x_0}=y_0,$$

其中 x_0、y_0 都是给定的值；如果微分方程是二阶的，通常用来确定任意常数的

① 这里所说的任意常数是相互独立的，就是说，它们不能合并而使得任意常数的个数减少(参看本章第七节关于函数的线性相关性).

条件是:

$$x=x_0\text{ 时},y=y_0,y'=y'_0,$$

或写成

$$y|_{x=x_0}=y_0,y'|_{x=x_0}=y'_0,$$

其中 x_0、y_0 和 y'_0 都是给定的值.上述这种条件叫做初始条件.

确定了通解中的任意常数以后,就得到微分方程的特解.例如(4)式是方程(1)满足条件(2)的特解;(10)式是方程(5)满足条件(6)的特解.

求微分方程 $y'=f(x,y)$ 满足初始条件 $y|_{x=x_0}=y_0$ 的特解这样一个问题,叫做一阶微分方程的初值问题,记作

$$\begin{cases}y'=f(x,y),\\ y|_{x=x_0}=y_0.\end{cases}\tag{13}$$

微分方程的解的图形是一条曲线,叫做微分方程的积分曲线.初值问题(13)的几何意义,就是求微分方程的通过点 (x_0,y_0) 的那条积分曲线.二阶微分方程的初值问题

$$\begin{cases}y''=f(x,y,y'),\\ y|_{x=x_0}=y_0,y'|_{x=x_0}=y'_0\end{cases}$$

的几何意义,是求微分方程的通过点 (x_0,y_0) 且在该点处的切线斜率为 y'_0 的那条积分曲线.

例 3 验证:函数

$$x=C_1\cos kt+C_2\sin kt\tag{14}$$

是微分方程

$$\frac{\mathrm{d}^2x}{\mathrm{d}t^2}+k^2x=0\tag{15}$$

的解.

解 求出所给函数(14)的导数

$$\frac{\mathrm{d}x}{\mathrm{d}t}=-kC_1\sin kt+kC_2\cos kt,\tag{16}$$

$$\begin{aligned}\frac{\mathrm{d}^2x}{\mathrm{d}t^2}&=-k^2C_1\cos kt-k^2C_2\sin kt\\&=-k^2(C_1\cos kt+C_2\sin kt).\end{aligned}$$

把 $\frac{\mathrm{d}^2x}{\mathrm{d}t^2}$ 及 x 的表达式代入方程(15),得

$$-k^2(C_1\cos kt+C_2\sin kt)+k^2(C_1\cos kt+C_2\sin kt)\equiv 0.$$

函数(14)及其导数代入方程(15)后成为一个恒等式,因此函数(14)是微分方程(15)的解.

例 4 已知函数(14)当 $k\neq 0$ 时是微分方程(15)的通解,求满足初始条件

$$x\big|_{t=0}=A,\left.\frac{\mathrm{d}x}{\mathrm{d}t}\right|_{t=0}=0$$

的特解.

解 将条件"$t=0$ 时,$x=A$"代入(14)式得

$$C_1=A.$$

将条件"$t=0$ 时,$\frac{\mathrm{d}x}{\mathrm{d}t}=0$"代入(16)式,得

$$C_2=0.$$

把 C_1、C_2 的值代入(14)式,就得所求的特解为

$$x=A\cos kt.$$

习 题 12-1

1. 试说出下列各微分方程的阶数:

(1) $x(y')^2-2yy'+x=0$;　(2) $x^2y''-xy'+y=0$;

(3) $xy'''+2y''+x^2y=0$;　(4) $(7x-6y)\mathrm{d}x+(x+y)\mathrm{d}y=0$;

(5) $L\frac{\mathrm{d}^2Q}{\mathrm{d}t^2}+R\frac{\mathrm{d}Q}{\mathrm{d}t}+\frac{Q}{C}=0$;　(6) $\frac{\mathrm{d}\rho}{\mathrm{d}\theta}+\rho=\sin^2\theta$.

2. 指出下列各题中的函数是否为所给微分方程的解:

(1) $xy'=2y,y=5x^2$;

(2) $y''+y=0,y=3\sin x-4\cos x$;

(3) $y''-2y'+y=0,y=x^2\mathrm{e}^x$;

(4) $y''-(\lambda_1+\lambda_2)y'+\lambda_1\lambda_2y=0,y=C_1\mathrm{e}^{\lambda_1x}+C_2\mathrm{e}^{\lambda_2x}$.

3. 在下列各题中,验证所给二元方程所确定的函数为所给微分方程的解:

(1) $(x-2y)y'=2x-y,x^2-xy+y^2=C$;

(2) $(xy-x)y''+xy'^2+yy'-2y'=0,y=\ln(xy)$.

4. 在下列各题中,确定函数关系式中所含的参数,使函数满足所给的初始条件:

(1) $x^2-y^2=C,y|_{x=0}=5$;

(2) $y=(C_1+C_2x)\mathrm{e}^{2x},y|_{x=0}=0,y'|_{x=0}=1$;

(3) $y=C_1\sin(x-C_2),y|_{x=\pi}=1,y'|_{x=\pi}=0$.

5. 写出由下列条件确定的曲线所满足的微分方程:

(1) 曲线在点(x,y)处的切线的斜率等于该点横坐标的平方;

(2) 曲线上点 $P(x,y)$处的法线与 x 轴的交点为 Q,且线段 PQ 被 y 轴平分.

6. 用微分方程表示一物理命题:某种气体的气压 P 对于温度 T 的变化率与气压成正比,与温度的平方成反比.

第二节 可分离变量的微分方程

本节至第五节,我们讨论一阶微分方程

$$y' = f(x, y) \tag{1}$$

的一些解法.

一阶微分方程有时也写成如下的对称形式:

$$P(x, y)\mathrm{d}x + Q(x, y)\mathrm{d}y = 0. \tag{2}$$

在方程(2)中,变量 x 与 y 对称,它既可看作是以 x 为自变量、y 为未知函数的方程

$$\frac{\mathrm{d}y}{\mathrm{d}x} = -\frac{P(x, y)}{Q(x, y)}$$

(这时 $Q(x, y) \neq 0$),也可看作是以 y 为自变量、x 为未知函数的方程

$$\frac{\mathrm{d}x}{\mathrm{d}y} = -\frac{Q(x, y)}{P(x, y)}$$

(这时 $P(x, y) \neq 0$).

在第一节的例 1 中,我们遇到一阶微分方程

$$\frac{\mathrm{d}y}{\mathrm{d}x} = 2x,$$

或

$$\mathrm{d}y = 2x\mathrm{d}x.$$

把上式两端积分就得到这个方程的通解:

$$y = x^2 + C.$$

但是并不是所有的一阶微分方程都能这样求解.例如,对于一阶微分方程

$$\frac{\mathrm{d}y}{\mathrm{d}x} = 2xy^2 \tag{3}$$

就不能像上面那样用直接对两端积分的方法求出它的通解.这是什么缘故呢?原因是方程(3)的右端含有未知函数 y,积分

$$\int 2xy^2\mathrm{d}x$$

求不出来,这是困难所在.为了解决这个困难,在方程(3)的两端同时乘以 $\frac{\mathrm{d}x}{y^2}$,使方程(3)变为

$$\frac{\mathrm{d}y}{y^2} = 2x\mathrm{d}x,$$

这样,变量 x 与 y 已分离在等式的两端,然后两端积分得

$$-\frac{1}{y} = x^2 + C,$$

或

$$y = -\frac{1}{x^2 + C}, \tag{4}$$

其中 C 是任意常数.

可以验证,函数(4)确实满足一阶微分方程(3),且含有一个任意常数,所以

它是方程(3)的通解.

一般地,如果一个一阶微分方程能写成

$$g(y)\mathrm{d}y=f(x)\mathrm{d}x \tag{5}$$

的形式,就是说,能把微分方程写成一端只含 y 的函数和 $\mathrm{d}y$,另一端只含 x 的函数和 $\mathrm{d}x$,那么原方程就称为可分离变量的微分方程.

假定方程(5)中的函数 $g(y)$ 和 $f(x)$ 是连续的.设 $y=\varphi(x)$ 是方程(5)的解,将它代入(5)中得到恒等式

$$g[\varphi(x)]\varphi'(x)\mathrm{d}x=f(x)\mathrm{d}x.$$

将上式两端积分,并由 $y=\varphi(x)$ 引进变量 y,得

$$\int g(y)\mathrm{d}y=\int f(x)\mathrm{d}x.$$

设 $G(y)$ 及 $F(x)$ 依次为 $g(y)$ 及 $f(x)$ 的原函数,于是有

$$G(y)=F(x)+C. \tag{6}$$

因此,方程(5)的解满足关系式(6).反之,如果 $y=\Phi(x)$ 是由关系式(6)所确定的隐函数,那么在 $g(y)\neq 0$ 的条件下,$y=\Phi(x)$ 也是方程(5)的解,事实上,由隐函数的求导法可知,当 $g(y)\neq 0$ 时,

$$\Phi'(x)=\frac{F'(x)}{G'(y)}=\frac{f(x)}{g(y)},$$

这就表示函数 $y=\Phi(x)$ 满足方程(5).所以,如果已分离变量的方程(5)中,$g(y)$ 和 $f(x)$ 是连续的,且 $g(y)\neq 0$,那么(5)式两端积分后得到的关系式(6),就用隐式给出了方程(5)的解,(6)式就叫做微分方程(5)的隐式解.又由于关系式(6)中含有任意常数,因此(6)式所确定的隐函数是方程(5)的通解,所以(6)式叫做微分方程(5)的隐式通解(当 $f(x)\neq 0$ 时,(6)式所确定的隐函数 $x=\Psi(y)$ 也可认为是方程(5)的解).

例 1 求微分方程

$$\frac{\mathrm{d}y}{\mathrm{d}x}=2xy \tag{7}$$

的通解.

解 方程(7)是可分离变量的,分离变量后得

$$\frac{\mathrm{d}y}{y}=2x\mathrm{d}x,$$

两端积分

$$\int\frac{\mathrm{d}y}{y}=\int 2x\mathrm{d}x,$$

得

$$\ln|y|=x^2+C_1,$$

从而

$$y=\pm\mathrm{e}^{x^2+C_1}=\pm\mathrm{e}^{C_1}\mathrm{e}^{x^2}.$$

因 $\pm\mathrm{e}^{C_1}$ 仍是任意常数,把它记作 C,便得方程(7)的通解

$$y = Ce^{x^2}.$$

例 2 放射性元素铀由于不断地有原子放射出微粒子而变成其他元素，铀的含量就不断减少，这种现象叫做衰变. 由原子物理学知道，铀的衰变速度与当时未衰变的原子的含量 M 成正比. 已知 $t=0$ 时铀的含量为 M_0，求在衰变过程中铀含量 $M(t)$ 随时间 t 变化的规律.

解 铀的衰变速度就是 $M(t)$ 对时间 t 的导数 $\frac{dM}{dt}$. 由于铀的衰变速度与其含量成正比，故得微分方程

$$\frac{dM}{dt} = -\lambda M, \tag{8}$$

其中 $\lambda(\lambda>0)$ 是常数，叫做衰变系数，λ 前置负号是由于当 t 增加时 M 单调减少，即 $\frac{dM}{dt}<0$ 的缘故.

按题意，初始条件为

$$M|_{t=0} = M_0.$$

方程(8)是可分离变量的. 分离变量后得

$$\frac{dM}{M} = -\lambda dt.$$

两端积分
$$\int \frac{dM}{M} = \int(-\lambda)dt,$$
以 $\ln C$ 表示任意常数，考虑到 $M>0$，得

$$\ln M = -\lambda t + \ln C,$$

即
$$M = Ce^{-\lambda t}.$$

这就是方程(8)的通解. 以初始条件代入上式，得

$$M_0 = Ce^0 = C,$$

所以
$$M = M_0 e^{-\lambda t},$$

这就是所求铀的衰变规律. 由此可见，铀的含量随时间的增加而按指数规律衰减(图 12-1).

例 3 设降落伞从跳伞塔下落后，所受空气阻力与速度成正比，并设降落伞离开跳伞塔时($t=0$)速度为零，求降落伞下落速度与时间的函数关系.

解 设降落伞下落速度为 $v(t)$. 降落伞在空中下落时，同时受到重力 P 与阻力 R 的作用(图 12-2). 重力大小为 mg，方向与 v 一致；阻力大小为 kv(k 为比例系数)，方向与 v 相反，从而降落伞所受外力为

$$F = mg - kv.$$

根据牛顿第二运动定律

$$F = ma$$

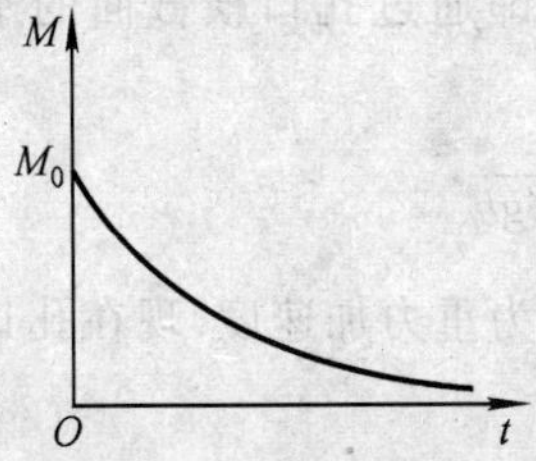

图　12-1

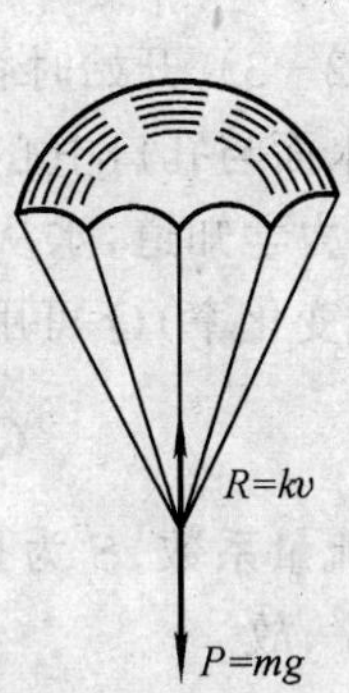

图　12-2

(其中 a 为加速度),得函数 $v(t)$ 应满足的方程为

$$m\frac{\mathrm{d}v}{\mathrm{d}t}=mg-kv. \tag{9}$$

按题意,初始条件为

$$v\big|_{t=0}=0.$$

方程(9)是可分离变量的.分离变量后得

$$\frac{\mathrm{d}v}{mg-kv}=\frac{\mathrm{d}t}{m},$$

两端积分

$$\int\frac{\mathrm{d}v}{mg-kv}=\int\frac{\mathrm{d}t}{m},$$

考虑到 $mg-kv>0$,得

$$-\frac{1}{k}\ln(mg-kv)=\frac{t}{m}+C_1,$$

即

$$mg-kv=\mathrm{e}^{-\frac{k}{m}t-kC_1},$$

或

$$v=\frac{mg}{k}+C\mathrm{e}^{-\frac{k}{m}t}\left(C=-\frac{\mathrm{e}^{-kC_1}}{k}\right), \tag{10}$$

这就是方程(9)的通解.

将初始条件 $v\big|_{t=0}=0$ 代入(10)式,得

$$C=-\frac{mg}{k}.$$

于是所求的特解为

$$v=\frac{mg}{k}(1-\mathrm{e}^{-\frac{k}{m}t}). \tag{11}$$

由(11)可以看出,随着时间 t 的增大,速度 v 逐渐接近于常数 $\frac{mg}{k}$,且不会超过 $\frac{mg}{k}$,也就是说,跳伞后开始阶段是加速运动,但以后逐渐接近于等速运动.

例 4　有高为 1 m 的半球形容器,水从它的底部小孔流出,小孔横截面面积为 1 cm^2(图 12－3).开始时容器内盛满了水,求水从小孔流出过程中容器里水面的高度 h(水面与孔口中心间的距离)随时间 t 变化的规律.

解 由水力学知道,水从孔口流出的流量(即通过孔口横截面的水的体积 V 对时间 t 的变化率)Q 可用下列公式计算:

$$Q=\frac{\mathrm{d}V}{\mathrm{d}t}=0.62S\sqrt{2gh},$$

其中 0.62 为流量系数,S 为孔口横截面面积,g 为重力加速度.现在孔口横截面面积 $S=1\ \text{cm}^2$,故

$$\frac{\mathrm{d}V}{\mathrm{d}t}=0.62\sqrt{2gh},$$

或

$$\mathrm{d}V=0.62\sqrt{2gh}\,\mathrm{d}t. \tag{12}$$

另一方面,设在微小时间间隔$[t,t+\mathrm{d}t]$内,水面高度由 h 降至 $h+\mathrm{d}h$($\mathrm{d}h<0$),则又可得到

$$\mathrm{d}V=-\pi r^2\mathrm{d}h, \tag{13}$$

其中 r 是时刻 t 的水面半径(图 12－3),右端置负号是由于 $\mathrm{d}h<0$ 而 $\mathrm{d}V>0$ 的缘故.又因

$$r=\sqrt{100^2-(100-h)^2}=\sqrt{200h-h^2},$$

所以(13)式变成

$$\mathrm{d}V=-\pi(200h-h^2)\mathrm{d}h. \tag{14}$$

比较(12)和(14)两式,得

$$0.62\sqrt{2gh}\,\mathrm{d}t=-\pi(200h-h^2)\mathrm{d}h, \tag{15}$$

这就是未知函数 $h=h(t)$应满足的微分方程.

此外,开始时容器内的水是满的,所以未知函数 $h=h(t)$还应满足下列初始条件:

$$h\big|_{t=0}=100. \tag{16}$$

方程(15)是可分离变量的.分离变量后得

$$\mathrm{d}t=-\frac{\pi}{0.62\sqrt{2g}}(200h^{\frac{1}{2}}-h^{\frac{3}{2}})\mathrm{d}h.$$

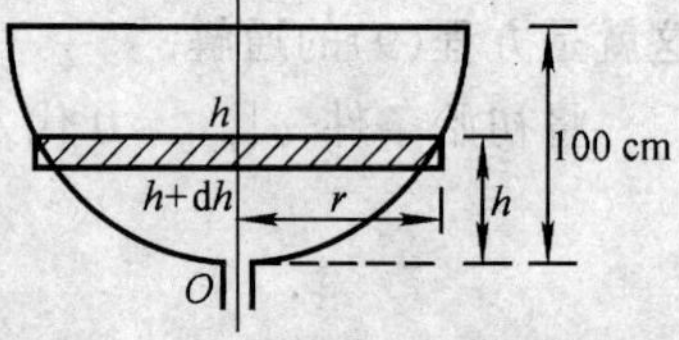

图 12－3

两端积分,得

$$t=-\frac{\pi}{0.62\sqrt{2g}}\int(200h^{\frac{1}{2}}-h^{\frac{3}{2}})\mathrm{d}h,$$

即

$$t=-\frac{\pi}{0.62\sqrt{2g}}\left(\frac{400}{3}h^{\frac{3}{2}}-\frac{2}{5}h^{\frac{5}{2}}\right)+C, \tag{17}$$

其中 C 是任意常数.

把初始条件(16)代入(17)式,得

$$0 = -\frac{\pi}{0.62\sqrt{2g}}\left(\frac{400}{3}\times 100^{\frac{3}{2}} - \frac{2}{5}\times 100^{\frac{5}{2}}\right) + C,$$

因此

$$C = \frac{\pi}{0.62\sqrt{2g}}\left(\frac{400\ 000}{3} - \frac{200\ 000}{5}\right) = \frac{\pi}{0.62\sqrt{2g}}\times\frac{14}{15}\times 10^5.$$

把所得的 C 值代入(17)式并化简,就得

$$t = \frac{\pi}{4.65\sqrt{2g}}(7\times 10^5 - 10^3 h^{\frac{3}{2}} + 3h^{\frac{5}{2}}).$$

上式表达了水从小孔流出的过程中容器内水面高度 h 与时间 t 之间的函数关系.

这里还要指出,在例 4 中我们是通过对微小量 $\mathrm{d}V$ 的分析得到微分方程(15)的.这种微小量分析的方法,也是建立微分方程的一种常用方法.

习 题 12－2

1．求下列微分方程的通解:

(1) $xy' - y\ln y = 0$;

(2) $3x^2 + 5x - 5y' = 0$;

(3) $\sqrt{1-x^2}\,y' = \sqrt{1-y^2}$;

(4) $y' - xy' = a(y^2 + y')$;

(5) $\sec^2 x\tan y\mathrm{d}x + \sec^2 y\tan x\mathrm{d}y = 0$;

(6) $\frac{\mathrm{d}y}{\mathrm{d}x} = 10^{x+y}$;

(7) $(\mathrm{e}^{x+y} - \mathrm{e}^x)\mathrm{d}x + (\mathrm{e}^{x+y} + \mathrm{e}^y)\mathrm{d}y = 0$;

(8) $\cos x\sin y\mathrm{d}x + \sin x\cos y\mathrm{d}y = 0$;

(9) $(y+1)^2\frac{\mathrm{d}y}{\mathrm{d}x} + x^3 = 0$;

(10) $y\mathrm{d}x + (x^2 - 4x)\mathrm{d}y = 0$.

2．求下列微分方程满足所给初始条件的特解:

(1) $y' = \mathrm{e}^{2x-y}, y|_{x=0} = 0$;

(2) $\cos x\sin y\mathrm{d}y = \cos y\sin x\mathrm{d}x, y|_{x=0} = \frac{\pi}{4}$;

(3) $y'\sin x = y\ln y, y|_{x=\frac{\pi}{2}} = \mathrm{e}$;

(4) $\cos y\mathrm{d}x + (1+\mathrm{e}^{-x})\sin y\mathrm{d}y = 0, y|_{x=0} = \frac{\pi}{4}$;

(5) $x\mathrm{d}y + 2y\mathrm{d}x = 0, y|_{x=2} = 1$.

3．有一盛满了水的圆锥形漏斗,高为 10 cm,顶角为 60°,漏斗下面有面积为 0.5 cm^2 的孔,求水面高度变化的规律及流完所需的时间.

4．质量为 1 g(克)的质点受外力作用作直线运动,这外力和时间成正比,和质点运动的速度成反比.在 $t=10$ s 时,速度等于 50 cm/s,外力为 4 $\mathrm{g\cdot cm/s^2}$,问从运动开始经过了一分钟后的速度是多少?

5．镭的衰变有如下的规律:镭的衰变速度与它的现存量 R 成正比.由经验材料得知,镭经过 1 600 年后,只余原始量 R_0 的一半.试求镭的量 R 与时间 t 的函数关系.

6．一曲线通过点(2,3),它在两坐标轴间的任一切线线段均被切点所平分,求这曲线方

程.

7. 小船从河边点 O 处出发驶向对岸(两岸为平行直线).设船速为 a,船行方向始终与河岸垂直,又设河宽为 h,河中任一点处的水流速度与该点到两岸距离的乘积成正比(比例系数为 k).求小船的航行路线.

第三节 齐次方程

一、齐次方程

如果一阶微分方程

$$\frac{\mathrm{d}y}{\mathrm{d}x}=f(x,y)$$

中的函数 $f(x,y)$ 可写成 $\frac{y}{x}$ 的函数,即 $f(x,y)=\varphi\left(\frac{y}{x}\right)$,则称这方程为齐次方程,例如

$$(xy-y^2)\mathrm{d}x-(x^2-2xy)\mathrm{d}y=0$$

是齐次方程,因为

$$f(x,y)=\frac{xy-y^2}{x^2-2xy}=\frac{\frac{y}{x}-\left(\frac{y}{x}\right)^2}{1-2\left(\frac{y}{x}\right)}.$$

在齐次方程

$$\frac{\mathrm{d}y}{\mathrm{d}x}=\varphi\left(\frac{y}{x}\right) \tag{1}$$

中,引进新的未知函数

$$u=\frac{y}{x}, \tag{2}$$

就可化为可分离变量的方程.因为由(2)有

$$y=ux,\ \frac{\mathrm{d}y}{\mathrm{d}x}=u+x\frac{\mathrm{d}u}{\mathrm{d}x},$$

代入方程(1),便得方程

$$u+x\frac{\mathrm{d}u}{\mathrm{d}x}=\varphi(u),$$

即

$$x\frac{\mathrm{d}u}{\mathrm{d}x}=\varphi(u)-u.$$

分离变量,得

$$\frac{\mathrm{d}u}{\varphi(u)-u}=\frac{\mathrm{d}x}{x}.$$

两端积分,得

$$\int \frac{\mathrm{d}u}{\varphi(u)-u}=\int \frac{\mathrm{d}x}{x}.$$

求出积分后,再以$\frac{y}{x}$代替u,便得所给齐次方程的通解.

例 1 解方程

$$y^2+x^2\frac{\mathrm{d}y}{\mathrm{d}x}=xy\frac{\mathrm{d}y}{\mathrm{d}x}.$$

解 原方程可写成

$$\frac{\mathrm{d}y}{\mathrm{d}x}=\frac{y^2}{xy-x^2}=\frac{\left(\frac{y}{x}\right)^2}{\frac{y}{x}-1},$$

因此是齐次方程.令$\frac{y}{x}=u$,则

$$y=ux,\ \frac{\mathrm{d}y}{\mathrm{d}x}=u+x\frac{\mathrm{d}u}{\mathrm{d}x},$$

于是原方程变为

$$u+x\frac{\mathrm{d}u}{\mathrm{d}x}=\frac{u^2}{u-1},$$

即

$$x\frac{\mathrm{d}u}{\mathrm{d}x}=\frac{u}{u-1}.$$

分离变量,得

$$\left(1-\frac{1}{u}\right)\mathrm{d}u=\frac{\mathrm{d}x}{x}.$$

两端积分,得

$$u-\ln|u|+C=\ln|x|,$$

或写为

$$\ln|xu|=u+C.$$

以$\frac{y}{x}$代上式中的u,便得所给方程的通解为

$$\ln|y|=\frac{y}{x}+C.$$

例 2 有旋转曲面形状的凹镜,假设由旋转轴上一点O发出的一切光线经此凹镜反射后都与旋转轴平行(探照灯内的凹镜就是这样的),求这旋转曲面的方程.

解 取旋转轴为x轴,光源所在之处取作原点O,取通过旋转轴的任一平面为xOy坐标面,这平面截此旋转面得曲线L(图 12-4).按曲线L的对称性,我们可以只在$y>0$的范围内求L的方程.设点$M(x,y)$为L上的任一点,点O发出的某条光线经点M反射后是一条与x轴平行的直线MS.又设过点M

的切线 AT 与 x 轴的夹角为 α. 根据题意，$\angle SMT=\alpha$. 另一方面，$\angle OMA$ 是入射角的余角，$\angle SMT$ 是反射角的余角，于是由光学中的反射定律有 $\angle OMA=\angle SMT=\alpha$. 从而 $AO=OM$，但 $AO=AP-OP=PM\cot\alpha-OP=\frac{y}{y'}-x$，而 $OM=\sqrt{x^2+y^2}$. 于是得微分方程

$$\frac{y}{y'}-x=\sqrt{x^2+y^2}.$$

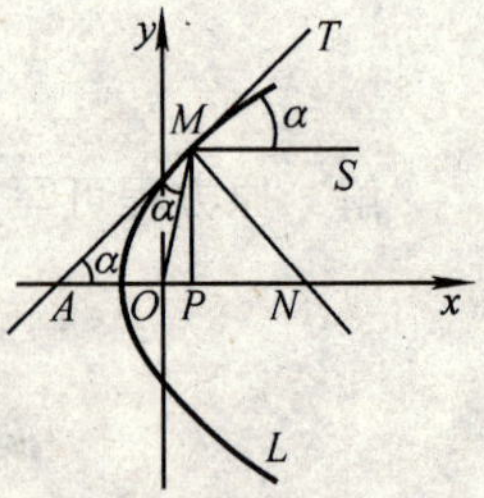

图 12-4

把 x 看作未知函数，把 y 看作自变量，当 $y>0$ 时，上式即为

$$\frac{dx}{dy}=\frac{x}{y}+\sqrt{\left(\frac{x}{y}\right)^2+1},$$

这是齐次方程. 令 $\frac{x}{y}=v$，则 $x=yv$，$\frac{dx}{dy}=v+y\frac{dv}{dy}$，代入上式，得

$$v+y\frac{dv}{dy}=v+\sqrt{v^2+1},$$

即

$$y\frac{dv}{dy}=\sqrt{v^2+1}.$$

分离变量，得

$$\frac{dv}{\sqrt{v^2+1}}=\frac{dy}{y}.$$

积分，得

$$\ln(v+\sqrt{v^2+1})=\ln y-\ln C,$$

或

$$v+\sqrt{v^2+1}=\frac{y}{C}.$$

由

$$\left(\frac{y}{C}-v\right)^2=v^2+1,$$

得

$$\frac{y^2}{C^2}-\frac{2yv}{C}=1,$$

以 $yv=x$ 代入上式，得

$$y^2=2C\left(x+\frac{C}{2}\right).$$

这是以 x 轴为轴、焦点在原点的抛物线，它绕 x 轴旋转所得旋转抛物面的方程为

$$y^2+z^2=2C\left(x+\frac{C}{2}\right),$$

这就是所要求的旋转曲面方程.

如果凹镜底面的直径是 d，从顶点到底面的距离是 h，则以 $x+\frac{C}{2}=h$ 及

$y=\dfrac{d}{2}$代入 $y^2=2C\left(x+\dfrac{C}{2}\right)$，得 $C=\dfrac{d^2}{8h}$. 这时旋转抛物面的方程为

$$y^2+z^2=\frac{d^2}{4h}\left(x+\frac{d^2}{16h}\right).$$

例 3 设河边点 O 的正对岸为点 A，河宽 $OA=h$，两岸为平行直线，水流速度为 a，有一鸭子从点 A 游向点 O，设鸭子(在静水中)的游速为 $b(b>a)$，且鸭子游动方向始终朝着点 O. 求鸭子游过的迹线的方程.

解 设水流速度为 $\boldsymbol{a}(|\boldsymbol{a}|=a)$，鸭子游速为 $\boldsymbol{b}(|\boldsymbol{b}|=b)$，则鸭子实际运动速度为 $\boldsymbol{v}=\boldsymbol{a}+\boldsymbol{b}$.

取 O 为坐标原点，河岸朝顺水方向为 x 轴，y 轴指向对岸，如图 12-5. 设在时刻 t 鸭子位于点 $P(x,y)$，则鸭子运动速度

$$\boldsymbol{v}=(v_x,v_y)=\left(\frac{\mathrm{d}x}{\mathrm{d}t},\frac{\mathrm{d}y}{\mathrm{d}t}\right),$$

故有
$$\frac{\mathrm{d}x}{\mathrm{d}y}=\frac{v_x}{v_y}.$$

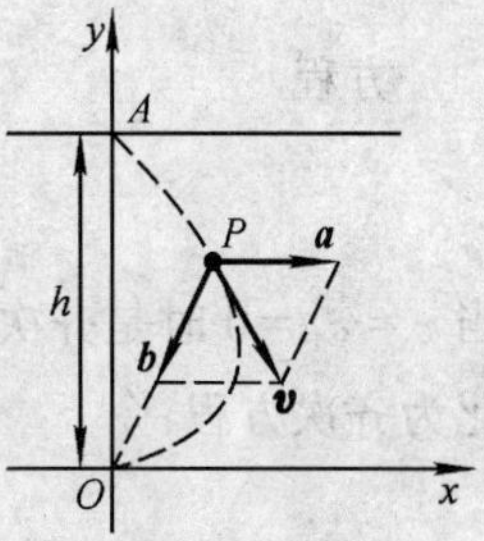

图 12-5

现在 $\boldsymbol{a}=(a,0)$，而 $\boldsymbol{b}=b\boldsymbol{e}_{\overrightarrow{PO}}$. 其中 $\boldsymbol{e}_{\overrightarrow{PO}}$ 为与 $\overrightarrow{PO}$ 同方向的单位向量. 由 $\overrightarrow{PO}=-(x,y)$，故 $\boldsymbol{e}_{\overrightarrow{PO}}=-\dfrac{1}{\sqrt{x^2+y^2}}(x,y)$，于是 $\boldsymbol{b}=-\dfrac{b}{\sqrt{x^2+y^2}}(x,y)$，从而

$$\boldsymbol{v}=\boldsymbol{a}+\boldsymbol{b}=\left(a-\frac{bx}{\sqrt{x^2+y^2}},-\frac{by}{\sqrt{x^2+y^2}}\right).$$

由此得微分方程

$$\frac{\mathrm{d}x}{\mathrm{d}y}=\frac{v_x}{v_y}=-\frac{a\sqrt{x^2+y^2}}{by}+\frac{x}{y},$$

即
$$\frac{\mathrm{d}x}{\mathrm{d}y}=-\frac{a}{b}\sqrt{\left(\frac{x}{y}\right)^2+1}+\frac{x}{y}.$$

令 $\dfrac{x}{y}=u$，则 $x=yu$，$\dfrac{\mathrm{d}x}{\mathrm{d}y}=y\dfrac{\mathrm{d}u}{\mathrm{d}y}+u$，代入上面的方程，得

$$y\frac{\mathrm{d}u}{\mathrm{d}y}=-\frac{a}{b}\sqrt{u^2+1},$$

分离变量得

$$\frac{\mathrm{d}u}{\sqrt{u^2+1}}=-\frac{a}{by}\mathrm{d}y,$$

积分得

$$\operatorname{arsh} u=-\frac{a}{b}(\ln y+\ln C),$$

即
$$u=\operatorname{sh}\ln(Cy)^{-\frac{a}{b}}=\frac{1}{2}\left[(Cy)^{-\frac{a}{b}}-(Cy)^{\frac{a}{b}}\right],$$

于是
$$x=\frac{y}{2}\left[(Cy)^{-\frac{a}{b}}-(Cy)^{\frac{a}{b}}\right]=\frac{1}{2C}\left[(Cy)^{1-\frac{a}{b}}-(Cy)^{1+\frac{a}{b}}\right].$$

以 $y=h$ 时 $x=0$ 代入上式,得 $C=\frac{1}{h}$,故鸭子游过的迹线方程为

$$x=\frac{h}{2}\left[\left(\frac{y}{h}\right)^{1-\frac{a}{b}}-\left(\frac{y}{h}\right)^{1+\frac{a}{b}}\right],\quad 0\leqslant y\leqslant h.$$

*二、可化为齐次的方程

方程

$$\frac{\mathrm{d}y}{\mathrm{d}x}=\frac{ax+by+c}{a_1x+b_1y+c_1}\tag{3}$$

当 $c=c_1=0$ 时是齐次的,否则不是齐次的.在非齐次的情形,可用下列变换把它化为齐次方程:令

$$x=X+h,y=Y+k,$$

其中 h 及 k 是待定的常数.于是

$$\mathrm{d}x=\mathrm{d}X,\mathrm{d}y=\mathrm{d}Y,$$

从而方程(3)成为

$$\frac{\mathrm{d}Y}{\mathrm{d}X}=\frac{aX+bY+ah+bk+c}{a_1X+b_1Y+a_1h+b_1k+c_1}.$$

如果方程组

$$\begin{cases}ah+bk+c=0,\\ a_1h+b_1k+c_1=0\end{cases}$$

的系数行列式 $\begin{vmatrix}a & b\\ a_1 & b_1\end{vmatrix}\neq 0$,即 $\frac{a_1}{a}\neq\frac{b_1}{b}$,那么可以定出 h 及 k 使它们满足上述方程组.这样,方程(3)便化为齐次方程

$$\frac{\mathrm{d}Y}{\mathrm{d}X}=\frac{aX+bY}{a_1X+b_1Y}.$$

求出这齐次方程的通解后,在通解中以 $x-h$ 代 X,$y-k$ 代 Y,便得方程(3)的通解.

当 $\frac{a_1}{a}=\frac{b_1}{b}$ 时,h 及 k 无法求得,因此上述方法不能应用.但这时令 $\frac{a_1}{a}=\frac{b_1}{b}=\lambda$,从而方程(3)可写成

$$\frac{\mathrm{d}y}{\mathrm{d}x}=\frac{ax+by+c}{\lambda(ax+by)+c_1}.$$

引入新变量 $v=ax+by$,则

$$\frac{\mathrm{d}v}{\mathrm{d}x}=a+b\frac{\mathrm{d}y}{\mathrm{d}x},\quad 或\quad \frac{\mathrm{d}y}{\mathrm{d}x}=\frac{1}{b}\left(\frac{\mathrm{d}v}{\mathrm{d}x}-a\right).$$

于是方程(3)成为

$$\frac{1}{b}\left(\frac{\mathrm{d}v}{\mathrm{d}x}-a\right)=\frac{v+c}{\lambda v+c_1},$$

这是可分离变量的方程.

以上所介绍的方法可以应用于更一般的方程

$$\frac{\mathrm{d}y}{\mathrm{d}x}=f\left(\frac{ax+by+c}{a_1x+b_1y+c_1}\right).$$

例 4 解方程

$$(2x+y-4)\mathrm{d}x+(x+y-1)\mathrm{d}y=0.$$

解 所给方程属方程(3)的类型.令 $x=X+h,y=Y+k$,则 $\mathrm{d}x=\mathrm{d}X$, $\mathrm{d}y=\mathrm{d}Y$,代入原方程得

$$(2X+Y+2h+k-4)\mathrm{d}X+(X+Y+h+k-1)\mathrm{d}Y=0.$$

解方程组

$$\begin{cases}2h+k-4=0,\\ h+k-1=0\end{cases}$$

得 $h=3,k=-2$.令 $x=X+3,y=Y-2$,原方程成为

$$(2X+Y)\mathrm{d}X+(X+Y)\mathrm{d}Y=0,$$

或

$$\frac{\mathrm{d}Y}{\mathrm{d}X}=-\frac{2X+Y}{X+Y}=-\frac{2+\dfrac{Y}{X}}{1+\dfrac{Y}{X}},$$

这是齐次方程.

令 $\dfrac{Y}{X}=u$,则 $Y=uX,\dfrac{\mathrm{d}Y}{\mathrm{d}X}=u+X\dfrac{\mathrm{d}u}{\mathrm{d}X}$,于是方程变为

$$u+X\frac{\mathrm{d}u}{\mathrm{d}X}=-\frac{2+u}{1+u},$$

或

$$X\frac{\mathrm{d}u}{\mathrm{d}X}=-\frac{2+2u+u^2}{1+u}.$$

分离变量得

$$-\frac{u+1}{u^2+2u+2}\mathrm{d}u=\frac{\mathrm{d}X}{X}.$$

积分得

$$\ln C_1-\frac{1}{2}\ln(u^2+2u+2)=\ln|X|,$$

于是
$$\frac{C_1}{\sqrt{u^2+2u+2}}=|X|,$$
或
$$C_2=X^2(u^2+2u+2)\quad(C_2=C_1^2),$$
即
$$Y^2+2XY+2X^2=C_2.$$
以 $X=x-3, Y=y+2$ 代入上式并化简，得
$$2x^2+2xy+y^2-8x-2y=C\quad(C=C_2-10).$$

习　题　12－3

1．求下列齐次方程的通解：

(1) $xy'-y-\sqrt{y^2-x^2}=0$；　　(2) $x\frac{\mathrm{d}y}{\mathrm{d}x}=y\ln\frac{y}{x}$；

(3) $(x^2+y^2)\mathrm{d}x-xy\mathrm{d}y=0$；　　(4) $(x^3+y^3)\mathrm{d}x-3xy^2\mathrm{d}y=0$；

(5) $\left(2x\operatorname{sh}\frac{y}{x}+3y\operatorname{ch}\frac{y}{x}\right)\mathrm{d}x-3x\operatorname{ch}\frac{y}{x}\mathrm{d}y=0$；

(6) $(1+2\mathrm{e}^{\frac{x}{y}})\mathrm{d}x+2\mathrm{e}^{\frac{x}{y}}\left(1-\frac{x}{y}\right)\mathrm{d}y=0$.

2．求下列齐次方程满足所给初始条件的特解：

(1) $(y^2-3x^2)\mathrm{d}y+2xy\mathrm{d}x=0, y|_{x=0}=1$；

(2) $y'=\frac{x}{y}+\frac{y}{x}, y|_{x=1}=2$；

(3) $(x^2+2xy-y^2)\mathrm{d}x+(y^2+2xy-x^2)\mathrm{d}y=0, y|_{x=1}=1$.

3．设有连结点 $O(0,0)$ 和 $A(1,1)$ 的一段向上凸的曲线弧 $\overset{\frown}{OA}$，对于 $\overset{\frown}{OA}$ 上任一点 $P(x,y)$，曲线弧 $\overset{\frown}{OP}$ 与直线段 $\overline{OP}$ 所围图形的面积为 x^2，求曲线弧 $\overset{\frown}{OA}$ 的方程.

*4．化下列方程为齐次方程，并求出通解：

(1) $(2x-5y+3)\mathrm{d}x-(2x+4y-6)\mathrm{d}y=0$；

(2) $(x-y-1)\mathrm{d}x+(4y+x-1)\mathrm{d}y=0$；

(3) $(3y-7x+7)\mathrm{d}x+(7y-3x+3)\mathrm{d}y=0$；

(4) $(x+y)\mathrm{d}x+(3x+3y-4)\mathrm{d}y=0$.

第四节　一阶线性微分方程

一、线性方程

方程
$$\frac{\mathrm{d}y}{\mathrm{d}x}+P(x)y=Q(x)\tag{1}$$
叫做一阶线性微分方程，因为它对于未知函数 y 及其导数是一次方程. 如果

$Q(x) \equiv 0$则方程(1)称为齐次的;如果 $Q(x)$不恒等于零,则方程(1)称为非齐次的.

设(1)为非齐次线性方程.为了求出非齐次线性方程(1)的解,我们先把 $Q(x)$换成零而写出

$$\frac{\mathrm{d}y}{\mathrm{d}x}+P(x)y=0. \tag{2}$$

方程(2)叫做对应于非齐次线性方程(1)的齐次线性方程.方程(2)是可分离变量的,分离变量后得

$$\frac{\mathrm{d}y}{y}=-P(x)\mathrm{d}x,$$

两端积分,得

$$\ln|y|=-\int P(x)\mathrm{d}x+C_1,$$

或

$$y=C\mathrm{e}^{-\int P(x)\mathrm{d}x},(C=\pm\mathrm{e}^{C_1}),$$

这是对应的齐次线性方程(2)的通解①.

现在我们使用所谓常数变易法来求非齐次线性方程(1)的通解.这方法是把(2)的通解中的 C 换成 x 的未知函数 $u(x)$,即作变换

$$y=u\mathrm{e}^{-\int P(x)\mathrm{d}x}, \tag{3}$$

于是

$$\frac{\mathrm{d}y}{\mathrm{d}x}=u'\mathrm{e}^{-\int P(x)\mathrm{d}x}-uP(x)\mathrm{e}^{-\int P(x)\mathrm{d}x}. \tag{4}$$

将(3)和(4)代入方程(1)得

$$u'\mathrm{e}^{-\int P(x)\mathrm{d}x}-uP(x)\mathrm{e}^{-\int P(x)\mathrm{d}x}+P(x)u\mathrm{e}^{-\int P(x)\mathrm{d}x}=Q(x),$$

即

$$u'\mathrm{e}^{-\int P(x)\mathrm{d}x}=Q(x),u'=Q(x)\mathrm{e}^{\int P(x)\mathrm{d}x}.$$

两端积分,得

$$u=\int Q(x)\mathrm{e}^{\int P(x)\mathrm{d}x}\mathrm{d}x+C.$$

把上式代入(3),便得非齐次线性方程(1)的通解

$$y=\mathrm{e}^{-\int P(x)\mathrm{d}x}\left(\int Q(x)\mathrm{e}^{\int P(x)\mathrm{d}x}\mathrm{d}x+C\right). \tag{5}$$

将(5)式改写成两项之和

$$y=C\mathrm{e}^{-\int P(x)\mathrm{d}x}+\mathrm{e}^{-\int P(x)\mathrm{d}x}\int Q(x)\mathrm{e}^{\int P(x)\mathrm{d}x}\mathrm{d}x,$$

上式右端第一项是对应的齐次线性方程(2)的通解,第二项是非齐次线性方程(1)的一个特解(在(1)的通解(5)中取 $C=0$便得到这个特解).由此可知,一阶

---

① 这里记号 $\int P(x)\mathrm{d}x$ 表示 $P(x)$的某个确定的原函数.

非齐次线性方程的通解等于对应的齐次方程的通解与非齐次方程的一个特解之和.

例 1 求方程

$$\frac{dy}{dx}-\frac{2y}{x+1}=(x+1)^{\frac{5}{2}}$$

的通解.

解 这是一个非齐次线性方程.先求对应的齐次方程的通解.

$$\frac{dy}{dx}-\frac{2}{x+1}y=0,$$

$$\frac{dy}{y}=\frac{2dx}{x+1},$$

$$\ln y=2\ln(x+1)+\ln C,$$

$$y=C(x+1)^2.$$

用常数变易法,把 C 换成 u,即令

$$y=u(x+1)^2, \tag{6}$$

那么
$$\frac{dy}{dx}=u'(x+1)^2+2u(x+1),$$

代入所给非齐次方程,得

$$u'=(x+1)^{\frac{1}{2}}.$$

两端积分,得
$$u=\frac{2}{3}(x+1)^{\frac{3}{2}}+C.$$

再把上式代入(6)式,即得所求方程的通解为

$$y=(x+1)^2\left[\frac{2}{3}(x+1)^{\frac{3}{2}}+C\right].$$

例 2 有一个电路如图 12-6 所示,其中电源电动势为 $E=E_m\sin\omega t$ (E_m、ω 都是常量),电阻 R 和电感 L 都是常量.求电流 $i(t)$.

解 (i) **列方程** 由电学知道,当电流变化时,L 上有感应电动势 $-L\dfrac{di}{dt}$.由回路电压定律得出

$$E-L\frac{di}{dt}-iR=0,$$

即
$$\frac{di}{dt}+\frac{R}{L}i=\frac{E}{L}.$$

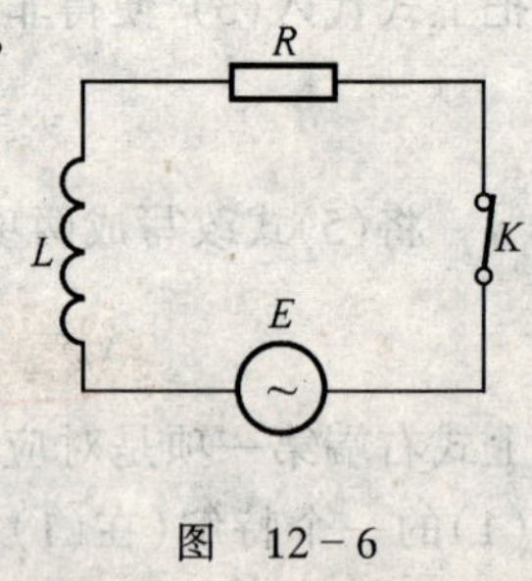

图 12-6

把 $E=E_m\sin\omega t$ 代入上式,得

$$\frac{di}{dt}+\frac{R}{L}i=\frac{E_m}{L}\sin\omega t. \tag{7}$$

未知函数 $i(t)$ 应满足方程(7).此外,设开关 K 闭合的时刻为 $t=0$,这时

$i(t)$还应该满足初始条件

$$i\big|_{t=0}=0. \tag{8}$$

(ii)**解方程** 方程(7)是一个非齐次线性方程.可以先求出对应的齐次方程的通解,然后用常数变易法求非齐次方程的通解.但是,也可以直接应用通解公式(5)来求解.这里 $P(t)=\dfrac{R}{L}, Q(t)=\dfrac{E_m}{L}\sin\omega t$,代入公式(5),得

$$i(t)=\mathrm{e}^{-\frac{R}{L}t}\left(\int\frac{E_m}{L}\mathrm{e}^{\frac{R}{L}t}\sin\omega t\,\mathrm{d}t+C\right).$$

应用分部积分法,得

$$\int\mathrm{e}^{\frac{R}{L}t}\sin\omega t\,\mathrm{d}t=\frac{\mathrm{e}^{\frac{R}{L}t}}{R^2+\omega^2L^2}(RL\sin\omega t-\omega L^2\cos\omega t),$$

将上式代入前式并化简,得方程(7)的通解

$$i(t)=\frac{E_m}{R^2+\omega^2L^2}(R\sin\omega t-\omega L\cos\omega t)+C\mathrm{e}^{-\frac{R}{L}t},$$

其中 C 为任意常数.

将初始条件(8)代入上式,得

$$C=\frac{\omega LE_m}{R^2+\omega^2L^2},$$

因此,所求函数 $i(t)$为

$$i(t)=\frac{\omega LE_m}{R^2+\omega^2L^2}\mathrm{e}^{-\frac{R}{L}t}+\frac{E_m}{R^2+\omega^2L^2}(R\sin\omega t-\omega L\cos\omega t). \tag{9}$$

为了便于说明(9)式所反映的物理现象,下面把 $i(t)$中第二项的形式稍加改变.

$$令\cos\varphi=\frac{R}{\sqrt{R^2+\omega^2L^2}},\sin\varphi=\frac{\omega L}{\sqrt{R^2+\omega^2L^2}},$$

于是(9)式可写成

$$i(t)=\frac{\omega LE_m}{R^2+\omega^2L^2}\mathrm{e}^{-\frac{R}{L}t}+\frac{E_m}{\sqrt{R^2+\omega^2L^2}}\sin(\omega t-\varphi),$$

其中

$$\varphi=\arctan\frac{\omega L}{R}.$$

当 t 增大时,上式右端第一项(叫做暂态电流)逐渐衰减而趋于零;第二项(叫做稳态电流)是正弦函数,它的周期和电动势的周期相同、而相角落后 φ.

二、伯努利方程

方程

$$\frac{\mathrm{d}y}{\mathrm{d}x}+P(x)y=Q(x)y^{n}\quad(n\neq 0,1) \tag{10}$$

叫做伯努利(Bernoulli)方程. 当 $n=0$ 或 $n=1$ 时,这是线性微分方程. 当 $n\neq 0$, $n\neq 1$ 时,这方程不是线性的,但是通过变量的代换,便可把它化为线性的. 事实上,以 y^{n} 除方程(10)的两端,得

$$y^{-n}\frac{\mathrm{d}y}{\mathrm{d}x}+P(x)y^{1-n}=Q(x). \tag{11}$$

容易看出,上式左端第一项与 $\frac{\mathrm{d}}{\mathrm{d}x}(y^{1-n})$ 只差一个常数因子 $1-n$,因此我们引入新的未知函数

$$z=y^{1-n},$$

那么

$$\frac{\mathrm{d}z}{\mathrm{d}x}=(1-n)y^{-n}\frac{\mathrm{d}y}{\mathrm{d}x}.$$

用 $(1-n)$ 乘方程(11)的两端,再通过上述代换便得线性方程

$$\frac{\mathrm{d}z}{\mathrm{d}x}+(1-n)P(x)z=(1-n)Q(x).$$

求出这方程的通解后,以 y^{1-n} 代 z 便得到伯努利方程的通解.

例 3 求方程

$$\frac{\mathrm{d}y}{\mathrm{d}x}+\frac{y}{x}=a(\ln x)y^{2}$$

的通解.

解 以 y^{2} 除方程的两端,得

$$y^{-2}\frac{\mathrm{d}y}{\mathrm{d}x}+\frac{1}{x}y^{-1}=a\ln x,$$

即

$$-\frac{\mathrm{d}(y^{-1})}{\mathrm{d}x}+\frac{1}{x}y^{-1}=a\ln x,$$

令 $z=y^{-1}$,则上述方程成为

$$\frac{\mathrm{d}z}{\mathrm{d}x}-\frac{1}{x}z=-a\ln x.$$

这是一个线性方程,它的通解为

$$z=x\left[C-\frac{a}{2}(\ln x)^{2}\right].$$

以 y^{-1} 代 z,得所求方程的通解为

$$yx\left[C-\frac{a}{2}(\ln x)^{2}\right]=1.$$

在上节中,对于齐次方程 $y'=f\left(\frac{y}{x}\right)$,我们通过变量代换 $y=xu$,把它化为变量可分离的方程,然后分离变量,经积分求得通解. 在本节中,对于一阶非齐次

线性方程

$$y' + P(x)y = Q(x),$$

我们通过解对应的齐次线性方程找到变量代换

$$y = u e^{-\int P(x)\mathrm{d}x},$$

利用这一代换,把非齐次线性方程化为变量可分离的方程,然后经积分求得通解.对于伯努利方程

$$y' + P(x)y = Q(x)y^n,$$

我们通过变量代换 $y^{1-n} = z$,把它化为线性方程,然后按线性方程的解法求得通解.

利用变量代换(因变量的变量代换或自变量的变量代换),把一个微分方程化为变量可分离的方程,或化为已经知其求解步骤的方程,这是解微分方程最常用的方法.下面再举一个例子.

例 4 解方程 $\dfrac{\mathrm{d}y}{\mathrm{d}x} = \dfrac{1}{x+y}$.

解 若把所给方程变形为

$$\frac{\mathrm{d}x}{\mathrm{d}y} = x + y,$$

即为一阶线性方程,则按一阶线性方程的解法可求得通解.

也可用变量代换来解所给方程:

令 $x + y = u$,则 $y = u - x$,$\dfrac{\mathrm{d}y}{\mathrm{d}x} = \dfrac{\mathrm{d}u}{\mathrm{d}x} - 1$.代入原方程,得

$$\frac{\mathrm{d}u}{\mathrm{d}x} - 1 = \frac{1}{u}, \frac{\mathrm{d}u}{\mathrm{d}x} = \frac{u+1}{u}.$$

分离变量得

$$\frac{u}{u+1}\mathrm{d}u = \mathrm{d}x,$$

两端积分得

$$u - \ln|u+1| = x + C.$$

以 $u = x + y$ 代入上式,即得

$$y - \ln|x+y+1| = C,$$

或

$$x = C_1 e^y - y - 1, (C_1 = \pm e^{-C}).$$

习 题 12-4

1. 求下列微分方程的通解:

(1) $\dfrac{\mathrm{d}y}{\mathrm{d}x} + y = e^{-x}$; (2) $xy' + y = x^2 + 3x + 2$;

(3) $y' + y\cos x = e^{-\sin x}$; (4) $y' + y\tan x = \sin 2x$;

(5) $(x^2-1)y'+2xy-\cos x=0$;

(6) $\dfrac{d\rho}{d\theta}+3\rho=2$;

(7) $\dfrac{dy}{dx}+2xy=4x$;

(8) $y\ln y\,dx+(x-\ln y)dy=0$;

(9) $(x-2)\dfrac{dy}{dx}=y+2(x-2)^3$;

(10) $(y^2-6x)\dfrac{dy}{dx}+2y=0$.

2. 求下列微分方程满足所给初始条件的特解：

(1) $\dfrac{dy}{dx}-y\tan x=\sec x, y|_{x=0}=0$;

(2) $\dfrac{dy}{dx}+\dfrac{y}{x}=\dfrac{\sin x}{x}, y|_{x=\pi}=1$;

(3) $\dfrac{dy}{dx}+y\cot x=5e^{\cos x}, y|_{x=\frac{\pi}{2}}=-4$;

(4) $\dfrac{dy}{dx}+3y=8, y|_{x=0}=2$;

(5) $\dfrac{dy}{dx}+\dfrac{2-3x^2}{x^3}y=1, y|_{x=1}=0$.

3. 求一曲线的方程，这曲线通过原点，并且它在点(x,y)处的切线斜率等于$2x+y$.

4. 设有一质量为m的质点作直线运动．从速度等于零的时刻起，有一个与运动方向一致、大小与时间成正比（比例系数为k_1）的力作用于它，此外还受一与速度成正比（比例系数为k_2）的阻力作用．求质点运动的速度与时间的函数关系．

5. 设有一个由电阻$R=10\ \Omega$、电感$L=2$ H（亨）和电源电压$E=20\sin 5t$ V（伏）串联组成的电路．开关K合上后，电路中有电流通过．求电流i与时间t的函数关系．

6. 设曲线积分$\int_L yf(x)dx+[2xf(x)-x^2]dy$在右半平面$(x>0)$内与路径无关，其中$f(x)$可导，且$f(1)=1$，求$f(x)$.

7. 求下列伯努利方程的通解：

(1) $\dfrac{dy}{dx}+y=y^2(\cos x-\sin x)$;

(2) $\dfrac{dy}{dx}-3xy=xy^2$;

(3) $\dfrac{dy}{dx}+\dfrac{1}{3}y=\dfrac{1}{3}(1-2x)y^4$;

(4) $\dfrac{dy}{dx}-y=xy^5$;

(5) $x\,dy-[y+xy^3(1+\ln x)]dx=0$.

8. 验证形如$yf(xy)dx+xg(xy)dy=0$的微分方程，可经变量代换$v=xy$化为可分离变量的方程，并求其通解．

9. 用适当的变量代换将下列方程化为可分离变量的方程，然后求出通解：

(1) $\dfrac{dy}{dx}=(x+y)^2$;

(2) $\dfrac{dy}{dx}=\dfrac{1}{x-y}+1$;

(3) $xy'+y=y(\ln x+\ln y)$;

(4) $y'=y^2+2(\sin x-1)y+\sin^2 x-2\sin x-\cos x+1$;

(5) $y(xy+1)dx+x(1+xy+x^2y^2)dy=0$.

第五节　全微分方程

一个一阶微分方程写成

$$P(x,y)dx+Q(x,y)dy=0 \tag{1}$$

形式后,如果它的左端恰好是某一个函数 $u=u(x,y)$ 的全微分:

$$\mathrm{d}u(x,y)=P(x,y)\mathrm{d}x+Q(x,y)\mathrm{d}y,$$

那么方程(1)就叫做全微分方程.这里

$$\frac{\partial u}{\partial x}=P(x,y),\frac{\partial u}{\partial y}=Q(x,y),$$

而方程(1)就是

$$\mathrm{d}u(x,y)=0. \tag{1'}$$

如果 $y=\varphi(x)$ 是方程(1)的解,那么这解满足方程(1′),故有

$$\mathrm{d}u[x,\varphi(x)]\equiv 0,$$

因此 $$u[x,\varphi(x)]\equiv C.$$

这表示方程(1)的解 $y=\varphi(x)$ 是由方程 $u(x,y)=C$ 所确定的隐函数.

另一方面,如果方程 $u(x,y)=C$ 确定一个可微的隐函数 $y=\varphi(x)$,则

$$u[x,\varphi(x)]\equiv C,$$

上式两端对 x 求导,得

$$\frac{\partial u}{\partial x}+\frac{\partial u}{\partial y}\cdot\frac{\mathrm{d}y}{\mathrm{d}x}=0,$$

或 $$\frac{\partial u}{\partial x}\mathrm{d}x+\frac{\partial u}{\partial y}\mathrm{d}y=0,$$

即 $$P(x,y)\mathrm{d}x+Q(x,y)\mathrm{d}y=0.$$

这表示由方程 $u(x,y)=C$ 所确定的隐函数是方程(1)的解.

因此,如果方程(1)的左端是函数 $u(x,y)$ 的全微分,那么

$$u(x,y)=C$$

就是全微分方程(1)的隐式通解,其中 C 是任意常数.

由第十章第三节的讨论可知,当 $P(x,y)$、$Q(x,y)$ 在单连通域 G 内具有一阶连续偏导数时,要使方程(1)是全微分方程,其充要条件是

$$\frac{\partial P}{\partial y}=\frac{\partial Q}{\partial x} \tag{2}$$

在区域 G 内恒成立,且当此条件满足时,全微分方程(1)的通解为

$$u(x,y)\equiv\int_{x_0}^{x}P(x,y)\mathrm{d}x+\int_{y_0}^{y}Q(x_0,y)\mathrm{d}y=C, \tag{3}$$

其中 x_0,y_0 是在区域 G 内适当选定的点 $M_0(x_0,y_0)$ 的坐标.

例 求解 $(5x^4+3xy^2-y^3)\mathrm{d}x+(3x^2y-3xy^2+y^2)\mathrm{d}y=0$.

解 这里

$$\frac{\partial P}{\partial y}=6xy-3y^2=\frac{\partial Q}{\partial x},$$

所以这是全微分方程.可取 $x_0=0$,$y_0=0$,根据公式(3),有

$$u(x,y)=\int_0^x(5x^4+3xy^2-y^3)\mathrm{d}x+\int_0^y y^2\mathrm{d}y$$
$$=x^5+\frac{3}{2}x^2y^2-xy^3+\frac{1}{3}y^3.$$

于是,方程的通解为

$$x^5+\frac{3}{2}x^2y^2-xy^3+\frac{1}{3}y^3=C.$$

当条件(2)不能满足时,方程(1)就不是全微分方程.这时如果有一个适当的函数 $\mu=\mu(x,y)(\mu(x,y)\neq 0)$,使方程(1)在乘上 $\mu(x,y)$后所得的方程

$$\mu P\mathrm{d}x+\mu Q\mathrm{d}y=0$$

是全微分方程,则函数 $\mu(x,y)$叫做方程(1)的积分因子.

积分因子的求法,一般说来,不是一件容易的事;不过在比较简单的情形下,可以凭观察得到.

例如,方程

$$y\mathrm{d}x-x\mathrm{d}y=0$$

不是全微分方程.但是由于 $\mathrm{d}\left(\frac{x}{y}\right)=\frac{y\mathrm{d}x-x\mathrm{d}y}{y^2}$,可知$\frac{1}{y^2}$是一个积分因子.不难验证,$\frac{1}{xy}$和$\frac{1}{x^2}$也都是积分因子.乘上其中任何一个并积分,便能得到所求方程的通解

$$\frac{x}{y}=C.$$

又如,方程

$$(1+xy)y\mathrm{d}x+(1-xy)x\mathrm{d}y=0$$

也不是全微分方程.但将它的各项重新合并,得

$$(y\mathrm{d}x+x\mathrm{d}y)+xy(y\mathrm{d}x-x\mathrm{d}y)=0,$$

再把它改写成

$$\mathrm{d}(xy)+x^2y^2\left(\frac{\mathrm{d}x}{x}-\frac{\mathrm{d}y}{y}\right)=0,$$

这时容易看出$\frac{1}{x^2y^2}$为积分因子,乘上该积分因子后,方程就变为

$$\frac{\mathrm{d}(xy)}{x^2y^2}+\frac{\mathrm{d}x}{x}-\frac{\mathrm{d}y}{y}=0.$$

积分之,得通解为

$$-\frac{1}{xy}+\ln\left|\frac{x}{y}\right|=C_1$$

即 $$\frac{x}{y}=Ce^{\frac{1}{xy}}\quad(C=\pm e^{C_1}).$$

我们也可用积分因子的方法来解一阶线性方程

$$y' + P(x)y = Q(x). \tag{4}$$

这方法是以只含 x 的积分因子 $\mu(x) = e^{\int P(x)dx}$ 乘方程(4),得

$$y' e^{\int P(x)dx} + yP(x)e^{\int P(x)dx} = Q(x)e^{\int P(x)dx},$$

即

$$y' e^{\int P(x)dx} + y[e^{\int P(x)dx}]' = Q(x)e^{\int P(x)dx},$$

亦即

$$[ye^{\int P(x)dx}]' = Q(x)e^{\int P(x)dx}.$$

两端积分,便得通解

$$ye^{\int P(x)dx} = \int Q(x)e^{\int P(x)dx}dx + C,$$

或

$$y = e^{-\int P(x)dx}\left[\int Q(x)e^{\int P(x)dx}dx + C\right].$$

习 题 12-5

1. 判别下列方程中哪些是全微分方程,并求全微分方程的通解:

(1) $(3x^2 + 6xy^2)dx + (6x^2y + 4y^2)dy = 0$;

(2) $(a^2 - 2xy - y^2)dx - (x + y)^2dy = 0$;

(3) $e^y dx + (xe^y - 2y)dy = 0$;

(4) $(x\cos y + \cos x)y' - y\sin x + \sin y = 0$;

(5) $(x^2 - y)dx - xdy = 0$;

(6) $y(x - 2y)dx - x^2dy = 0$;

(7) $(1 + e^{2\theta})d\rho + 2\rho e^{2\theta}d\theta = 0$;

(8) $(x^2 + y^2)dx + xydy = 0$.

2. 利用观察法求出下列方程的积分因子,并求其通解:

(1) $(x + y)(dx - dy) = dx + dy$;

(2) $ydx - xdy + y^2xdx = 0$;

(3) $y^2(x - 3y)dx + (1 - 3y^2x)dy = 0$;

(4) $xdx + ydy = (x^2 + y^2)dx$;

(5) $(x - y^2)dx + 2xydy = 0$;

(6) $2ydx - 3xy^2dx - xdy = 0$.

3. 验证 $\dfrac{1}{xy[f(xy) - g(xy)]}$ 是微分方程 $yf(xy)dx + xg(xy)dy = 0$ 的积分因子,并求下列方程的通解:

(1) $y(x^2y^2 + 2)dx + x(2 - 2x^2y^2)dy = 0$;

(2) $y(2xy + 1)dx + x(1 + 2xy - x^3y^3)dy = 0$.

4. 用积分因子法解下列一阶线性方程:

(1) $xy' + 2y = 4\ln x$;　　(2) $y' - \tan x \cdot y = x$.

第六节 可降阶的高阶微分方程

从这一节起我们将讨论二阶及二阶以上的微分方程,即所谓高阶微分方程.对于有些高阶微分方程,我们可以通过代换将它化成较低阶的方程来求解.以二阶微分方程

$$y''=f(x,y,y') \tag{1}$$

而论,如果我们能设法作代换把它从二阶降至一阶,那么就有可能应用前面几节中所讲的方法来求出它的解了.

下面介绍三种容易降阶的高阶微分方程的求解方法.

一、$y^{(n)}=f(x)$型的微分方程

微分方程

$$y^{(n)}=f(x) \tag{2}$$

的右端仅含有自变量 x.容易看出,只要把 $y^{(n-1)}$ 作为新的未知函数,那么(2)式就是新未知函数的一阶微分方程.两边积分,就得到一个 $n-1$ 阶的微分方程

$$y^{(n-1)}=\int f(x)\mathrm{d}x+C_1.$$

同理可得

$$y^{(n-2)}=\int\left[\int f(x)\mathrm{d}x+C_1\right]\mathrm{d}x+C_2.$$

依此法继续进行,接连积分 n 次,便得方程(2)的含有 n 个任意常数的通解.

例 1 求微分方程

$$y'''=\mathrm{e}^{2x}-\cos x$$

的通解.

解 对所给方程接连积分三次,得

$$y''=\frac{1}{2}\mathrm{e}^{2x}-\sin x+C,$$

$$y'=\frac{1}{4}\mathrm{e}^{2x}+\cos x+Cx+C_2,$$

$$y=\frac{1}{8}\mathrm{e}^{2x}+\sin x+C_1x^2+C_2x+C_3\quad\left(C_1=\frac{C}{2}\right).$$

这就是所求的通解.

例 2 质量为 m 的质点受力 F 的作用沿 Ox 轴作直线运动.设力 F 仅是时间 t 的函数:$F=F(t)$.在开始时刻 $t=0$ 时 $F(0)=F_0$,随着时间 t 的增大,此力 F 均匀地减小,直到 $t=T$ 时,$F(T)=0$.如果开始时质点位于原点,且初速度为零,求这质点的运动规律.

解 设 $x=x(t)$表示在时刻 t 时质点的位置,根据牛顿第二定律,质点运

动的微分方程为

$$m\frac{\mathrm{d}^2x}{\mathrm{d}t^2}=F(t).\tag{3}$$

由题设,力 $F(t)$随 t 增大而均匀地减小,且 $t=0$ 时,$F(0)=F_0$,所以 $F(t)=F_0-kt$;又当 $t=T$ 时,$F(T)=0$,从而

$$F(t)=F_0\left(1-\frac{t}{T}\right).$$

于是方程(3)可以写成

$$\frac{\mathrm{d}^2x}{\mathrm{d}t^2}=\frac{F_0}{m}\left(1-\frac{t}{T}\right).\tag{4}$$

其初始条件为

$$x\big|_{t=0}=0,\quad \left.\frac{\mathrm{d}x}{\mathrm{d}t}\right|_{t=0}=0.$$

把(4)式两端积分,得

$$\frac{\mathrm{d}x}{\mathrm{d}t}=\frac{F_0}{m}\int\left(1-\frac{t}{T}\right)\mathrm{d}t,$$

即

$$\frac{\mathrm{d}x}{\mathrm{d}t}=\frac{F_0}{m}\left(t-\frac{t^2}{2T}\right)+C_1.\tag{5}$$

将条件$\left.\frac{\mathrm{d}x}{\mathrm{d}t}\right|_{t=0}=0$ 代入(5)式,得

$$C_1=0,$$

于是(5)式成为

$$\frac{\mathrm{d}x}{\mathrm{d}t}=\frac{F_0}{m}\left(t-\frac{t^2}{2T}\right).\tag{6}$$

把(6)式两端积分,得

$$x=\frac{F_0}{m}\left(\frac{t^2}{2}-\frac{t^3}{6T}\right)+C_2,$$

将条件 $x\big|_{t=0}=0$ 代入上式,得

$$C_2=0.$$

于是所求质点的运动规律为

$$x=\frac{F_0}{m}\left(\frac{t^2}{2}-\frac{t^3}{6T}\right)\quad 0\leqslant t\leqslant T.$$

二、$y''=f(x,y')$型的微分方程

方程

$$y''=f(x,y')\tag{7}$$

的右端不显含未知函数 y. 如果我们设 $y'=p$,那么

$$y''=\frac{\mathrm{d}p}{\mathrm{d}x}=p',$$

而方程(7)就成为

$$p'=f(x,p).$$

这是一个关于变量 x、p 的一阶微分方程. 设其通解为

$$p=\varphi(x,C_1),$$

但是 $p=\frac{\mathrm{d}y}{\mathrm{d}x}$,因此又得到一个一阶微分方程

$$\frac{\mathrm{d}y}{\mathrm{d}x}=\varphi(x,C_1).$$

对它进行积分,便得方程(7)的通解为

$$y=\int\varphi(x,C_1)\mathrm{d}x+C_2.$$

例 3 求微分方程

$$(1+x^2)y''=2xy'$$

满足初始条件

$$y|_{x=0}=1,\quad y'|_{x=0}=3$$

的特解.

解 所给方程是 $y''=f(x,y')$ 型的. 设 $y'=p$,代入方程并分离变量后,有

$$\frac{\mathrm{d}p}{p}=\frac{2x}{1+x^2}\mathrm{d}x.$$

两端积分,得

$$\ln|p|=\ln(1+x^2)+C,$$

即

$$p=y'=C_1(1+x^2)\quad(C_1=\pm\mathrm{e}^C).$$

由条件 $y'|_{x=0}=3$,得

$$C_1=3,$$

所以

$$y'=3(1+x^2).$$

两端再积分,得

$$y=x^3+3x+C_2.$$

又由条件 $y|_{x=0}=1$,得

$$C_2=1,$$

于是所求的特解为

$$y=x^3+3x+1.$$

例 4 设有一均匀、柔软的绳索,两端固定,绳索仅受重力的作用而下垂. 试问该绳索在平衡状态时是怎样的曲线?

解 设绳索的最低点为 A. 取 y 轴通过点 A 铅直向上,并取 x 轴水平向右.

且$|OA|$等于某个定值(这个定值将在以后说明).设绳索曲线的方程为 $y=y(x)$.考察绳索上点 A 到另一点 $M(x,y)$间的一段弧$\overset{\frown}{AM}$,设其长为 s.假定绳索的线密度为 ρ,则弧$\overset{\frown}{AM}$的重量为 ρgs.由于绳索是柔软的,因而在点 A 处的张力沿水平的切线方向,其大小设为 H;在点 M 处的张力沿该点处的切线方向,设其倾角为 θ,其大小为 T(图 12-7).因作用于弧段$\overset{\frown}{AM}$的外力相互平衡,把作用于弧$\overset{\frown}{AM}$上的力沿铅直及水平两方向分解,得

$$T\sin\theta=\rho gs,\ T\cos\theta=H.$$

将此两式相除,得

$$\tan\theta=\frac{1}{a}s,\quad \left(a=\frac{H}{\rho g}\right).$$

由于 $\tan\theta=y',s=\int_0^x\sqrt{1+y'^2}\,\mathrm{d}x$,

代入上式即得

$$y'=\frac{1}{a}\int_0^x\sqrt{1+y'^2}\,\mathrm{d}x.$$

将上式两端对 x 求导,便得 $y=y(x)$满足的微分方程

$$y''=\frac{1}{a}\sqrt{1+y'^2}.\tag{8}$$

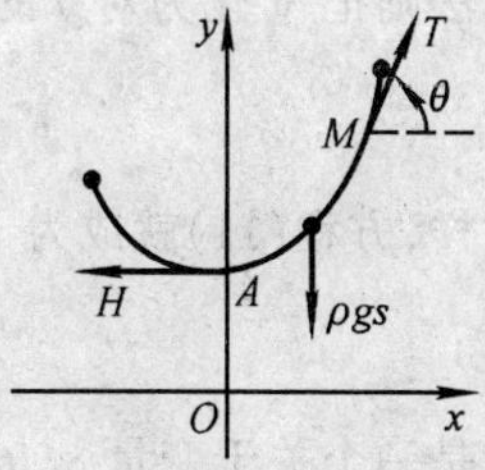

图 12-7

取原点 O 到点 A 的距离为定值 a,即 $|OA|=a$ 那么初始条件为

$$y|_{x=0}=a,\ y'|_{x=0}=0.$$

下面来解方程(8).

方程(8)属于 $y''=f(x,y')$的类型.设

$$y'=p,\quad 则\ y''=\frac{\mathrm{d}p}{\mathrm{d}x},$$

代入方程(8),并分离变量,得

$$\frac{\mathrm{d}p}{\sqrt{1+p^2}}=\frac{\mathrm{d}x}{a}.$$

两端积分,得

$$\operatorname{arsh}p=\frac{x}{a}+C_1.\tag{9}$$

把条件 $y'|_{x=0}=p|_{x=0}=0$ 代入(9)式,得

$$C_1=0,$$

于是(9)式成为

$$\operatorname{arsh}p=\frac{x}{a}.$$

即 $$y' = \operatorname{sh}\frac{x}{a}.$$

积分上式两端,便得

$$y = a\operatorname{ch}\frac{x}{a} + C_2. \tag{10}$$

将条件 $y|_{x=0} = a$ 代入(10)式,得

$$C_2 = 0.$$

于是该绳索的形状可由曲线方程

$$y = a\operatorname{ch}\frac{x}{a} = \frac{a}{2}\left(e^{\frac{x}{a}} + e^{-\frac{x}{a}}\right)$$

来表示.这曲线叫做悬链线.

三、$y'' = f(y, y')$ 型的微分方程

方程

$$y'' = f(y, y') \tag{11}$$

中不明显地含自变量 x.为了求出它的解.我们令 $y' = p$,并利用复合函数的求导法则把 y'' 化为对 y 的导数,即

$$y'' = \frac{\mathrm{d}p}{\mathrm{d}x} = \frac{\mathrm{d}p}{\mathrm{d}y}\cdot\frac{\mathrm{d}y}{\mathrm{d}x} = p\frac{\mathrm{d}p}{\mathrm{d}y}.$$

这样,方程(11)就成为

$$p\frac{\mathrm{d}p}{\mathrm{d}y} = f(y, p).$$

这是一个关于变量 y、p 的一阶微分方程.设它的通解为

$$y' = p = \varphi(y, C_1),$$

分离变量并积分,便得方程(11)的通解为

$$\int\frac{\mathrm{d}y}{\varphi(y, C_1)} = x + C_2.$$

例 5 求微分方程

$$yy'' - y'^2 = 0 \tag{12}$$

的通解.

解 方程(12)不明显地含自变量 x,设

$$y' = p, \quad 则 \quad y'' = p\frac{\mathrm{d}p}{\mathrm{d}y},$$

代入方程(12),得

$$yp\frac{\mathrm{d}p}{\mathrm{d}y} - p^2 = 0.$$

在 $y \neq 0$、$p \neq 0$ 时,约去 p 并分离变量,得

$$\frac{dp}{p}=\frac{dy}{y}.$$

两端积分，得

$$\ln|p|=\ln|y|+C,$$

即 $$p=C_1y, \text{或 } y'=C_1y \quad (C_1=\pm e^C).$$

再分离变量并两端积分，便得方程(12)的通解为

$$\ln|y|=C_1x+C_2',$$

或 $$y=C_2e^{C_1x} \quad (C_2=\pm e^{C_2'}).$$

例 6 一个离地面很高的物体，受地球引力的作用由静止开始落向地面.求它落到地面时的速度和所需的时间(不计空气阻力).

解 取连结地球中心与该物体的直线为 y 轴，其方向铅直向上，取地球的中心为原点 O(图 12-8).

设地球的半径为 R，物体的质量为 m，物体开始下落时与地球中心的距离为 $l(l>R)$，在时刻 t 物体所在位置为 $y=y(t)$，于是速度为 $v(t)=\frac{dy}{dt}$.根据万有引力定律，即得微分方程

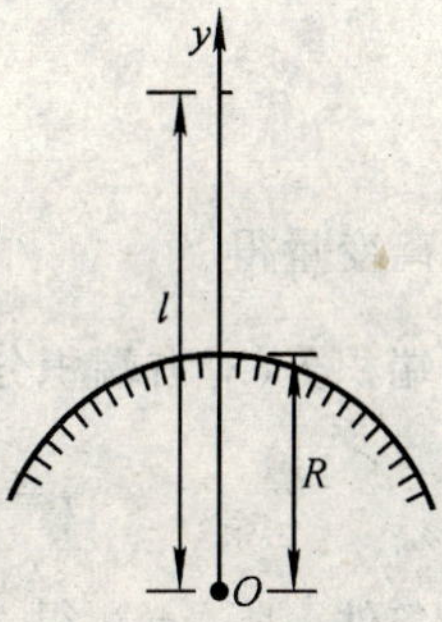

图 12-8

$$m\frac{d^2y}{dt^2}=-\frac{kmM}{y^2},$$

即 $$\frac{d^2y}{dt^2}=-\frac{kM}{y^2}, \tag{13}$$

其中 M 为地球的质量，k 为引力常数.因为当 $y=R$ 时，$\frac{d^2y}{dt^2}=-g$(这里置负号是由于物体运动加速度的方向与 y 轴的正向相反的缘故)，所以 $g=\frac{kM}{R^2}$，$kM=gR^2$.于是方程(13)成为

$$\frac{d^2y}{dt^2}=-\frac{gR^2}{y^2}. \tag{14}$$

初始条件是 $$y|_{t=0}=l, y'|_{t=0}=0.$$

先求物体到达地面时的速度.由 $\frac{dy}{dt}=v$，得

$$\frac{d^2y}{dt^2}=\frac{dv}{dt}=\frac{dv}{dy}\cdot\frac{dy}{dt}=v\frac{dv}{dy},$$

代入方程(14)并分离变量，得

$$v\,dv=-\frac{gR^2}{y^2}dy.$$

两端积分，得
$$v^2=\frac{2gR^2}{y}+C_1.$$
把初始条件代入上式，得
$$C_1=-\frac{2gR^2}{l},$$
于是
$$v^2=2gR^2\left(\frac{1}{y}-\frac{1}{l}\right),v=-R\sqrt{2g\left(\frac{1}{y}-\frac{1}{l}\right)}.\tag{15}$$
这里取负号是由于物体运动的方向与 y 轴的正向相反的缘故.

在(15)式中令 $y=R$，就得到物体到达地面时的速度为
$$v=-\sqrt{\frac{2gR(l-R)}{l}}.$$
下面来求物体落到地面所需的时间. 由(15)式有
$$\frac{\mathrm{d}y}{\mathrm{d}t}=v=-R\sqrt{2g\left(\frac{1}{y}-\frac{1}{l}\right)},$$
分离变量得
$$\mathrm{d}t=-\frac{1}{R}\sqrt{\frac{l}{2g}}\sqrt{\frac{y}{l-y}}\mathrm{d}y.$$
两端积分(对右端积分利用置换 $y=l\cos^2u$)，得
$$t=\frac{1}{R}\sqrt{\frac{l}{2g}}\left(\sqrt{ly-y^2}+l\arccos\sqrt{\frac{y}{l}}\right)+C_2.\tag{16}$$
由条件 $y|_{t=0}=l$，得
$$C_2=0.$$
于是(16)式成为
$$t=\frac{1}{R}\sqrt{\frac{l}{2g}}\left(\sqrt{ly-y^2}+l\arccos\sqrt{\frac{y}{l}}\right).$$
在上式中令 $y=R$，便得到物体到达地面所需的时间为
$$t=\frac{1}{R}\sqrt{\frac{l}{2g}}\left(\sqrt{lR-R^2}+l\arccos\sqrt{\frac{R}{l}}\right).$$

习　题　12－6

1. 求下列各微分方程的通解：

(1) $y''=x+\sin x$；　　(2) $y'''=xe^x$；

(3) $y''=\dfrac{1}{1+x^2}$；　　(4) $y''=1+y'^2$；

(5) $y''=y'+x$；　　(6) $xy''+y'=0$；

(7) $yy''+1=y'^2$；　　(8) $y^3y''-1=0$；

(9) $y''=\frac{1}{\sqrt{y}}$；　　　　(10) $y''=(y')^3+y'$.

2. 求下列各微分方程满足所给初始条件的特解：

(1) $y^3y''+1=0, y|_{x=1}=1, y'|_{x=1}=0$；

(2) $y''-ay'^2=0, y|_{x=0}=0, y'|_{x=0}=-1$；

(3) $y'''=e^{ax}, y|_{x=1}=y'|_{x=1}=y''|_{x=1}=0$；

(4) $y''=e^{2y}, y|_{x=0}=y'|_{x=0}=0$；

(5) $y''=3\sqrt{y}, y|_{x=0}=1, y'|_{x=0}=2$；

(6) $y''+(y')^2=1, y|_{x=0}=0, y'|_{x=0}=0$.

3. 试求 $y''=x$ 的经过点 $M(0,1)$ 且在此点与直线 $y=\frac{x}{2}+1$ 相切的积分曲线.

4. 设有一质量为 m 的物体，在空中由静止开始下落，如果空气阻力为 $R=c^2v^2$（其中 c 为常数，v 为物体运动的速度），试求物体下落的距离 s 与时间 t 的函数关系.

第七节　高阶线性微分方程

本节和以下两节，我们将讨论在实际问题中应用得较多的所谓高阶线性微分方程.讨论时以二阶线性微分方程为主.

一、二阶线性微分方程举例

例 1　设有一个弹簧，它的上端固定，下端挂一个质量为 m 的物体.当物体处于静止状态时，作用在物体上的重力与弹性力大小相等、方向相反.这个位置就是物体的平衡位置.如图 12－9，取 x 轴铅直向下，并取物体的平衡位置为坐标原点.

如果使物体具有一个初始速度 $v_0\neq 0$，那么物体便离开平衡位置，并在平衡位置附近作上下振动.在振动过程中，物体的位置 x 随时间 t 变化，即 x 是 t 的函数：$x=x(t)$.要确定物体的振动规律，就要求出函数 $x=x(t)$.

由力学知道，弹簧使物体回到平衡位置的弹性恢复力 f（它不包括在平衡位置时和重力 mg 相平衡的那一部分弹性力）和物体离开平衡位置的位移 x 成正比：

$$f=-cx,$$

其中 c 为弹簧的弹性系数，负号表示弹性恢复力的方向和物体位移的方向相反.

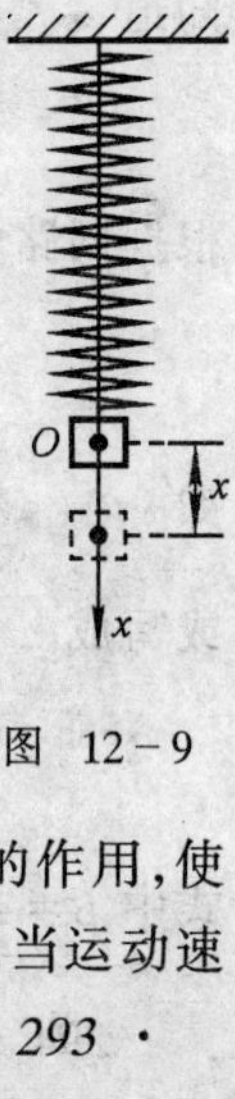

图　12－9

另外，物体在运动过程中还受到阻尼介质（如空气、油等）的阻力的作用，使得振动逐渐趋向停止.由实验知道，阻力 R 的方向总与运动方向相反，当运动速

度不大时，其大小与物体运动的速度成正比，设比例系数为 μ，则有

$$R=-\mu\frac{\mathrm{d}x}{\mathrm{d}t}.$$

根据上述关于物体受力情况的分析，由牛顿第二定律得

$$m\frac{\mathrm{d}^2x}{\mathrm{d}t^2}=-cx-\mu\frac{\mathrm{d}x}{\mathrm{d}t}.$$

移项，并记

$$2n=\frac{\mu}{m},\ k^2=\frac{c}{m},$$

则上式化为

$$\frac{\mathrm{d}^2x}{\mathrm{d}t^2}+2n\frac{\mathrm{d}x}{\mathrm{d}t}+k^2x=0. \tag{1}$$

这就是在有阻尼的情况下，物体自由振动的微分方程.

如果物体在振动过程中，还受到铅直干扰力

$$F=H\sin\ pt$$

的作用，则有

$$\frac{\mathrm{d}^2x}{\mathrm{d}t^2}+2n\frac{\mathrm{d}x}{\mathrm{d}t}+k^2x=h\sin\ pt, \tag{2}$$

其中 $h=\frac{H}{m}$. 这就是强迫振动的微分方程.

例 2 设有一个由电阻 R、自感 L、电容 C 和电源 E 串联组成的电路，其中 R、L 及 C 为常数，电源电动势是时间 t 的函数：$E=E_m\sin\ \omega t$，这里 E_m 及 ω 也是常数(图 12-10).

设电路中的电流为 $i(t)$，电容器极板上的电荷量为 $q(t)$，两极板间的电压为 u_C，自感电动势为 E_L. 由电学知道

$$i=\frac{\mathrm{d}q}{\mathrm{d}t},u_C=\frac{q}{C},E_L=-L\frac{\mathrm{d}i}{\mathrm{d}t},$$

根据回路电压定律，得

$$E-L\frac{\mathrm{d}i}{\mathrm{d}t}-\frac{q}{C}-Ri=0,$$

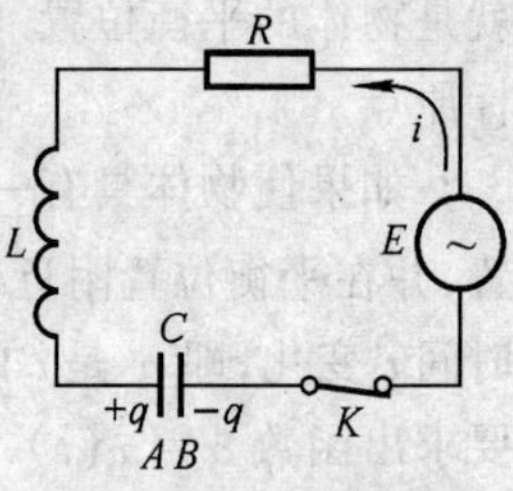

图 12-10

即

$$LC\frac{\mathrm{d}^2u_C}{\mathrm{d}t^2}+RC\frac{\mathrm{d}u_C}{\mathrm{d}t}+u_C=E_m\sin\ \omega t,$$

或写成

$$\frac{\mathrm{d}^2u_C}{\mathrm{d}t^2}+2\beta\frac{\mathrm{d}u_C}{\mathrm{d}t}+\omega_0^2u_C=\frac{E_m}{LC}\sin\ \omega t. \tag{3}$$

式中 $\beta=\frac{R}{2L},\omega_0=\frac{1}{\sqrt{LC}}$. 这就是串联电路的振荡方程.

如果电容器经充电后撤去外电源($E=0$),则方程(3)成为

$$\frac{\mathrm{d}^2 u_C}{\mathrm{d}t^2}+2\beta\frac{\mathrm{d}u_C}{\mathrm{d}t}+\omega_0^2 u_C=0. \tag{4}$$

例 1 和例 2 虽然是两个不同的实际问题,但是仔细观察一下所得出的方程(2)和(3),就会发现它们可以归结为同一个形式

$$\frac{\mathrm{d}^2 y}{\mathrm{d}x^2}+P(x)\frac{\mathrm{d}y}{\mathrm{d}x}+Q(x)y=f(x), \tag{5}$$

而方程(1)和方程(4)都是方程(5)的特殊情形:$f(x)\equiv 0$.在工程技术的其他许多问题中,也会遇到上述类型的微分方程.

方程(5)叫做二阶线性微分方程.当方程右端 $f(x)\equiv 0$ 时,方程叫做齐次的;当 $f(x)\not\equiv 0$ 时,方程叫做非齐次的.

于是方程(2)、(3)都是二阶非齐次线性微分方程;方程(1)、(4)都是二阶齐次线性微分方程.

要进一步讨论例 1 和例 2 中的问题,就需要解二阶线性微分方程.为此,下面来讨论二阶线性微分方程的解的一些性质,这些性质可以推广到 n 阶线性方程

$$y^{(n)}+a_1(x)y^{(n-1)}+\cdots+a_{n-1}(x)y'+a_n(x)y=f(x).$$

二、线性微分方程的解的结构

先讨论二阶齐次线性方程

$$y''+P(x)y'+Q(x)y=0. \tag{6}$$

定理 1　如果函数 $y_1(x)$ 与 $y_2(x)$ 是方程(6)的两个解,那么

$$y=C_1y_1(x)+C_2y_2(x) \tag{7}$$

也是(6)的解,其中 C_1、C_2 是任意常数.

证　将(7)式代入(6)式左端,得

$$\begin{aligned}&[C_1y_1''+C_2y_2'']+P(x)[C_1y_1'+C_2y_2']+Q(x)[C_1y_1+C_2y_2]\\&=C_1[y_1''+P(x)y_1'+Q(x)y_1]+C_2[y_2''+P(x)y_2'+Q(x)y_2].\end{aligned}$$

由于 y_1 与 y_2 是方程(6)的解,上式右端方括号中的表达式都恒等于零,因而整个式子恒等于零,所以(7)式是方程(6)的解.

齐次线性方程的这个性质表明它的解符合叠加原理.

叠加起来的解(7)从形式上来看含有 C_1 与 C_2 两个任意常数,但它不一定是方程(6)的通解.例如,设 $y_1(x)$是(6)的一个解,则 $y_2(x)=2y_1(x)$也是(6)的解.这时(7)式成为 $y=C_1y_1(x)+2C_2y_1(x)$,可以把它改写成 $y=Cy_1(x)$,其中 $C=C_1+2C_2$.这显然不是(6)的通解.那么在什么情况下(7)式才是方程

(6)的通解呢？要解决这个问题，我们还得引入一个新的概念，即所谓函数的线性相关与线性无关.

设 $y_1(x), y_2(x), \cdots, y_n(x)$ 为定义在区间 I 上的 n 个函数，如果存在 n 个不全为零的常数 $k_1, k_2, \cdots, k_n$，使得当 $x \in I$ 时有恒等式

$$k_1 y_1 + k_2 y_2 + \cdots + k_n y_n \equiv 0$$

成立，那么称这 n 个函数在区间 I 上线性相关；否则称线性无关.

例如，函数 $1, \cos^2 x, \sin^2 x$ 在整个数轴上是线性相关的. 因为取 $k_1 = 1$, $k_2 = k_3 = -1$，就有恒等式

$$1 - \cos^2 x - \sin^2 x \equiv 0.$$

又如，函数 $1, x, x^2$ 在任何区间 (a, b) 内是线性无关的. 因为如果 k_1, k_2, k_3 不全为零，那么在该区间内至多只有两个 x 值能使二次三项式

$$k_1 + k_2 x + k_3 x^2$$

为零；要使它恒等于零，必须 k_1, k_2, k_3 全为零.

应用上述概念可知，对于两个函数的情形，它们线性相关与否，只要看它们的比是否为常数：如果比为常数，那么它们就线性相关；否则就线性无关.

有了线性无关的概念后，我们有如下关于二阶齐次线性微分方程(6)的通解结构的定理.

定理 2　如果 $y_1(x)$ 与 $y_2(x)$ 是方程(6)的两个线性无关的特解，那么

$$y = C_1 y_1(x) + C_2 y_2(x) \quad (C_1、C_2 \text{ 是任意常数})$$

就是方程(6)的通解.

例如，方程 $y'' + y = 0$ 是二阶齐次线性方程(这里 $p(x) \equiv 0, Q(x) \equiv 1$). 容易验证，$y_1 = \cos x$ 与 $y_2 = \sin x$ 是所给方程的两个解，且 $\dfrac{y_2}{y_1} = \dfrac{\sin x}{\cos x} = \tan x \neq$ 常数，即它们是线性无关的. 因此方程 $y'' + y = 0$ 的通解为

$$y = C_1 \cos x + C_2 \sin x.$$

又如，方程 $(x-1)y'' - xy' + y = 0$ 也是二阶齐次线性方程 $\left(\text{这里 } P(x) = -\dfrac{x}{x-1}, Q(x) = \dfrac{1}{x-1}\right)$. 容易验证 $y_1 = x, y_2 = e^x$ 是所给方程的两个解，且 $\dfrac{y_2}{y_1} = \dfrac{e^x}{x} \neq$ 常数，即它们是线性无关的. 因此方程的通解为

$$y = C_1 x + C_2 e^x.$$

定理 2 不难推广到 n 阶齐次线性方程.

推论　如果 $y_1(x), y_2(x), \cdots, y_n(x)$ 是 n 阶齐次线性方程

$$y^{(n)} + a_1(x) y^{(n-1)} + \cdots + a_{n-1}(x) y' + a_n(x) y = 0$$

的 n 个线性无关的解,那么,此方程的通解为

$$y=C_1y_1(x)+C_2y_2(x)+\cdots+C_ny_n(x),$$

其中 $C_1,C_2,\cdots,C_n$ 为任意常数.

下面讨论二阶非齐次线性方程(5).我们把方程(6)叫做与非齐次方程(5)对应的齐次方程.

在第四节中我们已经看到,一阶非齐次线性微分方程的通解由两部分构成:一部分是对应的齐次方程的通解;另一部分是非齐次方程本身的一个特解.实际上,不仅一阶非齐次线性微分方程的通解具有这样的结构,而且二阶及更高阶的非齐次线性微分方程的通解也具有同样的结构.

定理 3　设 $y^*(x)$ 是二阶非齐次线性方程

$$y''+P(x)y'+Q(x)y=f(x) \tag{5}$$

的一个特解. $Y(x)$ 是与(5)对应的齐次方程(6)的通解,那么

$$y=Y(x)+y^*(x) \tag{8}$$

是二阶非齐次线性微分方程(5)的通解.

证　把(8)式代入方程(5)的左端,得

$$\begin{aligned}&(Y''+y^{*''})+P(x)(Y'+y^{*'})+Q(x)(Y+y^*)\\&=[Y''+P(x)Y'+Q(x)Y]+[y^{*''}+P(x)y^{*'}+Q(x)y^*],\end{aligned}$$

由于 Y 是方程(6)的解,y^* 是(5)的解,可知第一个括号内的表达式恒等于零,第二个恒等于 $f(x)$.这样,$y=Y+y^*$ 使(5)的两端恒等.即(8)式是方程(5)的解.

由于对应的齐次方程(6)的通解 $Y=C_1y_1+C_2y_2$ 中含有两个任意常数,所以 $y=Y+y^*$ 中也含有两个任意常数,从而它就是二阶非齐次线性方程(5)的通解.

例如,方程 $y''+y=x^2$ 是二阶非齐次线性微分方程.已知 $Y=C_1\cos x+C_2\sin x$ 是对应的齐次方程 $y''+y=0$ 的通解;又容易验证 $y^*=x^2-2$ 是所给方程的一个特解.因此

$$y=C_1\cos x+C_2\sin x+x^2-2$$

是所给方程的通解.

非齐次线性微分方程(5)的特解有时可用下述定理来帮助求出.

定理 4　设非齐次线性方程(5)的右端 $f(x)$ 是几个函数之和,如

$$y''+P(x)y'+Q(x)y=f_1(x)+f_2(x), \tag{9}$$

而 $y_1^*(x)$ 与 $y_2^*(x)$ 分别是方程

$$y''+P(x)y'+Q(x)y=f_1(x)$$

与

$$y''+P(x)y'+Q(x)y=f_2(x)$$

的特解，那么 $y_1^*(x)+y_2^*(x)$ 就是原方程的特解.

证 将 $y=y_1^*+y_2^*$ 代入方程(9)的左端，得

$$\begin{aligned}&(y_1^*+y_2^*)''+P(x)(y_1^*+y_2^*)'+Q(x)(y_1^*+y_2^*)\\=&[y_1^{*}{}''+P(x)y_1^{*}{}'+Q(x)y_1^*]+[y_2^{*}{}''+P(x)y_2^{*}{}'+Q(x)y_2^*]\\=&f_1(x)+f_2(x).\end{aligned}$$

因此 $y_1^*+y_2^*$ 是方程(9)的一个特解.

这一定理通常称为非齐次线性微分方程的解的叠加原理.

定理 3 和定理 4 也可推广到 n 阶非齐次线性方程，这里不再赘述.

*三、常数变易法

在第四节中，为解一阶非齐次线性方程，我们用了常数变易法. 这方法的特点是：如果 $Cy_1(x)$ 是齐次线性方程的通解，那么，可以利用变换 $y=uy_1(x)$（这变换是把齐次方程的通解中的任意常数 C 换成未知函数 $u(x)$ 而得到的）去解非齐次线性方程. 这一方法也适用于解高阶线性方程. 下面就二阶线性方程来作讨论.

如果已知齐次方程(6)的通解为

$$Y(x)=C_1y_1(x)+C_2y_2(x),$$

那么，我们可以用如下的常数变易法去求非齐次方程(5)的通解：

令
$$y=y_1(x)v_1+y_2(x)v_2, \tag{10}$$

要确定未知函数 $v_1(x)$ 及 $v_2(x)$ 使(10)式所表示的函数 y 满足非齐次方程(5). 为此，对(10)式求导，得

$$y'=y_1v_1'+y_2v_2'+y_1'v_1+y_2'v_2.$$

由于两个未知函数 v_1、v_2 只需满足一个关系式(5)，所以可规定它们再满足一个关系式. 从 y' 的上述表示式可看出，为了使 y'' 的表示式中不含 v_1'' 和 v_2''，可设

$$y_1v_1'+y_2v_2'=0, \tag{11}$$

从而
$$y'=y_1'v_1+y_2'v_2,$$

再求导，得

$$y''=y_1'v_1'+y_2'v_2'+y_1''v_1+y_2''v_2.$$

把 y、y'、y'' 代入方程(5)，得

$$y_1'v_1'+y_2'v_2'+y_1''v_1+y_2''v_2+P(y_1'v_1+y_2'v_2)+Q(y_1v_1+y_2v_2)=f,$$

整理得

$$y_1'v_1'+y_2'v_2'+(y_1''+Py_1'+Qy_1)v_1+(y_2''+Py_2'+Qy_2)v_2=f.$$

注意到 y_1 及 y_2 是齐次方程(6)的解，故上式即为

$$y_1'v_1'+y_2'v_2'=f. \tag{12}$$

联立方程(11)与(12),在系数行列式

$$W=\begin{vmatrix} y_1 & y_2 \\ y_1' & y_2' \end{vmatrix}=y_1y_2'-y_1'y_2\neq 0$$

时,可解得

$$v_1'=-\frac{y_2f}{W}, v_2'=\frac{y_1f}{W}.$$

对上两式积分(假定 $f(x)$ 连续),得

$$v_1=C_1+\int\left(-\frac{y_2f}{W}\right)dx, v_2=C_2+\int\frac{y_1f}{W}dx.$$

于是得非齐次方程(5)的通解为

$$y=C_1y_1+C_2y_2-y_1\int\frac{y_2f}{W}dx+y_2\int\frac{y_1f}{W}dx.$$

例 3 已知齐次方程 $(x-1)y''-xy'+y=0$ 的通解为 $Y(x)=C_1x+C_2e^x$,求非齐次方程 $(x-1)y''-xy'+y=(x-1)^2$ 的通解.

解 把所给方程写成标准形式

$$y''-\frac{x}{x-1}y'+\frac{1}{x-1}y=x-1.$$

令 $y=xv_1+e^xv_2$. 按照

$$\begin{cases} y_1v_1'+y_2v_2'=0, \\ y_1'v_1'+y_2'v_2'=f. \end{cases} \text{有} \begin{cases} xv_1'+e^xv_2'=0, \\ v_1'+e^xv_2'=x-1, \end{cases}$$

解得

$$v_1'=-1, v_2'=xe^{-x}.$$

积分,得

$$v_1=C_1-x, v_2=C_2-(x+1)e^{-x}.$$

于是所求非齐次方程的通解为

$$y=C_1x+C_2e^x-(x^2+x+1).$$

如果只知齐次方程(6)的一个不恒为零的解 $y_1(x)$,那么,利用变换 $y=uy_1(x)$,可把非齐次方程(5)化为一阶线性方程.

事实上,把

$$y=y_1u, y'=y_1u'+y_1'u, y''=y_1u''+2y_1'u'+y_1''u$$

代入方程(5),得

$$y_1u''+2y_1'u'+y_1''u+P(y_1u'+y_1'u)+Qy_1u=f,$$

即

$$y_1u''+(2y_1'+Py_1)u'+(y_1''+Py_1'+Qy_1)u=f,$$

由于 $y_1''+Py_1'+Qy_1\equiv 0$,故上式为

$$y_1u''+(2y_1'+Py_1)u'=f.$$

令 $u'=z$,上式即化为一阶线性方程

$$y_1 z' + (2y_1' + Py_1)z = f. \tag{13}$$

把方程(5)化为方程(13)以后，按一阶线性方程的解法，设求得方程(13)的通解为

$$z = C_2 Z(x) + z^*(x),$$

积分得

$$u = C_1 + C_2 U(x) + u^*(x),$$

$$(\text{其中 } U'(x) = Z(x), u^{*\prime}(x) = z^*(x)),$$

上式乘以 $y_1(x)$，便得方程(5)的通解

$$y = C_1 y_1(x) + C_2 U(x) y_1(x) + u^*(x) y_1(x).$$

上述方法显然也适用于求齐次方程(6)的通解.

例 4 已知 $y_1(x) = \mathrm{e}^x$ 是齐次方程 $y'' - 2y' + y = 0$ 的解，求非齐次方程 $y'' - 2y' + y = \dfrac{1}{x}\mathrm{e}^x$ 的通解.

解 令 $y = \mathrm{e}^x u$，则 $y' = \mathrm{e}^x(u' + u)$，$y'' = \mathrm{e}^x(u'' + 2u' + u)$，代入非齐次方程，得

$$\mathrm{e}^x(u'' + 2u' + u) - 2\mathrm{e}^x(u' + u) + \mathrm{e}^x u = \frac{1}{x}\mathrm{e}^x,$$

即

$$\mathrm{e}^x u'' = \frac{1}{x}\mathrm{e}^x, \quad u'' = \frac{1}{x}.$$

这里不需再作变换去化为一阶线性方程，只要直接积分，便得

$$u' = C + \ln|x|,$$

再积分得

$$u = C_1 + Cx + x\ln|x| - x,$$

即

$$u = C_1 + C_2 x + x\ln|x|, \quad (C_2 = C - 1).$$

于是所求通解为

$$y = C_1\mathrm{e}^x + C_2 x\mathrm{e}^x + x\mathrm{e}^x\ln|x|.$$

习 题 12-7

1. 下列函数组在其定义区间内哪些是线性无关的？

(1) x, x^2； (2) $x, 2x$；

(3) $\mathrm{e}^{2x}, 3\mathrm{e}^{2x}$； (4) $\mathrm{e}^{-x}, \mathrm{e}^x$；

(5) $\cos 2x, \sin 2x$； (6) $\mathrm{e}^{x^2}, x\mathrm{e}^{x^2}$；

(7) $\sin 2x, \cos x \sin x$； (8) $\mathrm{e}^x\cos 2x, \mathrm{e}^x\sin 2x$；

(9) $\ln x, x\ln x$； (10) $\mathrm{e}^{ax}, \mathrm{e}^{bx}(a \neq b)$.

2. 验证 $y_1 = \cos\omega x$ 及 $y_2 = \sin\omega x$ 都是方程 $y'' + \omega^2 y = 0$ 的解，并写出该方程的通解.

3. 验证 $y_1 = \mathrm{e}^{x^2}$ 及 $y_2 = x\mathrm{e}^{x^2}$ 都是方程 $y'' - 4xy' + (4x^2 - 2)y = 0$ 的解，并写出该方程的通解.

4. 验证：

(1) $y=C_1\mathrm{e}^x+C_2\mathrm{e}^{2x}+\dfrac{1}{12}\mathrm{e}^{5x}$（$C_1$、$C_2$ 是任意常数）是方程 $y''-3y'+2y=\mathrm{e}^{5x}$ 的通解；

(2) $y=C_1\cos 3x+C_2\sin 3x+\dfrac{1}{32}(4x\cos x+\sin x)$（$C_1$、$C_2$ 是任意常数）是方程 $y''+9y=x\cos x$ 的通解；

(3) $y=C_1x^2+C_2x^2\ln x$（C_1、C_2 是任意常数）是方程 $x^2y''-3xy'+4y=0$ 的通解；

(4) $y=C_1x^5+\dfrac{C_2}{x}-\dfrac{x^2}{9}\ln x$（$C_1$、$C_2$ 是任意常数）是方程 $x^2y''-3xy'-5y=x^2\ln x$ 的通解；

(5) $y=\dfrac{1}{x}(C_1\mathrm{e}^x+C_2\mathrm{e}^{-x})+\dfrac{\mathrm{e}^x}{2}$（$C_1$、$C_2$ 是任意常数）是方程 $xy''+2y'-xy=\mathrm{e}^x$ 的通解.

(6) $y=C_1\mathrm{e}^x+C_2\mathrm{e}^{-x}+C_3\cos x+C_4\sin x-x^2$（$C_1$、$C_2$、$C_3$、$C_4$ 是任意常数）是方程 $y^{(4)}-y=x^2$ 的通解.

*5. 已知 $y_1(x)=\mathrm{e}^x$ 是齐次线性方程

$$(2x-1)y''-(2x+1)y'+2y=0$$

的一个解，求此方程的通解.

*6. 已知 $y_1(x)=x$ 是齐次线性方程 $x^2y''-2xy'+2y=0$ 的一个解，求非齐次线性方程 $x^2y''-2xy'+2y=2x^3$ 的通解.

*7. 已知齐次线性方程 $y''+y=0$ 的通解为 $Y(x)=C_1\cos x+C_2\sin x$，求非齐次线性方程 $y''+y=\sec x$ 的通解.

*8. 已知齐次线性方程 $x^2y''-xy'+y=0$ 的通解为 $Y(x)=C_1x+C_2x\cdot\ln|x|$，求非齐次线性方程 $x^2y''-xy'+y=x$ 的通解.

第八节　常系数齐次线性微分方程

先讨论二阶常系数齐次线性微分方程的解法，再把二阶方程的解法推广到 n 阶方程.

在二阶齐次线性微分方程

$$y''+P(x)y'+Q(x)y=0 \tag{1}$$

中，如果 y'、y 的系数 $P(x)$、$Q(x)$ 均为常数，即(1)式成为

$$y''+py'+qy=0, \tag{2}$$

其中 p、q 是常数，则称(2)为二阶常系数齐次线性微分方程. 如果 p、q 不全为常数，称(1)为二阶变系数齐次线性微分方程.

由上节讨论可知，要找微分方程(2)的通解，可以先求出它的两个解 y_1、y_2，如果 $\dfrac{y_2}{y_1}\neq$ 常数，即 y_1 与 y_2 线性无关，那么 $y=C_1y_1+C_2y_2$ 就是方程(2)的通

解.

当 r 为常数时,指数函数 $y=e^{rx}$ 和它的各阶导数都只相差一个常数因子.由于指数函数有这个特点,因此我们用 $y=e^{rx}$ 来尝试,看能否选取适当的常数 r,使 $y=e^{rx}$ 满足方程(2).

将 $y=e^{rx}$ 求导①,得到

$$y'=re^{rx},\qquad y''=r^2e^{rx}$$

把 y、y' 和 y'' 代入方程(2),得

$$(r^2+pr+q)e^{rx}=0.$$

由于 $e^{rx}\neq 0$,所以

$$r^2+pr+q=0. \tag{3}$$

由此可见,只要 r 满足代数方程(3),函数 $y=e^{rx}$ 就是微分方程(2)的解,我们把代数方程(3)叫做微分方程(2)的特征方程.

特征方程(3)是一个二次代数方程,其中 r^2、r 的系数及常数项恰好依次是微分方程(2)中 y''、y' 及 y 的系数.

特征方程(3)的两个根 r_1、r_2 可以用公式

$$r_{1,2}=\frac{-p\pm\sqrt{p^2-4q}}{2}$$

求出.它们有三种不同的情形:

(i) 当 $p^2-4q>0$ 时,r_1,r_2 是两个不相等的实根:

$$r_1=\frac{-p+\sqrt{p^2-4q}}{2},\ r_2=\frac{-p-\sqrt{p^2-4q}}{2};$$

(ii) 当 $p^2-4q=0$ 时,r_1,r_2 是两个相等的实根:

$$r_1=r_2=-\frac{p}{2};$$

(iii) 当 $p^2-4q<0$ 时,r_1,r_2 是一对共轭复根:

$$r_1=\alpha+i\beta,\quad r_2=\alpha-i\beta,$$

其中

$$\alpha=-\frac{p}{2},\quad \beta=\frac{\sqrt{4q-p^2}}{2}.$$

---

① 当 r 为复数 $a+ib$,x 为实变数时,导数公式 $\frac{d}{dx}e^{rx}=re^{rx}$ 仍成立.事实上,对欧拉公式

$$e^{(a+ib)x}=e^{ax}(\cos bx+i\sin bx)$$

两端求导,得

$$\begin{aligned}\frac{d}{dx}e^{(a+ib)x}&=ae^{ax}(\cos bx+i\sin bx)+e^{ax}(-b\sin bx+ib\cos bx)\\&=(a+ib)e^{ax}(\cos bx+i\sin bx)=(a+ib)e^{(a+ib)x}.\end{aligned}$$

相应地，微分方程(2)的通解也有三种不同的情形. 分别讨论如下：

(i) 特征方程有两个不相等的实根：$r_1 \neq r_2$.

由上面的讨论知道，$y_1 = e^{r_1 x}$、$y_2 = e^{r_2 x}$ 是微分方程(2)的两个解，并且 $\frac{y_2}{y_1} = \frac{e^{r_2 x}}{e^{r_1 x}} = e^{(r_2 - r_1)x}$ 不是常数，因此微分方程(2)的通解为

$$y = C_1 e^{r_1 x} + C_2 e^{r_2 x}.$$

(ii) 特征方程有两个相等的实根：$r_1 = r_2$.

这时，只得到微分方程(2)的一个解

$$y_1 = e^{r_1 x}.$$

为了得出微分方程(2)的通解，还需求出另一个解 y_2，并且要求 $\frac{y_2}{y_1}$ 不是常数.

设 $\frac{y_2}{y_1} = u(x)$，即 $y_2 = e^{r_1 x} u(x)$. 下面来求 $u(x)$.

将 y_2 求导，得

$$y_2' = e^{r_1 x}(u' + r_1 u),$$

$$y_2'' = e^{r_1 x}(u'' + 2r_1 u' + r_1^2 u),$$

将 y_2、y_2' 和 y_2'' 代入微分方程(2)，得

$$e^{r_1 x}[(u'' + 2r_1 u' + r_1^2 u) + p(u' + r_1 u) + qu] = 0,$$

约去 $e^{r_1 x}$，并以 u''、u'、u 为准合并同类项，得

$$u'' + (2r_1 + p)u' + (r_1^2 + pr_1 + q)u = 0.$$

由于 r_1 是特征方程(3)的二重根. 因此 $r_1^2 + pr_1 + q = 0$，且 $2r_1 + p = 0$，于是得

$$u'' = 0.$$

因为这里只要得到一个不为常数的解，所以不妨选取 $u = x$，由此得到微分方程(2)的另一个解

$$y_2 = x e^{r_1 x}.$$

从而微分方程(2)的通解为

$$y = C_1 e^{r_1 x} + C_2 x e^{r_1 x},$$

即

$$y = (C_1 + C_2 x) e^{r_1 x}.$$

(iii)特征方程有一对共轭复根；$r_1 = \alpha + i\beta$, $r_2 = \alpha - i\beta (\beta \neq 0)$.

这时，$y_1 = e^{(\alpha + i\beta)x}$，$y_2 = e^{(\alpha - i\beta)x}$ 是微分方程(2)的两个解，但它们是复值函数形式. 为了得出实值函数形式，我们先利用欧拉公式 $e^{i\theta} = \cos\theta + i\sin\theta$ 把 y_1、y_2

改写为

$$y_1 = e^{(\alpha+i\beta)x} = e^{\alpha x}\cdot e^{i\beta x} = e^{\alpha x}(\cos\beta x + i\sin\beta x),$$

$$y_2 = e^{(\alpha-i\beta)x} = e^{\alpha x}\cdot e^{-i\beta x} = e^{\alpha x}(\cos\beta x - i\sin\beta x).$$

由于复值函数 y_1 与 y_2 之间成共轭关系，因此，取它们的和除以 2 就得到它们的实部；取它们的差除以 2i 就得到它们的虚部．由于方程(2)的解符合叠加原理，所以实值函数

$$\bar{y}_1 = \frac{1}{2}(y_1 + y_2) = e^{\alpha x}\cos\beta x,$$

$$\bar{y}_2 = \frac{1}{2i}(y_1 - y_2) = e^{\alpha x}\sin\beta x$$

还是微分方程(2)的解，且$\dfrac{\bar{y}_1}{\bar{y}_2} = \dfrac{e^{\alpha x}\cos\beta x}{e^{\alpha x}\sin\beta x} = \cot\beta x$ 不是常数，所以微分方程(2)的通解为

$$y = e^{\alpha x}(C_1\cos\beta x + C_2\sin\beta x).$$

综上所述，求二阶常系数齐次线性微分方程

$$y'' + py' + qy = 0 \tag{2}$$

的通解的步骤如下：

第一步　写出微分方程(2)的特征方程

$$r^2 + pr + q = 0. \tag{3}$$

第二步　求出特征方程(3)的两个根 r_1, r_2．

第三步　根据特征方程(3)的两个根的不同情形，按照下列表格写出微分方程(2)的通解：

特征方程 $r^2 + pr + q = 0$ 的两个根 r_1, r_2	微分方程 $y'' + py' + qy = 0$ 的通解
两个不相等的实根 r_1, r_2	$y = C_1e^{r_1x} + C_2e^{r_2x}$
两个相等的实根 $r_1 = r_2$	$y = (C_1 + C_2x)e^{r_1x}$
一对共轭复根 $r_{1,2} = \alpha \pm i\beta$	$y = e^{\alpha x}(C_1\cos\beta x + C_2\sin\beta x)$

例 1　求微分方程 $y'' - 2y' - 3y = 0$ 的通解．

解　所给微分方程的特征方程为

$$r^2 - 2r - 3 = 0,$$

其根 $r_1 = -1, r_2 = 3$ 是两个不相等的实根，因此所求通解为

$$y = C_1e^{-x} + C_2e^{3x}.$$

例 2　求方程$\dfrac{d^2s}{dt^2} + 2\dfrac{ds}{dt} + s = 0$ 满足初始条件 $s|_{t=0} = 4$、$s'|_{t=0} = -2$ 的特

解.

解 所给方程的特征方程为

$$r^2+2r+1=0,$$

其根 $r_1=r_2=-1$ 是两个相等的实根，因此所求微分方程的通解为

$$s=(C_1+C_2t)\mathrm{e}^{-t}.$$

将条件 $s|_{t=0}=4$ 代入通解，得 $C_1=4$，从而

$$s=(4+C_2t)\mathrm{e}^{-t}.$$

将上式对 t 求导，得

$$s'=(C_2-4-C_2t)\mathrm{e}^{-t}.$$

再把条件 $s'|_{t=0}=-2$ 代入上式，得 $C_2=2$. 于是所求特解为

$$s=(4+2t)\mathrm{e}^{-t}.$$

例 3 求微分方程 $y''-2y'+5y=0$ 的通解.

解 所给方程的特征方程为

$$r^2-2r+5=0,$$

其根 $r_{1,2}=1\pm 2\mathrm{i}$ 为一对共轭复根. 因此所求通解为

$$y=\mathrm{e}^x(C_1\cos 2x+C_2\sin 2x).$$

例 4 在第七节例 1 中，设物体只受弹性恢复力 f 的作用，且在初瞬 $t=0$ 时的位置为 $x=x_0$，初始速度为 $\left.\frac{\mathrm{d}x}{\mathrm{d}t}\right|_{t=0}=v_0$. 求反映物体运动规律的函数 $x=x(t)$.

解 由于不计阻力 R，即假设 $-\mu\frac{\mathrm{d}x}{\mathrm{d}t}=0$，所以第七节中的方程(1)成为

$$\frac{\mathrm{d}^2x}{\mathrm{d}t^2}+k^2x=0, \tag{4}$$

方程(4)叫做无阻尼自由振动的微分方程.

反映物体运动规律的函数 $x=x(t)$ 是满足微分方程(4)及初始条件

$$x|_{t=0}=x_0,\left.\frac{\mathrm{d}x}{\mathrm{d}t}\right|_{t=0}=v_0$$

的特解.

方程(4)的特征方程为 $r^2+k^2=0$，其根 $r=\pm\mathrm{i}k$ 是一对共轭复根，所以方程(4)的通解为

$$x=C_1\cos kt+C_2\sin kt.$$

应用初始条件，定出 $C_1=x_0, C_2=\frac{v_0}{k}$. 因此，所求的特解为

$$x=x_0\cos kt+\frac{v_0}{k}\sin kt. \tag{5}$$

为了便于说明特解所反映的振动现象，我们令

$$x_0 = A\sin\varphi,\frac{v_0}{k} = A\cos\varphi,\quad (0\leqslant\varphi<2\pi)$$

于是(5)式成为

$$x = A\sin(kt+\varphi), \tag{6}$$

其中

$$A=\sqrt{x_0^2+\frac{v_0^2}{k^2}},\quad \tan\varphi=\frac{kx_0}{v_0}.$$

函数(6)的图形如图 12－11 所示(图中假定 $x_0>0, v_0>0$).

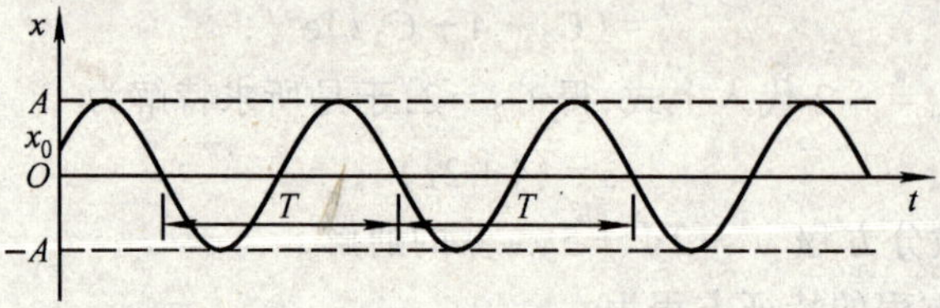

图　12－11

函数(6)所反映的运动就是简谐振动．这个振动的振幅为 A，初相为 φ，周期为 $T=\frac{2\pi}{k}$，角频率为 k．由于 $k=\sqrt{\frac{c}{m}}$(见第七节例 1)，它与初始条件无关，而完全由振动系统(在本例中就是弹簧和物体所组成的系统)本身所确定．因此，k 又叫做系统的固有频率．固有频率是反映振动系统特性的一个重要参数．

例 5　在第七节例 1 中，设物体受弹簧的恢复力 f 和阻力 R 的作用，且在初瞬 $t=0$ 时的位置 $x=x_0$，初始速度 $\left.\frac{\mathrm{d}x}{\mathrm{d}t}\right|_{t=0}=v_0$，求反映物体运动规律的函数 $x=x(t)$．

解　这就是要找满足有阻尼的自由振动方程

$$\frac{\mathrm{d}^2x}{\mathrm{d}t^2}+2n\frac{\mathrm{d}x}{\mathrm{d}t}+k^2x=0 \tag{7}$$

及初始条件

$$x|_{t=0}=x_0,\left.\frac{\mathrm{d}x}{\mathrm{d}t}\right|_{t=0}=v_0$$

的特解．

方程(7)的特征方程为 $r^2+2nr+k^2=0$，其根为

$$r=\frac{-2n\pm\sqrt{4n^2-4k^2}}{2}=-n\pm\sqrt{n^2-k^2}.$$

以下按 $n<k$，$n>k$ 及 $n=k$ 三种不同情形分别进行讨论．

(i)小阻尼情形：$n<k$．

特征方程的根 $r=-n\pm \mathrm{i}\omega$，($\omega=\sqrt{k^2-n^2}$)是一对共轭复根，所以方程(7)的通解为

$$x=\mathrm{e}^{-nt}(C_1\cos\omega t+C_2\sin\omega t).$$

应用初始条件，定出 $C_1=x_0, C_2=\dfrac{v_0+nx_0}{\omega}$，因此所求特解为

$$x=\mathrm{e}^{-nt}\left(x_0\cos\omega t+\frac{v_0+nx_0}{\omega}\sin\omega t\right). \tag{8}$$

如例 4 中所作的那样，令

$$x_0=A\sin\varphi,\quad \frac{v_0+nx_0}{\omega}=A\cos\varphi,\quad (0\leqslant\varphi<2\pi) \tag{9}$$

那么(8)式又可写成

$$x=A\mathrm{e}^{-nt}\sin(\omega t+\varphi), \tag{10}$$

其中

$$\omega=\sqrt{k^2-n^2}, A=\sqrt{x_0^2+\frac{(v_0+nx_0)^2}{\omega^2}},\quad \tan\varphi=\frac{x_0\omega}{v_0+nx_0}.$$

从(10)式看出，物体的运动是周期 $T=\dfrac{2\pi}{\omega}$ 的振动.但与简谐振动不同，它的振幅 $A\mathrm{e}^{-nt}$ 随时间 t 的增大而逐渐减小.因此，物体随时间 t 的增大而趋于平衡位置.

函数(10)的图形如图 12－12 所示(图中假定 $x_0=0, v_0>0$).

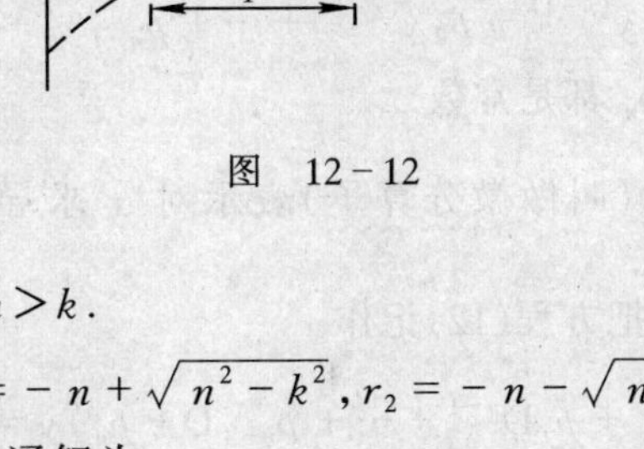

图 12－12

(ii) 大阻尼情形：$n>k$.

特征方程的根 $r_1=-n+\sqrt{n^2-k^2}$，$r_2=-n-\sqrt{n^2-k^2}$ 是两个不相等的负实根，所以方程(7)的通解为

$$x=C_1\mathrm{e}^{-(n-\sqrt{n^2-k^2})t}+C_2\mathrm{e}^{-(n+\sqrt{n^2-k^2})t}, \tag{11}$$

其中任意常数 C_1、C_2 可以由初始条件来确定.

从(11)式看出,使 $x=0$ 的 t 值最多只有一个,即物体最多越过平衡位置一次,因此物体已不再有振动现象.又当 $t\to+\infty$ 时,$x\to0$.因此,物体随时间 t 的增大而趋于平衡位置.

函数(11)的图形如图 12-13 所示(图中假定 $x_0>0, v_0>0$).

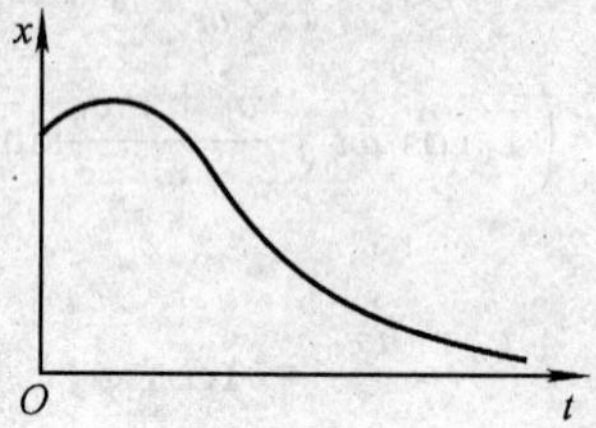

图 12-13

(iii)临界阻尼情形:$n=k$.

特征方程的根 $r_1=r_2=-n$ 是两个相等的实根,所以方程(7)的通解为

$$x=\mathrm{e}^{-nt}(C_1+C_2t),$$

其中任意常数 C_1 及 C_2 可由初始条件来确定.由上式可看出,在临界阻尼情形使 $x=0$ 的 t 值也最多只有一个,因此物体也不再有振动现象.又由于

$$\lim_{t\to+\infty} t\mathrm{e}^{-nt}=\lim_{t\to+\infty}\frac{t}{\mathrm{e}^{nt}}=\lim_{t\to+\infty}\frac{1}{n\mathrm{e}^{nt}}=0,$$

从而可以看出,当 $t\to+\infty$ 时,$x\to0$.因此,在临界阻尼情形,物体也随时间 t 的增大而趋于平衡位置.

上面讨论二阶常系数齐次线性微分方程所用的方法以及方程的通解的形式,可推广到 n 阶常系数齐次线性微分方程上去,对此我们不再详细讨论,只简单地叙述于下:

n 阶常系数齐次线性微分方程的一般形式是

$$y^{(n)}+p_1y^{(n-1)}+p_2y^{(n-2)}+\cdots+p_{n-1}y'+p_ny=0, \tag{12}$$

其中 $p_1,p_2,\cdots,p_{n-1},p_n$ 都是常数.

有时我们用记号 D(叫做微分算子)表示对 x 求导的运算 $\frac{\mathrm{d}}{\mathrm{d}x}$,把 $\frac{\mathrm{d}y}{\mathrm{d}x}$ 记作 $\mathrm{D}y$,把 $\frac{\mathrm{d}^ny}{\mathrm{d}x^n}$ 记作 D^ny,并把方程(12)记作

$$(\mathrm{D}^n+p_1\mathrm{D}^{n-1}+\cdots+p_{n-1}\mathrm{D}+p_n)y=0. \tag{13}$$

记 $$L(\mathrm{D})=\mathrm{D}^n+p_1\mathrm{D}^{n-1}+\cdots+p_{n-1}\mathrm{D}+p_n,$$

$L(\mathrm{D})$ 叫做微分算子 D 的 n 次多项式.于是方程(13)可记作

$$L(\mathrm{D})y=0.$$

如同讨论二阶常系数齐次线性微分方程那样，令 $y=e^{rx}$. 由于 $De^{rx}=re^{rx}$，$\cdots$，$D^n e^{rx}=r^n e^{rx}$，故 $L(D)e^{rx}=L(r)e^{rx}$. 因此把 $y=e^{rx}$ 代入方程(13)，得

$$L(r)e^{rx}=0.$$

由此可见，如果选取 r 是 n 次代数方程

$$L(r)=0 \text{ 即 } r^n+p_1r^{n-1}+p_2r^{n-2}+\cdots+p_{n-1}r+p_n=0 \tag{14}$$

的根，那么作出的函数 $y=e^{rx}$ 就是方程(13)的一个解.

方程(14)叫做方程(13)的特征方程.

根据特征方程的根，可以写出其对应的微分方程的解如下：

特征方程的根	微分方程通解中的对应项
单实根 r	给出一项：Ce^{rx}
一对单复根 $r_{1,2}=\alpha\pm i\beta$	给出两项：$e^{\alpha x}(C_1\cos\beta x+C_2\sin\beta x)$
k 重实根 r	给出 k 项：$e^{rx}(C_1+C_2x+\cdots+C_kx^{k-1})$
一对 k 重复根 $r_{1,2}=\alpha\pm i\beta$	给出 $2k$ 项：$e^{\alpha x}[(C_1+C_2x+\cdots+C_kx^{k-1})\cos\beta x+(D_1+D_2x+\cdots+D_kx^{k-1})\sin\beta x]$

从代数学知道，n 次代数方程有 n 个根(重根按重数计算). 而特征方程的每一个根都对应着通解中的一项，且每项各含一个任意常数. 这样就得到 n 阶常系数齐次线性微分方程的通解：

$$y=C_1y_1+C_2y_2+\cdots+C_ny_n.$$

例 6 求方程 $y^{(4)}-2y'''+5y''=0$ 的通解.

解 这里的特征方程为

$$r^4-2r^3+5r^2=0,$$

即

$$r^2(r^2-2r+5)=0.$$

它的根是 $r_1=r_2=0$ 和 $r_{3,4}=1\pm2i$.

因此所给微分方程的通解为

$$y=C_1+C_2x+e^x(C_3\cos 2x+C_4\sin 2x).$$

例 7 求方程 $\dfrac{d^4w}{dx^4}+\beta^4w=0$ 的通解，其中 $\beta>0$.

解 这里的特征方程为

$$r^4+\beta^4=0.$$

由于

$$r^4+\beta^4=r^4+2r^2\beta^2+\beta^4-2r^2\beta^2=(r^2+\beta^2)^2-2r^2\beta^2$$

$$=(r^2-\sqrt{2}\beta r+\beta^2)(r^2+\sqrt{2}\beta r+\beta^2),$$

所以特征方程可以写为

$$(r^2-\sqrt{2}\beta r+\beta^2)(r^2+\sqrt{2}\beta r+\beta^2)=0.$$

它的根为 $r_{1,2}=\frac{\beta}{\sqrt{2}}(1\pm \mathrm{i}),r_{3,4}=-\frac{\beta}{\sqrt{2}}(1\pm \mathrm{i})$,因此所给方程的通解为

$$w=\mathrm{e}^{\frac{\beta}{\sqrt{2}}x}\left(C_1\cos\frac{\beta}{\sqrt{2}}x+C_2\sin\frac{\beta}{\sqrt{2}}x\right)+\mathrm{e}^{-\frac{\beta}{\sqrt{2}}x}\left(C_3\cos\frac{\beta}{\sqrt{2}}x+C_4\sin\frac{\beta}{\sqrt{2}}x\right).$$

习 题 12-8

1. 求下列微分方程的通解:

(1) $y''+y'-2y=0$;　　(2) $y''-4y'=0$;

(3) $y''+y=0$;　　(4) $y''+6y'+13y=0$;

(5) $4\frac{\mathrm{d}^2x}{\mathrm{d}t^2}-20\frac{\mathrm{d}x}{\mathrm{d}t}+25x=0$;　　(6) $y''-4y'+5y=0$;

(7) $y^{(4)}-y=0$;　　(8) $y^{(4)}+2y''+y=0$;

(9) $y^{(4)}-2y'''+y''=0$;　　(10) $y^{(4)}+5y''-36y=0$.

2. 求下列微分方程满足所给初始条件的特解:

(1) $y''-4y'+3y=0,y|_{x=0}=6,y'|_{x=0}=10$;

(2) $4y''+4y'+y=0,y|_{x=0}=2,y'|_{x=0}=0$;

(3) $y''-3y'-4y=0,y|_{x=0}=0,y'|_{x=0}=-5$;

(4) $y''+4y'+29y=0,y|_{x=0}=0,y'|_{x=0}=15$;

(5) $y''+25y=0,y|_{x=0}=2,y'|_{x=0}=5$;

(6) $y''-4y'+13y=0,y|_{x=0}=0,y'|_{x=0}=3$.

3. 一个单位质量的质点在数轴上运动,开始时质点在原点 O 处且速度为 v_0,在运动过程中,它受到一个力的作用,这个力的大小与质点到原点的距离成正比(比例系数 $k_1>0$)而方向与初速一致.又介质的阻力与速度成正比(比例系数 $k_2>0$).求反映这质点的运动规律的函数.

4. 在图 12-14 所示的电路中先将开关 K 拨向 A,达到稳定状态后再将开关 K 拨向 B,求电压 $u_C(t)$ 及电流 $i(t)$.已知 $E=20$ V,$C=0.5\times10^{-6}$ F(法),$L=0.1$ H(亨),$R=2\ 000\ \Omega$.

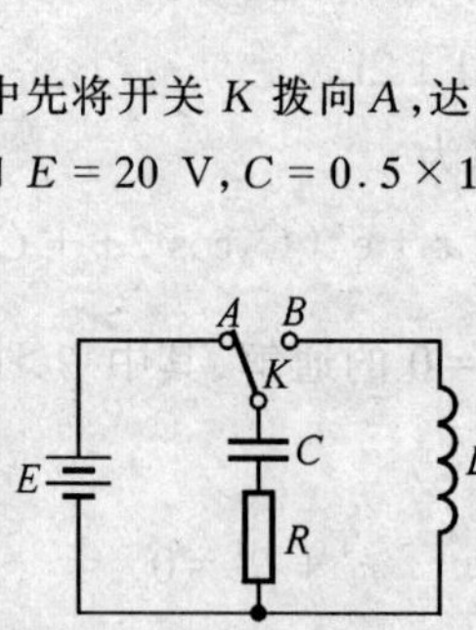

图 12-14

5. 设圆柱形浮筒，直径为 0.5 m，铅直放在水中，当稍向下压后突然放开，浮筒在水中上下振动的周期为 2 s，求浮筒的质量.

第九节　常系数非齐次线性微分方程

本节着重讨论二阶常系数非齐次线性微分方程的解法，并对 n 阶方程的解法作必要的说明.

二阶常系数非齐次线性微分方程的一般形式是

$$y'' + py' + qy = f(x), \tag{1}$$

其中 p、q 是常数.

由第七节定理 3 可知，求二阶常系数非齐次线性微分方程的通解，归结为求对应的齐次方程.

$$y'' + py' + qy = 0 \tag{2}$$

的通解和非齐次方程(1)本身的一个特解.由于二阶常系数齐次线性微分方程的通解的求法已在第八节得到解决，所以这里只需讨论求二阶常系数非齐次线性微分方程的一个特解 y^* 的方法.

本节只介绍当方程(1)中的 $f(x)$ 取两种常见形式时求 y^* 的方法.这种方法的特点是不用积分就可求出 y^* 来，它叫做待定系数法. $f(x)$的两种形式是

(1) $f(x) = P_m(x)e^{\lambda x}$，其中 λ 是常数，$P_m(x)$是 x 的一个 m 次多项式：

$$P_m(x) = a_0x^m + a_1x^{m-1} + \cdots + a_{m-1}x + a_m;$$

(2) $f(x) = e^{\lambda x}[P_l(x)\cos \omega x + P_n(x)\sin \omega x]$，其中 λ、ω 是常数，$P_l(x)$、$P_n(x)$分别是 x 的 l 次、n 次多项式，其中有一个可为零.

下面分别介绍 $f(x)$为上述两种形式时 y^* 的求法.

一、$f(x) = e^{\lambda x}P_m(x)$型

我们知道，方程(1)的特解 y^* 是使(1)成为恒等式的函数.怎样的函数能使(1)成为恒等式呢？因为(1)式右端 $f(x)$是多项式 $P_m(x)$与指数函数 $e^{\lambda x}$ 的乘积，而多项式与指数函数乘积的导数仍然是多项式与指数函数的乘积，因此，我们推测 $y^* = Q(x)e^{\lambda x}$(其中 $Q(x)$是某个多项式)可能是方程(1)的特解.把 y^*、$y^{*\prime}$及 $y^{*\prime\prime}$代入方程(1)，然后考虑能否选取适当的多项式 $Q(x)$，使 $y^* = Q(x)e^{\lambda x}$满足方程(1).为此，将

$$y^* = Q(x)e^{\lambda x},$$

$$y^{*\prime} = e^{\lambda x}[\lambda Q(x) + Q'(x)],$$

$$y^{*\prime\prime} = e^{\lambda x}[\lambda^2 Q(x) + 2\lambda Q'(x) + Q''(x)]$$

代入方程(1)并消去 $e^{\lambda x}$,得

$$Q''(x)+(2\lambda+p)Q'(x)+(\lambda^2+p\lambda+q)Q(x)=P_m(x). \tag{3}$$

(i) 如果 λ 不是(2)式的特征方程 $r^2+pr+q=0$ 的根,即 $\lambda^2+p\lambda+q\neq0$,由于 $P_m(x)$ 是一个 m 次多项式,要使(3)的两端恒等,那么可令 $Q(x)$ 为另一个 m 次多项式 $Q_m(x)$:

$$Q_m(x)=b_0x^m+b_1x^{m-1}+\cdots+b_{m-1}x+b_m,$$

代入(3)式,比较等式两端 x 同次幂的系数,就得到以 $b_0,b_1,\cdots,b_m$ 作为未知数的 $m+1$ 个方程的联立方程组.从而可以定出这些 $b_i(i=0,1,\cdots,m)$,并得到所求的特解 $y^*=Q_m(x)e^{\lambda x}$.

(ii) 如果 λ 是特征方程 $r^2+pr+q=0$ 的单根,即 $\lambda^2+p\lambda+q=0$,但 $2\lambda+p\neq0$,要使(3)的两端恒等,那么 $Q'(x)$ 必须是 m 次多项式.此时可令

$$Q(x)=xQ_m(x),$$

并且可用同样的方法来确定 $Q_m(x)$ 的系数 $b_i(i=0,1,2,\cdots,m)$.

(iii) 如果 λ 是特征方程 $r^2+pr+q=0$ 的重根,即 $\lambda^2+p\lambda+q=0$,且 $2\lambda+p=0$,要使(3)的两端恒等,那么 $Q''(x)$ 必须是 m 次多项式.此时可令

$$Q(x)=x^2Q_m(x),$$

并用同样的方法来确定 $Q_m(x)$ 中的系数.

综上所述,我们有如下结论:

如果 $f(x)=P_m(x)e^{\lambda x}$,则二阶常系数非齐次线性微分方程(1)具有形如

$$y^*=x^kQ_m(x)e^{\lambda x} \tag{4}$$

的特解,其中 $Q_m(x)$ 是与 $P_m(x)$ 同次(m 次)的多项式,而 k 按 λ 不是特征方程的根、是特征方程的单根或是特征方程的重根依次取为 0、1 或 2.

上述结论可推广到 n 阶常系数非齐次线性微分方程,但要注意(4)式中的 k 是特征方程含根 λ 的重复次数(即若 λ 不是特征方程的根,k 取为 0;若 λ 是特征方程的 s 重根,k 取为 s).

例 1 求微分方程 $y''-2y'-3y=3x+1$ 的一个特解.

解 这是二阶常系数非齐次线性微分方程,且函数 $f(x)$ 是 $P_m(x)e^{\lambda x}$ 型(其中 $P_m(x)=3x+1,\lambda=0$).

与所给方程对应的齐次方程为

$$y''-2y'-3y=0,$$

它的特征方程为

$$r^2-2r-3=0.$$

由于这里 $\lambda=0$ 不是特征方程的根,所以应设特解为

$$y^*=b_0x+b_1.$$

把它代入所给方程，得

$$-3b_0x-2b_0-3b_1=3x+1,$$

比较两端 x 同次幂的系数，得

$$\begin{cases}-3b_0=3,\\-2b_0-3b_1=1.\end{cases}$$

由此求得 $b_0=-1,b_1=\frac{1}{3}$. 于是求得一个特解为

$$y^*=-x+\frac{1}{3}.$$

例 2 求微分方程 $y''-5y'+6y=xe^{2x}$ 的通解.

解 所给方程也是二阶常系数非齐次线性微分方程，且 $f(x)$ 呈 $P_m(x)e^{\lambda x}$ 型(其中 $P_m(x)=x,\lambda=2$).

与所给方程对应的齐次方程为

$$y''-5y'+6y=0,$$

它的特征方程

$$r^2-5r+6=0$$

有两个实根 $r_1=2,r_2=3$. 于是与所给方程对应的齐次方程的通解为

$$Y=C_1e^{2x}+C_2e^{3x}.$$

由于 $\lambda=2$ 是特征方程的单根，所以应设 y^* 为

$$y^*=x(b_0x+b_1)e^{2x}.$$

把它代入所给方程，得

$$-2b_0x+2b_0-b_1=x.$$

比较等式两端同次幂的系数，得

$$\begin{cases}-2b_0=1,\\2b_0-b_1=0.\end{cases}$$

解得 $b_0=-\frac{1}{2},b_1=-1$. 因此求得一个特解为

$$y^*=x\left(-\frac{1}{2}x-1\right)e^{2x}.$$

从而所求的通解为

$$y=C_1e^{2x}+C_2e^{3x}-\frac{1}{2}(x^2+2x)e^{2x}.$$

二、$f(x)=e^{\lambda x}[P_l(x)\cos\omega x+P_n(x)\sin\omega x]$ 型

应用欧拉公式(第十一章第五节)，把三角函数表为复变指数函数的形式，有

$$
\begin{aligned}
f(x) &= e^{\lambda x}[P_l\cos\omega x + P_n\sin\omega x] \\
&= e^{\lambda x}\left[P_l\frac{e^{i\omega x}+e^{-i\omega x}}{2} + P_n\frac{e^{i\omega x}-e^{-i\omega x}}{2i}\right] \\
&= \left(\frac{P_l}{2}+\frac{P_n}{2i}\right)e^{(\lambda+i\omega)x} + \left(\frac{P_l}{2}-\frac{P_n}{2i}\right)e^{(\lambda-i\omega)x} \\
&= P(x)e^{(\lambda+i\omega)x} + \overline{P}(x)e^{(\lambda-i\omega)x}
\end{aligned}
$$

其中
$$
P(x)=\frac{P_l}{2}+\frac{P_n}{2i}=\frac{P_l}{2}-\frac{P_n}{2}i,
$$
$$
\overline{P}(x)=\frac{P_l}{2}-\frac{P_n}{2i}=\frac{P_l}{2}+\frac{P_n}{2}i
$$
是互成共轭的 m 次多项式(即它们对应项的系数是共轭复数),而 $m=\max\{l,n\}$.

应用上一目的结果,对于 $f(x)$中的第一项 $P(x)e^{(\lambda+i\omega)x}$,可求出一个 m 次多项式 $Q_m(x)$,使得 $y_1^*=x^kQ_me^{(\lambda+i\omega)x}$ 为方程
$$
y''+py'+qy=P(x)e^{(\lambda+i\omega)x}
$$
的特解,其中 k 按 $\lambda+i\omega$ 不是特征方程的根或是特征方程的单根依次取 0 或 1. 由于 $f(x)$的第二项 $\overline{P}(x)e^{(\lambda-i\omega)x}$ 与第一项 $P(x)\cdot e^{(\lambda+i\omega)x}$ 成共轭,所以与 y_1^* 成共轭的函数 $y_2^*=x^k\overline{Q}_me^{(\lambda-i\omega)x}$ 必然是方程
$$
y''+py'+qy=\overline{P}(x)e^{(\lambda-i\omega)x}
$$
的特解,这里 $\overline{Q}_m$ 表示与 Q_m 成共轭的 m 次多项式. 于是,根据第七节定理 4,方程(1)具有形如
$$
y^*=x^kQ_me^{(\lambda+i\omega)x}+x^k\overline{Q}_me^{(\lambda-i\omega)x}
$$
的特解. 上式可写为
$$
\begin{aligned}
y^* &= x^ke^{\lambda x}[Q_me^{i\omega x}+\overline{Q}_me^{-i\omega x}] \\
&= x^ke^{\lambda x}[Q_m(\cos\omega x+i\sin\omega x)+\overline{Q}_m(\cos\omega x-i\sin\omega x)],
\end{aligned}
$$
由于括号内的两项是互成共轭的,相加后即无虚部,所以可以写成实函数的形式
$$
y^*=x^ke^{\lambda x}[R_m^{(1)}(x)\cos\omega x+R_m^{(2)}(x)\sin\omega x].
$$

综上所述,我们有如下结论:

如果 $f(x)=e^{\lambda x}[P_l(x)\cos\omega x+P_n(x)\sin\omega x]$,则二阶常系数非齐次线性微分方程(1)的特解可设为
$$
y^*=x^ke^{\lambda x}[R_m^{(1)}(x)\cos\omega x+R_m^{(2)}(x)\sin\omega x],\tag{5}
$$
其中 $R_m^{(1)}(x)$、$R_m^{(2)}(x)$是 m 次多项式,$m=\max\{l,n\}$,而 k 按 $\lambda+i\omega$(或 $\lambda-i\omega$)不是特征方程的根、或是特征方程的单根依次取 0 或 1.

上述结论可推广到 n 阶常系数非齐次线性微分方程,但要注意(5)式中的 k 是特征方程中含根 $\lambda+i\omega$(或 $\lambda-i\omega$)的重复次数.

例 3 求微分方程 $y''+y=x\cos 2x$ 的一个特解.

解 所给方程是二阶常系数非齐次线性方程,且 $f(x)$ 属于 $e^{\lambda x}[P_l(x)\cos\omega x+P_n(x)\sin\omega x]$ 型(其中 $\lambda=0,\omega=2,P_l(x)=x,P_n(x)=0$).

与所给方程对应的齐次方程为

$$y''+y=0,$$

它的特征方程为

$$r^2+1=0.$$

由于这里 $\lambda+i\omega=2i$ 不是特征方程的根,所以应设特解为

$$y^*=(ax+b)\cos 2x+(cx+d)\sin 2x.$$

把它代入所给方程,得

$$(-3ax-3b+4c)\cos 2x-(3cx+3d+4a)\sin 2x=x\cos 2x.$$

比较两端同类项的系数,得

$$\begin{cases}-3a=1,\\-3b+4c=0,\\-3c=0,\\-3d-4a=0,\end{cases}$$

由此解得 $a=-\dfrac{1}{3},b=0,c=0,d=\dfrac{4}{9}$.

于是求得一个特解为

$$y^*=-\frac{1}{3}x\cos 2x+\frac{4}{9}\sin 2x.$$

例 4 在第七节例 1 中,设物体受弹性恢复力 f 和铅直干扰力 F 的作用.试求物体的运动规律.

解 这里需要求出无阻尼强迫振动方程

$$\frac{d^2x}{dt^2}+k^2x=h\sin pt \tag{6}$$

的通解.

对应的齐次微分方程(即无阻尼自由振动方程)为

$$\frac{d^2x}{dt^2}+k^2x=0, \tag{7}$$

它的特征方程 $r^2+k^2=0$ 的根为 $r=\pm ik$.故方程(7)的通解为

$$X=C_1\cos kt+C_2\sin kt.$$

令 $$C_1=A\sin\varphi,C_2=A\cos\varphi,$$

则方程(7)的通解又可写成

$$X=A\sin(kt+\varphi),$$

其中，A,φ 为任意常数.

方程(6)右端的函数

$$f(t)=h\sin pt$$

与 $f(t)=e^{\lambda t}[P_l(t)\cos\omega t+P_n(t)\sin\omega t]$ 相比较，就有 $\lambda=0,\omega=p,P_l(t)=0$，$P_n(t)=h$. 现在分别就 $p\neq k$ 和 $p=k$ 两种情形讨论如下：

(i) 如果 $p\neq k$，则 $\lambda\pm i\omega=\pm ip$ 不是特征方程的根，故设

$$x^*=a_1\cos pt+b_1\sin pt.$$

代入方程(6)求得

$$a_1=0,\qquad b_1=\frac{h}{k^2-p^2},$$

于是

$$x^*=\frac{h}{k^2-p^2}\sin pt.$$

从而当 $p\neq k$ 时，方程(6)的通解为

$$x=X+x^*=A\sin(kt+\varphi)+\frac{h}{k^2-p^2}\sin pt.$$

上式表示，物体的运动由两部分组成，这两部分都是简谐振动. 上式第一项表示自由振动，第二项所表示的振动叫做强迫振动. 强迫振动是干扰力引起的，它的角频率即是干扰力的角频率 p；当干扰力的角频率 p 与振动系统的固有频率 k 相差很小时，它的振幅 $\left|\frac{h}{k^2-p^2}\right|$ 可以很大.

(ii) 如果 $p=k$ 则 $\lambda\pm i\omega=\pm ip$ 是特征方程的根. 故设

$$x^*=t(a_1\cos kt+b_1\sin kt).$$

代入方程(6)求得

$$a_1=-\frac{h}{2k},\ b_1=0.$$

于是

$$x^*=-\frac{h}{2k}t\cos kt.$$

从而当 $p=k$ 时，方程(6)的通解为

$$x=X+x^*=A\sin(kt+\varphi)-\frac{h}{2k}t\cos kt.$$

上式右端第二项表明，强迫振动的振幅 $\frac{h}{2k}t$ 随时间 t 的增大而无限增大. 这就发生所谓共振现象. 为了避免共振现象，应使干扰力的角频率 p 不要靠近振动系统的固有频率 k. 反之，如果要利用共振现象，则应使 $p=k$ 或使 p 与 k 尽量靠近.

有阻尼的强迫振动问题可作类似的讨论，这里从略了.

习　题　12－9

1. 求下列各微分方程的通解：

(1) $2y''+y'-y=2\mathrm{e}^x$；　(2) $y''+a^2y=\mathrm{e}^x$；

(3) $2y''+5y'=5x^2-2x-1$；　(4) $y''+3y'+2y=3x\mathrm{e}^{-x}$；

(5) $y''-2y'+5y=\mathrm{e}^x\sin 2x$；　(6) $y''-6y'+9y=(x+1)\mathrm{e}^{3x}$；

(7) $y''+5y'+4y=3-2x$；　(8) $y''+4y=x\cos x$；

(9) $y''+y=\mathrm{e}^x+\cos x$；　(10) $y''-y=\sin^2 x$.

2. 求下列各微分方程满足已给初始条件的特解：

(1) $y''+y+\sin 2x=0, y|_{x=\pi}=1, y'|_{x=\pi}=1$；

(2) $y''-3y'+2y=5, y|_{x=0}=1, y'|_{x=0}=2$；

(3) $y''-10y'+9y=\mathrm{e}^{2x}, y|_{x=0}=\dfrac{6}{7}, y'|_{x=0}=\dfrac{33}{7}$；

(4) $y''-y=4x\mathrm{e}^x, y|_{x=0}=0, y'|_{x=0}=1$；

(5) $y''-4y'=5, y|_{x=0}=1; y'|_{x=0}=0$.

3. 大炮以仰角 α、初速 v_0 发射炮弹，若不计空气阻力，求弹道曲线.

4. 在 R、L、C 含源串联电路中，电动势为 E 的电源对电容器 C 充电. 已知 $E=20$ V, $C=0.2$ μF(微法), $L=0.1$ H(亨), $R=1\ 000$ Ω, 试求合上开关 K 后的电流 $i(t)$ 及电压 $u_C(t)$.

5. 一链条悬挂在一钉子上，起动时一端离开钉子 8 m 另一端离开钉子 12 m，分别在以下两种情况下求链条滑下来所需要的时间：

(1) 若不计钉子对链条所产生的摩擦力；

(2) 若摩擦力为 1 m 长的链条的重量.

6. 设函数 $\varphi(x)$ 连续，且满足

$$\varphi(x)=\mathrm{e}^x+\int_0^x t\varphi(t)\mathrm{d}t-x\int_0^x\varphi(t)\mathrm{d}t,$$

求 $\varphi(x)$.

*第十节　欧拉方程

变系数的线性微分方程，一般说来都是不容易求解的. 但是有些特殊的变系数线性微分方程，则可以通过变量代换化为常系数线性微分方程，因而容易求解，欧拉方程就是其中的一种.

形如

$$x^ny^{(n)}+p_1x^{n-1}y^{(n-1)}+\cdots+p_{n-1}xy'+p_ny=f(x) \tag{1}$$

的方程(其中 $p_1, p_2, \cdots, p_n$ 为常数)，叫做欧拉方程.

作变换　　$x=\mathrm{e}^t$　或　$t=\ln x$,

将自变量 x 换成 t ①，我们有

$$\frac{dy}{dx}=\frac{dy}{dt}\cdot\frac{dt}{dx}=\frac{1}{x}\frac{dy}{dt},$$

$$\frac{d^2y}{dx^2}=\frac{1}{x^2}\left(\frac{d^2y}{dt^2}-\frac{dy}{dt}\right),$$

$$\frac{d^3y}{dx^3}=\frac{1}{x^3}\left(\frac{d^3y}{dt^3}-3\frac{d^2y}{dt^2}+2\frac{dy}{dt}\right).$$

如果采用记号 D 表示对 t 求导的运算 $\frac{d}{dt}$，那么上述计算结果可以写成

$$xy'=Dy,$$

$$x^2y''=\frac{d^2y}{dt^2}-\frac{dy}{dt}=\left(\frac{d^2}{dt^2}-\frac{d}{dt}\right)y$$

$$=(D^2-D)y=D(D-1)y,$$

$$x^3y'''=\frac{d^3y}{dt^3}-3\frac{d^2y}{dt^2}+2\frac{dy}{dt}$$

$$=(D^3-3D^2+2D)y=D(D-1)(D-2)y,$$

一般地，有

$$x^ky^{(k)}=D(D-1)\cdots(D-k+1)y.$$

把它代入欧拉方程(1)，便得一个以 t 为自变量的常系数线性微分方程. 在求出这个方程的解后，把 t 换成 $\ln x$，即得原方程的解.

例 求欧拉方程 $x^3y'''+x^2y''-4xy'=3x^2$ 的通解.

解 作变换 $x=e^t$ 或 $t=\ln x$，原方程化为

$$D(D-1)(D-2)y+D(D-1)y-4Dy=3e^{2t},$$

即

$$D^3y-2D^2y-3Dy=3e^{2t},$$

或

$$\frac{d^3y}{dt^3}-2\frac{d^2y}{dt^2}-3\frac{dy}{dt}=3e^{2t}. \tag{2}$$

方程(2)所对应的齐次方程为

$$\frac{d^3y}{dt^3}-2\frac{d^2y}{dt^2}-3\frac{dy}{dt}=0, \tag{3}$$

其特征方程为

$$r^3-2r^2-3r=0,$$

它有三个根：$r_1=0, r_2=-1, r_3=3$. 于是方程(3)的通解为

$$Y=C_1+C_2e^{-t}+C_3e^{3t}=C_1+\frac{C_2}{x}+C_3x^3.$$

根据上节第一目，特解的形式为

---

① 这里仅在 $x>0$ 范围内求解. 如果要在 $x<0$ 内求解，则可作变换 $x=-e^t$ 或 $t=\ln(-x)$，所得结果与 $x>0$ 内的结果相类似.

$$y^* = b\mathrm{e}^{2t} = bx^2,$$

代入原方程,求得 $b = -\dfrac{1}{2}$,即

$$y^* = -\frac{x^2}{2}.$$

于是,所给欧拉方程的通解为①

$$y = C_1 + \frac{C_2}{x} + C_3x^3 - \frac{1}{2}x^2.$$

*习 题 12-10

求下列欧拉方程的通解:

1. $x^2y'' + xy' - y = 0$;
2. $y'' - \dfrac{y'}{x} + \dfrac{y}{x^2} = \dfrac{2}{x}$;
3. $x^3y''' + 3x^2y'' - 2xy' + 2y = 0$;
4. $x^2y'' - 2xy' + 2y = \ln^2 x - 2\ln x$;
5. $x^2y'' + xy' - 4y = x^3$;
6. $x^2y'' - xy' + 4y = x\sin(\ln x)$;
7. $x^2y'' - 3xy' + 4y = x + x^2\ln x$;
8. $x^3y''' + 2xy' - 2y = x^2\ln x + 3x$.

第十一节 微分方程的幂级数解法

当微分方程的解不能用初等函数或其积分式表达时,我们就要寻求其他解法.常用的有幂级数解法和数值解法.本节我们简单地介绍微分方程的幂级数解法.

求一阶微分方程

$$\frac{\mathrm{d}y}{\mathrm{d}x} = f(x, y) \tag{1}$$

满足初始条件 $y|_{x=x_0} = y_0$ 的特解,其中函数 $f(x, y)$是$(x - x_0)$、$(y - y_0)$的多项式:

$$f(x, y) = a_{00} + a_{10}(x - x_0) + a_{01}(y - y_0) + \cdots + a_{lm}(x - x_0)^l(y - y_0)^m.$$

这时我们可以设所求特解可展开为 $x - x_0$ 的幂级数:

$$y = y_0 + a_1(x - x_0) + a_2(x - x_0)^2 + \cdots + a_n(x - x_0)^n + \cdots, \tag{2}$$

其中 $a_1, a_2, \cdots, a_n, \cdots$,是待定的系数.把(2)代入(1)中,便得一恒等式,比较这恒等式两端 $x - x_0$ 的同次幂的系数,就可定出常数 $a_1, a_2, \cdots$,以这些常数为系数的级数(2)在其收敛区间内就是方程(1)满足初始条件 $y|_{x=x_0} = y_0$ 的特解.

① 这是在 $x>0$ 内所求得的通解.容易验证,在 $x<0$ 内,它也是所给方程的通解.

例 1 求方程$\frac{dy}{dx}=x+y^2$满足$y|_{x=0}=0$的特解.

解 这时$x_0=0,y_0=0$,故设

$$y=a_1x+a_2x^2+a_3x^3+a_4x^4+a_5x^5+\cdots,$$

把y及y'的幂级数展开式代入原方程,得

$$\begin{aligned}&a_1+2a_2x+3a_3x^2+4a_4x^3+5a_5x^4+\cdots\\=&x+(a_1x+a_2x^2+a_3x^3+\cdots)^2\\=&x+a_1^2x^2+2a_1a_2x^3+(a_2^2+2a_1a_3)x^4+\cdots,\end{aligned}$$

由此,比较恒等式两端x的同次幂的系数,得

$$a_1=0,a_2=\frac{1}{2},a_3=0,a_4=0,a_5=\frac{1}{20},\cdots,$$

于是所求解的幂级数展开式的开始几项为

$$y=\frac{1}{2}x^2+\frac{1}{20}x^5+\cdots.$$

关于二阶齐次线性方程

$$y''+P(x)y'+Q(x)y=0 \tag{3}$$

用幂级数求解的问题,我们先叙述一个定理:

定理 如果方程(3)中的系数$P(x)$与$Q(x)$可在$-R<x<R$内展开为x的幂级数,那么在$-R<x<R$内方程(3)必有形如

$$y=\sum_{n=0}^{\infty}a_nx^n$$

的解.

这定理的证明从略.

例 2 求微分方程

$$y''-xy=0$$

的满足初始条件

$$y|_{x=0}=0,\qquad y'|_{x=0}=1$$

的特解.

解 这里$P(x)=0,Q(x)=-x$在整个数轴上满足定理的条件.因此所求的解可在整个数轴上展开成x的幂级数

$$y=a_0+a_1x+a_2x^2+\cdots+a_nx^n+\cdots=\sum_{n=0}^{\infty}a_nx^n. \tag{4}$$

由条件$y|_{x=0}=0$,得$a_0=0$.对级数(4)逐项求导,有

$$y'=a_1+2a_2x+3a_3x^2+\cdots+na_nx^{n-1}+\cdots=\sum_{n=1}^{\infty}na_nx^{n-1},$$

由条件 $y'|_{x=0}=1$，得 $a_1=1$. 于是所求方程的幂级数解 y 及 y' 的形式成为

$$y=x+a_2x^2+a_3x^3+\cdots+a_nx^n+\cdots=x+\sum_{n=2}^{\infty}a_nx^n, \tag{5}$$

$$y'=1+2a_2x+3a_3x^2+\cdots+na_nx^{n-1}+\cdots=1+\sum_{n=2}^{\infty}na_nx^{n-1}. \tag{6}$$

对级数(6)逐项求导，得

$$y''=2a_2+3\cdot2a_3x+\cdots+n(n-1)a_nx^{n-2}+\cdots=\sum_{n=2}^{\infty}n(n-1)a_nx^{n-2}. \tag{7}$$

把(5)和(7)代入所给方程，并按 x 的升幂集项，得

$$2a_2+3\cdot2a_3x+(4\cdot3a_4-1)x^2+(5\cdot4a_5-a_2)x^3$$
$$+(6\cdot5a_6-a_3)x^4+\cdots+[(n+2)(n+1)a_{n+2}-a_{n-1}]x^n+\cdots=0.$$

因为幂级数(4)是方程的解，上式必然是恒等式，因此方程左端各项的系数必全为零，于是有

$$a_2=0,a_3=0,a_4=\frac{1}{4\cdot3},a_5=0,a_6=0,\cdots,$$

一般地

$$a_{n+2}=\frac{a_{n-1}}{(n+2)(n+1)}\quad(n=3,4,\cdots).$$

从这递推公式可以推得

$$a_7=\frac{a_4}{7\cdot6}=\frac{1}{7\cdot6\cdot4\cdot3},a_8=\frac{a_5}{8\cdot7}=0,a_9=\frac{a_6}{9\cdot8}=0,$$

$$a_{10}=\frac{a_7}{10\cdot9}=\frac{1}{10\cdot9\cdot7\cdot6\cdot4\cdot3},\cdots,$$

一般地

$$a_{3m-1}=a_{3m}=0,$$

$$a_{3m+1}=\frac{1}{(3m+1)3m\cdots7\cdot6\cdot4\cdot3}\quad(m=1,2,\cdots).$$

于是所求的特解为

$$y=x+\frac{x^4}{4\cdot3}+\frac{x^7}{7\cdot6\cdot4\cdot3}+\frac{x^{10}}{10\cdot9\cdot7\cdot6\cdot4\cdot3}+\cdots$$
$$+\frac{x^{3m+1}}{(3m+1)3m\cdots10\cdot9\cdot7\cdot6\cdot4\cdot3}+\cdots.$$

例 3 求解勒让德(Legendre)方程

$$(1-x^2)y''-2xy'+n(n+1)y=0. \tag{8}$$

其中 n 为常数.

解 这里 $P(x)=-\dfrac{2x}{1-x^2}$，$Q(x)=\dfrac{n(n+1)}{1-x^2}$ 满足定理中的条件，它们都可以在 $-1<x<1$ 内展开为 x 的幂级数. 设勒让德方程的解为

$$y=a_0+a_1x+a_2x^2+\cdots+a_kx^k+\cdots=\sum_{k=0}^{\infty}a_kx^k, \tag{9}$$

对(9)式两端求导,得

$$y'=a_1+2a_2x+3a_3x^2+\cdots+ka_kx^{k-1}+\cdots=\sum_{k=1}^{\infty}ka_kx^{k-1}, \tag{10}$$

$$y''=2a_2+3\cdot2a_3x+\cdots+k(k-1)a_kx^{k-2}+\cdots=\sum_{k=2}^{\infty}k(k-1)a_kx^{k-2}. \tag{11}$$

把(9)、(10)及(11)代入方程(8),得

$$\sum_{k=2}^{\infty}k(k-1)a_kx^{k-2}-\sum_{k=2}^{\infty}k(k-1)a_kx^k-2\sum_{k=1}^{\infty}ka_kx^k$$

$$+n(n+1)\sum_{k=0}^{\infty}a_kx^k=0,$$

即

$$\sum_{k=0}^{\infty}\left[(k+2)(k+1)a_{k+2}-k(k-1)a_k-2ka_k+n(n+1)a_k\right]x^k=0,$$

化简后,得

$$\sum_{k=0}^{\infty}\left[(k+2)(k+1)a_{k+2}+(n-k)(n+k+1)a_k\right]x^k=0.$$

于是有

$$a_{k+2}=-\frac{(n-k)(n+k+1)}{(k+1)(k+2)}a_k\quad(k=0,1,2,\cdots).$$

依次令 $k=0,1,2,\cdots$,得

$$a_2=-\frac{n(n+1)}{2!}a_0,$$

$$a_3=-\frac{(n-1)(n+2)}{3!}a_1,$$

$$a_4=-\frac{(n-2)(n+3)}{3\cdot4}a_2=\frac{(n-2)n(n+1)(n+3)}{4!}a_0,$$

$$a_5=-\frac{(n-3)(n+4)}{4\cdot5}a_3=\frac{(n-3)(n-1)(n+2)(n+4)}{5!}a_1,$$

$$\cdots\cdots.$$

由此可见,$a_2,a_4,\cdots$都可以用 a_0 表示;$a_3,a_5,\cdots$都可以用 a_1 表示,而 a_0,a_1 都可以任意取值.于是勒让德方程的通解为

$$y=a_0\left[1-\frac{n(n+1)}{2!}x^2+\frac{(n-2)n(n+1)(n+3)}{4!}x^4-\cdots\right]$$

$$+a_1\left[x-\frac{(n-1)(n+2)}{3!}x^3+\frac{(n-3)(n-1)(n+2)(n+4)}{5!}x^5-\cdots\right].$$

从定理可知,上式中的两个级数在 $-1<x<1$ 内收敛.

习　题　12－11

1. 试用幂级数求下列各微分方程的解：

(1) $y'-xy-x=1$；

(2) $y''+xy'+y=0$；

(3) $xy''-(x+m)y'+my=0$（m 为自然数）；

(4) $(1-x)y'=x^2-y$；

(5) $(x+1)y'=x^2-2x+y$.

2. 试用幂级数求下列方程满足所给初始条件的特解：

(1) $y'=y^2+x^3, y|_{x=0}=\dfrac{1}{2}$；

(2) $(1-x)y'+y=1+x, y|_{x=0}=0$；

(3) $\dfrac{d^2x}{dt^2}+x\cos t=0, x|_{t=0}=a, \left.\dfrac{dx}{dt}\right|_{t=0}=0$.

*第十二节　常系数线性微分方程组解法举例

前面讨论的是由一个微分方程求解一个未知函数的情形.但在研究某些实际问题时,还会遇到由几个微分方程联立起来共同确定几个具有同一自变量的函数的情形.这些联立的微分方程称为微分方程组.

如果微分方程组中的每一个微分方程都是常系数线性微分方程,那么,这种微分方程组就叫做常系数线性微分方程组.

对于常系数线性微分方程组,我们可以用下述方法求它的解：

第一步　从方程组中消去一些未知函数及其各阶导数,得到只含有一个未知函数的高阶常系数线性微分方程.

第二步　解此高阶微分方程,求出满足该方程的未知函数.

第三步　把已求得的函数代入原方程组,一般说来,不必经过积分就可求出其余的未知函数.

例 1　解微分方程组

$$\begin{cases} \dfrac{dy}{dx}=3y-2z, & (1) \\ \dfrac{dz}{dx}=2y-z. & (2) \end{cases}$$

解　这是含有两个未知函数 $y(x)$、$z(x)$ 的由两个一阶常系数线性方程组成的方程组.

设法消去未知函数 y.由(2)式得

$$y=\frac{1}{2}\left(\frac{\mathrm{d}z}{\mathrm{d}x}+z\right). \tag{3}$$

对上式两端求导，有

$$\frac{\mathrm{d}y}{\mathrm{d}x}=\frac{1}{2}\left(\frac{\mathrm{d}^2 z}{\mathrm{d}x^2}+\frac{\mathrm{d}z}{\mathrm{d}x}\right). \tag{4}$$

把(3)、(4)两式代入(1)式并化简，得

$$\frac{\mathrm{d}^2 z}{\mathrm{d}x^2}-2\frac{\mathrm{d}z}{\mathrm{d}x}+z=0.$$

这是一个二阶常系数线性微分方程，它的通解是

$$z=(C_1+C_2 x)\mathrm{e}^x. \tag{5}$$

再把(5)式代入(3)式，得

$$y=\frac{1}{2}(2C_1+C_2+2C_2 x)\mathrm{e}^x. \tag{6}$$

将(5)，(6)联立起来，就得到所给方程组的通解.

如果我们要得到方程组满足初始条件

$$y|_{x=0}=1,\qquad z|_{x=0}=0$$

的特解，只需将此条件代入(6)和(5)式，得

$$\begin{cases}1=\dfrac{1}{2}(2C_1+C_2),\\ 0=C_1.\end{cases}$$

由此求得

$$C_1=0,\quad C_2=2.$$

于是所给微分方程组满足上述初始条件的特解为

$$\begin{cases}y=(1+2x)\mathrm{e}^x,\\ z=2x\mathrm{e}^x.\end{cases}$$

在讨论常系数线性微分方程(或方程组)时，我们常采用第八节中引入的记号 D 表示对自变量 x 求导的运算 $\dfrac{\mathrm{d}}{\mathrm{d}x}$.

例 2 解微分方程组

$$\begin{cases}\dfrac{\mathrm{d}^2 x}{\mathrm{d}t^2}+\dfrac{\mathrm{d}y}{\mathrm{d}t}-x=\mathrm{e}^t,\\[2mm] \dfrac{\mathrm{d}^2 y}{\mathrm{d}t^2}+\dfrac{\mathrm{d}x}{\mathrm{d}t}+y=0.\end{cases}$$

解 用记号 D 表示 $\dfrac{\mathrm{d}}{\mathrm{d}t}$，则方程组可记作

$$\begin{cases}(\mathrm{D}^2-1)x+\mathrm{D}y=\mathrm{e}^t, & (7)\\ \mathrm{D}x+(\mathrm{D}^2+1)y=0. & (8)\end{cases}$$

我们可以类似于解代数方程组那样消去一个未知数，例如为消去 x，可作如下运算：

$$(7)-(8)\times \mathrm{D}: -x-\mathrm{D}^3 y=\mathrm{e}^t, \tag{9}$$

$$(8)+(9)\times \mathrm{D}: (-\mathrm{D}^4+\mathrm{D}^2+1)y=\mathrm{De}^t,$$

即

$$(-\mathrm{D}^4+\mathrm{D}^2+1)y=\mathrm{e}^t. \tag{10}$$

(10)式为四阶非齐次线性方程，其特征方程为

$$-r^4+r^2+1=0,$$

解得特征根为

$$r_{1,2}=\pm\alpha=\pm\sqrt{\frac{1+\sqrt{5}}{2}}, r_{3,4}=\pm \mathrm{i}\beta=\pm \mathrm{i}\sqrt{\frac{\sqrt{5}-1}{2}},$$

容易求得一个特解 $y^*=\mathrm{e}^t$ 于是得 y 的通解为

$$y=C_1\mathrm{e}^{-\alpha t}+C_2\mathrm{e}^{\alpha t}+C_3\cos\beta t+C_4\sin\beta t+\mathrm{e}^t. \tag{11}$$

再求 x. 由(9)式，即有

$$x=-\mathrm{D}^3 y-\mathrm{e}^t,$$

以(11)式代入上式，即得

$$x=\alpha^3 C_1\mathrm{e}^{-\alpha t}-\alpha^3 C_2\mathrm{e}^{\alpha t}-\beta^3 C_3\sin\beta t+\beta^3 C_4\cos\beta t-2\mathrm{e}^t. \tag{12}$$

将(11)和(12)两个函数联立，就是所求方程组的通解.

这里要注意，在求得一个未知函数的通解以后，再求另一个未知函数的通解时，一般不再积分(积分就会出现新的任意常数，从(11)、(12)两式可知两式中的任意常数之间有着确定的关系).

我们也可用行列式解上述方程组. 由(7)和(8)，有

$$\begin{vmatrix} \mathrm{D}^2-1 & \mathrm{D} \\ \mathrm{D} & \mathrm{D}^2+1 \end{vmatrix} y=\begin{vmatrix} \mathrm{D}^2-1 & \mathrm{e}^t \\ \mathrm{D} & 0 \end{vmatrix},$$

即

$$(\mathrm{D}^4-\mathrm{D}^2-1)y=-\mathrm{e}^t.$$

这与(10)式是一样的. 但再求 x 时，不宜再次应用行列式. 如再应用行列式，得

$$\begin{vmatrix} \mathrm{D}^2-1 & \mathrm{D} \\ \mathrm{D} & \mathrm{D}^2+1 \end{vmatrix} x=\begin{vmatrix} \mathrm{e}^t & \mathrm{D} \\ 0 & \mathrm{D}^2+1 \end{vmatrix},$$

即

$$(\mathrm{D}^4-\mathrm{D}^2-1)x=2\mathrm{e}^t,$$

解得

$$x=A_1\mathrm{e}^{-\alpha t}+A_2\mathrm{e}^{\alpha t}+A_3\cos\beta t+A_4\sin\beta t-2\mathrm{e}^t,$$

则必须说明 A_1、A_2、A_3、A_4 与 C_1、C_2、C_3、C_4 之间的关系.

注意这里的“系数行列式”

$$\begin{vmatrix} \mathrm{D}^2-1 & \mathrm{D} \\ \mathrm{D} & \mathrm{D}^2+1 \end{vmatrix}=\mathrm{D}^4-\mathrm{D}^2-1$$

是D的四次多项式，这就标志着微分方程组是四阶的，它的通解中一定恰含四个任意常数．

*习 题 12－12

1．求下列微分方程组的通解：

(1) $\begin{cases}\dfrac{dy}{dx}=z,\\ \dfrac{dz}{dx}=y;\end{cases}$ (2) $\begin{cases}\dfrac{d^2x}{dt^2}=y,\\ \dfrac{d^2y}{dt^2}=x;\end{cases}$

(3) $\begin{cases}\dfrac{dx}{dt}+\dfrac{dy}{dt}=-x+y+3,\\ \dfrac{dx}{dt}-\dfrac{dy}{dt}=x+y-3;\end{cases}$ (4) $\begin{cases}\dfrac{dx}{dt}+5x+y=e^t,\\ \dfrac{dy}{dt}-x-3y=e^{2t};\end{cases}$

(5) $\begin{cases}\dfrac{dx}{dt}+2x+\dfrac{dy}{dt}+y=t,\\ 5x+\dfrac{dy}{dt}+3y=t^2;\end{cases}$ (6) $\begin{cases}\dfrac{dx}{dt}-3x+2\dfrac{dy}{dt}+4y=2\sin t,\\ 2\dfrac{dx}{dt}+2x+\dfrac{dy}{dt}-y=\cos t.\end{cases}$

2．求下列微分方程组满足所给初始条件的特解：

(1) $\begin{cases}\dfrac{dx}{dt}=y,\ x|_{t=0}=0,\\ \dfrac{dy}{dt}=-x,\ y|_{t=0}=1;\end{cases}$ (2) $\begin{cases}\dfrac{d^2x}{dt^2}+2\dfrac{dy}{dt}-x=0,\ x|_{t=0}=1,\\ \dfrac{dx}{dt}+y=0,\ y|_{t=0}=0;\end{cases}$

(3) $\begin{cases}\dfrac{dx}{dt}+3x-y=0,\ x|_{t=0}=1,\\ \dfrac{dy}{dt}-8x+y=0,\ y|_{t=0}=4;\end{cases}$ (4) $\begin{cases}2\dfrac{dx}{dt}-4x+\dfrac{dy}{dt}-y=e^t,\ x|_{t=0}=\dfrac{3}{2},\\ \dfrac{dx}{dt}+3x+y=0,\ y|_{t=0}=0;\end{cases}$

(5) $\begin{cases}\dfrac{dx}{dt}+2x-\dfrac{dy}{dt}=10\cos t,\ x|_{t=0}=2,\\ \dfrac{dx}{dt}+\dfrac{dy}{dt}+2y=4e^{-2t},\ y|_{t=0}=0;\end{cases}$

(6) $\begin{cases}\dfrac{dx}{dt}-x+\dfrac{dy}{dt}+3y=e^{-t}-1,\ x|_{t=0}=\dfrac{48}{49},\\ \dfrac{dx}{dt}+2x+\dfrac{dy}{dt}+y=e^{2t}+t,\ y|_{t=0}=\dfrac{95}{98}.\end{cases}$

总习题十二

1．填空

(1) $xy'''+2x^2y'^2+x^3y=x^4+1$ 是____阶微分方程；

(2) 若 $M(x,y)dx+N(x,y)dy=0$ 是全微分方程，则函数 M、N 应满足________．

(3) 与积分方程 $y=\int_{x_0}^{x}f(x,y)dx$ 等价的微分方程初值问题是____________．

(4) 已知 $y=1$、$y=x$、$y=x^2$ 是某二阶非齐次线性微分方程的三个解，则该方程的通解为________.

2. 求以下列各式所表示的函数为通解的微分方程:

(1) $(x+C)^2+y^2=1$(其中 C 为任意常数);

(2) $y=C_1\mathrm{e}^x+C_2\mathrm{e}^{2x}$(其中 C_1、C_2 为任意常数).

3. 求下列微分方程的通解:

(1) $xy'+y=2\sqrt{xy}$;

(2) $xy'\ln x+y=ax(\ln x+1)$;

(3) $\dfrac{\mathrm{d}y}{\mathrm{d}x}=\dfrac{y}{2(\ln y-x)}$;

(4) $\dfrac{\mathrm{d}y}{\mathrm{d}x}+xy-x^3y^3=0$;

(5) $x\mathrm{d}x+y\mathrm{d}y+\dfrac{y\mathrm{d}x-x\mathrm{d}y}{x^2+y^2}=0$;

(6) $yy''-y'^2-1=0$;

(7) $y''+2y'+5y=\sin 2x$;

(8) $y'''+y''-2y'=x(\mathrm{e}^x+4)$;

(9) $(y^4-3x^2)\mathrm{d}y+xy\mathrm{d}x=0$;

(10) $y'+x=\sqrt{x^2+y}$.

4. 求下列微分方程满足所给初始条件的特解:

(1) $y^3\mathrm{d}x+2(x^2-xy^2)\mathrm{d}y=0$, $x=1$ 时 $y=1$;

(2) $y''-ay'^2=0$, $x=0$ 时 $y=0$, $y'=-1$;

(3) $2y''-\sin 2y=0$, $x=0$ 时 $y=\dfrac{\pi}{2}$, $y'=1$;

(4) $y''+2y'+y=\cos x$, $x=0$ 时 $y=0$, $y'=\dfrac{3}{2}$.

5. 已知某曲线经过点(1,1),它的切线在纵轴上的截距等于切点的横坐标,求它的方程.

6. 已知某车间的容积为 $30\times30\times6\ \mathrm{m}^3$,其中的空气含 0.12% 的 CO_2(以容积计算).现以含 CO_2 0.04% 的新鲜空气输入,问每分钟应输入多少,才能在 30 min 后使车间空气中 CO_2 的含量不超过 0.06%?(假定输入的新鲜空气与原有空气很快混合均匀后,以相同的流量排出.)

7. 设可导函数 $\varphi(x)$ 满足

$$\varphi(x)\cos x+2\int_0^x\varphi(t)\sin t\,\mathrm{d}t=x+1,$$

求 $\varphi(x)$.

8. 设函数 $u=f(r)$, $r=\sqrt{x^2+y^2+z^2}$ 在 $r>0$ 内满足拉普拉斯(Laplace)方程

$$\frac{\partial^2u}{\partial x^2}+\frac{\partial^2u}{\partial y^2}+\frac{\partial^2u}{\partial z^2}=0,$$

其中 $f(r)$ 二阶可导,且 $f(1)=f'(1)=1$. 试将拉普拉斯方程化为以 r 为自变量的常微分方程,并求 $f(r)$.

9. 设 $y_1(x)$、$y_2(x)$ 是二阶齐次线性方程 $y''+p(x)y'+q(x)y=0$ 的两个解,令

$$W(x)=\begin{vmatrix} y_1(x) & y_2(x)\\ y_1'(x) & y_2'(x)\end{vmatrix}=y_1(x)y_2'(x)-y_1'(x)y_2(x),$$

证明:(1) $W(x)$ 满足方程 $W'+p(x)W=0$;

(2) $W(x)=W(x_0)\mathrm{e}^{-\int_{x_0}^x p(t)\mathrm{d}t}$.

* 10. 求下列欧拉方程的通解：

(1) $x^2y''+3xy'+y=0$；

(2) $x^2y''-4xy'+6y=x$.

* 11. 求下列常系数线性微分方程组的通解：

(1) $\begin{cases}\dfrac{dx}{dt}+2\dfrac{dy}{dt}+y=0,\\ 3\dfrac{dx}{dt}+2x+4\dfrac{dy}{dt}+3y=t;\end{cases}$

(2) $\begin{cases}\dfrac{d^2x}{dt^2}+2\dfrac{dx}{dt}+x+\dfrac{dy}{dt}+y=0,\\ \dfrac{dx}{dt}+x+\dfrac{d^2y}{dt^2}+2\dfrac{dy}{dt}+y=e^t.\end{cases}$

习题答案与提示

第　八　章

习题 8－1(第 11 页)

1. (1) 开集,无界集,导集:$\mathbf{R}^2$,边界:$\{(x,y)\mid x=0$ 或 $y=0\}$;

(2) 既非开集,又非闭集,有界集,导集:$\{(x,y)\mid 1\leqslant x^2+y^2\leqslant 4\}$,边界:$\{(x,y)\mid x^2+y^2=1\}\cup\{(x,y)\mid x^2+y^2=4\}$;

(3) 开集,区域,无界集,导集:$\{(x,y)\mid y\geqslant x^2\}$,边界:$\{(x,y)\mid y=x^2\}$;

(4) 闭集,有界集,导集:集合本身,边界:$\{(x,y)\mid x^2+(y-1)^2=1\}\cup\{(x,y)\mid x^2+(y-2)^2=4\}$.

2. $t^2f(x,y)$.　　　4. $(x+y)^{xy}+(xy)^{2x}$.

5. (1) $\{(x,y)\mid y^2-2x+1>0\}$;

(2) $\{(x,y)\mid x+y>0,x-y>0\}$;

(3) $\{(x,y)\mid x\geqslant 0,y\geqslant 0,x^2\geqslant y\}$;

(4) $\{(x,y)\mid y-x>0,x\geqslant 0,x^2+y^2<1\}$;

(5) $\{(x,y,z)\mid r^2<x^2+y^2+z^2\leqslant R^2\}$;

(6) $\{(x,y,z)\mid x^2+y^2-z^2\geqslant 0,x^2+y^2\neq 0\}$.

6. (1)1;　(2) ln 2;　(3) $-\dfrac{1}{4}$;　(4) 2;　(5) 2;　(6) 0.

8. $\{(x,y)\mid y^2-2x=0\}$.

9. 提示:$|xy|\leqslant\dfrac{x^2+y^2}{2}$.

习题 8－2(第 18 页)

1. (1) $\dfrac{\partial z}{\partial x}=3x^2y-y^3$, $\dfrac{\partial z}{\partial y}=x^3-3xy^2$;

(2) $\dfrac{\partial s}{\partial u}=\dfrac{1}{v}-\dfrac{v}{u^2}$, $\dfrac{\partial s}{\partial v}=\dfrac{1}{u}-\dfrac{u}{v^2}$;

(3) $\dfrac{\partial z}{\partial x}=\dfrac{1}{2x\sqrt{\ln(xy)}}$, $\dfrac{\partial z}{\partial y}=\dfrac{1}{2y\sqrt{\ln(xy)}}$;

(4) $\dfrac{\partial z}{\partial x}=y[\cos(xy)-\sin(2xy)]$, $\dfrac{\partial z}{\partial y}=x[\cos(xy)-\sin(2xy)]$;

(5) $\dfrac{\partial z}{\partial x}=\dfrac{2}{y}\csc\dfrac{2x}{y}$, $\dfrac{\partial z}{\partial y}=-\dfrac{2x}{y^2}\csc\dfrac{2x}{y}$;

(6) $\frac{\partial z}{\partial x}=y^2(1+xy)^{y-1}$，$\frac{\partial z}{\partial y}=(1+xy)^y\left[\ln(1+xy)+\frac{xy}{1+xy}\right]$；

(7) $\frac{\partial u}{\partial x}=\frac{y}{z}x^{\frac{y}{z}-1}$，$\frac{\partial u}{\partial y}=\frac{1}{z}x^{\frac{y}{z}}\cdot\ln x$，$\frac{\partial u}{\partial z}=-\frac{y}{z^2}x^{\frac{y}{z}}\cdot\ln x$；

(8) $\frac{\partial u}{\partial x}=\frac{z(x-y)^{z-1}}{1+(x-y)^{2z}}$，$\frac{\partial u}{\partial y}=-\frac{z(x-y)^{z-1}}{1+(x-y)^{2z}}$，

$\frac{\partial u}{\partial z}=\frac{(x-y)^z\ln(x-y)}{1+(x-y)^{2z}}$.

4. $f_x(x,1)=1$.

5. $\frac{\pi}{4}$.

6. (1) $\frac{\partial^2 z}{\partial x^2}=12x^2-8y^2$，$\frac{\partial^2 z}{\partial y^2}=12y^2-8x^2$，$\frac{\partial^2 z}{\partial x\partial y}=-16xy$；

(2) $\frac{\partial^2 z}{\partial x^2}=\frac{2xy}{(x^2+y^2)^2}$，$\frac{\partial^2 z}{\partial y^2}=-\frac{2xy}{(x^2+y^2)^2}$，$\frac{\partial^2 z}{\partial x\partial y}=\frac{y^2-x^2}{(x^2+y^2)^2}$；

(3) $\frac{\partial^2 z}{\partial x^2}=y^x\cdot\ln^2 y$，$\frac{\partial^2 z}{\partial y^2}=x(x-1)y^{x-2}$，$\frac{\partial^2 z}{\partial x\partial y}=y^{x-1}(1+x\ln y)$.

7. $f_{xx}(0,0,1)=2$，$f_{xz}(1,0,2)=2$，$f_{yz}(0,-1,0)=0$，$f_{zzx}(2,0,1)=0$.

8. $\frac{\partial^3 z}{\partial x^2\partial y}=0$，$\frac{\partial^3 z}{\partial x\partial y^2}=-\frac{1}{y^2}$.

习题 8－3(第 24 页)

1. (1) $\left(y+\frac{1}{y}\right)\mathrm{d}x+x\left(1-\frac{1}{y^2}\right)\mathrm{d}y$；

(2) $-\frac{1}{x}\mathrm{e}^{\frac{y}{x}}\left(\frac{y}{x}\mathrm{d}x-\mathrm{d}y\right)$；

(3) $-\frac{x}{(x^2+y^2)^{3/2}}(y\mathrm{d}x-x\mathrm{d}y)$；

(4) $yzx^{yz-1}\mathrm{d}x+zx^{yz}\cdot\ln x\mathrm{d}y+yx^{yz}\cdot\ln x\mathrm{d}z$.

2. $\frac{1}{3}\mathrm{d}x+\frac{2}{3}\mathrm{d}y$.

3. $\Delta z=-0.119$，$\mathrm{d}z=-0.125$.

4. 0.25e.

5. 2.95.

6. 2.039.

7. －5 cm.

8. 55.3 cm^3.

9. 0.124 cm.

10. 2 128 m^2，27.6 m^2，1.30％.

习题 8－4(第 30 页)

1. $\frac{\partial z}{\partial x}=4x$，$\frac{\partial z}{\partial y}=4y$.

2. $\frac{\partial z}{\partial x}=\frac{2x}{y^2}\ln(3x-2y)+\frac{3x^2}{(3x-2y)y^2}$,

$\frac{\partial z}{\partial y}=-\frac{2x^2}{y^3}\ln(3x-2y)-\frac{2x^2}{(3x-2y)y^2}$.

3. $e^{\sin t-2t^3}(\cos t-6t^2)$.　　4. $\frac{3(1-4t^2)}{\sqrt{1-(3t-4t^3)^2}}$.

5. $\frac{e^x(1+x)}{1+x^2e^{2x}}$.　　6. $e^{ax}\sin x$.

8. (1) $\frac{\partial u}{\partial x}=2xf_1'+ye^{xy}f_2'$, $\frac{\partial u}{\partial y}=-2yf_1'+xe^{xy}f_2'$;

(2) $\frac{\partial u}{\partial x}=\frac{1}{y}f_1'$, $\frac{\partial u}{\partial y}=-\frac{x}{y^2}f_1'+\frac{1}{z}f_2'$, $\frac{\partial u}{\partial z}=-\frac{y}{z^2}f_2'$;

(3) $\frac{\partial u}{\partial x}=f_1'+yf_2'+yzf_3'$, $\frac{\partial u}{\partial y}=xf_2'+xzf_3'$, $\frac{\partial u}{\partial z}=xyf_3'$.

11. $\frac{\partial^2 z}{\partial x^2}=2f'+4x^2f''$, $\frac{\partial^2 z}{\partial x\partial y}=4xyf''$, $\frac{\partial^2 z}{\partial y^2}=2f'+4y^2f''$;

12. (1) $\frac{\partial^2 z}{\partial x^2}=y^2f''_{11}$, $\frac{\partial^2 z}{\partial x\partial y}=f_1'+y(xf''_{11}+f''_{12})$,

$\frac{\partial^2 z}{\partial y^2}=x^2f''_{11}+2xf''_{12}+f''_{22}$;

(2) $\frac{\partial^2 z}{\partial x^2}=f''_{11}+\frac{2}{y}f''_{12}+\frac{1}{y^2}f''_{22}$,

$\frac{\partial^2 z}{\partial x\partial y}=-\frac{x}{y^2}\left(f''_{12}+\frac{1}{y}f''_{22}\right)-\frac{1}{y^2}f_2'$,

$\frac{\partial^2 z}{\partial y^2}=\frac{2x}{y^3}f_2'+\frac{x^2}{y^4}f''_{22}$;

(3) $\frac{\partial^2 z}{\partial x^2}=2yf_2'+y^4f''_{11}+4xy^3f''_{12}+4x^2y^2f''_{22}$,

$\frac{\partial^2 z}{\partial x\partial y}=2yf_1'+2xf_2'+2xy^3f''_{11}+2x^3yf''_{22}+5x^2y^2f''_{12}$,

$\frac{\partial^2 z}{\partial y^2}=2xf_1'+4x^2y^2f''_{11}+4x^3yf''_{12}+x^4f''_{22}$;

(4) $\frac{\partial^2 z}{\partial x^2}=e^{x+y}f_3'-\sin xf_1'+\cos^2 xf''_{11}+2e^{x+y}\cos xf''_{13}+e^{2(x+y)}f''_{33}$,

$\frac{\partial^2 z}{\partial x\partial y}=e^{x+y}f_3'-\cos x\sin yf''_{12}+e^{x+y}\cos xf''_{13}-e^{x+y}\sin yf''_{32}+e^{2(x+y)}f''_{33}$,

$\frac{\partial^2 z}{\partial y^2}=e^{x+y}f_3'-\cos yf_2'+\sin^2 yf''_{22}-2e^{x+y}\sin yf''_{23}+e^{2(x+y)}f''_{33}$.

习题 8－5(第 37 页)

1. $\frac{y^2-e^x}{\cos y-2xy}$.　　2. $\frac{x+y}{x-y}$.

3. $\frac{\partial z}{\partial x}=\frac{yz-\sqrt{xyz}}{\sqrt{xyz}-xy}$, $\frac{\partial z}{\partial y}=\frac{xz-2\sqrt{xyz}}{\sqrt{xyz}-xy}$.

4. $\dfrac{\partial z}{\partial x}=\dfrac{z}{x+z}$, $\dfrac{\partial z}{\partial y}=\dfrac{z^2}{y(x+z)}$.

8. $\dfrac{2y^2 z\mathrm{e}^z-2xy^3 z-y^2 z^2\mathrm{e}^z}{(\mathrm{e}^z-xy)^3}$.

9. $\dfrac{z(z^4-2xyz^2-x^2y^2)}{(z^2-xy)^3}$.

10. (1) $\dfrac{\mathrm{d}y}{\mathrm{d}x}=-\dfrac{x(6z+1)}{2y(3z+1)}$, $\dfrac{\mathrm{d}z}{\mathrm{d}x}=\dfrac{x}{3z+1}$;

(2) $\dfrac{\mathrm{d}x}{\mathrm{d}z}=\dfrac{y-z}{x-y}$, $\dfrac{\mathrm{d}y}{\mathrm{d}z}=\dfrac{z-x}{x-y}$;

(3) $\dfrac{\partial u}{\partial x}=\dfrac{-uf_1'(2yvg_2'-1)-f_2'\cdot g_1'}{(xf_1'-1)(2yvg_2'-1)-f_2'\cdot g_1'}$,

$\dfrac{\partial v}{\partial x}=\dfrac{g_1'(xf_1'+uf_1'-1)}{(xf_1'-1)(2yvg_2'-1)-f_2'\cdot g_1'}$;

(4) $\dfrac{\partial u}{\partial x}=\dfrac{\sin v}{\mathrm{e}^u(\sin v-\cos v)+1}$, $\dfrac{\partial u}{\partial y}=\dfrac{-\cos v}{\mathrm{e}^u(\sin v-\cos v)+1}$,

$\dfrac{\partial v}{\partial x}=\dfrac{\cos v-\mathrm{e}^u}{u[\mathrm{e}^u(\sin v-\cos v)+1]}$,

$\dfrac{\partial v}{\partial y}=\dfrac{\sin v+\mathrm{e}^u}{u[\mathrm{e}^u(\sin v-\cos v)+1]}$.

习题 8-6(第 45 页)

1. 切线方程:$\dfrac{x-\left(\dfrac{\pi}{2}-1\right)}{1}=\dfrac{y-1}{1}=\dfrac{z-2\sqrt{2}}{\sqrt{2}}$,

法平面方程:$x+y+\sqrt{2}z=\dfrac{\pi}{2}+4$.

2. 切线方程:$\dfrac{x-\dfrac{1}{2}}{1}=\dfrac{y-2}{-4}=\dfrac{z-1}{8}$,

法平面方程:$2x-8y+16z-1=0$.

3. 切线方程:$\dfrac{x-x_0}{1}=\dfrac{y-y_0}{\dfrac{m}{y_0}}=\dfrac{z-z_0}{-\dfrac{1}{2z_0}}$,

法平面方程:$(x-x_0)+\dfrac{m}{y_0}(y-y_0)-\dfrac{1}{2z_0}(z-z_0)=0$.

4. 切线方程:$\dfrac{x-1}{16}=\dfrac{y-1}{9}=\dfrac{z-1}{-1}$,

法平面方程:$16x+9y-z-24=0$.

5. $P_1(-1,1,-1)$及 $P_2\left(-\dfrac{1}{3},\dfrac{1}{9},-\dfrac{1}{27}\right)$.

6. 切平面方程:$x+2y-4=0$,法线方程:$\begin{cases}\dfrac{x-2}{1}=\dfrac{y-1}{2},\\ z=0.\end{cases}$

7. 切平面方程:$ax_0x+by_0y+cz_0z=1$,

法线方程：$\dfrac{x-x_0}{ax_0}=\dfrac{y-y_0}{by_0}=\dfrac{z-z_0}{cz_0}$.

8. 切平面方程：$x-y+2z=\pm\sqrt{\dfrac{11}{2}}$.

9. $\cos\gamma=\dfrac{3}{\sqrt{22}}$.

习题 8-7(第 51 页)

1. $1+2\sqrt{3}$.　　2. $\dfrac{\sqrt{2}}{3}$.

3. $\dfrac{1}{ab}\sqrt{2(a^2+b^2)}$.　　4. 5.

5. $\dfrac{98}{13}$.　　6. $\dfrac{6}{7}\sqrt{14}$.

7. $x_0+y_0+z_0$.

8. $\mathbf{grad}\ f(0,0,0)=3\boldsymbol{i}-2\boldsymbol{j}-6\boldsymbol{k}$, $\mathbf{grad}\ f(1,1,1)=6\boldsymbol{i}+3\boldsymbol{j}$.

10. $\mathbf{grad}\ u=2\boldsymbol{i}-4\boldsymbol{j}+\boldsymbol{k}$ 是方向导数取最大值的方向，此方向导数的最大值为 $|\mathbf{grad}\ u|=\sqrt{21}$.

习题 8-8(第 61 页)

1. 极大值：$f(2,-2)=8$.　　2. 极大值：$f(3,2)=36$.

3. 极小值：$f\left(\dfrac{1}{2},-1\right)=-\dfrac{e}{2}$.　　4. 极大值：$z\left(\dfrac{1}{2},\dfrac{1}{2}\right)=\dfrac{1}{4}$.

5. 当两边都是 $\dfrac{l}{\sqrt{2}}$ 时，可得最大的周长.

6. 当长、宽都是 $\sqrt[3]{2k}$，而高为 $\dfrac{1}{2}\sqrt[3]{2k}$ 时，表面积最小.

7. $\left(\dfrac{8}{5},\dfrac{16}{5}\right)$.

8. 当矩形的边长为 $\dfrac{2p}{3}$ 及 $\dfrac{p}{3}$ 时，绕短边旋转所得圆柱体的体积最大.

9. 当长、宽、高都是 $\dfrac{2a}{\sqrt{3}}$ 时，可得最大的体积.

10. 最长距离为 $\sqrt{9+5\sqrt{3}}$，最短距离为 $\sqrt{9-5\sqrt{3}}$.

* **习题 8-9**(第 67 页)

1. $f(x,y)=5+2(x-1)^2-(x-1)(y+2)-(y+2)^2$.

2. $e^x\ln(1+y)=y+\dfrac{1}{2!}(2xy-y^2)+\dfrac{1}{3!}(3x^2y-3xy^2+2y^3)+R_3$.

其中 $R_3=\dfrac{e^{\theta x}}{24}\left[x^4\ln(1+\theta y)+\dfrac{4x^3y}{1+\theta y}-\dfrac{6x^2y^2}{(1+\theta y)^2}+\dfrac{8xy^3}{(1+\theta y)^3}-\dfrac{6y^4}{(1+\theta y)^4}\right]$,

$(0<\theta<1)$.

3. $\sin x\sin y=\dfrac{1}{2}+\dfrac{1}{2}\left(x-\dfrac{\pi}{4}\right)+\dfrac{1}{2}\left(y-\dfrac{\pi}{4}\right)$

$$-\frac{1}{4}\left[\left(x-\frac{\pi}{4}\right)^2-2\left(x-\frac{\pi}{4}\right)\left(y-\frac{\pi}{4}\right)+\left(y-\frac{\pi}{4}\right)^2\right]+R_2,$$

其中 $R_2=-\frac{1}{6}\left[\cos\xi\sin\eta\cdot\left(x-\frac{\pi}{4}\right)^3+3\sin\xi\cos\eta\cdot\left(x-\frac{\pi}{4}\right)^2\cdot\left(y-\frac{\pi}{4}\right)\right.$

$\left.+3\cos\xi\sin\eta\left(x-\frac{\pi}{4}\right)\left(y-\frac{\pi}{4}\right)^2+\sin\xi\cos\eta\cdot\left(y-\frac{\pi}{4}\right)^3\right],$

且 $\xi=\frac{\pi}{4}+\theta\left(x-\frac{\pi}{4}\right),\eta=\frac{\pi}{4}+\theta\left(y-\frac{\pi}{4}\right),(0<\theta<1).$

4. $x^y=1+(x-1)+(x-1)(y-1)+\frac{1}{2}(x-1)^2(y-1)+R_3,$

$1.1^{1.02}\approx 1.102\ 1.$

5. $e^{x+y}=1+(x+y)+\frac{1}{2!}(x^2+2xy+y^2)+\cdots+\frac{1}{n!}(x^n+C_n^1x^{n-1}y+\cdots+y^n)+R_n,$

其中 $R_n=\frac{e^{\theta(x+y)}}{(n+1)!}(x^{n+1}+C_{n+1}^1x^ny+\cdots+y^{n+1}),\ 0<\theta<1.$

***习题 8－10**(第 72 页)

1. $\theta=2.234p+95.33.$

2. $$\begin{cases} a\sum_{i=1}^n x_i^4+b\sum_{i=1}^n x_i^3+c\sum_{i=1}^n x_i^2=\sum_{i=1}^n x_i^2y_i, \\ a\sum_{i=1}^n x_i^3+b\sum_{i=1}^n x_i^2+c\sum_{i=1}^n x_i=\sum_{i=1}^n x_iy_i, \\ a\sum_{i=1}^n x_i^2+b\sum_{i=1}^n x_i+nc=\sum_{i=1}^n y_i. \end{cases}$$

总习题八(第 72 页)

1. (1) 充分，必要；　(2) 必要，充分；
(3) 充分；　(4) 充分.

2. (C)

3. $\{(x,y)|0<x^2+y^2<1,y^2\leqslant 4x\},\ \frac{\sqrt{2}}{\ln\frac{3}{4}}.$

5. $$f_x(x,y)=\begin{cases}\frac{2xy^3}{(x^2+y^2)^2}, & x^2+y^2\neq 0,\\ 0, & x^2+y^2=0;\end{cases}$$

$$f_y(x,y)=\begin{cases}\frac{x^2(x^2-y^2)}{(x^2+y^2)^2}, & x^2+y^2\neq 0,\\ 0, & x^2+y^2=0.\end{cases}$$

6. (1) $\frac{\partial z}{\partial x}=\frac{1}{x+y^2},\ \frac{\partial z}{\partial y}=\frac{2y}{x+y^2},\ \frac{\partial^2 z}{\partial x^2}=-\frac{1}{(x+y^2)^2},$

$\frac{\partial^2 z}{\partial x\partial y}=-\frac{2y}{(x+y^2)^2},\ \frac{\partial^2 z}{\partial y^2}=\frac{2(x-y^2)}{(x+y^2)^2};$

(2) $\frac{\partial z}{\partial x}=yx^{y-1}$，$\frac{\partial z}{\partial y}=x^y\ln x$，$\frac{\partial^2 z}{\partial x^2}=y(y-1)x^{y-2}$，

$\frac{\partial^2 z}{\partial x\partial y}=x^{y-1}(1+y\ln x)$，$\frac{\partial^2 z}{\partial y^2}=x^y(\ln x)^2$.

7. $\Delta z=0.02$，　$\mathrm{d}z=0.03$.

9. $\frac{\mathrm{d}u}{\mathrm{d}t}=yx^{y-1}\cdot\varphi'(t)+x^y\ln x\cdot\psi'(t)$.

10. $\frac{\partial z}{\partial\xi}=-\frac{\partial z}{\partial v}+\frac{\partial z}{\partial w}$，　$\frac{\partial z}{\partial\eta}=\frac{\partial z}{\partial u}-\frac{\partial z}{\partial w}$，　$\frac{\partial z}{\partial\zeta}=-\frac{\partial z}{\partial u}+\frac{\partial z}{\partial v}$.

11. $\frac{\partial^2 z}{\partial x\partial y}=x\mathrm{e}^{2y}f''_{uu}+\mathrm{e}^yf''_{uy}+x\mathrm{e}^yf''_{xu}+f''_{xy}+\mathrm{e}^yf'_u$.

12. $\frac{\partial z}{\partial x}=(v\cos v-u\sin v)\mathrm{e}^{-u}$，

$\frac{\partial z}{\partial y}=(u\cos v+v\sin v)\mathrm{e}^{-u}$.

13. 切线方程$\begin{cases}x=a,\\ by-az=0;\end{cases}$

法平面方程 $ay+bz=0$.

14. $(-3,-1,3)$，$\frac{x+3}{1}=\frac{y+1}{3}=\frac{z-3}{1}$.

15. $\frac{\partial f}{\partial l}=\cos\theta+\sin\theta$，(1) $\theta=\frac{\pi}{4}$，(2) $\theta=\frac{5\pi}{4}$，(3) $\theta=\frac{3\pi}{4}$及$\frac{7\pi}{4}$.

16. $\frac{\partial u}{\partial n}=\frac{2}{\sqrt{\frac{x_0^2}{a^4}+\frac{y_0^2}{b^4}+\frac{z_0^2}{c^4}}}$.

17. $\left(\frac{4}{5},\frac{3}{5},\frac{35}{12}\right)$.

18. 切点$\left(\frac{a}{\sqrt3},\frac{b}{\sqrt3},\frac{c}{\sqrt3}\right)$，$V_{\min}=\frac{\sqrt3}{2}abc$.

第　九　章

习题 9－1(第 78 页)

1. $\iint\limits_D\mu(x,y)\mathrm{d}\sigma$.　　　2. $I_1=4I_2$.

4. (1) $\iint\limits_D(x+y)^2\mathrm{d}\sigma\geqslant\iint\limits_D(x+y)^3\mathrm{d}\sigma$；

(2) $\iint\limits_D(x+y)^3\mathrm{d}\sigma\geqslant\iint\limits_D(x+y)^2\mathrm{d}\sigma$；

(3) $\iint\limits_D\ln(x+y)\mathrm{d}\sigma\geqslant\iint\limits_D[\ln(x+y)]^2\mathrm{d}\sigma$，

(4) $\iint\limits_D[\ln(x+y)]^2\mathrm{d}\sigma\geqslant\iint\limits_D\ln(x+y)\mathrm{d}\sigma$.

5. (1) $0 \leqslant I \leqslant 2$;　(2) $0 \leqslant I \leqslant \pi^2$;

(3) $2 \leqslant I \leqslant 8$;　(4) $36\pi \leqslant I \leqslant 100\pi$.

习题 9-2(第 95 页)

1. (1) $\frac{8}{3}$; (2) $\frac{20}{3}$; (3) 1; (4) $-\frac{3\pi}{2}$.

2. (1) $\frac{6}{55}$; (2) $\frac{64}{15}$; (3) $e-e^{-1}$; (4) $\frac{13}{6}$.

4. (1) $\int_0^4 dx\int_x^{2\sqrt{x}} f(x,y)dy$ 或 $\int_0^4 dy\int_{\frac{y^2}{4}}^{y} f(x,y)dx$;

(2) $\int_{-r}^{r} dx\int_0^{\sqrt{r^2-x^2}} f(x,y)dy$ 或 $\int_0^r dy\int_{-\sqrt{r^2-y^2}}^{\sqrt{r^2-y^2}} f(x,y)dx$;

(3) $\int_1^2 dx\int_{\frac{1}{x}}^{x} f(x,y)dy$ 或 $\int_{\frac{1}{2}}^{1} dy\int_{\frac{1}{y}}^{2} f(x,y)dx+\int_1^2 dy\int_y^2 f(x,y)dx$;

(4) $\int_{-1}^{1} dx\int_{\sqrt{1-x^2}}^{\sqrt{4-x^2}} f(x,y)dy+\int_{-1}^{1} dx\int_{-\sqrt{4-x^2}}^{-\sqrt{1-x^2}} f(x,y)dy$

$+\int_{-2}^{-1} dx\int_{-\sqrt{4-x^2}}^{\sqrt{4-x^2}} f(x,y)dy+\int_1^2 dx\int_{-\sqrt{4-x^2}}^{\sqrt{4-x^2}} f(x,y)dy$,

或 $\int_1^2 dy\int_{-\sqrt{4-y^2}}^{\sqrt{4-y^2}} f(x,y)dx+\int_{-2}^{-1} dy\int_{-\sqrt{4-y^2}}^{\sqrt{4-y^2}} f(x,y)dx$

$+\int_{-1}^{1} dy\int_{-\sqrt{4-y^2}}^{-\sqrt{1-y^2}} f(x,y)dx+\int_{-1}^{1} dy\int_{\sqrt{1-y^2}}^{\sqrt{4-y^2}} f(x,y)dx$.

6. (1) $\int_0^1 dx\int_x^1 f(x,y)dy$;　(2) $\int_0^4 dx\int_{\frac{x}{2}}^{\sqrt{x}} f(x,y)dy$;

(3) $\int_{-1}^{1} dx\int_0^{\sqrt{1-x^2}} f(x,y)dy$;　(4) $\int_0^1 dy\int_{2-y}^{1+\sqrt{1-y^2}} f(x,y)dx$;

(5) $\int_0^1 dy\int_{e^y}^{e} f(x,y)dx$;

(6) $\int_{-1}^{0} dy\int_{-2\arcsin y}^{\pi} f(x,y)dx+\int_0^1 dy\int_{\arcsin y}^{\pi-\arcsin y} f(x,y)dx$.

7. $\frac{4}{3}$.　8. $\frac{7}{2}$.　9. $\frac{17}{6}$　10. 6π.

11. (1) $\int_0^{2\pi} d\theta\int_0^a f(\rho\cos\theta,\rho\sin\theta)\rho d\rho$;

(2) $\int_{-\frac{\pi}{2}}^{\frac{\pi}{2}} d\theta\int_0^{2\cos\theta} f(\rho\cos\theta,\rho\sin\theta)\rho d\rho$;

(3) $\int_0^{2\pi} d\theta\int_a^b f(\rho\cos\theta,\rho\sin\theta)\rho d\rho$;

(4) $\int_0^{\frac{\pi}{2}} d\theta\int_0^{(\cos\theta+\sin\theta)^{-1}} f(\rho\cos\theta,\rho\sin\theta)\rho d\rho$.

12. (1) $\int_0^{\frac{\pi}{4}} d\theta\int_0^{\sec\theta} f(\rho\cos\theta,\rho\sin\theta)\rho d\rho+\int_{\frac{\pi}{4}}^{\frac{\pi}{2}} d\theta\int_0^{\csc\theta} f(\rho\cos\theta,\rho\sin\theta)\rho d\rho$;

(2) $\int_{\frac{\pi}{4}}^{\frac{\pi}{3}} d\theta \int_0^{2\sec\theta} f(\rho)\rho d\rho$;

(3) $\int_0^{\frac{\pi}{2}} d\theta \int_{(\cos\theta+\sin\theta)^{-1}}^{1} f(\rho\cos\theta, \rho\sin\theta)\rho d\rho$;

(4) $\int_0^{\frac{\pi}{4}} d\theta \int_{\sec\theta\tan\theta}^{\sec\theta} f(\rho\cos\theta, \rho\sin\theta)\rho d\rho$.

13. (1) $\frac{3}{4}\pi a^4$;　　(2) $\frac{1}{6}a^3[\sqrt{2}+\ln(1+\sqrt{2})]$;

(3) $\sqrt{2}-1$;　　(4) $\frac{1}{8}\pi a^4$.

14. (1) $\pi(e^4-1)$;　　(2) $\frac{\pi}{4}(2\ln 2-1)$;

(3) $\frac{3}{64}\pi^2$.

15. (1) $\frac{9}{4}$;　　(2) $\frac{\pi}{8}(\pi-2)$;

(3) $14a^4$;　　(4) $\frac{2}{3}\pi(b^3-a^3)$.

16. $\frac{1}{40}\pi^5$.　17. $\frac{1}{3}R^3\arctan k$.　18. $\frac{3}{32}\pi a^4$.

*19. (1) $\frac{\pi^4}{3}$;　　(2) $\frac{7}{3}\ln 2$;

(3) $\frac{e-1}{2}$;

(4) $\frac{1}{2}\pi ab$. 提示:作变换 $x=a\rho\cos\theta, y=b\rho\sin\theta$.

*20. (1) $2\ln 3$;　　(2) $\frac{1}{8}$.

*22. (2) 提示:作变换 $x=\frac{au-bv}{\sqrt{a^2+b^2}}$, $y=\frac{bu+av}{\sqrt{a^2+b^2}}$.

习题 9-3(第 106 页)

1. (1) $\int_0^1 dx \int_0^{1-x} dy \int_0^{xy} f(x,y,z)dz$;

(2) $\int_{-1}^1 dx \int_{-\sqrt{1-x^2}}^{\sqrt{1-x^2}} dy \int_{x^2+y^2}^{1} f(x,y,z)dz$;

(3) $\int_{-1}^1 dx \int_{-\sqrt{1-x^2}}^{\sqrt{1-x^2}} dy \int_{x^2+2y^2}^{2-x^2} f(x,y,z)dz$;

(4) $\int_0^a dx \int_0^{b\sqrt{1-x^2/a^2}} dy \int_0^{xy/c} f(x,y,z)dz$.

2. $\frac{3}{2}$.　4. $\frac{1}{364}$.　5. $\frac{1}{2}\left(\ln 2-\frac{5}{8}\right)$.　6. $\frac{1}{48}$.　7. 0.　8. $\frac{\pi}{4}h^2R^2$.

9. (1) $\frac{7\pi}{12}$;　　(2) $\frac{16}{3}\pi$.

10. (1) $\frac{4\pi}{5}$;　　(2) $\frac{7}{6}\pi a^4$.

11. (1) $\frac{1}{8}$;　(2) $\frac{\pi}{10}$;　(3) 8π;　(4) $\frac{4\pi}{15}(A^5-a^5)$.

12. (1) $\frac{32}{3}\pi$;　　(2) πa^3;

(3) $\frac{\pi}{6}$;　　(4) $\frac{2}{3}\pi(5\sqrt{5}-4)$.

13. $k\pi R^4$.

习题 9－4(第 116 页)

1. $2a^2(\pi-2)$.　　2. $\sqrt{2}\pi$.

3. $16R^2$.

4. (1) $\bar{x}=\frac{3}{5}x_0$; $\bar{y}=\frac{3}{8}y_0$;　　(2) $\bar{x}=0$, $\bar{y}=\frac{4b}{3\pi}$;

(3) $\bar{x}=\frac{b^2+ab+a^2}{2(a+b)}$, $\bar{y}=0$.

5. $\bar{x}=\frac{35}{48}$, $\bar{y}=\frac{35}{54}$.　　6. $\bar{x}=\frac{2}{5}a$, $\bar{y}=\frac{2}{5}a$.

7. (1) $\left(0,0,\frac{3}{4}\right)$;　　(2) $\left(0,0,\frac{3(A^4-a^4)}{8(A^3-a^3)}\right)$;

(3) $\left(\frac{2}{5}a, \frac{2}{5}a, \frac{7}{30}a^2\right)$.

8. $\left(0,0,\frac{5}{4}R\right)$.

9. (1) $I_y=\frac{1}{4}\pi a^3 b$;

(2) $I_x=\frac{72}{5}$, $I_y=\frac{96}{7}$;　　(3) $I_x=\frac{1}{3}ab^3$, $I_y=\frac{1}{3}ba^3$.

10. $\frac{1}{12}Mh^2$, $\frac{1}{12}Mb^2$　($M=bh\mu$ 为矩形板的质量).

11. (1) $\frac{8}{3}a^4$;　(2) $\bar{x}=\bar{y}=0, \bar{z}=\frac{7}{15}a^2$;　(3) $\frac{112}{45}a^6\rho$.

12. $\frac{1}{2}a^2M$　($M=\pi a^2 h\rho$ 为圆柱体的质量).

13. $\boldsymbol{F}=\left(2G\mu\left(\ln\frac{R_2+\sqrt{R_2^2+a^2}}{R_1+\sqrt{R_1^2+a^2}}-\frac{R_2}{\sqrt{R_2^2+a^2}}+\frac{R_1}{\sqrt{R_1^2+a^2}}\right),\right.$

$\left.0, \pi Ga\mu\left(\frac{1}{\sqrt{R_2^2+a^2}}-\frac{1}{\sqrt{R_1^2+a^2}}\right)\right)$.

14. $F_x=F_y=0$, $F_z=-2\pi G\rho[\sqrt{(h-a)^2+R^2}-\sqrt{R^2+a^2}+h]$.

* **习题 9－5**(第 123 页)

1. (1) $\frac{\pi}{4}$;　(2) 1;　(3) $\frac{8}{3}$.

2. (1) $\frac{1}{3}\cos x(\cos x-\sin x)(1+2\sin 2x)$;

(2) $\frac{2}{x}\ln(1+x^2)$;

(3) $\ln\sqrt{\frac{x^2+1}{x^4+1}}+3x^2\arctan x^2-2x\arctan x$;

(4) $2x\mathrm{e}^{-x^5}-\mathrm{e}^{-x^3}-\int_x^{x^2}y^2\mathrm{e}^{-xy^2}\mathrm{d}y$.

3. $3f(x)+2xf'(x)$.

4. (1) $\pi\arcsin a$;　(2) $\pi\ln\frac{1+a}{2}$.

提示:设 $\varphi(a)=\int_0^{\frac{\pi}{2}}\ln(\cos^2 x+a^2\sin^2 x)\mathrm{d}x$, $I=\varphi(a)$.

5. (1) $\frac{\pi}{2}\ln(1+\sqrt{2})$;提示:利用公式$\frac{\arctan x}{x}=\int_0^1\frac{\mathrm{d}y}{1+x^2y^2}$.

(2) $\arctan(1+b)-\arctan(1+a)$.

提示:利用公式$\frac{x^b-x^a}{\ln x}=\int_a^b x^y\mathrm{d}y$.

总习题九(第 123 页)

1. (1) (C);　(2) (A).

2. (1) $\frac{3}{2}+\cos 1+\sin 1-\cos 2-2\sin 2$;　(2) $\pi^2-\frac{40}{9}$;

(3) $\frac{1}{3}R^3\left(\pi-\frac{4}{3}\right)$;　(4) $\frac{\pi}{4}R^4+9\pi R^2$.

3. (1) $\int_{-2}^0\mathrm{d}x\int_{2x+4}^{4-x^2}f(x,y)\mathrm{d}y$;　(2) $\int_0^2\mathrm{d}x\int_{\frac{1}{2}x}^{3-x}f(x,y)\mathrm{d}y$;

(3) $\int_0^1\mathrm{d}y\int_0^{y^2}f(x,y)\mathrm{d}x+\int_1^2\mathrm{d}y\int_0^{\sqrt{2y-y^2}}f(x,y)\mathrm{d}x$.

5. $\int_0^{\frac{\pi}{4}}\mathrm{d}\theta\int_0^{\sec\theta\tan\theta}f(\rho\cos\theta,\rho\sin\theta)\rho\mathrm{d}\rho+\int_{\frac{\pi}{4}}^{\frac{3\pi}{4}}\mathrm{d}\theta\int_0^{\csc\theta}f(\rho\cos\theta,\rho\sin\theta)\rho\mathrm{d}\rho$

$+\int_{\frac{3\pi}{4}}^{\pi}\mathrm{d}\theta\int_0^{\sec\theta\tan\theta}f(\rho\cos\theta,\rho\sin\theta)\rho\mathrm{d}\rho$.

6. $\int_{-1}^1\mathrm{d}x\int_{x^2}^1\mathrm{d}y\int_0^{x^2+y^2}f(x,y,z)\mathrm{d}z$.

7. (1) $\frac{59}{480}\pi R^5$;　(2) 0;　(3) $\frac{250}{3}\pi$.

8. $\frac{1}{2}\sqrt{a^2b^2+b^2c^2+c^2a^2}$.

9. $\sqrt{\frac{2}{3}}R$ （R 为圆的半径）.

10. $I=\frac{368}{105}\mu$.

11. $\boldsymbol{F}=(F_x, F_y, F_z)$，其中 $F_x=0$，

$$F_y=\frac{4GmM}{\pi R^2}\left(\ln\frac{R+\sqrt{R^2+a^2}}{a}-\frac{R}{\sqrt{R^2+a^2}}\right),\ F_z=-\frac{2GmM}{R^2}\left(1-\frac{a}{\sqrt{R^2+a^2}}\right).$$

第 十 章

习题 10－1(第 131 页)

1. (1) $I_x=\int_L y^2\mu(x,y)\mathrm{d}s$，$I_y=\int_L x^2\mu(x,y)\mathrm{d}s$；

(2) $\bar{x}=\frac{\int_L x\mu(x,y)\mathrm{d}s}{\int_L \mu(x,y)\mathrm{d}s}$，$\bar{y}=\frac{\int_L y\mu(x,y)\mathrm{d}s}{\int_L \mu(x,y)\mathrm{d}s}$.

3. (1) $2\pi a^{2n+1}$； (2) $\sqrt{2}$；

(3) $\frac{1}{12}(5\sqrt{5}+6\sqrt{2}-1)$； (4) $\mathrm{e}^a\left(2+\frac{\pi}{4}a\right)-2$；

(5) $\frac{\sqrt{3}}{2}(1-\mathrm{e}^{-2})$； (6) 9；

(7) $\frac{256}{15}a^3$； (8) $2\pi^2a^3(1+2\pi^2)$.

4. 质心在扇形的对称轴上且与圆心距离$\frac{a\sin\varphi}{\varphi}$处.

5. (1) $I_z=\frac{2}{3}\pi a^2\sqrt{a^2+k^2}(3a^2+4\pi^2k^2)$；

(2) $\bar{x}=\frac{6ak^2}{3a^2+4\pi^2k^2}$，$\bar{y}=\frac{-6\pi ak^2}{3a^2+4\pi^2k^2}$，$\bar{z}=\frac{3k(\pi a^2+2\pi^3k^2)}{3a^2+4\pi^2k^2}$.

习题 10－2(第 141 页)

3. (1) $-\frac{56}{15}$； (2) $-\frac{\pi}{2}a^3$；

(3) 0； (4) -2π；

(5) $\frac{k^3\pi^3}{3}-a^2\pi$； (6) 13；

(7) $\frac{1}{2}$； (8) $-\frac{14}{15}$.

4. (1) $\frac{34}{3}$； (2) 11；

(3) 14； (4) $\frac{32}{3}$.

5. $-|\boldsymbol{F}|R$.

6. $mg(z_2-z_1)$.

7. (1) $\int_L \frac{P(x,y)+Q(x,y)}{\sqrt{2}}\mathrm{d}s$;

(2) $\int_L \frac{P(x,y)+2xQ(x,y)}{\sqrt{1+4x^2}}\mathrm{d}s$;

(3) $\int_L [\sqrt{2x-x^2}P(x,y)+(1-x)Q(x,y)]\mathrm{d}s$.

8. $\int_\Gamma \frac{P+2xQ+3yR}{\sqrt{1+4x^2+9y^2}}\mathrm{d}s$.

习题 10－3(第 153 页)

1. (1) $\frac{1}{30}$;　　(2) 8.

2. (1) $\frac{3}{8}\pi a^2$;　　(2) 12π;　　(3) πa^2.

3. $-\pi$.

4. (1) $\frac{5}{2}$;　　(2) 236;　　(3) 5.

5. (1) 12;　　(2) 0;

(3) $\frac{\pi^2}{4}$;　　(4) $\frac{\sin 2}{4}-\frac{7}{6}$.

6. (1) $\frac{1}{2}x^2+2xy+\frac{1}{2}y^2$;　　(2) x^2y;

(3) $-\cos 2x\cdot\sin 3y$;　　(4) $x^3y+4x^2y^2-12\mathrm{e}^y+12y\mathrm{e}^y$;

(5) $y^2\sin x+x^2\cos y$.

习题 10－4(第 158 页)

1. $I_x=\iint_\Sigma (y^2+z^2)\mu(x,y,z)\mathrm{d}S$.

4. (1) $\frac{13}{3}\pi$;　　(2) $\frac{149}{30}\pi$;

(3) $\frac{111}{10}\pi$.

5. (1) $\frac{1+\sqrt{2}}{2}\pi$;　　(2) 9π.

6. (1) $4\sqrt{61}$;　　(2) $-\frac{27}{4}$;

(3) $\pi a(a^2-h^2)$;　　(4) $\frac{64}{15}\sqrt{2}a^4$.

7. $\frac{2\pi}{15}(6\sqrt{3}+1)$.

8. $\frac{4}{3}\mu_0\pi a^4$.

习题 10－5(第 167 页)

3. (1) $\frac{2}{105}\pi R^7$;　　(2) $\frac{3}{2}\pi$;

(3) $\frac{1}{2}$；　　　　　　(4) $\frac{1}{8}$.

4. (1) $\iint\limits_{\Sigma}\left(\frac{3}{5}P+\frac{2}{5}Q+\frac{2\sqrt{3}}{5}R\right)dS$；

(2) $\iint\limits_{\Sigma}\frac{2xP+2yQ+R}{\sqrt{1+4x^2+4y^2}}dS$.

习题 10－6(第 174 页)

1. (1) $3a^4$； (2) $\frac{12}{5}\pi a^5$； (3) $\frac{2}{5}\pi a^5$； (4) 81π； (5) $\frac{3}{2}$.

2. (1) 0； (2) $a^3\left(2-\frac{a^2}{6}\right)$； (3) 108π.

3. (1) $\operatorname{div}\boldsymbol{A}=2x+2y+2z$；

(2) $\operatorname{div}\boldsymbol{A}=ye^{xy}-x\sin(xy)-2xz\sin(xz^2)$；

(3) $\operatorname{div}\boldsymbol{A}=2x$.

5. 提示:取液面为 xOy 面,z 轴铅直向下.这物体表面 Σ 上点(x,y,z)处单位面积上所受液体的压力为$(-\nu_0 z\cos\alpha,-\nu_0 z\cos\beta,-\nu_0 z\cos\gamma)$,其中 ν_0 为液体单位体积的重力,$\cos\alpha$、$\cos\beta$、$\cos\gamma$ 为点(x,y,z)处 Σ 的外法线的方向余弦.

习题 10－7(第 183 页)

1. (1) $-\sqrt{3}\pi a^2$；　　　　(2) $-2\pi a(a+b)$；

(3) -20π；　　　　(4) 9π.

2. (1) $\mathbf{rot}\,\boldsymbol{A}=2\boldsymbol{i}+4\boldsymbol{j}+6\boldsymbol{k}$；　　(2) $\mathbf{rot}\,\boldsymbol{A}=\boldsymbol{i}+\boldsymbol{j}$；

(3) $\mathbf{rot}\,\boldsymbol{A}=[x\sin(\cos z)-xy^2\cos(xz)]\boldsymbol{i}-y\sin(\cos z)\boldsymbol{j}+[y^2z\cos(xz)-x^2\cos y]\boldsymbol{k}$.

3. (1) 0；　　　　(2) -4.

4. (1) 2π；　　　　(2) 12π.

6. $\mathbf{0}$.

总习题十(第 184 页)

1. (1) $\int_{\Gamma}(P\cos\alpha+Q\cos\beta+R\cos\gamma)ds$,切向量；

2. $\iint\limits_{\Sigma}(P\cos\alpha+Q\cos\beta+R\cos\gamma)dS$,法向量.

2. (C).

3. (1) $2a^2$；　　　　(2) $\frac{(2+t_0^2)^{\frac{3}{2}}-2\sqrt{2}}{3}$；

(3) $-2\pi a^2$；　　　　(4) $\frac{1}{35}$；

(5) πa^2；　　　　(6) $\frac{\sqrt{2}}{16}\pi$.

4. (1) $2\pi\arctan\frac{H}{R}$； (2) $-\frac{\pi}{4}h^4$；

(3) $2\pi R^3$;　　(4) 2π;

(5) $\frac{2}{15}$.

5. $\frac{1}{2}\ln(x^2+y^2)$　　7. $\left(0,0,\frac{a}{2}\right)$.

9. 3.　　10. $\frac{3}{2}$.

第 十 一 章

习题 11-1(第 192 页)

1. (1) $\frac{1+1}{1+1^2}+\frac{1+2}{1+2^2}+\frac{1+3}{1+3^2}+\frac{1+4}{1+4^2}+\frac{1+5}{1+5^2}+\cdots\cdots$;

(2) $\frac{1}{2}+\frac{1\cdot3}{2\cdot4}+\frac{1\cdot3\cdot5}{2\cdot4\cdot6}+\frac{1\cdot3\cdot5\cdot7}{2\cdot4\cdot6\cdot8}+\frac{1\cdot3\cdot5\cdot7\cdot9}{2\cdot4\cdot6\cdot8\cdot10}+\cdots$;

(3) $\frac{1}{5}-\frac{1}{5^2}+\frac{1}{5^3}-\frac{1}{5^4}+\frac{1}{5^5}-\cdots$;

(4) $\frac{1!}{1^1}+\frac{2!}{2^2}+\frac{3!}{3^3}+\frac{4!}{4^4}+\frac{5!}{5^5}+\cdots$.

2. (1) $\frac{1}{2n-1}$;　　(2) $(-1)^{n-1}\frac{n+1}{n}$;

(3) $\frac{x^{\frac{n}{2}}}{2\cdot4\cdot6\cdots(2n)}$;　(4) $(-1)^{n-1}\frac{a^{n+1}}{2n+1}$.

3. (1) 发散; (2) 收敛; (3) 发散.提示:先乘以 $2\sin\frac{\pi}{12}$,再将一般项分解为两个余弦函数之差.

4. (1) 收敛;　(2) 发散;　(3) 发散;　(4) 发散;　(5) 收敛.

*5. (1) 收敛;　(2) 发散;　(3) 收敛;　(4) 发散.

习题 11-2(第 206 页)

1. (1) 发散;　(2) 发散;　(3) 收敛;

(4) 收敛;　(5) $a>1$ 时收敛,$a\leqslant1$ 时发散.

2. (1) 发散;　(2) 收敛;　(3) 收敛;　(4) 收敛.

3. (1) 收敛;　(2) 收敛;　(3) 收敛;

(4) 当 $b<a$ 时收敛,当 $b>a$ 时发散;当 $b=a$ 时不能肯定.

4. (1) 收敛;　(2) 收敛;　(3) 发散;

(4) 收敛;　(5) 发散;　(6) 发散.

5. (1) 条件收敛; (2) 绝对收敛; (3) 绝对收敛; (4) 条件收敛; (5) 发散.

习题 11-3(第 215 页)

1. (1) $(-1,1)$　　(2) $[-1,1]$;　　(3) $(-\infty,+\infty)$;

(4) $[-3,3)$;　　(5) $\left[-\frac{1}{2},\frac{1}{2}\right]$;　　(6) $[-1,1]$;

(7) $(-\sqrt{2},\sqrt{2})$;　　(8) $[4,6)$.

2. (1) $\frac{1}{(1-x)^2}$ $(-1<x<1)$; (2) $\frac{1}{4}\ln\frac{1+x}{1-x}+\frac{1}{2}\arctan x-x$ $(-1<x<1)$;

(3) $\frac{1}{2}\ln\frac{1+x}{1-x}$ $(-1<x<1)$.

习题 11－4(第 223 页)

1. $\cos x=\cos x_0+\cos\left(x_0+\frac{\pi}{2}\right)(x-x_0)+\cdots+\frac{\cos\left(x_0+\frac{n\pi}{2}\right)}{n!}(x-x_0)^n+\cdots$,

$(-\infty,+\infty)$.

2. (1) $\frac{e^x-e^{-x}}{2}=\sum\limits_{n=1}^{\infty}\frac{x^{2n-1}}{(2n-1)!}$, $(-\infty,+\infty)$;

(2) $\ln(a+x)=\ln a+\sum\limits_{n=1}^{\infty}(-1)^{n-1}\frac{1}{n}\left(\frac{x}{a}\right)^n$, $(-a,a]$;

(3) $a^x=\sum\limits_{n=0}^{\infty}\frac{(x\ln a)^n}{n!}$, $(-\infty,+\infty)$;

(4) $\sin^2 x=\sum\limits_{n=1}^{\infty}(-1)^{n-1}\frac{(2x)^{2n}}{2(2n)!}$, $(-\infty,+\infty)$;

(5) $(1+x)\ln(1+x)=x+\sum\limits_{n=2}^{\infty}\frac{(-1)^n x^n}{n(n-1)}$, $(-1,1]$;

(6) $\frac{x}{\sqrt{1+x^2}}=x+\sum\limits_{n=1}^{\infty}(-1)^n\frac{2(2n)!}{(n!)^2}\left(\frac{x}{2}\right)^{2n+1}$, $(-1,1]$.

3. (1) $\sqrt{x^3}=1+\frac{3}{2}(x-1)+\sum\limits_{n=0}^{\infty}(-1)^n\frac{(2n)!}{(n!)^2}\frac{3}{(n+1)(n+2)2^n}\left(\frac{x-1}{2}\right)^{n+2}$,

$[0,2]$;

(2) $\lg x=\frac{1}{\ln 10}\sum\limits_{n=1}^{\infty}(-1)^{n-1}\frac{(x-1)^n}{n}$, $(0,2]$.

4. $\cos x=\frac{1}{2}\sum\limits_{n=0}^{\infty}(-1)^n\left[\frac{\left(x+\frac{\pi}{3}\right)^{2n}}{(2n)!}+\sqrt{3}\frac{\left(x+\frac{\pi}{3}\right)^{2n+1}}{(2n+1)!}\right]$, $(-\infty,+\infty)$.

5. $\frac{1}{x}=\frac{1}{3}\sum\limits_{n=0}^{\infty}(-1)^n\frac{(x-3)^n}{3^n}$, $(0,6)$.

6. $\frac{1}{x^2+3x+2}=\sum\limits_{n=0}^{\infty}\left(\frac{1}{2^{n+1}}-\frac{1}{3^{n+1}}\right)(x+4)^n$, $(-6,-2)$.

习题 11－5(第 229 页)

1. (1) 1.098 6; (2) 1.648; (3) 2.004 30; (4) 0.999 4.

2. (1) 0.494 0; (2) 0.487.

3. $e^x\cos x=\sum\limits_{n=0}^{\infty}2^{\frac{n}{2}}\cos\frac{n\pi}{4}\cdot\frac{x^n}{n!}$ $(-\infty,+\infty)$.

提示:$e^x\cos x=\mathrm{Re}\,e^{(1+i)x}=\mathrm{Re}\,e^{\sqrt{2}(\cos\frac{\pi}{4}+i\sin\frac{\pi}{4})x}$.

***习题 11－6**(第 237 页)

1. (1) 取自然数 $N\geqslant\frac{|x|}{\varepsilon}$.

2. (1) $s(x)=\begin{cases}0, & x=0,\\ 1+x^2, & x\neq 0.\end{cases}$

(2) 当 $x\neq 0$ 时,取自然数 $N\geqslant \dfrac{\ln\frac{1}{\varepsilon}}{\ln(1+x^2)}$;当 $x=0$ 时,取 $N=1$.

(3) 在[0,1]上不一致收敛,在 $\left[\frac{1}{2},1\right]$ 上一致收敛.

3. (1) 一致收敛; (2) 不一致收敛.

习题 11-7(第 250 页)

1. (1) $f(x)=\pi^2+1+12\sum\limits_{n=0}^{\infty}\dfrac{(-1)^n}{n^2}\cos nx,(-\infty,+\infty)$;

(2) $f(x)=\dfrac{e^{2\pi}-e^{-2\pi}}{\pi}\left[\dfrac{1}{4}+\sum\limits_{n=1}^{\infty}\dfrac{(-1)^n}{n^2+4}(2\cos nx-n\sin nx)\right]$,

$(x\neq(2n+1)\pi,n=0,\pm1,\pm2,\cdots)$;

(3) $f(x)=\dfrac{a-b}{4}\pi+\sum\limits_{n=1}^{\infty}\left\{\dfrac{[1-(-1)^n](b-a)}{n^2\pi}\cos nx+\dfrac{(-1)^{n-1}(a+b)}{n}\sin nx\right\}$,

$(x\neq(2n+1)\pi,n=0,\pm1,\pm2,\cdots)$.

2. (1) $2\sin\dfrac{x}{3}=\dfrac{18\sqrt{3}}{\pi}\sum\limits_{n=1}^{\infty}(-1)^{n-1}\dfrac{n\sin nx}{9n^2-1},(-\pi,\pi)$;

(2) $f(x)=\dfrac{1+\pi-e^{-\pi}}{2\pi}+\dfrac{1}{\pi}\sum\limits_{n=1}^{\infty}\left\{\dfrac{1-(-1)^n e^{-\pi}}{1+n^2}\cos nx\right.$

$\left.+\left[\dfrac{-n+(-1)^n n e^{-\pi}}{1+n^2}+\dfrac{1}{n}(1-(-1)^n)\right]\sin nx\right\},(-\pi,\pi)$.

4. $\cos\dfrac{x}{2}=\dfrac{2}{\pi}+\dfrac{4}{\pi}\sum\limits_{n=1}^{\infty}\dfrac{(-1)^{n-1}}{4n^2-1}\cos nx,[-\pi,\pi]$.

5. $f(x)=\dfrac{2}{\pi}\sum\limits_{n=1}^{\infty}\left[\dfrac{1}{n^2}\sin\dfrac{n\pi}{2}+(-1)^{n+1}\dfrac{\pi}{2n}\right]\sin nx$,

$(x\neq(2n+1)\pi,n=0,\pm1,\pm2,\cdots)$

6. $\dfrac{\pi-x}{2}=\sum\limits_{n=1}^{\infty}\dfrac{1}{n}\sin nx,(0,\pi]$.

7. $2x^2=\dfrac{4}{\pi}\sum\limits_{n=1}^{\infty}\left[-\dfrac{2}{n^3}+(-1)^n\left(\dfrac{2}{n^3}-\dfrac{\pi^2}{n}\right)\right]\sin nx,[0,\pi)$;

$2x^2=\dfrac{2}{3}\pi^2+8\sum\limits_{n=1}^{\infty}\dfrac{(-1)^n}{n^2}\cos nx,[0,\pi]$.

习题 11-8(第 256 页)

1. (1) $f(x)=\dfrac{11}{12}+\dfrac{1}{\pi^2}\sum\limits_{n=1}^{\infty}\dfrac{(-1)^{n+1}}{n^2}\cos 2n\pi x,(-\infty,+\infty)$;

(2) $f(x)=-\dfrac{1}{4}+\sum\limits_{n=1}^{\infty}\left\{\left[\dfrac{1-(-1)^n}{n^2\pi^2}+\dfrac{2\sin\frac{n\pi}{2}}{n\pi}\right]\cos n\pi x+\dfrac{1-2\cos\frac{n\pi}{2}}{n\pi}\sin n\pi x\right\}$,

$\left(x\neq 2k,2k+\dfrac{1}{2},k=0,\pm1,\pm2,\cdots\right)$;

(3) $f(x)=-\frac{1}{2}+\sum_{n=1}^{\infty}\left\{\frac{6}{n^2\pi^2}[1-(-1)^n]\cos\frac{n\pi x}{3}+\frac{6}{n\pi}(-1)^{n+1}\sin\frac{n\pi x}{3}\right\}$,

$(x\neq 3(2k+1),k=0,\pm1,\pm2,\cdots)$.

2. (1) $f(x)=\frac{4l}{\pi^2}\sum_{k=1}^{\infty}\frac{(-1)^{k-1}}{(2k-1)^2}\sin\frac{(2k-1)\pi x}{l}$, $[0,l]$,

$f(x)=\frac{l}{4}-\frac{2l}{\pi^2}\sum_{k=1}^{\infty}\frac{1}{(2k-1)^2}\cos\frac{2(2k-1)\pi x}{l}$, $[0,l]$;

(2) $f(x)=\frac{8}{\pi}\sum_{n=1}^{\infty}\left\{\frac{(-1)^{n+1}}{n}+\frac{2}{n^3\pi^2}[(-1)^n-1]\right\}\sin\frac{n\pi x}{2}$, $[0,2)$,

$f(x)=\frac{4}{3}+\frac{16}{\pi^2}\sum_{n=1}^{\infty}\frac{(-1)^n}{n^2}\cos\frac{n\pi x}{2}$, $[0,2]$.

*3. $f(x)=\operatorname{sh}1\sum_{n=-\infty}^{\infty}\frac{(-1)^n(1-\mathrm{i}n\pi)}{1+(n\pi)^2}\mathrm{e}^{\mathrm{i}n\pi x}$,

$(x\neq 2k+1,\ k=0,\pm1,\pm2,\cdots)$.

*4. $u(t)=\frac{h\tau}{T}+\frac{2h}{\pi}\sum_{n=1}^{\infty}\frac{1}{n}\sin\frac{n\tau\pi}{T}\cos\frac{2n\pi t}{T}$, $(-\infty,+\infty)$.

总习题十一(第 257 页)

1. (1) 必要,充分;　(2) 充分必要;　(3) 收敛,发散.
2. (1) 发散;　(2) 发散;　(3) 收敛;　(4) 发散;

(5) $a<1$ 时收敛,$a>1$ 时发散,$a=1$ 时,$s>1$ 收敛,$s\leqslant1$ 发散.

4. 不一定. 考虑级数 $\sum_{n=1}^{\infty}(-1)^n\frac{1}{\sqrt{n}}$ 及 $\sum_{n=1}^{\infty}\left((-1)^n\frac{1}{\sqrt{n}}+\frac{1}{n}\right)$.

5. (1) $p>1$ 时绝对收敛,$0<p\leqslant1$ 时条件收敛,$p\leqslant0$ 时发散;

(2) 绝对收敛;(3) 条件收敛;(4) 绝对收敛.

6. (1) 0;

(2) $\sqrt[4]{8}$. 提示:化成 $2^{\frac{1}{3}+\frac{2}{3^2}+\cdots+\frac{n}{3^n}+\cdots}$.

7. (1) $\left[-\frac{1}{5},\frac{1}{5}\right)$;　(2) $\left(-\frac{1}{\mathrm{e}},\frac{1}{\mathrm{e}}\right)$;

(3) $(-2,0)$;　(4) $(-\sqrt{2},\sqrt{2})$.

8. (1) $s(x)=\frac{2+x^2}{(2-x^2)^2}$,　$(-\sqrt{2},\sqrt{2})$;

(2) $s(x)=\arctan x$,　$[-1,1]$;

(3) $s(x)=\frac{x-1}{(2-x)^2}$,　$(0,2)$;

(4) $s(x)=\begin{cases}1+\left(\frac{1}{x}-1\right)\ln(1-x), & x\in[-1,0)\cup(0,1),\\ 0, & x=0.\\ 1, & x=1.\end{cases}$

9. (1) 2e;

(2) $\frac{1}{2}(\cos 1+\sin 1)$. 提示：利用 $\cos 1$ 和 $\sin 1$ 的展开式.

10. (1) $\ln(x+\sqrt{x^2+1})=x+\sum\limits_{n=1}^{\infty}(-1)^n\frac{(2n-1)!!}{(2n)!!}\frac{x^{2n+1}}{2n+1}, x\in[-1,1]$；

提示：利用积分 $\int_0^x\frac{\mathrm{d}t}{\sqrt{t^2+1}}$.

(2) $\frac{1}{(2-x)^2}=\sum\limits_{n=1}^{\infty}\frac{n}{2^{n+1}}x^{n-1}, x\in(-2,2)$.

11. $f(x)=\frac{\mathrm{e}^{\pi}-1}{2\pi}+\frac{1}{\pi}\sum\limits_{n=1}^{\infty}\left[\frac{(-1)^n\mathrm{e}^{\pi}-1}{n^2+1}\cos nx+\frac{n((-1)^{n+1}\mathrm{e}^{\pi}+1)}{n^2+1}\sin nx\right]$,

$-\infty<x<+\infty$ 且 $x\neq n\pi,\ n=0,\pm1,\pm2,\cdots$.

12. $f(x)=\frac{2}{\pi}\sum\limits_{n=1}^{\infty}\frac{1-\cos nh}{n}\sin nx,\ x\in(0,h)\cup(h,\pi]$；

$f(x)=\frac{h}{\pi}+\frac{2}{\pi}\sum\limits_{n=1}^{\infty}\frac{\sin nh}{n}\cos nx,\ x\in[0,h)\cup(h,\pi]$.

第十二章

习题 12-1(第 263 页)

1. (1) 一阶； (2) 二阶； (3) 三阶；
(4) 一阶； (5) 二阶； (6) 一阶.

2. (1) 是； (2) 是； (3) 不是； (4) 是.

4. (1) $y^2-x^2=25$； (2) $y=x\mathrm{e}^{2x}$； (3) $y=-\cos x$.

5. (1) $y'=x^2$； (2) $yy'+2x=0$.

6. $\frac{\mathrm{d}P}{\mathrm{d}T}=k\frac{P}{T^2}$, k 为比例系数.

习题 12-2(第 269 页)

1. (1) $y=\mathrm{e}^{Cx}$ (2) $y=\frac{1}{2}x^2+\frac{1}{5}x^3+C$；
(3) $\arcsin y=\arcsin x+C$； (4) $\frac{1}{y}=a\ln|x+a-1|+C$；
(5) $\tan x\tan y=C$； (6) $10^{-y}+10^{x}=C$；
(7) $(\mathrm{e}^x+1)(\mathrm{e}^y-1)=C$； (8) $\sin x\sin y=C$；
(9) $3x^4+4(y+1)^3=C$； (10) $(x-4)y^4=Cx$.

2. (1) $\mathrm{e}^y=\frac{1}{2}(\mathrm{e}^{2x}+1)$； (2) $\cos x-\sqrt{2}\cos y=0$；
(3) $\ln y=\tan\frac{x}{2}$； (4) $(1+\mathrm{e}^x)\sec y=2\sqrt{2}$；
(5) $x^2y=4$.

3. $t=-0.030\,5\,h^{\frac{5}{2}}+9.64$, 水流完所需的时间约为 10 s.

4. $v=\sqrt{72\,500}\approx269.3$ (cm/s).

5. $R=R_0\mathrm{e}^{-0.000\,433\,t}$, 时间以年为单位.

6. $xy=6$.

7. 取 O 为原点，河岸朝顺水方向为 x 轴，y 轴指向对岸，则所求航线为 $x=\frac{k}{a}\left(\frac{h}{2}y^2-\frac{1}{3}y^3\right)$.

习题 12－3(第 276 页)

1. (1) $y+\sqrt{y^2-x^2}=Cx^2$; (2) $\ln\frac{y}{x}=Cx+1$;

(3) $y^2=x^2(2\ln|x|+C)$; (4) $x^3-2y^3=Cx$;

(5) $x^2=C\mathrm{sh}^3\frac{y}{x}$; (6) $x+2y\mathrm{e}^{\frac{x}{y}}=C$.

2. (1) $y^3=y^2-x^2$; (2) $y^2=2x^2(\ln x+2)$;

(3) $\frac{x+y}{x^2+y^2}=1$.

3. $y=x(1-4\ln x)$.

*4. (1) $(4y-x-3)(y+2x-3)^2=C$;

(2) $\ln[4y^2+(x-1)^2]+\arctan\frac{2y}{x-1}=C$;

(3) $(y-x+1)^2(y+x-1)^5=C$;

(4) $x+3y+2\ln|x+y-2|=C$.

习题 12－4(第 281 页)

1. (1) $y=\mathrm{e}^{-x}(x+C)$; (2) $y=\frac{1}{3}x^2+\frac{3}{2}x+2+\frac{C}{x}$;

(3) $y=(x+C)\mathrm{e}^{-\sin x}$; (4) $y=C\cos x-2\cos^2x$;

(5) $y=\frac{\sin x+C}{x^2-1}$; (6) $3\rho=2+C\mathrm{e}^{-3\theta}$;

(7) $y=2+C\mathrm{e}^{-x^2}$; (8) $2x\ln y=\ln^2y+C$;

(9) $y=(x-2)^3+C(x-2)$; (10) $x=Cy^3+\frac{1}{2}y^2$.

2. (1) $y=\frac{x}{\cos x}$; (2) $y=\frac{\pi-1-\cos x}{x}$;

(3) $y\sin x+5\mathrm{e}^{\cos x}=1$; (4) $y=\frac{2}{3}(4-\mathrm{e}^{-3x})$;

(5) $2y=x^3-x^3\mathrm{e}^{x^{\frac{1}{2}}-1}$.

3. $y=2(\mathrm{e}^x-x-1)$.

4. $v=\frac{k_1}{k_2}t-\frac{k_1m}{k_2^2}(1-\mathrm{e}^{-\frac{k_2}{m}t})$.

5. $i=\mathrm{e}^{-5t}+\sqrt{2}\sin\left(5t-\frac{\pi}{4}\right)$ (A).

6. $f(x)=\frac{2}{3}x+\frac{1}{3\sqrt{x}}$.

7. (1) $\frac{1}{y}=-\sin x+C\mathrm{e}^x$;

(2) $\frac{3}{2}x^2+\ln\left|1+\frac{3}{y}\right|=C$；　　(3) $\frac{1}{y^3}=Ce^x-1-2x$；

(4) $\frac{1}{y^4}=-x+\frac{1}{4}+Ce^{-4x}$；　　(5) $\frac{x^2}{y^2}=-\frac{2}{3}x^3\left(\frac{2}{3}+\ln x\right)+C$.

8. $\ln|x|+\int\frac{g(v)\mathrm{d}v}{v[f(v)-g(v)]}=C$，求出后将 $v=xy$ 代回，得通解.

9. (1) $y=-x+\tan(x+C)$；　　(2) $(x-y)^2=-2x+C$；

(3) $y=\frac{1}{x}e^{Cx}$；　　(4) $y=1-\sin x-\frac{1}{x+C}$；

(5) $2x^2y^2\ln|y|-2xy-1=Cx^2y^2$.

习题 12－5(第 285 页)

1. (1) $x^3+3x^2y^2+\frac{4}{3}y^3=C$；　　(2) $a^2x-x^2y-xy^2-\frac{1}{3}y^3=C$；

(3) $xe^y-y^2=C$；　　(4) $x\sin y+y\cos x=C$；

(5) $xy=\frac{1}{3}x^3+C$；　　(6) 不是全微分方程；

(7) $\rho(1+e^{2\theta})=C$；　　(8) 不是全微分方程.

2. (1) $x-y=\ln|x+y|+C$；　　(2) $\frac{x}{y}+\frac{x^2}{2}=C$；

(3) $\frac{x^2}{2}-3xy-\frac{1}{y}=C$；　　(4) $x^2+y^2=Ce^{2x}$；

(5) $y^2+x\ln|x|=Cx$；　　(6) $\frac{x^2}{y}-x^3=C$.

3. (1) $x=Cy^2e^{\frac{1}{x^2y^2}}$；　　(2) $\frac{3xy+1}{x^3y^3}+3\ln|y|=C$.

4. (1) $y=2\ln x-1+Cx^{-2}$；

(2) $y=x\tan x+1+C\sec x$.

习题 12－6(第 292 页)

1. (1) $y=\frac{1}{6}x^3-\sin x+C_1x+C_2$；

(2) $y=(x-3)e^x+C_1x^2+C_2x+C_3$；

(3) $y=x\arctan x-\frac{1}{2}\ln(1+x^2)+C_1x+C_2$；

(4) $y=-\ln|\cos(x+C_1)|+C_2$；

(5) $y=C_1e^x-\frac{1}{2}x^2-x+C_2$；

(6) $y=C_1\ln|x|+C_2$；

(7) $y=C_1\operatorname{sh}\left(\frac{x}{C_1}+C_2\right)$，(此时 $y'>1$)；

或 $y=-C_1\operatorname{sh}\left(\frac{x}{C_1}+C_2\right)$，(此时 $y'<-1$)；

或 $y=C_1\sin\left(\dfrac{x}{C_1}+C_2\right)$,(此时$|y'|<1$);

(8) $C_1y^2-1=(C_1x+C_2)^2$;

(9) $x+C_2=\pm\left[\dfrac{2}{3}(\sqrt{y}+C_1)^{\frac{3}{2}}-2C_1\sqrt{\sqrt{y}+C_1}\right]$;

(10) $y=\arcsin(C_2e^x)+C_1$.

2. (1) $y=\sqrt{2x-x^2}$; (2) $y=-\dfrac{1}{a}\ln(ax+1)$;

(3) $y=\dfrac{1}{a^3}e^{ax}-\dfrac{e^a}{2a}x^2+\dfrac{e^a}{a^2}(a-1)x+\dfrac{e^a}{2a^3}(2a-a^2-2)$;

(4) $y=\ln\sec x$; (5) $y=\left(\dfrac{1}{2}x+1\right)^4$;

(6) $y=\ln\operatorname{ch}x$;

3. $y=\dfrac{x^3}{6}+\dfrac{x}{2}+1$.

4. $s=\dfrac{m}{c^2}\ln\operatorname{ch}\left(\sqrt{\dfrac{g}{m}}ct\right)$.

习题 12-7(第 300 页)

1. (1) 线性无关; (2) 线性相关; (3) 线性相关;
(4) 线性无关; (5) 线性无关; (6) 线性无关;
(7) 线性相关; (8) 线性无关; (9) 线性无关;
(10) 线性无关.

2. $y=C_1\cos\omega x+C_2\sin\omega x$.

3. $y=(C_1+C_2x)e^{x^2}$.

*5. $y=C_1e^x+C_2(2x+1)$.

*6. $y=C_1x+C_2x^2+x^3$.

*7. $y=C_1\cos x+C_2\sin x+x\sin x+\cos x\ln|\cos x|$.

*8. $y=C_1x+C_2x\ln|x|+\dfrac{1}{2}x\ln^2|x|$.

习题 12-8(第 310 页)

1. (1) $y=C_1e^x+C_2e^{-2x}$; (2) $y=C_1+C_2e^{4x}$;
(3) $y=C_1\cos x+C_2\sin x$; (4) $y=e^{-3x}(C_1\cos 2x+C_2\sin 2x)$;
(5) $x=(C_1+C_2t)e^{\frac{5}{2}t}$; (6) $y=e^{2x}(C_1\cos x+C_2\sin x)$;
(7) $y=C_1e^x+C_2e^{-x}+C_3\cos x+C_4\sin x$;
(8) $y=(C_1+C_2x)\cos x+(C_3+C_4x)\sin x$;
(9) $y=C_1+C_2x+(C_3+C_4x)e^x$;
(10) $y=C_1e^{2x}+C_2e^{-2x}+C_3\cos 3x+C_4\sin 3x$.

2. (1) $y=4e^x+2e^{3x}$; (2) $y=(2+x)e^{-\frac{x}{2}}$;
(3) $y=e^{-x}-e^{4x}$; (4) $y=3e^{-2x}\sin 5x$;

(5) $y=2\cos 5x+\sin 5x$;　　　　(6) $y=e^{2x}\sin 3x$.

3. $x=\dfrac{v_0}{\sqrt{k_2^2+4k_1}}\left(1-e^{-\sqrt{k_2^2+4k_1}\,t}\right)e^{\left(-\frac{k_2}{2}+\frac{\sqrt{k_2^2+4k_1}}{2}\right)t}$.

4. $u_C(t)=\dfrac{10}{9}\left(19e^{-10^3t}-e^{-1.9\times10^4t}\right)(\mathrm{V})$;

$i(t)=\dfrac{19}{18}\times10^{-2}\left(-e^{-10^3t}+e^{-1.9\times10^4t}\right)(\mathrm{A})$.

5. $M=195$ kg.

习题 12－9(第 317 页)

1. (1) $y=C_1e^{\frac{x}{2}}+C_2e^{-x}+e^x$,

(2) $y=C_1\cos ax+C_2\sin ax+\dfrac{e^x}{1+a^2}$;

(3) $y=C_1+C_2e^{-\frac{5}{2}x}+\dfrac{1}{3}x^3-\dfrac{3}{5}x^2+\dfrac{7}{25}x$;

(4) $y=C_1e^{-x}+C_2e^{-2x}+\left(\dfrac{3}{2}x^2-3x\right)e^{-x}$;

(5) $y=e^x(C_1\cos 2x+C_2\sin 2x)-\dfrac{1}{4}xe^x\cos 2x$;

(6) $y=(C_1+C_2x)e^{3x}+\dfrac{x^2}{2}\left(\dfrac{1}{3}x+1\right)e^{3x}$;

(7) $y=C_1e^{-x}+C_2e^{-4x}+\dfrac{11}{8}-\dfrac{1}{2}x$;

(8) $y=C_1\cos 2x+C_2\sin 2x+\dfrac{1}{3}x\cos x+\dfrac{2}{9}\sin x$;

(9) $y=C_1\cos x+C_2\sin x+\dfrac{e^x}{2}+\dfrac{x}{2}\sin x$;

(10) $y=C_1e^x+C_2e^{-x}-\dfrac{1}{2}+\dfrac{1}{10}\cos 2x$,提示:$\sin^2 x=\dfrac{1}{2}(1-\cos 2x)$.

2. (1) $y=-\cos x-\dfrac{1}{3}\sin x+\dfrac{1}{3}\sin 2x$;

(2) $y=-5e^x+\dfrac{7}{2}e^{2x}+\dfrac{5}{2}$;

(3) $y=\dfrac{1}{2}(e^{9x}+e^x)-\dfrac{1}{7}e^{2x}$;

(4) $y=e^x-e^{-x}+e^x(x^2-x)$;

(5) $y=\dfrac{11}{16}+\dfrac{5}{16}e^{4x}-\dfrac{5}{4}x$.

3. 取炮口为原点,炮弹前进的水平方向为 x 轴,铅直向上为 y 轴,弹道曲线为

$$\begin{cases}x=v_0\cos\alpha\cdot t,\\ y=v_0\sin\alpha\cdot t-\dfrac{1}{2}gt^2.\end{cases}$$

4. $u_C(t)=20-20e^{-5\times10^3t}[\cos(5\times10^3t)+\sin(5\times10^3t)](\mathrm{V})$;

$i(t)=4\times10^{-2}\mathrm{e}^{-5\times10^3t}\sin(5\times10^3t)(\mathrm{A})$,

提示:电路方程参见第七节例 2.

5. (1) $t=\sqrt{\frac{10}{g}}\ln(5+2\sqrt{6})\mathrm{s}$;　(2) $t=\sqrt{\frac{10}{g}}\ln\left(\frac{19+4\sqrt{22}}{3}\right)\mathrm{s}$.

6. $\varphi(x)=\frac{1}{2}(\cos x+\sin x+\mathrm{e}^x)$.

***习题 12-10**(第 319 页)

1. $y=C_1x+\frac{C_2}{x}$.

2. $y=x(C_1+C_2\ln|x|)+x\ln^2|x|$.

3. $y=C_1x+C_2x\ln|x|+C_3x^{-2}$.

4. $y=C_1x+C_2x^2+\frac{1}{2}(\ln^2x+\ln x)+\frac{1}{4}$.

5. $y=C_1x^2+C_2x^{-2}+\frac{1}{5}x^3$.

6. $y=x[C_1\cos(\sqrt{3}\ln x)+C_2\sin(\sqrt{3}\ln x)]+\frac{1}{2}x\sin(\ln x)$.

7. $y=C_1x^2+C_2x^2\ln x+x+\frac{1}{6}x^2\ln^3x$.

8. $y=C_1x+x[C_2\cos(\ln x)+C_3\sin(\ln x)]+\frac{1}{2}x^2(\ln x-2)+3x\ln x$.

习题 12-11(第 323 页)

1. (1) $y=C\mathrm{e}^{\frac{x^2}{2}}+\left[-1+x+\frac{1}{1\cdot3}x^3+\cdots+\frac{x^{2n-1}}{1\cdot3\cdot5\cdots(2n-1)}+\cdots\right]$;

(2) $y=a_0\mathrm{e}^{-\frac{x^2}{2}}+a_1\left[x-\frac{x^3}{1\cdot3}+\frac{x^5}{1\cdot3\cdot5}-\cdots+(-1)^{n-1}\frac{x^{2n-1}}{1\cdot3\cdot5\cdots(2n-1)}+\cdots\right]$;

(3) $y_1=1+x+\frac{x^2}{2!}+\cdots+\frac{x^n}{n!}+\cdots=\mathrm{e}^x$;为求另一个与 y_1 线性无关的解,设 $y_2=uy_1=u\mathrm{e}^x$,代入方程后可得 $y_2=\mathrm{e}^x\int x^m\mathrm{e}^{-x}\mathrm{d}x$,于是方程的通解为 $y=C_1\mathrm{e}^x+C_2\sum_{k=0}^{m}\frac{x^k}{k!}$;

(4) $y=C(1-x)+x^3\left[\frac{1}{3}+\frac{1}{6}x+\frac{1}{10}x^2+\cdots+\frac{2}{(n+2)(n+3)}x^n+\cdots\right]$;

(5) $y=C(1+x)-x^2+\frac{2}{3}x^3-\frac{1}{3}x^4+\frac{1}{5}x^5-\frac{2}{15}x^6+\cdots$.

2. (1) $y=\frac{1}{2}+\frac{1}{4}x+\frac{1}{8}x^2+\frac{1}{16}x^3+\frac{9}{32}x^4+\cdots$;

(2) $y=x+\frac{1}{1\cdot2}x^2+\frac{1}{2\cdot3}x^3+\frac{1}{3\cdot4}x^4+\cdots$;

(3) $x=a\left(1-\frac{1}{2!}t^2+\frac{2}{4!}t^4-\frac{9}{6!}t^6+\frac{55}{8!}t^8-\cdots\right)$.

***习题 12-12**(第 326 页)

1. (1) $\begin{cases}y=C_1\mathrm{e}^x+C_2\mathrm{e}^{-x},\\ z=C_1\mathrm{e}^x-C_2\mathrm{e}^{-x};\end{cases}$

(2) $\begin{cases} x = C_1 e^t + C_2 e^{-t} + C_3 \cos t + C_4 \sin t, \\ y = C_1 e^t + C_2 e^{-t} - C_3 \cos t - C_4 \sin t; \end{cases}$

(3) $\begin{cases} x = 3 + C_1 \cos t + C_2 \sin t, \\ y = -C_1 \sin t + C_2 \cos t; \end{cases}$

(4) $\begin{cases} x = C_1 e^{(-1+\sqrt{15})t} + C_2 e^{(-1-\sqrt{15})t} + \dfrac{2}{11} e^t + \dfrac{1}{6} e^{2t}, \\ y = (-4-\sqrt{15}) C_1 e^{(-1+\sqrt{15})t} - (4-\sqrt{15}) C_2 e^{(-1-\sqrt{15})t} - \dfrac{e^t}{11} - \dfrac{7}{6} e^{2t}; \end{cases}$

(5) $\begin{cases} x = \dfrac{C_1 - 3C_2}{5} \sin t - \dfrac{3C_1 + C_2}{5} \cos t - t^2 + t + 3, \\ y = C_1 \cos t + C_2 \sin t + 2t^2 - 3t - 4; \end{cases}$

(6) $\begin{cases} x = C_1 e^{-5t} + C_2 e^{-\frac{t}{3}} + \dfrac{8\sin t + \cos t}{65}, \\ y = -\dfrac{4}{3} C_1 e^{-5t} + C_2 e^{-\frac{t}{3}} + \dfrac{61\sin t - 33\cos t}{130}. \end{cases}$

2. (1) $\begin{cases} x = \sin t, \\ y = \cos t; \end{cases}$ (2) $\begin{cases} x = \cos t, \\ y = \sin t; \end{cases}$ (3) $\begin{cases} x = e^t, \\ y = 4e^t; \end{cases}$

(4) $\begin{cases} x = 2\cos t - 4\sin t - \dfrac{1}{2} e^t, \\ y = 14\sin t - 2\cos t + 2e^t; \end{cases}$

(5) $\begin{cases} x = 4\cos t + 3\sin t - 2e^{-2t} - 2e^{-t} \sin t, \\ y = \sin t - 2\cos t + 2e^{-t} \cos t; \end{cases}$

(6) $\begin{cases} x = \dfrac{12}{17} e^{-\frac{7}{5}t} + \dfrac{5}{17} e^{2t} + \dfrac{3}{7} t - \dfrac{1}{49}, \\ y = \dfrac{18}{17} e^{-\frac{7}{5}t} - \dfrac{1}{17} e^{2t} + \dfrac{1}{2} e^{-t} + \dfrac{1}{7} t - \dfrac{26}{49}. \end{cases}$

总习题十二(第 326 页)

1. (1) 3; (2) $\dfrac{\partial M}{\partial y} = \dfrac{\partial N}{\partial x}$;

(3) $y' = f(x, y)$, $y\Big|_{x=x_0} = 0$;

(4) $y = C_1(x-1) + C_2(x^2-1) + 1$.

2. (1) $y^2(y'^2 + 1) = 1$; (2) $y'' - 3y' + 2y = 0$.

3. (1) $x - \sqrt{xy} = C$; (2) $y = ax + \dfrac{C}{\ln x}$;

(3) $x = Cy^{-2} + \ln y - \dfrac{1}{2}$; (4) $y^{-2} = Ce^{x^2} + x^2 + 1$;

(5) $x^2 + y^2 - 2\arctan \dfrac{y}{x} = C$; (6) $y = \dfrac{1}{C_1} \operatorname{ch}(C_1 x + C_2)$;

(7) $y = e^{-x}(C_1 \cos 2x + C_2 \sin 2x) - \dfrac{4}{17} \cos 2x + \dfrac{1}{17} \sin 2x$;

(8) $y=C_1+C_2e^x+C_3e^{-2x}+\left(\frac{1}{6}x^2-\frac{4}{9}x\right)e^x-x^2-x$；

(9) $x^2=Cy^6+y^4$；

(10) $\sqrt{(x^2+y)^3}=x^3+\frac{3}{2}xy+C$.

4. (1) $x(1+2\ln y)-y^2=0$；

(2) $y=-\frac{1}{a}\ln(ax+1)$；

(3) $y=2\arctan e^x$；

(4) $y=xe^{-x}+\frac{1}{2}\sin x$.

5. $y=x-x\ln x$.

6. 约 250 m^3.

7. $\varphi(x)=\cos x+\sin x$.

8. $f''(r)+\frac{2}{r}f'(r)=0$，$f(r)=2-\frac{1}{r}$.

*10. (1) $y=\frac{1}{x}(C_1+C_2\ln|x|)$；

(2) $y=C_1x^2+C_2x^3+\frac{1}{2}x$.

*11. (1) $\begin{cases}x=(C_1+C_2t)e^{-t}+\frac{1}{2}t,\\ y=-(C_1+C_2+C_2t)e^{-t}-\frac{1}{2};\end{cases}$

(2) $\begin{cases}x=C_1+C_2e^{-t}+C_3e^{-2t}-\frac{1}{6}e^t,\\ y=C_4e^{-t}-C_1+C_3e^{-2t}+\frac{1}{3}e^t.\end{cases}$

郑 重 声 明

本书配送一定学时的学习卡，用户可以按照书后学习卡上的使用方法，登录指定的网站，进行课件浏览、答疑、作业、交流等学习活动。

图书在版编目(CIP)数据

高等数学. 下册/同济大学应用数学系主编. —5版.
北京:高等教育出版社,2002.7(2008重印)
高等院校本科生教材
ISBN 978-7-04-010821-7

Ⅰ.高… Ⅱ.同… Ⅲ.高等数学-高等学校-教材 Ⅳ.O13

中国版本图书馆CIP数据核字(2002)第024939号

责任编辑 张忠月 封面设计 王凌波 责任绘图 杜晓丹
版式设计 马静如 责任校对 胡晓琪 责任印制 宋克学

高等数学 第五版 下册
同济大学应用数学系 主编

出版发行	高等教育出版社	购书热线	010-58581118
社　　址	北京市西城区德外大街4号	免费咨询	800-810-0598
邮政编码	100011	网　　址	http://www.hep.edu.cn
总　　机	010-58581000		http://www.hep.com.cn
		网上订购	http://www.landraco.com
			http://www.landraco.com.cn
经　　销	蓝色畅想图书发行有限公司	畅想教育	http://www.widedu.com
排　　版	高等教育出版社照排中心		
印　　刷	高等教育出版社印刷厂		
		版　　次	1978年10月第1版
开　　本	787×960　1/16		2002年7月第5版
印　　张	22.75	印　　次	2008年4月第27次印刷
字　　数	420 000	定　　价	23.90元

本书如有缺页、倒页、脱页等质量问题,请到所购图书销售部门联系调换。

物料号　10821-00